웹표준 Ajax DOM 스크립팅

Ajax Document Object Model Scripting | 김영보 지음

ITC
INFO-TECH COREA

머리말

DOM을 사용하여 추구하려는 목적은 크게 역동적인 유저 인터페이스의 실현, 크로스 브라우저 문제 대응, 객체지향 프로그램(OOP) 구현으로 나눌 수 있다. 아울러 네비게이션(navigation) 형태가 아닌 상호작용하는 웹 애플리케이션이 되기 위해서는 서버로 데이터를 주고받아야 하며, 수신한 데이터를 웹 페이지에 반영해야 한다. 이때 DOM이 매우 중요한 역할을 한다.

역동적인 유저 인터페이스의 실현

웹 페이지에 유저 인터페이스(User Interface)를 구현하는 것은 HTML과 CSS이다. 이는 직관적이며 시각적이다. 그런데 사용자 입장에서 보면 이는 수동적인 형태이며, 웹 페이지에서 제공하는 그 이상의 것을 할 수 없다. 이는 초창기 웹 애플리케이션의 모습이기도 하다.

사용자의 요구는 이것이 끝이 아니다. 사용자가 액션을 취할 수 있어야 하며, 이에 대한 응답이 발생해야 한다. 또 반대로 애플리케이션이 사용자가 액션을 취할 수 있도록 유발시켜야 한다. 즉, 상호작용하는 역동적인 애플리케이션이 되어야 한다. 그 중심에 DOM이 있으며, DOM은 이를 위한 필요충분 조건을 갖추고 있다.

크로스 브라우저 대응

W3C는 표준(standard)보다는 권고(recommendation)라는 단어를 사용한다. 필자가 영문학적인 관점에서 standard와 recommendation의 차이를 제시할 수는 없지만 일반적으로 통용되는 표준과 권고는 뉘앙스가 다르다. 표준은 반드시 준수해야 하는 의무를 동반하지만, 권고는 준수를 하되 어쩔 수 없는 경우에는 준수하지 않아도 된다는 의미를 포함한다.

DOM을 준수하지 않으면 마치 표준을 준수하지 않는 것으로 간주되기도 하는데 이는 한쪽 측면만 본 것이라고 할 수 있다. 왜냐하면 DOM에서 제공하는 메소드와 프로퍼티만 사용하면 IE 브라우저에서 실행이 안 되기 때문이다. 이는 IE 브라우저가 DOM 권고를 준수하지 않았기 때문이지만 어디까지나 말 그대로 권고이다. IE 브라우저를 배제하고 웹 애플리케이션을 개발할 수는 없다. 이것은 어쩔 수 없는 엄연한 현실이다.

그렇다고 필자가 IE 브라우저를 대변하려는 것은 아니다. 필자 또한 이 때문에 그 동안 수많은 고생을 했으며 앞으로도 할 것 같다. 하지만 이것과 본질을 이해하는 것은 다르다. 현실을 감안하여 표준의 범위를 확대 해석할 필요가 있다. IE 브라우저가 이미 브라우저에 탑재된 메소드와 프로퍼티를 버리고 DOM 권고만 준수한다면 과거 버전에서 개발되었던 애플리케이션을 사용할 수 없다. 그렇다고 그것과 DOM 권고를 모두 브라우저에 탑재하는 것 또한 어려움이 있을 것이다.

▶ 그럼, 어떻게 할 것인가?

DOM을 기준으로 각 브라우저에 대응하는 메소드와 프로퍼티가 있다면 이를 표준에 포함시키고, 없다면 이를 표준에 포함시키지 않는다. 그래야 크로스 브라우저 문제에 대응할 수 있다. 이 책은 DOM 스펙(Specification)을 기준으로 메소드와 프로퍼티를 다룬다. 아울러 이에 대응하는 IE와 Firefox의 메소드와 프로퍼티를 함께 다룬다.

DOM 스펙을 본 독자는 알겠지만 DOM 스펙을 보고 내용을 이해한다는 것은 매우 어렵다. 그렇다고 DOM 스펙을 기준으로 하지 않으면 DOM을 다룬다고 할 수 없으며, 이를 기준으로 하지 않으면 표준에 대한 근거가 없는 것이 된다.

▶ 객체지향 프로그램 구현

객체지향 프로그램의 핵심은 클래스(Class)이다. DOM은 클래스 대신 인터페이스(Interface)를 제공한다. 이것은 객체지향 개념으로 프로그램을 개발할 수 있다는 것을 의미한다. Java, C#과 같이 인터페이스를 제공할 수 있는 언어는 DOM 인터페이스를 사용할 수 있다. 실제로 DOM 스펙에 자바스크립트와 Java 언어에 대한 인터페이스 바인딩 코드가 작성되어 있다.

이 책은 DOM 인터페이스를 기준으로 다룬다. 이는 DOM에 근본적으로 접근하기 위함이다. style 속성을 사용하여 font-size 값을 설정하는 것은 누구나 다 알고 있다. 하지만 어떤 구조로 인해 그것이 가능한지에 대해서는 DOM 스펙을 보아야 한다. 즉, 인터페이스 구조를 이해해야 한다는 뜻이다.

이 책의 독자

- DOM을 처음 접하는 개발자
- 보다 근본적으로 DOM을 이해하려는 개발자
- 기초를 바탕으로 DOM 기능을 활용하려는 개발자
- 웹 표준을 준수하려는 개발자, 분석/설계자

이 책은 독자가 (X)HTML, CSS, JavaScript에 대한 기초 지식을 이해하고 있는 것을 전제로 한다. 기초 지식이므로 해박한 지식이 필요한 것은 아니다.

원문 사용

이 책에는 W3C에서 제공하는 그림과 글이 게재되어 있으며, 이에 대한 저작권은 W3C에 있음을 밝힌다. 필자의 주관적인 해석에 따라 왜곡될 수 있는 점을 배제하고 독자가 판단할 수 있도록 하기 위해 원문을 사용한 곳도 있다. 이 책은 prototype.js를 사용하고 있다. 하지만 이에 대한 소스 코드를 변경 또는 가공하지 않았다. prototype.js 사용은 Creative Commons Attribution-ShareAlike 2.5 License를 기초로 한다.

소스 코드와 정오표

필자가 작성한 소스 코드는 샘플을 제시하여 설명하기 위함이다. 소프트웨어 개발에 이를 적용하여 발생하는 문제에 대해서는 필자가 책임을 지지 않는다. 또 소스 코드 자체를 판매하거나 책에 포함시키는 것과 같이 상업적인 목적에 사용할 수 없으며, 여기에 제시하지 않은 제반 사항은 일반 저작권에 따른다.

소스 코드는 출판사 홈페이지(http://www.itcpub.co.kr)의 이 책의 도서소개 페이지에서 다운로드받을 수 있으며, 출간 후 발견된 잘못된 부분과 내용에 대한 독자들의 문의사항은 필자가 운영하는 까페(http://cafe.naver.com/requirements)를 이용할 수 있다.

감사의 글

이 책이 출판되기까지 수고해 주신 모든 분들께 감사드린다. 특히, 몇 번에 걸친 강행군에도 묵묵하고 꼼꼼하게 베타 리딩을 해주고 세심한 곳까지 면밀하게 짚고 또 짚어준 강경희 님, 정말 감사드린다.

또 독자 중심의 책이 되도록 성심을 다해주신 도서출판 ITC 관계자 분들께 감사드린다. 토끼보다는 거북이 정신으로 완전함을 추구한 출판사의 노력에 감탄을 금치 못한다. 마지막으로, 사회 생활에 익숙해져 가고 있는 희주, 제대를 앞둔 현주, 인생의 아름다운 동반자인 아내에게 고맙다는 말을 전하고 싶다.

2008년 새 봄

김 영 보

저자에 대하여

1979년 ㈜코오롱 전산실에 입사한 후 29년 동안 소프트웨어를 개발해온 베테랑 개발자이며 분석가이다.

소프트웨어 개발 생산성 향상에 많은 관심을 가지고 있으며, 현재는 개발자를 위한 기고/강의/세미나/집필 등을 하고 있다.

네이버에서 "Ajax와 요구공학" 까페를 운영하고 있으며,

저서로는 『요구분석을 위한 Event Process 모델링』 (2005.11 가메 출판사),
『Ajax 활용』(2006.04 가메 출판사),
『Ajax prototype.js: 프로토타입 완전분석』(2007.03 위키북스)이 있다.

E-Mail: tonextday@gmail.com
까 페: http://cafe.naver.com/requirements.cafe

차 례

3부 DOM Events

5부 DOM Style & Views

DOM의 개요

PART 01

DOM(Document Object Model)은 프로그램으로 HTML(HyperText Markup Language) 도큐먼트(Document: 문서)의 구조, 스타일(style), 콘텐츠(Content)를 제어하기 위한 방법을 정의한 것이다. 그럼, 이것은 무엇을 위한 것인가? 바로 웹 애플리케이션(Web Application) 사용자를 위한 것이며 유저 인터페이스(User Interface: UI)를 위한 것이다.

즉, 웹 애플리케이션은 유저 인터페이스가 핵심이다. 기술적인 관점에서 보면 다른 의견이 있을 수 있겠지만, 사용자 관점에서 본다면 이를 통해 사용자의 목적을 달성할 수 있기 때문이다. 사용자 경험을 바탕으로 웹 페이지를 구성하는 것도, 유려하게 웹 페이지를 표현하는 것도 유저 인터페이스를 위함이다. 이러한 유저 인터페이스를 실현함에 있어 그 중심에 DOM이 있다.

▶▶ 1부 DOM의 개요는 다음과 같이 3개의 장으로 구성되어 있다.

- **1장** 유저 인터페이스
- **2장** 애플리케이션 실행 환경
- **3장** DOM 개요

CHAPTER 01

유저 인터페이스

목적을 이해하고 프로그램을 작성하는 것과 목적을 이해하지 못하고 프로그램을 작성하는 것은 확연하게 차이가 난다. 목적지를 설정하고 똑바로 걸어가는 모습과 쇼 윈도우를 바라보면서 한가롭게 걷는 모습은 얼핏 보아도 차이가 난다. 두 발로 걸어간다는 기능적인 면에서는 차이가 없지만, 눈빛이 다르고 손 흔들림도 다르다. 즉, 목적을 정확하게 이해해야 효율성이 증가된다.

1장에서는 이런 맥락에서 DOM을 사용하는 목적에 대해 살펴본다. DOM이 제공하는 기능에 대한 이해도 중요하지만, DOM 사용 목적을 정확하게 이해해야 보다 근본적으로 접근할 수 있으며 지름길로 갈 수 있다.

▶▶ 1장 유저 인터페이스에서 다룰 주요 내용은 다음과 같다.

- DOM API
- DOM의 궁극적인 목적
- 엘리먼트에 접근
- 웹 페이지 구성 요소
- 구조와 표현의 분리

1.1 DOM API

DOM은 HTML 도큐먼트와 XML(Extensible Markup Language) 도큐먼트를 처리하기 위한 API(Application Programming Interface)를 제공한다. API가 의미하듯이 DOM은 인터페이스를 통해 메소드(Method)와 프로퍼티(Property)를 제공하며 이를 통해 HTML 도큐먼트와 XML 도큐먼트를 처리할 수 있다. DOM은 인터페이스로 시작해서 인터페이스로 끝난다고 해도 과언이 아니다.

DOM은 특정 언어에 종속되거나 의존하지 않고 모든 언어에 중립적이다. 자바스크립트(JavaScript)에서도 DOM을 사용할 수 있으며 Java, C++, PHP 등의 언어에서도 사용할 수 있다.

자바스크립트와 자바에 대해서는 DOM 스펙(Specifications)에 바인딩(Binding) 형태를 제공하고 있으나 다른 언어에 대해서는 http://www.w3.org/DOM/Bindings에 작성되어 있다. DOM 인터페이스를 제공하는 언어라면 어떤 언어에서도 사용할 수 있다. 이는 DOM이 API를 제공하기 때문이며 이것이 DOM의 특징이자 근간이다. 따라서 이 책은 첫 장부터 끝 장까지 DOM API가 제공하는 인터페이스, 메소드, 프로퍼티를 다룬다.

모든 언어에서 DOM API를 사용할 수 있다고 하여 형식이 같다는 것은 아니다. 각 언어마다 특징이 있으므로 접근하는 형식에는 차이가 있으나 그 실행 결과가 같다는 의미이다. 예를 들어 Java 언어는 import문으로 DOM 인터페이스를 구현해야 인터페이스에서 제공하는 메소드를 호출할 수 있으며 프로퍼티를 사용할 수 있다. 반면 자바스크립트는 DOM 인터페이스를 구현하지 않고도 인터페이스에 포함된 메소드를 호출할 수 있으며 프로퍼티를 사용할 수 있다. 이렇게 사용 형식에는 차이가 있지만 실행한 결과는 같다.

이 책은 자바스크립트 언어를 중심으로 DOM API를 다룬다. 다른 언어를 이해하는 독자는 이 책을 통해 DOM API 개념을 이해한 후, 다른 언어에서 지원하는 형식으로 코드를 작성하면 같은 결과를 얻을 수 있다.

1.2 DOM의 궁극적인 목적

무엇을 한다는 것은 틀림없이 목적이 있으며 목적은 거시적인 목적과 근시적인 목적으로 나눌 수 있다. DOM은 엘리먼트(Element)의 추가, 변경, 삭제를 통해 HTML 도큐먼트 구조를 제어할 수 있으며 CSS(Cascading Style Sheets)를 엘리먼트에 적용하여 표현할 수 있다. 또 이벤트(Event)를 정의, 인식하여 사용자의 행동에 대응할 수 있다. 이것은 기능적인 측면에서 본 근시적인 목적이다.

엘리먼트를 제어하는 것은 사용자에게 보다 편리한 구조를 제공하기 위함이고, CSS를 적용하는 것은 보다 유려한 웹 페이지를 제공하기 위함이다. 또 이벤트를 제어하는 것은 역동적인 웹 페이지를 제공하기 위함이다. 이 모든 것은 유저 인터페이스를 실현하기 위함이다. 이것이 DOM의 궁극적인 목적이자 거시적인 목적이다. 따라서 이 책에서 다루는 내용은 전부 이에 귀결된다고 할 수 있다.

HTML, CSS, 자바스크립트를 사용하여 웹 페이지의 구성과 표현을 제어할 수 있다. 그런데 DOM이 없다면 엘리먼트에 접근할 수 없으므로 고정된 형태의 유저 인터페이스만 제공할 수 있게 된다. 링크(Link)를 따라가는 네비게이션(navigation) 형태의 웹 페이지가 된다. 사용자가 버튼을 클릭하였을 때 이를 인식하여 엘리먼트를 추가하거나 속성값을 변경하여 사용자가 취한 행동에 역동적으로 대응해야 살아있는 웹 페이지가 된다. DOM을 사용하는 궁극적인 목적은 역동적인 유저 인터페이스를 실현하기 위함이다.

이 책에서 다룰 인터페이스, 메소드, 프로퍼티 하나하나가 역동적인 유저 인터페이스를 실현하기 위함이다. 즉, DOM은 역동적인 유저 인터페이스를 제공하기 위한 메소드와 프로퍼티로 구성되어 있으며 DOM 인터페이스는 이를 위한 메커니즘(mechanism)을 제공한다. 이런 거시적인 목적을 염두에 두고 DOM 인터페이스를 이해해 나간다면 목적을 위한 행보가 될 것이다. 단순하게 인터페이스, 메소드, 프로퍼티의 기능만 이해하면 단어를 외우는 것과 같다. 단어와 단어가 모여 문장이 되고 문장이 모여 전체를 나타내듯이 문장 역할을 하는 유저 인터페이스를 염두에 두고 인터페이스, 메소드, 프로퍼티를 이해할 필요가 있다.

1.3 엘리먼트에 접근

HTML 도큐먼트를 제어하는 것이 DOM의 주요 기능이다. 이때 도큐먼트란 HTML 파일에 작성한 모든 엘리먼트를 포함하며, 모든 엘리먼트를 총칭하는 대표적인 의미를 갖는다. HTML은 <div></div>에서 종료를 나타내는 </div>를 작성하지 않아도 되며 이를 태그(tag)라고 한다. 반면 XHTML은 </div>를 작성해야 하며 <div></div> 형태를 엘리먼트라고 한다. 즉 <div></div>는 HTML 도큐먼트에 작성한 엘리먼트가 되며 이를

HTML 엘리먼트라고 부른다. 이 책에서 HTML 엘리먼트 또는 엘리먼트라고 하는 것은 이를 의미한다.

HTML 도큐먼트의 구조와 표현을 변경하기 위해서는 HTML 엘리먼트에 접근해야 한다. HTML 엘리먼트에 접근하는 방법은 직접 접근하는 방법, 부모(Parent) 엘리먼트를 통해 접근하는 방법, 자식(Child) 엘리먼트를 통해 접근하는 방법, 형제(sibling) 엘리먼트를 통해 접근하는 방법 등 여러 가지가 있지만 가장 많이 사용하는 방법은 getElementById() 메소드의 파라미터(Parameter)에 id 속성 값을 지정하여 직접 접근하는 방법이다.

● 실행결과 object

● 소스 object.html

```
<!DOCTYPE html PUBLIC "-//W3C//DTD XHTML 1.0 Strict//EN"
"http://www.w3.org/TR/xhtml1/DTD/xhtml1-strict.dtd">
<html xmlns="http://www.w3.org/1999/xhtml" lang="ko" xml:lang="ko">
   <head>
   <meta http-equiv="Content-Type" content="text/html; charset=utf-8" />
   <title>DOM 개요</title>
</head>

<body>
   <h1>엘리먼트 오브젝트</h1>
   <div id="groupOne">
      <div id="show1"></div>
```

```
    </div>
    <script language="javascript">
        var elementOne = document.getElementById('show1');
        var textNode = document.createTextNode('엘리먼트 오브젝트');
        elementOne.appendChild(textNode);
    </script>
</body>
</html>
```

[소스 object.html]을 IE 또는 Firefox 브라우저에서 실행하면 [실행결과 object]에서 볼 수 있듯이 '엘리먼트 오브젝트'가 출력된다. 이처럼 콘텐츠를 웹 페이지에 출력하기 위해서는 '<div id="show1"></div>'와 같이 콘텐츠를 출력할 엘리먼트를 HTML 도큐먼트에 작성해야 하며, 이때 엘리먼트를 식별할 수 있는 id 또는 name 속성을 지정해야 한다.

그런데 이렇게 작성한 것은 단지 선언을 한 것에 불과하다. 실제로 엘리먼트에 콘텐츠를 설정하기 위해서는 var elementOne = document.getElementById('show1')과 같이 getElementById( ) 메소드의 파라미터에 id 속성 값을 지정하여 HTML 엘리먼트를 오브젝트로 생성해야 한다. 물론 오브젝트를 생성하는 메소드는 이것뿐만 아니라 createTextNode( ) 메소드, getElementsByTagName( ) 메소드 등이 있다.

이때 생성된 오브젝트를 '엘리먼트 오브젝트'라고 한다. 또는 관점에 따라 달리 부르기도 한다. 예를 들어 DOM 트리(Tree) 관점에서 보면 '노드(Node)'라고 하며 인터페이스 관점에서 보면 'HTMLElement 인터페이스 형태의 오브젝트'라고 한다. 또 <div>, <body>와 같이 태그 형태에 따라 'HTMLDivElement 인터페이스 형태의 오브젝트'라고 한다.

그럼, 무엇 때문에 엘리먼트 오브젝트를 생성하는가? 엘리먼트 오브젝트를 생성하는 궁극적인 목적은 무엇인가? 그것은 HTMLElement 인터페이스와 같이 인터페이스에서 제공하는 메소드와 프로퍼티를 사용하여 HTML 엘리먼트에 접근하기 위함이다. 그래야 콘텐츠를 설정할 수 있으며, 이는 결국 유저 인터페이스를 구현하기 위함이다.

1.4 웹 페이지 구성 요소

유저 인터페이스는 웹 페이지에서 이루어지므로 웹 페이지를 구성하는 요소를 살펴볼 필요가 있다. 이는 웹 페이지에서 DOM의 역할을 규명하여 전체적인 윤곽을 잡고 세분화하려는 목적이다. 아키텍처(Architecture)를 수립하여 전체적인 윤곽을 잡은 후, 하나씩 명세화 과정을 통해 시스템을 개발하는 것과 같은 흐름이다. 메소드나 프로퍼티를 생각하기 전에 전체적인 관점에서 DOM의 역할을 대분류하고 이를 기반으로 다시 조금씩 분류해 나간다면 전체 구조가 흔들리지 않으면서 명세화될 수 있다.

웹 페이지를 제공하기 위한 요소를 구조, 표현, 제어, 데이터, 통신으로 구분할 수 있다. 이 중에서 하나라도 없으면 원만하게 유저 인터페이스를 제공할 수 없다. 특히 Ajax (Asynchronous JavaScript + XML) 환경에서는 역동적인 유저 인터페이스를 제공하기 위해 서버와 통신이 빈번하게 발생하며, 구조와 표현을 제어하여 고정된 형태가 아닌 움직이는 웹 페이지를 제공한다. 이런 목적을 달성하기 위해 상황에 적합한 데이터 제공은 필수이다.

1.4.1 구조 요소

HTML 도큐먼트는 구조적인 형태를 갖는다. 구조 형태는 사장 → 중역 → 부장과 같이 상하 형태가 있는 반면, 부장 ←→ 부장과 같이 수평 형태도 있다. DOM에서 이런 좌, 우, 상, 하 구조를 DOM 트리(Tree)라고 한다. 가장 최상위 레벨인 document 엘리먼트

● 실행결과 DOM 트리

를 정점으로 그 아래 다수의 엘리먼트가 존재하는 수직 구조와 <select> 엘리먼트에 속한 다수의 <option> 엘리먼트들은 동일선상의 엘리먼트로 수평 구조를 갖게 된다. 이런 구조를 총칭하여 'DOM 트리'라고 한다.

[실행결과 DOM 트리]를 보면 '좋아하는 스포츠'가 있고 그 아래에 '농구'와 '축구'가 있다. 여기서 '좋아하는 스포츠'는 부모(Parent) 노드가 되고 '농구'와 '축구'는 자식(Child) 노드가 된다. 또 '농구'와 '축구'의 관계는 형제(Sibling) 노드가 된다. 즉 좌, 우, 상, 하 구조로 되어 있다. 이를 'DOM 트리'라고 한다.

● 소스 domTree.html

```
<!DOCTYPE html PUBLIC "-//W3C//DTD XHTML 1.0 Strict//EN"
"http://www.w3.org/TR/xhtml1/DTD/xhtml1-strict.dtd">
<html xmlns="http://www.w3.org/1999/xhtml" lang="ko" xml:lang="ko">
<head>
   <meta http-equiv="Content-Type" content="text/html; charset=utf-8" />
   <title>DOM 개요</title>
   <link rel="stylesheet" href="../commCSS.css" type="text/css" />
</head>

<body>
   <h1>DOM 트리</h1>
   <div id="groupOne">
      <ul>좋아하는 스포츠
         <li id="basketBall">농구</li>
         <li id="soccer">축구</li>
      </ul>
   </div>
</body>
</html>
```

[소스 domTree.html] 파일에 작성된 엘리먼트를 보면 DOM 트리 구조를 이해할 수 있다. 그러나 간단한 구조라면 어려움이 없지만 몇 백 줄이 되거나 들여쓰기를 정확하게

하지 않았다면 이해하기가 어렵다. 이를 구조적으로 명확하게 볼 수 있는 것이 Firefox 브라우저에서 실행되는 DOM Inspector이다.

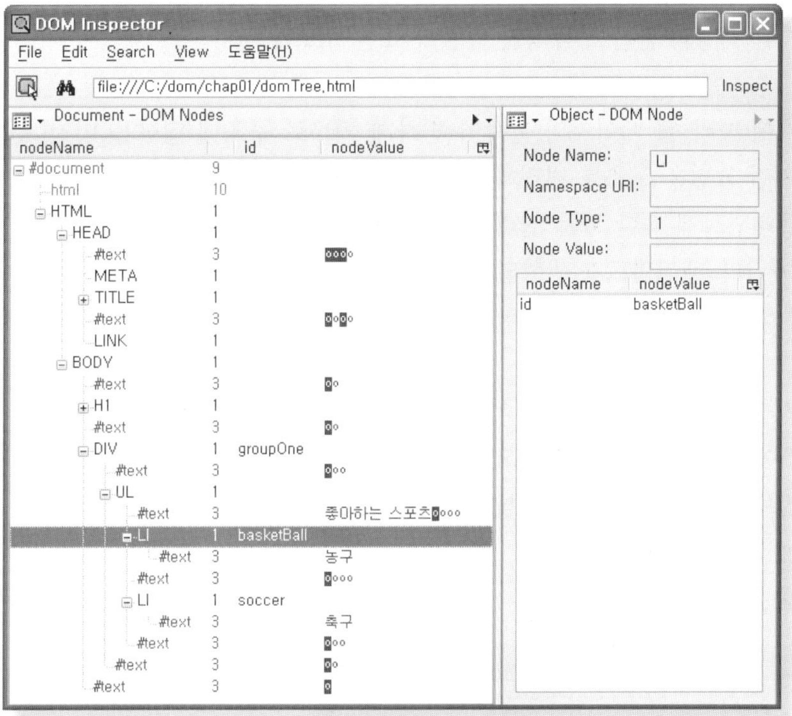

그림 1-1

그림 1-1의 좌측 상단을 보면 #document가 있는데, 이것이 DOM 트리의 최상위 레벨이다. 그 아래 HTML 엘리먼트가 있고 그 아래에 HEAD 엘리먼트와 BODY 엘리먼트가 있다. 즉, HEAD 엘리먼트와 BODY 엘리먼트는 HTML 엘리먼트의 자식 노드이며 각각은 형제 노드가 된다.

HEAD 엘리먼트를 펼치면 META, TITLE, LINK 엘리먼트를 볼 수 있다. 또 BODY 엘리먼트를 펼치면 다수의 엘리먼트가 표시되고 그 중에서 선택 표시가 되어 있는 LI 엘리먼트의 상세 정보가 우측 창에 표시된다. 이와 같이 HTML 도큐먼트의 모든 엘리먼트는 document 엘리먼트를 정점으로 구조적인 형태를 갖는다.

1.4.2 표현 요소

집을 지으려면 먼저 기반을 다지고 골격을 세워야 한다. 그리고 최종적으로 인테리어를 한다. 이때 기반과 골격이 구조 요소이고, 인테리어가 표현 요소이다. 웹 페이지에서는 글자 크기나 색상과 같은 시각적인 측면이 표현 요소가 된다.

글자 크기에 따라 웹 페이지의 윤곽이 변하게 되므로 구조에 영향을 미친다고 볼 수도 있다. 하지만 표현은 구조를 변경하지 못한다. 왜냐하면 엘리먼트에 국한되기 때문이다. BODY 엘리먼트에 속한 모든 엘리먼트의 글자 크기를 변경한다고 해서 구조가 변경되는 것은 아니다. 엘리먼트가 생성되거나 삭제되어 DOM 트리의 좌, 우, 상, 하 구조가 변경되어야 하는데, 글자 크기에 따라 DOM 트리가 변경되는 것은 아니기 때문이다.

글자 크기를 설정하는 것이 CSS이며, 글자 크기는 표현에 속하므로 표현을 담당하는 것은 CSS이다. CSS는 값을 가지고 있을 뿐 자체로는 웹 페이지에 영향을 미치지 못하며 엘리먼트에 연결될 때 비로소 빛을 내게 된다.

● **실행결과 domCSS_1**

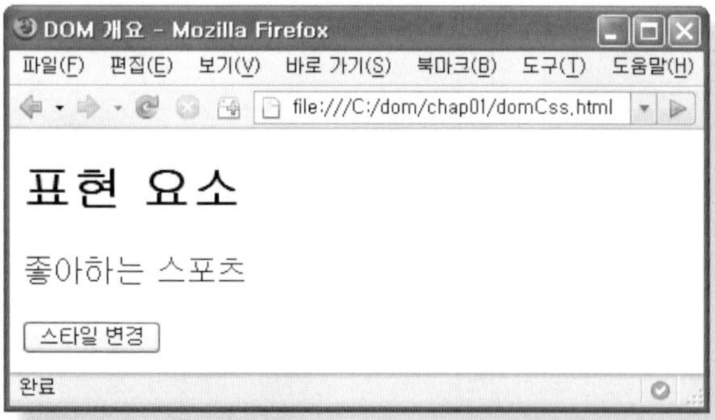

이것은 [소스 domCSS.html]을 실행하면 표시되는 형태이다. 여기서 '스타일 변경' 버튼을 클릭하면 다음과 같이 웹 페이지가 표시된다.

● 실행결과 domCSS_2

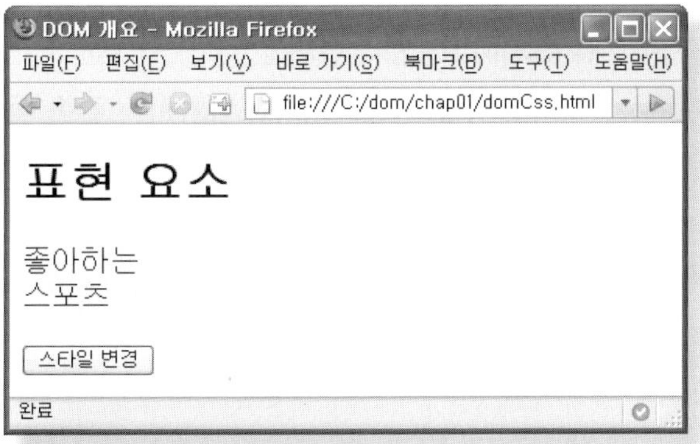

● 소스 domCSS.html

```
<body>
<h1>표현 요소</h1>
   <script language="javascript">
   function useMethod() {
      var elementOne = document.getElementById('likeSport');
      elementOne.style.backgroundColor = 'yellow';
      elementOne.style.width = '100px';
   }
   </script>
   <div id="groupOne">
      <p id="likeSport" style="font-size: 20px">좋아하는 스포츠</p>
      <input type="button" onClick="useMethod()" value="스타일 변경" />
   </div>
</body>
```

간편하게 하기 위해 <body> 엘리먼트만 게재하였다. '스타일 변경' 버튼을 클릭하면 useMethod() 함수가 실행된다. 이 함수에서 backgroundColor 프로퍼티 값을 'yellow'로 변경했으므로 바탕색이 노랑색으로 표현되었으며, width 프로퍼티 값을 '100px'로 변경했으므로 '좋아하는 스포츠'가 두 줄로 표현되었다. 이와 같이 표현 요소는 유저 인터페이스에 영향을 비친다.

1.4.3 이벤트 요소

마우스로 버튼을 클릭하면 이에 상응하는 처리를 해야 한다. 우편번호 서제스트(Suggest)에서는 문자를 입력할 때마다 입력한 문자가 포함된 주소가 표시된다. 여기서 버튼을 클릭하는 것도 이벤트(Event)이며 문자를 입력하는 것도 이벤트이다. 즉, 이벤트가 발생할 때마다 애플리케이션은 응답을 해서 결과를 사용자에게 제공해야 한다. 이와 같이 역동적인 유저 인터페이스를 위해 이벤트 처리는 필수이다.

● 실행결과 domEvent

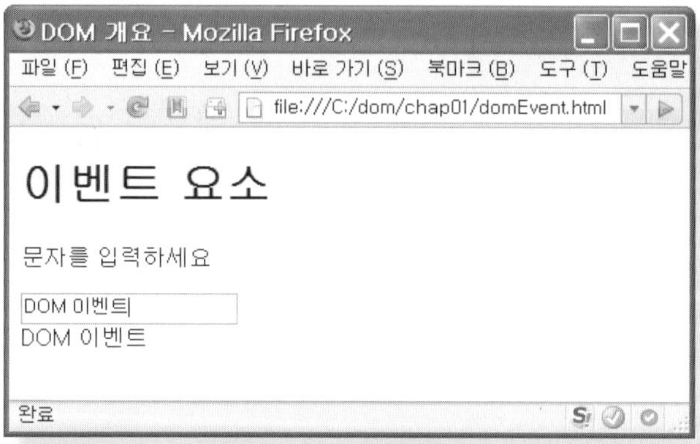

● 소스 domEvent.html

```
<!DOCTYPE html PUBLIC "-//W3C//DTD XHTML 1.0 Strict//EN"
"http://www.w3.org/TR/xhtml1/DTD/xhtml1-strict.dtd">
<html xmlns="http://www.w3.org/1999/xhtml" lang="ko" xml:lang="ko">
<head>
   <meta http-equiv="Content-Type" content="text/html; charset=utf-8" />
   <title>DOM 개요</title>
   <script language="javascript" type="text/javascript" src="domEvent.js"></script>
</head>

<body>
   <h1>이벤트 요소</h1>
   <div id="groupOne">
```

```
        <p>문자를 입력하세요</p>
        <input type="text" id="entryName" />
        <div id="groupOne">
            <div id="show1"></div>
        </div>
    </div>
</body>
</html>
```

앞부분에서 다루었던 것과 다른 점은 domEvent.html 파일에 자바스크립트를 작성하지 않고 별도의 domEvent.js 파일에 작성한 점이다.

● 소스 domEvent.js

```
window.onload = function () {
    var dataElmt = document.getElementById('entryName');
    if (dataElmt.addEventListener) {
        dataElmt.addEventListener('keyup', Show.okClick, false);
    } else {
        dataElmt.attachEvent('onkeyup', Show.okClick);
    }
}
var Show = {
    okClick: function(event) {
        var entryData = document.getElementById('entryName').value;
        var showOne = document.getElementById('show1');
        if (showOne.hasChildNodes() && showOne.childNodes[0].nodeType == 3) {
            showOne.childNodes[0].nodeValue = entryData;
        } else {
            var textNode = document.createTextNode(entryData);
            showOne.appendChild(textNode);
        }
    }
}
```

문자를 입력할 때마다 입력한 문자가 웹 페이지에 출력된다. IE 브라우저에서 실행하면 영문과 한글을 구분하지 않고 입력할 때마다 표시되는 반면, Firefox 브라우저에서 실행하면 영어는 입력할 때마다 표시되고 한글은 입력한 후 스페이스 또는 Enter키를 눌러야 표시된다.

이렇게 입력할 때마다 입력한 값이 출력되게 할 수 있는 것은 입력할 엘리먼트에 이벤트를 설정하고 이벤트가 발생할 때마다 이를 인식하여 입력한 값을 출력했기 때문이다. 이와 같이 이벤트는 사용자의 행동에 따라 즉시 대응할 수 있으므로 역동적인 유저 인터페이스를 제공할 수 있다.

소스 코드가 어렵다고 느껴지더라도 걱정하지 않아도 된다. 아니 소스 코드는 아예 읽지 않아도 된다. 이에 대해서는 앞으로 계속 다룰 것이므로 지금은 이벤트와 유저 인터페이스와의 관계를 이해하기만 하면 된다.

1.4.4 제어 요소

DOM은 엘리먼트에 접근하여 표현을 변경하거나 엘리먼트를 생성하여 구조를 변경하는 것과 같은 처리는 할 수 있으나, 이를 수행할 횟수와 조건을 지정하는 for~while문은 없으며 특정 조건에서 수행하는 if문과 같이 제어에 속하는 기능은 없다.

DOM, HTML, CSS를 제어하여 최종적으로 사용자의 요구에 적합하도록 웹 페이지를 통합적으로 제어하는 것은 자바스크립트이다. DOM 자체만으로는 유저 인터페이스를 실현함에 있어 부족함이 있는 반면, 자바스크립트는 HTML 엘리먼트에 접근할 수 있는 메소드와 프로퍼티가 없으므로 DOM과 자바스크립트는 상호 보완 관계를 갖는다. 어느 것 하나라도 효율적으로 사용하지 않으면 역동적인 유저 인터페이스를 실현하는데 어려움이 있다.

많은 서적에서 DOM을 자바스크립트에 포함시키고 있는데, DOM과 자바스크립트는 엄연히 다르다. 자바스크립트를 규정한 것이 ECMA(European Computer Manufactures Association) 262 스펙인데, 이 스펙에는 DOM 인터페이스가 포함되어 있지 않다. 또

DOM 스펙에 자바스크립트와 DOM을 바인딩(Binding)하는 코드를 제시하고 있는 것은 서로 다른 영역이기 때문이다. 자바스크립트가 아닌 다른 언어에서도 DOM을 사용할 수 있다는 것은 자바스크립트에 DOM를 포함시킬 수 없다는 것을 입증한다. DOM도 엄연히 하나의 영역이다.

1.4.5 데이터 처리

아이디와 비밀번호를 입력하고 이 데이터를 서버로 보내면, 등록 여부를 체크하고 그 결과를 클라이언트에 보내준다. 등록된 경우 회원 이름을 웹 페이지에 출력한다고 할 때 아이디, 비밀번호, 회원 이름이 데이터가 된다.

데이터 관점에서 보면 아이디와 비밀번호가 데이터이지만, 데이터를 입력하는 사용자의 관점에서 보면 유저 인터페이스에 속한다. 서버에서 받은 회원 이름은 데이터이지만 넓은 범주에서 보면 웹 페이지에 출력하여 사용자에게 제공되므로 유저 인터페이스를 위한 것이라고 할 수 있다. 데이터를 처리하는 최종적인 목적은 사용자에게 제공하기 위한 것이므로 데이터 처리도 유저 인터페이스에 속한다고 할 수 있다.

엄격히 구분하면 서버에서 받은 데이터는 자바스크립트에 의해 웹 페이지에 제공되는 것이 아니라 DOM에 의해 최종적으로 웹 페이지에 제공된다. 왜냐하면 HTML 도큐먼트의 엘리먼트에 접근할 수 있는 것은 자바스크립트가 아니라 DOM이기 때문이다.

XMLHttpRequest 오브젝트를 통해 서버에서 받은 데이터를 자바스크립트가 오브젝트에 할당하면, DOM이 오브젝트의 데이터를 HTML 도큐먼트의 엘리먼트에 설정함으로써 데이터가 웹 페이지에 표시된다. 이때 데이터뿐만 아니라 CSS도 적용할 수 있으며 HTML 도큐먼트 구조도 변경할 수 있는데, 이를 위해서는 DOM에서 제공하는 메소드와 프로퍼티를 사용해야 한다.

XMLHttpRequest는 Ajax에서 통신을 담당하는 오브젝트이다. 전통적인 방법은 웹 페이지에서 데이터를 입력하고 전송(Submit) 버튼을 클릭하면 그 때 웹 페이지의 모든 정보(HTML, CSS, 입력 데이터 등)를 서버로 보내는 반면, Ajax는 데이터만 서버로 보낸다.

이때 데이터 송수신을 처리하는 것이 XMLHttpRequest 오브젝트이다. 특히 XMLHttp Request 오브젝트는 일반적으로 비동기 통신을 하게 되므로 현재 표시된 웹 페이지가 이동하지 않으면서 통신을 할 수 있다. 이로 인해 다양한 유저 인터페이스를 실현할 수 있다.

1.5 구조와 표현의 분리

구조와 표현을 분리한다는 의미는 HTML과 CSS를 분리해서 작성한다는 의미이다. HTML은 확장자가 html인 파일에 작성하고 CSS는 확장자가 css인 파일에 작성한다. 그리고 HTML과 CSS를 태그/id/class로 연결시킨다. 사실 HTML과 CSS를 분리해서 작성하는 것은 결코 쉬운 일이 아니다. 하지만 어렵고 귀찮더라도 구조와 표현은 분리해야 한다.

CSS를 별도로 분리하지 않고 HTML 도큐먼트에 작성해도 웹 페이지를 표현함에 있어 문제가 되지 않는다. 하지만 고정된 형태의 웹 페이지라면 어려움이 없으나 HTML 도큐먼트에 엘리먼트를 추가하고 이를 표현하는 CSS가 동반된다면 어려움이 생긴다.

예를 들어 서버에서 받은 데이터에 따라 유동적으로 HTML 도큐먼트에 반영해야 한다고 한다면, 데이터가 설정될 엘리먼트를 작성해 둘 수 없다. 이런 경우 DOM으로 엘리먼트를 생성하게 되며 CSS로 표현하게 된다. 그런데 CSS가 별도로 작성되어 있지 않다면 DOM으로 엘리먼트도 만들고 CSS도 설정해야 한다. 결국 동일한 값을 반복하여 작성하게 된다. 그러나 CSS를 별도로 작성하고 이를 연결하면 이와 관련된 코드를 매번 작성하지 않아도 된다.

HTML과 CSS가 혼합된 HTML 도큐먼트는 집을 지으면서 인테리어를 고정시키는 것과 같다. 꽃병의 꽃이 시들면 꽃만 빼고 다른 꽃을 꽂으면 되듯이, 태그/id/class 이름으로 html 파일의 엘리먼트와 css 파일의 셀렉터(selector)를 연결시킨 후, 꽃이 시든 경우와 마찬가지로 HTML 도큐먼트를 수정하는 것이 아니라 css 파일의 CSS를 바꾸면 된다.

지금 설명하기에 조금 이른 감이 있지만 CSS를 별도로 작성함에 따라 다양한 방법으로 표현을 적용할 수 있다. 다름 아닌 브라우저 적용순위라는 개념이 있는데 css 파일에 작성한 값보다 HTML 도큐먼트의 엘리먼트에 작성한 style 속성 값이 우선 적용된다는 개념이다. 즉 필요에 따라 css 파일에 작성한 값을 적용하거나 style 속성 값을 적용할 수 있으나, HTML 도큐먼트에 작성하면 한 가지 방법밖에 사용할 수 없다.

css 파일에 'p {font-size: 16px;}'로 작성하고 <link> 엘리먼트의 href 속성에 이 셀렉터(Selector)를 지정하면, 모든 <p> 엘리먼트에 같은 font-size가 적용된다. 그렇다고 모든 엘리먼트에 '<p style="font-size: 16px"></p>'와 같이 작성하는 것은 같은 값을 매번 작성하는 것이므로 부적합하다. 즉 중복해서 지정하는 것을 피해야 한다.

여기서 특정 엘리먼트의 font-size 값을 표현하기 위해 '<p id="likeSport"style ="font-size: 20px">스포츠</p>'와 같이 작성하였다고 가정한다. 이때 사용자의 행동에 따라 모든 <p> 엘리먼트의 font-size를 '12px'로 변경하려고 하면 css 파일에 작성한 'p {font-size: 16px;}' 값을 변경하면 되지만, p#likeSport 엘리먼트에 작성한 style 속성 값은 변경되지 않는다. 왜냐하면 style 속성에 작성한 값이 적용 우선순위가 높기 때문이다. 따라서 다시 p#likeSport 엘리먼트의 font-size를 '12px'로 변경해야 하는데 이것은 좋은 방법이 아니다.

HTML 도큐먼트의 엘리먼트에 style을 작성하지 말고 css 파일에 작성한다. 또 필요에 따라 DOM 메소드와 프로퍼티를 사용하여 특정 HTML 엘리먼트의 style 속성 값을 변경한다. 이런 형태가 되어야 가변성과 확장성을 보장받을 수 있다. 물론 DOM은 css 파일에 작성한 값을 변경할 수 있는 메소드와 프로퍼티를 제공하며 특정 HTML 엘리먼트의 style 속성 값만 변경할 수 있는 메소드와 프로퍼티도 제공한다.

CHAPTER 02

애플리케이션 실행 환경

애플리케이션을 실행하기 위해서는 환경이 적절해야 한다. 특히 Ajax는 서버와 통신을 해야 하므로 서버 환경이 필요하다. 2장에서는 이 책에 포함된 소스 코드를 실행하기 위한 클라이언트(Client)와 서버(Server) 환경을 살펴본다.

애플리케이션을 개발할 때 우선 선행되어야 하는 것 중의 하나가 개발 표준을 설정하는 것이다. 특히 다수의 개발자가 참여하는 프로젝트에서 이에 대한 설정은 필수이다. 표준을 설정한다는 것은 기준을 설정하는 것을 의미한다. 이런 관점에서 2장에서는 이 책에 게재된 소스 코드의 작성 기준을 살펴본다.

웹 애플리케이션을 개발할 때 연월일, 주민등록번호 등의 적정성 체크(Check)를 위한 코드를 매번 작성하지 않고 한 곳에 작성해 놓고 이를 사용한다. 또 애플리케이션 개발의 근간이 되는 코드도 한 곳에 작성해 놓고 이를 사용한다. 이러한 코드를 라이브러리(Library) 또는 프레임워크(Framework)라고 한다. 이 책에서는 세계적으로 가장 많이 사용하고 있는 prototypeJS(www.prototypeJS.org) 프레임워크를 사용한다. DOM을 다루는 책에서 이를 사용하는 것이 목적에서 벗어난다고 볼 수도 있지만, DOM에서 제공하는 메소드 또는 프로퍼티를 기준으로 관련된 것 일부만 사용한다. 이는 DOM을 보다 쉽게 이해하기 위함이다.

▶▶ 2장 애플리케이션 실행 환경에서 다룰 주요 내용은 다음과 같다.

- 애플리케이션 실행 환경 설정
- 코드 작성 기준
- 자바스크립트 프레임워크 사용 목적

2.1 애플리케이션 실행 환경 설정

우선 도서출판 ITC(http://www.itcpub.co.kr)의 이 책의 소개 페이지에서 압축된 소스 파일을 다운받아 다음의 '애플리케이션 실행 환경'과 같이 설정한다.

● **애플리케이션 실행환경**

클라이언트/서버	구분	환경
클라이언트	브라우저	Internet Explorer 6.0 또는 7.0
		Firefox 1.5 또는 2.0
서버	웹 서버	Tomcat 5.0.19에 상응
	prototypeJS	prototypeJS 1.5.0 이상
		위치: webapps/ROOT/dom/
	소스 폴더	webapps/ROOT/dom/chap01/
		webapps/ROOT/dom/chap02/
		...
		webapps/ROOT/dom/chap12

▶ 클라이언트 사이드(Client Side)

DOM Core Level 1의 메소드와 프로퍼티는 IE와 Firefox 브라우저가 거의 같은 이름으로 제공하지만, DOM Level 2부터 제공된 DOM Event와 같은 모듈(Module) 등은 메소드 또는 프로퍼티 이름이 다르거나 특정 브라우저에서 제공하지 않는 것도 있다. 그러므로 IE와 Firefox에서 실행해 볼 것을 권한다. 특히 CSS는 같은 이름의 프로퍼티를 사용하더라도 브라우저마다 미묘한 차이가 나는 것도 있다.

이 책의 모든 소스는 IE와 Firefox 브라우저에서 테스트(Test)하였으며 이외의 다른 브라우저에서는 테스트하지 않았다. 브라우저에 '자바스크립트 사용하지 않음'으로 선택되어 있다면 이를 해제하여 자바스크립트를 사용할 수 있도록 한다.

▶ 서버 사이드(Server Side)

Tomcat 5.0.19에 상응하는 기능을 가진 웹 서버를 사용한다. prototypeJS는 1.5.0 버전 이상을 사용하면 된다. prototype은 자바스크립트에서 객체지향을 구현하는 매우 중요한 프로퍼티이다. 그런데 prototype 프레임워크와 이름이 같아 혼동되므로 prototype 프레임워크를 prototypeJS로 표기한다.

출판사 홈페이지에서 압축 파일을 다운로드받아 풀면 최상위 폴더가 'dom'으로 되어 있고, 이를 Tomcat의 webapps\ROOT\ 폴더 아래에 설치한다. 소스 코드에서 공통으로 사용하는 prototypeJS 파일과 domComm.css 파일은 dom 폴더에 설치하고 나머지 소스 코드는 각각의 폴더에 설치한다.

일부 소스 파일에만 서버와 통신하는 코드가 포함되어 있으므로 서버 환경에서 사용하지 않아도 된다. 하지만 이를 확인하는 것이 번거로운 면이 있으므로 서버에 소스를 설치하고 이를 사용하면 신경을 쓰지 않아도 된다.

2.2 코드 작성 기준

여기서는 이 책의 html 파일, css 파일, JavaScript 파일에 작성한 각종 코드의 작성 기준을 다룬다. 또 DOM 인터페이스를 설명하는 기준을 다룬다. 이는 일관성을 유지하기 위한 것이며 이를 통해 가독성을 향상시킬 수 있다.

이 책은 html 파일에 자바스크립트와 CSS를 작성하지 않는 것을 원칙으로 한다. 자바스크립트는 *.js 파일에 작성하고 CSS는 *.css 파일에 작성한다. 다만 특별한 설명을 위해 자바스크립트와 CSS를 HTML 파일에 작성한 것이 있다. html 파일의 확장자는 'html'을 사용한다.

DOM 인터페이스에 포함된 메소드와 프로퍼티에 대한 설명은 '프로퍼티, 메소드 → 시나리오 → [실행결과] → [소스 html] → [소스 css] → [소스 js] → 자바스크립트 코드 설명' 순서로 작성되어 있다. 경우에 따라서는 작성하지 않은 것도 있으며, [소스 html]과 [소스 css]는 전부 기재하지 않고 본문과 직접 연관된 부분만 게재하였다. 따라서 전체 소스 코드를 보려면 다운받은 소스 파일을 참조한다.

2.2.1 프로퍼티

DOM 인터페이스는 프로퍼티를 통해 인터페이스 형태의 오브젝트를 제공한다. 즉, 인터페이스 형태의 오브젝트가 제공하는 메소드와 프로퍼티를 사용할 수 있다. 따라서 이를 사용하려면 인터페이스 형태의 오브젝트를 제공하는 프로퍼티를 이해하는 것이 중요하다.

```
<div id="soccer">축구</div>
```

여기서 id를 속성(Attribute)이라고 하지만, 프로퍼티라고도 한다. 일반적으로 속성은 HTML 엘리먼트에 작성한 것을 의미하고, 프로퍼티는 DOM 인터페이스에서 제공하는 프로퍼티를 의미한다.

```
var divElement = document.createElement('div')
divElement.id = 'soccer'
```

여기서 id가 비록 HTML 엘리먼트의 속성이지만 이때에는 프로퍼티라고 칭한다. 이때의 id는 DOM 인터페이스에서 제공하는 프로퍼티이기 때문이다. id 프로퍼티에 'soccer'를 설정한다고 칭한다.

```
<p id="sport" style="border-style: solid; font-size: 20px;">스포츠</p>
```

위 코드는 HTML 도큐먼트에 작성했으므로 style은 속성이 된다. 그럼, font-size는 무엇이라고 하는가? style 속성의 font-size 속성인가? CSS에서는 font-size를 프로퍼티라고 하며 20px를 값이라고 한다. 이를 조합해보면 style 속성의 font-size 프로퍼티가 되고 20px가 속성 값이 아니라 프로퍼티 값이 된다. style 속성 값은 프로퍼티 전체를 망라한 것이 된다. 이와 같이 프로퍼티는 사용하는 곳에 따라 조금씩 차이가 있다.

DOM 인터페이스에 포함된 프로퍼티는 HTML 엘리먼트의 속성과는 다른 개념이다. 왜냐하면 HTML 엘리먼트의 속성은 엘리먼트를 정의하는 역할을 하지만, DOM 인터페이스의 프로퍼티는 다른 인터페이스를 포함할 수 있으며 이를 통해 또 다른 인터페이스를 제공할 수 있다. 즉, 계층적으로 연속해서 다른 인터페이스를 제공할 수 있다. 물론 이것이 전부는 아니다. 이 내용이 어렵게 느껴지거나 이해되지 않더라도 괜찮다. 이 책은 이 점을 다루는 책이다.

● **프로퍼티**

인터페이스	HTMLTableElement			
이름	형태	기능 개요	R/W	권장
bgColor	DOMString	셀의 배경색	RW	비권장
rows	HTMLCollection	table의 모든 행	R	

위의 표는 프로퍼티 개요를 작성하는 템플릿(Template)이다. 첫 번째 줄에 인터페이스 이름이 작성되어 있으며 다음 줄에 이름, 형태, 기능 개요, R/W, 권장이 작성되어 있다.

이름은 단어 의미 그대로 프로퍼티의 이름을 나타내고, 형태는 프로퍼티의 형태를 의미한다. 프로퍼티의 형태는 DOMString과 같이 문자열을 나타내는 것도 있고 HTMLCollection과 같이 인터페이스 형태의 오브젝트도 있다. 이 외에도 NodeList와 같이 다양한 형태가 있다.

기능 개요는 프로퍼티의 기능을 간단하게 설명한 것이다. R/W의 R은 Read의 약자로 프로퍼티 값을 읽기만 할 수 있다는 것을 의미하고, W는 Write의 약자로 프로퍼티에 값을 설정할 수 있다는 것을 의미한다. 권장은 DOM에서 권장 여부를 나타낸다. 첫 줄과 같이 '비권장'이 기재되어 있으면 HTML 4.01에서 권장하지 않는 프로퍼티를 의미한다. 따라서 이를 사용하지 않는 것이 좋다. 이 책에서는 비권장 프로퍼티는 다루지 않는다. 빈칸은 권장 프로퍼티를 의미한다.

2.2.2 메소드

프로퍼티는 그 자체에 값을 가지고 있거나 값을 설정할 수 있는 반면, 메소드는 엘리먼트를 생성하는 것과 같이 다른 결과를 창출하거나 실행한 결과를 반환한다. 메소드는 파라미터를 가질 수 있는 반면 프로퍼티는 파라미터를 가질 수 없다. 메소드는 이름 끝에 '( )'가 있지만 프로퍼티는 없다.

● **메소드**

인터페이스	Document		
이름	구분	형태	기능 개요
getElementById	파라미터	DOMString	엘리먼트 id
	반환	Element	엘리먼트 오브젝트, null
createElement	파라미터	DOMString	tag 이름
	반환	Element	엘리먼트 오브젝트

위의 표는 메소드 개요를 작성하는 템플릿이다. 첫 번째 줄에 인터페이스 이름을 작성하였고 다음 줄에 이름, 구분, 형태, 기능 개요를 작성하였다. 이름은 그야말로 메소드 이름을 나타내고, 구분은 파라미터와 반환으로 구분한다. 파라미터는 메소드를 호출할 때 넘겨주는 아규먼트(Argument)를 의미하고 반환은 메소드를 실행한 후 반환되는 값을 의미한다. 아규먼트와 파라미터는 같은 기능이며, DOM 스펙에서 주로 파라미터를 사용하고 있으므로 이 책에서도 파라미터를 사용한다.

형태는 파라미터 또는 반환되는 형태를 나타낸다. 파라미터 형태는 메소드의 파라미터에 지정하는 형태로, DOMString은 문자열을 의미하고 long는 숫자를 의미한다. 반환 형태에 '없음'으로 되어 있는 것은 반환 값이 없다는 것을 의미한다. 기능 개요는 메소드 기능을 간략하게 설명한 것이다.

getElementById( ) 메소드는 Document 인터페이스에 포함되어 있으며, 메소드의 파라미터에 지정한 id 속성 값을 가진 엘리먼트를 엘리먼트 오브젝트로 생성하여 반환한다. 만약 지정한 엘리먼트 id가 존재하지 않으면 null을 반환한다. 형태의 Element는 'Element 인터페이스 형태의 오브젝트'를 의미한다.

2.2.3 시나리오

간단한 애플리케이션이든 복잡한 애플리케이션이든 크기의 차이는 있지만 나름대로 흐름을 갖고 있다. 웹 페이지를 표시하면 사용자가 행동을 할 것이고 이때 사용자의 행동을 인식하기 위해 버튼을 사용한다고 할 때, 사용자가 버튼을 클릭하면 이에 대응하는 처리를 하게 된다. 이와 같이 애플리케이션의 흐름을 정의한 것을 이 책에서는 '시나리오'라고 한다.

● **시나리오**

---

1 시스템은 웹 페이지를 표시한다.
  1.1 'SSRuleList'에 click 이벤트를 설정한다.
2 사용자가 'SSRuleList' 버튼을 클릭한다.
  2.1 시스템은 css 파일에 작성한 셀렉터 수를 출력한다.
  2.2 시스템은 오브젝트 형태를 출력한다.

시나리오를 작성하는 방법은 요구분석에 속하는 사항이다. 시나리오를 작성함에 있어 '이것이 정석이다'라고 정해진 것은 없지만 그래도 나름대로 작성 방법이 있다. 필자가 작성한 방법은 유스케이스(Usecase) 형태를 띠고 있지만 아주 같지는 않다. 시나리오 작성 방법을 이해하기 위해서는 유스케이스에 대한 이해가 선행되어야 하는데 이는 이 책에서 다룰 범위가 아니므로 이에 대한 설명은 생략한다.

시스템은 웹 페이지를 표시한다. 이때 사용자가 'CSSRuleList' 명칭을 가진 버튼을 click 하면 이를 인식할 수 있도록 버튼에 click 이벤트를 설정한다. 웹 페이지에서 사용자가 버튼을 클릭하면 이벤트가 발생하게 되고, 시스템은 이를 받아서 css 파일에 작성한 셀렉터 수를 웹 페이지에 출력하고 반환된 값인 오브젝트 형태를 출력한다.

이와 같이 사례로 제시한 코드 전체가 하는 일련의 흐름과 기능을 개략적으로 작성하였다. 소스 코드가 긴 경우에는 일부분을 생략하여 간결하게 작성한 경우도 있다. 전체적인 시각에서 소스 코드의 흐름과 다루려는 주요 기능을 파악하는 것이 목적이다.

2.2.4 시나리오 실행결과 및 소스 코드

시나리오에 따라 실행하게 되면 웹 페이지에 결과가 출력된다. 이를 위해서는 html 파일, css 파일, js 파일이 필요하다. 이 순서에 따라 사례 코드를 게재하고 작성한 소스 코드를 설명한다.

● 실행결과 welcome

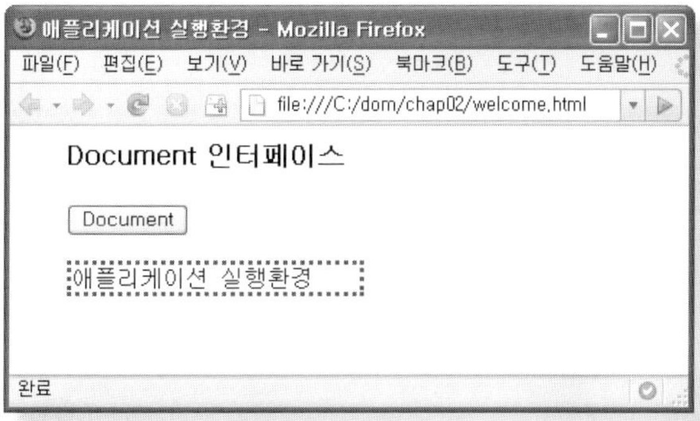

이 곳에 게재된 것은 애플리케이션을 실행한 결과이다. 'welcome'은 welcome.html에서 html을 제외한 것이다. 시나리오 순서에 따라 실행결과를 단계별로 게재하지 않고 최종 결과만 게재한다. 하지만 시나리오 순서에 따라 실행결과를 게재할 필요가 있는 경우에는 이를 게재하였다. Firefox 브라우저로 실행한 결과를 기본적으로 게재하고, IE 브라우저 실행 결과는 서로 다른 경우에만 게재하였다.

● 소스 welcome.html

```
<!DOCTYPE html PUBLIC "-//W3C//DTD XHTML 1.0 Strict//EN"
"http://www.w3.org/TR/xhtml1/DTD/xhtml1-strict.dtd">
<html xmlns="http://www.w3.org/1999/xhtml" lang="ko" xml:lang="ko">
<head>
   <meta http-equiv="Content-Type" content="text/html; charset=utf-8" />
   <title>애플리케이션 실행환경</title>
   <link rel="stylesheet" href="../commCSS.css" type="text/css" />
   <link rel="stylesheet" href="welcome.css" type="text/css" />
   <script language="javascript" type="text/javascript" src="../prototype_160.js"></script>
   <script language="javascript" type="text/javascript" src="welcome.js"></script>
</head>

<body>
<h1>Document 인터페이스</h1>
<div id="groupOne">
```

```
    <input type="button" id="okClick" value="Document" />
    <pre id="appl">애플리케이션 실행환경</pre>

    <br />
    <div id="showArea">
        <div id="show1"></div><br />
        <div id="show2"></div>
    </div>
</div>
</body>
</html>
```

html 파일의 코드를 게재하는 곳이다. 다음에서 볼 수 있듯이 </head> 태그 이전까지는 자바스크립트 파일을 제외하고 선언할 코드가 거의 같다. 따라서 이 부분은 여기서만 게재하고 다음부터는 특별한 경우에만 게재하기로 한다.

```
<!DOCTYPE html PUBLIC "-//W3C//DTD XHTML 1.0 Strict//EN"
"http://www.w3.org/TR/xhtml1/DTD/xhtml1-strict.dtd">
<html xmlns="http://www.w3.org/1999/xhtml" lang="ko" xml:lang="ko">
```

DOCTYPE은 XHTML 1.0을 사용하며 Transitional 모드를 사용하지 않고 Strict 모드를 사용한다.

```
<head>
<meta http-equiv="Content-Type" content="text/html; charset=utf-8" />
<title>애플리케이션 실행환경</title>
```

charset은 utf-8을 사용한다. 이 책에 게재된 모든 소스 파일(*.html. *.css, *.js, *.txt)은 utf-8로 저장되어 있다. <title> 엘리먼트에는 장 또는 절의 명칭을 작성하였다.

```
<link rel="stylesheet" href="../commCSS.css" type="text/css" />
```

CSS는 css 파일에 작성하고 이를 <link> 엘리먼트에 지정하는 방법을 취한다. '../'는 *.html 파일이 있는 폴더 위치를 기준으로 바로 위의 폴더를 나타내는 상대경로이며

commCSS.css 파일은 공통으로 적용되는 CSS를 포함하고 있다. 다루려는 것에 특별하게 CSS를 적용해야 하는 경우에는 별도의 css 파일을 사용하였으며, 이때 css 파일 이름은 html 파일 이름과 같다.

```
<script language="javascript" type="text/javascript" src="../prototype_ 160.js"></script>
<script language="javascript" type="text/javascript" src="welcome.js"></script> </head>
```

별도의 *.js 파일에 자바스크립트를 작성하고 <script> 엘리먼트에 지정한다. prototypeJS는 버전을 구분하기 위해 이 책에서 사용하는 버전인 1.6.0을 위와 같이 구분하여 지정한다. prototypeJS 바로 다음에 다루려는 코드가 작성된 자바스크립트 파일을 지정한다. 자바스크립트 파일은 확장자만 다를 뿐 html 파일 이름과 같다. 여기까지가 <head> 엘리먼트에 작성된 공통 사항이다.

```
<body>
<h1> Document 인터페이스 </h1>
<div id="groupOne">
```

<h1> 엘리먼트에 다루려는 주제의 제목을 작성한다. 대체적으로 인터페이스 이름, 메소드 이름, 프로퍼티 이름을 작성하였다. <div id="groupOne"></div> 엘리먼트는 다루려는 영역에 동일하게 CSS를 적용하기 위해 작성한 것이다.

```
<input type="button" id="okClick" value="Document" />
```

이 책의 사례는 대부분 html 파일을 실행시키면 바로 결과가 출력되지 않고 위와 같이 정의된 버튼을 클릭해야 결과가 출력된다. 또 okClick="firstRun()"과 같이 자바스크립트 코드는 HTML 파일에 작성하지 않고 별도의 자바스크립트 파일에 작성한다.

```
<div id="showArea">
   <div id="show1"></div><br />
   <div id="show2"></div>
</div>
```

<div id="showArea"></div>는 자바스크립트 파일에 작성한 코드의 실행 결과를 출력하는 영역이다. show1, show2는 실행한 결과를 출력할 엘리먼트이다. 출력할 항목이 많으면 'show'에 일련번호를 붙여 엘리먼트 id를 부여한다. 이렇게 사전에 엘리먼트를 작성하지 않고 자바스크립트에서 엘리먼트를 생성하여 출력하는 경우도 있다.

● 소스 welcome.css

```
#appl {
   width: 200px;
   border-style: dotted;
   border-color: #0000FF;
}
```

css 파일을 게재하는 곳이다. 일반적으로 CSS는 공통 파일인 commCSS.css를 사용하므로 게재하지 않지만, 특별하게 CSS를 사용하는 경우에는 이를 게재한다. 아울러 앞서 사용했던 css 파일을 다음 절이나 항에서 연속적으로 사용할 때에는 이를 게재하지 않았으며, 추가된 부분이 있을 경우에는 추가된 것만 게재하였다. 대부분 html 파일 이름과 css 파일 이름이 같지만 일부 다른 것도 있다.

● 소스 welcome.js

```
/*
window.onload = function () {
   var clickElement = document.getElementById('okClick');
   if (clickElement.addEventListener) {
      clickElement.addEventListener('click', Show.okClick, false);
   } else {
      clickElement.attachEvent('onclick', Show.okClick);
   }
}
*/

Event.observe(window, 'load', function() {
   $('okClick').observe('click', Show.okClick);
});
```

```
var Show = {
    okClick: function(event) {
    }
}
```

이 책의 자바스크립트 파일에 작성한 코드는 브라우저가 랜더링을 완료한 후 실행한다. 또, 이를 즉시 실행하는 것이 아니라 웹 페이지의 버튼을 클릭해야 실행된다. 이때 필요한 것이 이벤트 처리이다. 다소 성가신 면이 있지만 이는 의도적인 접근이다.

```
window.onload = function () {
   var clickElement = document.getElementById('okClick');
   if (clickElement.addEventListener) {
      clickElement.addEventListener('click', Show.okClick, false);
   } else {
      clickElement.attachEvent('onclick', Show.okClick);
   }
}
```

위 코드는 엘리먼트 id 속성 값이 'okClick'인 엘리먼트에서 click 이벤트가 발생하면 Show.okClick( ) 메소드를 실행하도록 이벤트 리스너를 설정한 것이다. addEvent Listener( ) 메소드는 DOM에서 제공하는 메소드이고 attachEvent( ) 메소드는 IE 브라우저에서 제공하는 메소드이다. 그런데 이와 같이 설정하면 코드가 길어지므로 다음과 같이 prototypeJS에서 제공하는 크로스 브라우저를 고려한 코드를 사용한다.

```
Event.observe(window, 'load', function() {
   $('okClick').observe('click', Show.okClick);
});
```

브라우저가 랜더링을 완료하자마자 실행되는 코드로 앞의 코드와 기능이 같다.

```
var Show = {
   okClick: function(event) {
}
```

Show는 오브젝트이며 okClick은 웹 페이지에서 버튼을 클릭했을 때 실행되는 메소드이다. 따라서 이 메소드에는 버튼을 클릭한 목적에 적합한 코드가 작성되어 있다. 즉, 본문과 관련된 메소드 또는 프로퍼티를 다루는 코드가 작성되어 있다.

2.3 자바스크립트 프레임워크 사용 목적

DOM이 출현하게 된 배경 중의 하나가 크로스 브라우저 문제에 대응하기 위함이다. 크로스 브라우저 문제는 하위 호환성과 상위 호환성으로 나눌 수 있다. 하위 호환성은 DOM을 발표하기 전의 것을 위한 것이고 상위 호환성은 앞으로 개발될 것을 위한 것이다. 즉, 기준을 설정하여 궁극적으로 크로스 브라우저 문제가 발생하지 않도록 하기 위함이다.

그런데 일부 브라우저가 이런 기준을 지키지 않아 크로스 브라우저 문제가 발생하고 있다. 예를 들어 DOM에 정의된 프로퍼티가 어떤 브라우저에는 없거나 다른 이름으로 정의되어 있다. 메소드 또한 마찬가지이다.

이런 어려움을 해결하기 위한 방법 중의 하나가 prototypeJS와 같은 프레임워크를 사용하는 것이다. prototypeJS는 다양한 크로스 브라우저 문제를 해결하고 있으며, 현재 해결하지 못한 것은 계속하여 업그레이드를 할 것이므로 이를 따라가면서 사용하면 된다. 개인이 이를 해결하기에는 시간이 많이 걸린다. prototypeJS를 이해해야 하는 점은 있지만 크로스 브라우저 문제와 관계된 지식을 습득하는 것보다 시간이 절약될 것이다. 특히 다양한 브라우저에 대응해야 한다면 더욱 효과적이다.

prototypeJS를 사용했던 경험이 있는 독자는 이해할 수 있지만, 코드를 보면 일반적으로 경험하지 못했던 크로스 브라우저 문제까지도 해결하고 있다. 이는 하루 아침에 만들어진 것이 아니며 한 사람에 의해 작성된 것이 아니다. 전세계 개발자가 테스트를 해 준 것이며 이를 반영한 결과이다.

이 책은 이런 차원에서 prototypeJS를 사용한다. 물론 prototypeJS 외에도 많은 프레임워크 또는 라이브러리가 있다. 그런데 prototypeJS를 사용하는 것은 전세계에서 가장 많이 사용하고 있으며 필자가 여러 프레임워크/라이브러리 중에서 이를 가장 잘 알고 있기 때문이다.

DOM에서 제공하는 메소드와 프로퍼티를 이해하면서 prototypeJS에 작성된 코드와 비교해 본다면 일석이조의 효과를 거둘 수 있다. DOM에서 제공하는 메소드와 프로퍼티를 개별적으로 다루어야 하는 책의 한계로 인해 파생되거나 영향을 미치는 코드에 대해서는 다룰 수 없다. 하지만 prototypeJS와 같이 본다면 관계된 부분을 파악할 수도 있고 다른 아이디어도 얻을 수 있다.

그렇다고 이 책에서 prototypeJS를 다루는 것은 아니다. DOM에서 제공하는 메소드와 프로퍼티에 관계된 극히 일부만을 다룬다. DOM의 메소드와 프로퍼티를 부가적으로 설명하기 위한 부분만 다룬다.

CHAPTER 03

DOM 개요

3장에서는 DOM이 출현하게 된 배경과 DOM 레벨을 살펴본다. DOM 레벨은 1레벨, 2레벨 3레벨로 구분되어 있으며 3레벨 중에는 발표만 하고 권고안이 제시되지 않은 것도 있다. DOM은 '권고'라는 단어를 사용하지만 일반적으로 이를 표준으로 받아들이고 있다. 개발자의 입장에서 이에 대한 차이와 대처 방안을 살펴본다.

DOM은 HTML 도큐먼트를 대상으로 한다. 물론 XML도 처리하지만 결국은 HTML 도큐먼트에 반영되어 사용자에게 제공된다. HTML 도큐먼트는 구조적인 형태를 띠고 있다. document를 최상위 레벨로 하여 좌, 우, 상, 하 형태의 구조를 갖는다.

▶▶ 3장 DOM 개요에서 살펴 볼 내용은 다음과 같다.

- DOM 출현 배경
- DOM 레벨
- DOM 권고와 표준
- DOM 트리

3.1 DOM 출현 배경

무엇인가 출현하게 된 것에는 그만한 이유와 타당성이 있듯이 DOM이 출현하게 된 것도 마찬가지이다. DOM 출현을 이해하기 위해서는 DOM을 출현시킨 단체가 웹에 관한 표준을 제정하는 W3C(World Wide Web Consortium)라는 점을 이해할 필요가 있다. W3C는 표준(Standard)이라는 용어를 사용하지 않고 권고(Recommendation)라는 용어를 사용하지만 이 단체에서 제시한 권고안은 실질적으로 표준 역할을 한다. 하지만 권고라는 단어에서 느낄 수 있듯이 강제적인 구속력을 갖지 않는다. 이런 배경으로 인해 여러 가지 문제점이 발생하고 있다.

1990년대 후반, IE 브라우저와 넷스케이프(Netscape) 브라우저가 브라우저 시장을 점유하기 위해 각축을 벌인, 소위 브라우저 전쟁이라고 일컬어지는 시기가 있었다. 시장 점유율을 높이기 위해 각 브라우저는 독자적인 기능을 브라우저에 포함시켰다. 이 시기에 웹 애플리케이션을 개발했던 독자는 기억이 나겠지만, 이로 인해 개발자들은 양 브라우저에 호환될 수 있도록 애플리케이션을 개발해야 했다. 이렇게 브라우저마다 기능이 다른 것을 크로스 브라우저 문제라고 하며 이를 해결하는 것을 크로스 브라우저 대응, 문제 해결 등으로 표현한다. 지금 와서 생각해보면 전쟁을 한 것은 브라우저 업체였지만, 이에 시달린 것은 개발자였다.

개발자들은 사용자가 브라우저에 관계없이 사용할 수 있도록 하기 위해 사용자가 사용한 브라우저를 체크해 이에 적합하도록 코드를 작성했다. 즉, 양 브라우저에서 실행되는 코드를 작성했다. 그러다 보니 개발 기간도 길어졌으며 이는 결국 비용으로 연계되었다. 또 코드의 가독성도 말이 아니었다. 지금도 약간은 그렇지만 크로스 브라우저 문제에 대응하는 것을 기술로 간주하기도 했다.

그러는 가운데 PC(Personal Computer) 자체에 IE 브라우저가 탑재되는 배경 등으로 인해 IE 브라우저의 시장 점유율이 높아졌으며 일부 개발자들도 IE 브라우저에 편중하여 개발하였다. 웹 페이지 하단에 '이 프로그램은 IE X.0에 최적화되어 있습니다'라는 글을 볼 수 있었는데 이는 다분히 넷스케이프 사용자의 항의를 피하려는 면피성 문장이라고 할 수 있다.

W3C DOM 사이트(http://www.w3.org/DOM/)에 가보면 첫 페이지에 나와 있는 소제목이 <DOM이란 무엇인가? 왜 DOM인가?>이다. 제목만 보더라도 그 당시의 크로스 브라우저 문제가 심각했던 것을 알 수 있으며 이를 해결하기 위해 DOM이 출현되었다는 것을 알 수 있다.

특히 'Dynamic HTML'을 볼 수 있는데 흔히 말하는 DHTML이다. 이는 IE 브라우저에서 제공하는 것으로 일부 개발자들이 DOM과 DHTML을 혼용하고 있는 것은 이를 이해하지 못하는 것에서 기인한다. DHTML과 DOM은 엄연히 다르다. DHTML은 표준이 아니며 DOM이 표준이다.

3.2 DOM 레벨

DOM 레벨 1, DOM 레벨 2, DOM 레벨 3과 같이 DOM은 세 번에 걸쳐 레벨을 발표했다. DOM 스펙에서도 사용하고 있지만 'DOM 레벨 0'이라고 부르는 레벨 아닌 레벨이 있는데, 이는 W3C에서 DOM을 정식으로 발표하기 전에 각 브라우저 업체에서 제공한 것을 의미한다. 이 책에서도 이를 구분하기 위해 'DOM 레벨 0'을 사용한다.

3.2.1 DOM 레벨 1

DOM 레벨 1은 1998년 10월에 처음 발표되었으며, 2000년 9월에 기능을 보강하여 같은 레벨로 발표하였다. DOM 레벨 1 스펙은 DOM Core 모듈과 DOM HTML 모듈만 정의되어 있다.

- DOM 레벨 1 Core
- DOM 레벨 1 HTML

DOM Core는 단어 의미 그대로 DOM의 핵심이 되는 인터페이스를 포함하고 있다. XML과 HTML 도큐먼트를 제어할 수 있는 기본적인 인터페이스를 제공한다. 즉, DOM 트리 구조를 제어할 수 있는 API를 제공한다.

DOM 레벨 1 HTML은 HTML 4.0 기준으로 HTML 엘리먼트의 속성 값을 추출하거나 설정할 수 있는 인터페이스를 제공한다. 즉, DOM Core 인터페이스에서 제공하는 메소드와 프로퍼티로 HTML 도큐먼트의 엘리먼트에 접근하며, DOM HTML 인터페이스에서 제공하는 메소드와 프로퍼티로 엘리먼트의 속성 값을 제어한다. 이와 같이 DOM Core와 DOM HTML 역할 분담 개념은 DOM 전체에 공통으로 적용된다.

DOM 레벨 1에 대한 자세한 내용은 http://www.w3.org/TR/2000/WD-DOM-Level-1-20000929/에서 제공하고 있으며 PDF File, zip File 형태로 제공하고 있다. DOM 레벨 1은 DOM 레벨 2에 포함되어 있으므로 굳이 DOM 레벨 1에 한정하여 살펴볼 필요는 없다.

3.2.2 DOM 레벨 2

DOM 레벨 2는 Core, HTML, Views, Style, Events, Traversal and Range와 같이 여섯 모듈로 구분되어 있다. DOM 레벨 1이 Core와 HTML만 지원하고 CSS와 이벤트를 지원하지 않았으므로 DOM을 적용하여 동적인 애플리케이션을 개발하기에는 한계가 있었다. 그래서 DOM 레벨 0과 DOM 레벨 1이 혼합된 형태의 애플리케이션이 개발되었으며 일부 개발자는 지금도 이 형태로 애플리케이션을 개발하고 있다. DOM 레벨 2로 인해 실질적으로 동적인 애플리케이션을 개발할 수 있게 되었으며 표준 개념을 적용할 수 있게 되었다는 데 큰 의미가 있다.

– DOM 레벨 2 Core
– DOM 레벨 2 HTML
– DOM 레벨 2 Views
– DOM 레벨 2 Style
– DOM 레벨 2 Events
– DOM 레벨 2 Traversal and Range

DOM 레벨 2 Core는 인터페이스의 추가보다는 DOM 레벨 1 Core의 기능을 향상시켰다고 할 수 있다. DOM 레벨 2 HTML은 XHTML 1.0을 위한 인터페이스를 제공한다는 것이 특징이다. 따라서 실질적으로 대소문자를 구분하게 된 것은 이때부터이고 본격적으로 XML 개념을 지원하게 되었다. 네비게이션(navigation) 형태의 웹에서 데이터 중심 형태로 전환할 수 있게 되었다.

DOM Views와 Style은 CSS와 관련된 인터페이스를 포함하고 있다. 즉, 표현을 제어할 수 있게 된 것이다. Views에는 단지 두 개의 인터페이스만 정의되어 있으며 최종적으로 웹 페이지에 반영된 CSS 값을 추출할 수 있다. Style은 웹 페이지에 CSS의 추가, 변경, 삭제를 제어하는 인터페이스를 포함하고 있다. 이를 통해 보다 유려하게 스타일을 표현할 수 있게 되었다.

DOM Events는 마우스를 클릭하면 이벤트가 발생하도록 이벤트를 실정하고, 마우스를 클릭하였을 때 이를 받아 처리하는 메소드를 지정하는 것과 같이 이벤트를 제어할 수 있는 인터페이스를 포함하고 있다. DOM Events로 인해 IE 브라우저의 DHTML 굴레에서 벗어나 실질적으로 DOM 표준 개념을 적용할 수 있게 되었다. IE 브라우저는 DOM 권고와 거의 같게 DOM 레벨 1을 지원했지만, DOM 레벨 2부터는 확연하게 다른 길을 걷기 시작했다.

Traversal and Range는 DOM 트리의 노드를 제어하기 위한 인터페이스를 제공한다. Traversal은 DOM 트리 구조의 노드를 보다 쉽게 처리하기 위한 인터페이스를 포함하고 있다. DOM Core에 DOM 트리 구조를 처리하기 위한 인터페이스가 있는데 이를 별도로 정의한 것은 DOM 트리 구조의 순환(이터레이트: iterate) 처리가 원활하지 않은 언어를 위함이다. Range는 범위를 지정해서 DOM 트리를 처리한다. DOM 트리의 특정 노드에서 특정 노드까지의 범위를 지정해서 일괄적으로 처리할 수 있다.

3.2.3 DOM 레벨 3

DOM 레벨 3은 크게 권고 스펙이 있는 것과 없는 것으로 구분할 수 있다. 2008년 1월 기준으로 권고 스펙이 있는 것과 없는 것은 다음과 같다.

권고 스펙이 있는 것

- DOM 레벨 3 Core
- DOM 레벨 3 Events
- DOM 레벨 3 Load and Save
- DOM 레벨 3 Validation
- DOM 레벨 3 XPath

권고 스펙이 없는 것

- DOM 레벨 3 Abstract Schemas
- DOM 레벨 3 View and Formatting

DOM 레벨 2가 XML 1.0 및 XML의 Namespaces를 지원하는 반면, DOM 레벨 3은 XML 1.1에 대응하고 XML Schema 1.0과 SOAP(Simple Object Access protocol)와 같

은 다른 W3C 권고에 사용되고 있는 XML Information Set와 연동하는 등 XML 기반을 보다 효과적으로 이용할 수 있게 되었다.

특히 DOM 레벨 3에서 키보드(Keyboard) 이벤트에 관한 인터페이스가 포함되었는데, '한글' 키 및 한글에서 한자로 변환하는 '한자' 키도 포함되어 있다. DOM 레벨 3은 아직 브라우저에 적용되지 않은 것도 있으므로 이 책에서는 DOM 레벨 2를 중심으로 다루며 DOM 레벨 3에서 Core와 Events의 일부를 다룬다.

3.2.4 hasFeature로 DOM 지원 레벨 체크

hasFeature( ) 메소드는 브라우저가 파라미터에 지정한 Feature와 레벨의 지원 여부를 반환한다. 지원하면 true를 반환하고 지원하지 않으면 false를 반환한다.

● **메소드**

인터페이스	DOMImplementation		
이름	구분	형태	기능 개요
hasFeature	파라미터	DOMString	feature
	파라미터	DOMString	version
	반환	Boolean	지원하면 true, 지원하지 않으면 false

모듈 및 Feature는 DOM 스펙에 정의되어 있는 것으로 Feature를 hasFeature( ) 메소드의 첫 번째 파라미터에 지정하고 DOM 레벨을 두 번째 파라미터에 지정한다.

● **시나리오**

1 시스템은 웹 페이지를 표시한다.
   1.1 'DOM 지원 체크'에 click 이벤트를 설정한다.
2 사용자가 'DOM 지원 체크' 버튼을 클릭한다.
   2.1 시스템은 hasFeature( ) 메소드 실행 결과를 출력한다.

● 모듈 및 Feature

모듈(Module) 명	Feature	DOM 레벨
Core	Core	2, 3
XML	XML	2, 3
HTML	HML	2
Views	Views	2
Style Sheets	StyleSheets	2
CSS	CSS	2
CSS2	CSS2	2
Events	Events	2, 3
유저 인터페이스 Events	UIEvents	2, 3
마우스(Mouse) Events	MouseEvents	2, 3
텍스트 Events	TextEvents	3
키보드 Events	KeyboardEvents	3
뮤테이션 Events	MutationEvents	2, 3
뮤테이션 이름 Events	MutationNameEvents	3
HTML Events	HTMLEvents	2, 3
Range	Range	2
Traversal	Traversal	2
Load and Save	LS	3
Asynchronous load	LS-Async	3
Validation	Validation	3
XPath	XPath	3

● 실행결과 hasFeature_Firefox

● 실행결과 hasFeature_IE

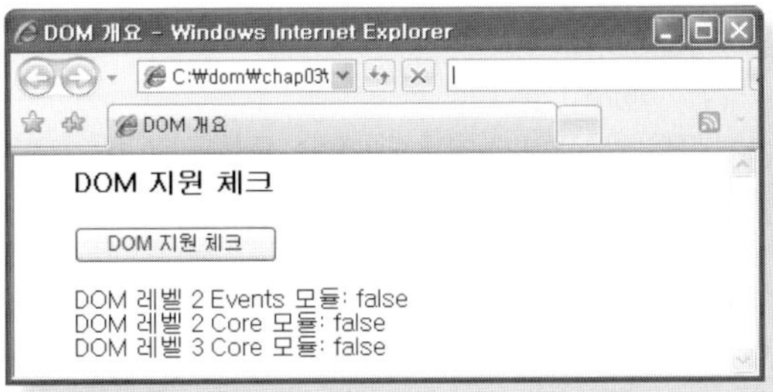

● 소스 hasFeature.js

```
window.onload = function () {
   var buttonClick = document.getElementById('okClick');
   if (buttonClick.addEventListener) {
      buttonClick.addEventListener('click', Show.okClick, false);
   } else {
      buttonClick.attachEvent('onclick', Show.okClick);
   }
}
var Show = {
   okClick: function(event) {
      document.getElementById('show1').innerHTML = 'DOM 레벨 2 Events 모듈: '     ❶
            + document.implementation.hasFeature('Events', '2.0');
      document.getElementById('show2').innerHTML = 'DOM 레벨 2 Core 모듈: '     ❷
            + document.implementation.hasFeature('Core', '2.0');
      document.getElementById('show3').innerHTML = 'DOM 레벨 3 Core 모듈: '
            + document.implementation.hasFeature('Core', '3.0');
   }
}
```

window.onload에 작성된 코드는 이벤트 처리를 위한 것이며 '7장 DOM 이벤트 모델'에서 다루고 있다. 이해를 돕기 위해 간단하게 기능 중심으로 살펴보면, 엘리먼트 id가 'okClick'이고 value가 'DOM 지원 체크'인 버튼을 클릭하면 Show.okClick( ) 메소드를 실행하도록 설정한다. 코드가 길어진 것은 이벤트를 설정하는 메소드가 브라우저마다 다르므로 실행한 브라우저를 체크하여 브라우저에서 지원하는 메소드가 실행되도록 작성했기 때문이다.

```
❶ document.getElementById('show1').innerHTML = 'DOM 레벨 2 Events 모듈: '
        + document.implementation.hasFeature('Events', '2.0');
```

hasFeature( ) 메소드의 첫 번째 파라미터에 'Events'와 같은 Feature를 문자열로 지정하고, 두 번째 파라미터에 DOM 레벨을 '2.0', '3.0' 형태로 지정한다. hasFeature( ) 메소드는 DOMImplementation 인터페이스에 정의되어 있지만 Document 인터페이스의 implementation 프로퍼티에 DOMImplementation 인터페이스 형태의 오브젝트로 설정되므로 이 프로퍼티를 지정해야 한다.

IE로 실행하면 show1에 false가 출력되고 Firefox로 실행하면 true가 출력된다. 이 결과는 IE가 DOM 레벨 2에 정의된 Events 모듈을 지원하지 않는다는 뜻이고 Firefox는 이를 지원한다는 뜻이다. 그렇다고 IE에서 Event 처리를 못하는 것은 아니다. 이에 대해서는 다음 절(3.3 DOM 권고와 표준)에서 다루고 있다.

```
❷ document.getElementById('show2').innerHTML = 'DOM 레벨 2 Core 모듈: '
        + document.implementation.hasFeature('Core', '2.0');
  document.getElementById('show3').innerHTML = 'DOM 레벨 3 Core 모듈: '
        + document.implementation.hasFeature('Core', '3.0');
```

Firefox로 실행하면 show2에 true가 출력되고 show3에 false가 출력된다. 이 결과는 DOM 레벨 2 Core 모듈은 지원하나 DOM 레벨 3 Core 모듈은 지원하지 않는다는 것을 의미한다. 따라서 DOM 레벨 3 Core 모듈에서 제공하는 메소드와 프로퍼티를 사용할 수 없다. 하지만 Firefox에서 일부 메소드와 프로퍼티는 지원하고 있으므로 이를 사용할 수는 있지만, IE에 이에 대응하는 메소드와 프로퍼티가 없다면 사용할 수 없다.

3.3 DOM 권고와 표준

앞(3.2.4)에서 보았듯이 IE 브라우저는 DOM 레벨 2 Events 모듈을 지원하지 않는다. 그렇다고 이벤트 처리를 할 수 없는 것은 아니다. 다만 DOM 레벨 2 Events 모듈을 지원하지 않는다는 뜻이다. 따라서 DOM 레벨 2 Events 모듈에 정의된 메소드와 프로퍼티를 기준으로 IE에서 대응하는 메소드를 찾아 실행한 브라우저에 따라 이벤트를 처리하도록 코드를 작성해야 한다. 만약 IE 브라우저에 대응하는 메소드와 프로퍼티가 없다면, DOM 제공 메소드와 프로퍼티가 IE 브라우저에서 실행이 안 되므로 사용할 수 없다.

DOM 권고를 준수하지 않으면 마치 표준을 준수하지 않은 것으로 간주되기도 한다. 물론 틀린 말은 아니지만 한 측면만 본 것이라고 할 수 있다. 왜냐하면 DOM에서 제공하는 메소드와 프로퍼티만 사용하면 IE 브라우저에서 실행이 안 되기 때문이며, 이와 같이 실용성이 없는 표준은 설득력이 약하다. 이는 IE 브라우저가 DOM 권고를 준수하지 않기 때문이지만 어디까지나 말 그대로 권고다. 현실적으로 IE 브라우저를 배제하고 웹 애플리케이션을 개발할 수 없다.

그렇다고 필자가 IE 브라우저를 두둔하려는 것은 아니다. 필자 또한 이 때문에 그 동안 수많은 어려움을 겪었으며 앞으로도 그럴 것 같다. 하지만 이것과 본질은 다르다. 즉, 현실을 감안해야 한다는 것이다. IE 브라우저가 이미 브라우저에 탑재된 메소드와 프로퍼티를 버리고 DOM 권고만 준수한다면 오래된 버전에서 개발되었던 애플리케이션을 사용할 수 없다. 그것과 DOM 권고를 모두 브라우저에 탑재하는 것도 어려움이 있을 것이다. 기존의 사용자가 혼동 없이 사용할 수 있도록 하다보니 현재와 같은 모습이 된 점도 있을 것이다. 한편 이와 상반된 다른 의도적인 목적도 있을 것이다.

▶ 그럼, 어떻게 할 것인가?

권고보다는 표준을 사용하는 현실을 감안할 때 표준의 의미를 현실에 맞게 해석할 필요가 있다. DOM에서 제공하는 메소드와 프로퍼티를 기준으로 각 브라우저에 이에 대응하는 메소드와 프로퍼티가 있다면 이를 표준에 포함시키고, 없다면 DOM 제공 메소드와 프로퍼티도 표준에 포함시키지 않는다. 그래야 실질적으로 모든 브라우저에서 애플리케이션이 실행된다. DOM 표준이라고 해서 이것만 사용해 애플리케이션을 개발하면

IE 브라우저에서 실행되지 않는다. 표준 사용의 궁극적인 목적과 현실을 조화시켜 실리를 취하자는 것이다. 바라는 바는 아니지만 어쩔 수 없다.

효율의 극대화를 위해 DOM 권고에 없다고 하더라도 모든 브라우저에 탑재되어 있는 메소드와 프로퍼티를 표준의 범주에 포함시킬 필요가 있다. 바로 대표적인 것이 innerHTML이다. innerHTML은 너무도 많이 사용하고 있으며 모든 브라우저에서 실행이 된다. 필자가 테스트한 결과이지만, 특정 조건(5.2.3 innerHTML 처리시간 참조)에서는 DOM 제공 메소드보다 처리 속도가 빨랐다.

사실 DOM 스펙을 보고 내용을 이해한다는 것은 어렵다. 그렇다고 DOM 스펙을 기준으로 하지 않으면 DOM 표준을 다룬다고 할 수 없으며, DOM 표준만 다루면 IE 브라우저에서 실행되지 않는다.

이 책은 DOM 스펙을 기준으로 메소드와 프로퍼티를 다룬다. 아울러 이에 대응하는 IE와 Firefox 브라우저의 메소드와 프로퍼티를 함께 살펴본다.

3.4 DOM 트리

DOM을 이해하려면 우선 DOM 트리를 이해해야 한다. HTML 도큐먼트는 구조적이고 계층적인 형태를 갖는다. 흔히 말하는 부모와 나, 나와 자식, 나와 형제 관계의 좌, 우, 상, 하 구조를 갖는다. 여기서 나, 자식, 형제 각각을 노드(Node)라고 하며 노드가 결집되어 DOM 트리가 형성된다. 또 노드는 엘리먼트 노드, 속성 노드, 텍스트 노드 등으로 구분된다.

DOM 인터페이스에 포함된 메소드와 프로퍼티는 DOM 트리에 노드를 추가하거나 삭제할 수 있으며 노드에 접근하여 값을 추출하거나 설정할 수 있다. 그런데 결국 이 결과는 HTML 도큐먼트에 반영되어 브라우저가 이를 랜더링하게 된다. 따라서 브라우저에 의존적이라고 할 수 있는데 DOM 트리를 인식하는 형태가 IE와 Firefox가 다르다는 것이 문제이다.

● 실행결과 domNode

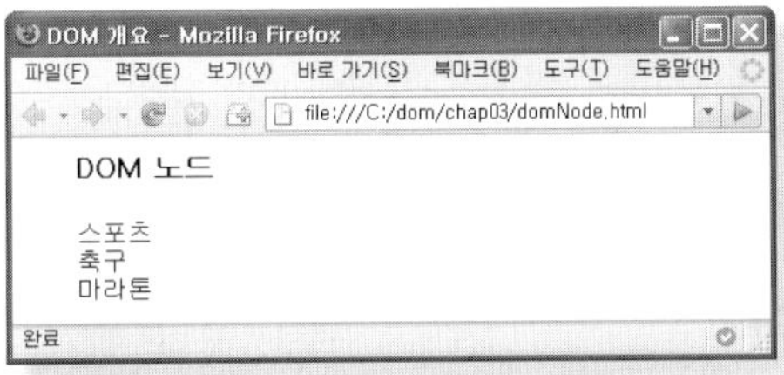

● 소스 domNode.html

```
<!DOCTYPE html PUBLIC "-//W3C//DTD XHTML 1.0 Strict//EN"
"http://www.w3.org/TR/xhtml1/DTD/xhtml1-strict.dtd">
<html xmlns="http://www.w3.org/1999/xhtml" lang="ko" xml:lang="ko">
<head>
   <meta http-equiv="Content-Type" content="text/html; charset=utf-8" />
   <title>DOM Core</title>
   <link rel="stylesheet" href="../commCSS.css" type="text/css" />
</head>

<body>
   <h1>DOM 노드</h1>
   <div id="groupOne">
      <div id="sport">스포츠
         <div id="soccer">축구</div>
         <div id="marathon">마라톤</div>
      </div>
   </div>
</body>
</html>
```

[실행결과 domNode]는 자바스크립트를 사용하지 않고 domNode.html만으로 실행한 결과이다. '스포츠 → 축구 → 마라톤'의 순서로 출력되어 축구를 기준으로 볼 때 스포츠가 부모 노드가 되고 마라톤이 자식 노드가 되는 것처럼 보이지만, domNode.html 파일에 작성한 것을 보면 그렇지 않다. 스포츠가 부모 노드인 것은 맞지만 마라톤은 자식

노드가 아니라 형제 노드이다. 그럼, html 파일에 작성한 것을 기준으로 DOM 트리를 작성하면 되는가? 결론부터 먼저 말하면 IE와 Firefox가 노드를 인식하는 기준이 다르므로 브라우저마다 다르게 작성해야 한다. 우선 IE를 살펴본 후 Firefox에 대해 살펴본다.

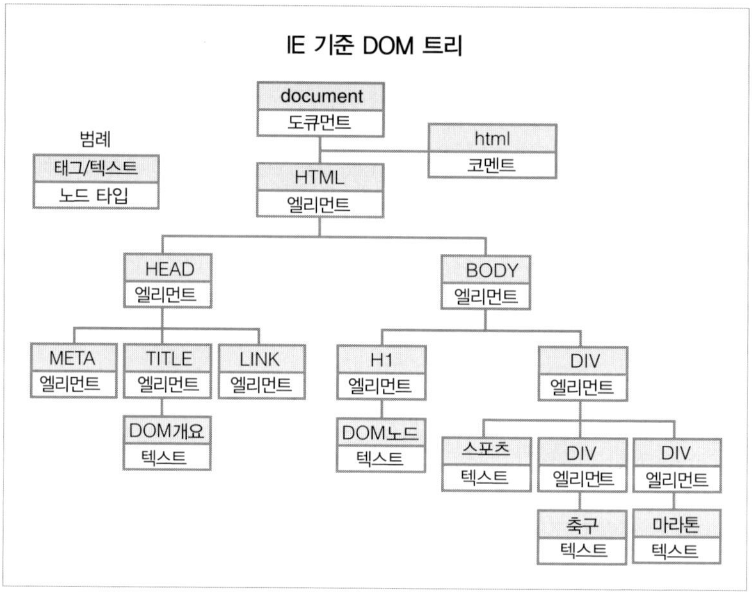

그림 3-1

위의 범례에 작성했듯이 하나의 노드는 태그/텍스트, 노드 타입으로 구분되어 있다. 텍스트 노드는 태그가 없으므로 그 자리에 텍스트를 작성하였다. 그림 3-1에서 눈 여겨 볼 것은 우측 하단의 '스포츠'가 <div>의 하위 레벨이라는 점이다. 즉, <div>스포츠</div> 형태는 각각의 노드를 갖는다. 아울러 축구와 마라톤도 마찬가지이다. 이와 같이 IE는 HTML 도큐먼트에 작성한 것이 DOM 트리를 구성하는 노드가 된다. 하지만 Firefox는 또 다른 것을 노드로 인식한다. 조금 더 정확하게 표현하면 눈에 보이지 않는 것도 노드로 인식한다.

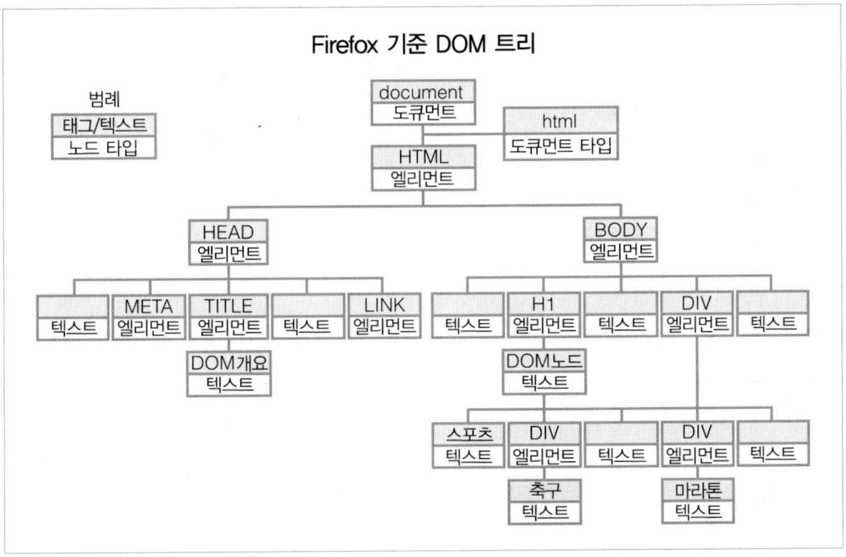

그림 3-2

IE는 스포츠(텍스트) → div(엘리먼트) → div(엘리먼트)로 자식 노드가 세 개인 반면, Firefox는 스포츠(텍스트) → div(엘리먼트) → 빈칸(텍스트) → div(엘리먼트) → 빈칸(텍스트)으로 자식 노드가 다섯 개이다. 사실 빈칸이 아니라 여기에 줄 바꿈 기호인 '₩n'이 있는데 Firefox는 이를 노드로 인식하기 때문에 노드가 늘어난 것이다.

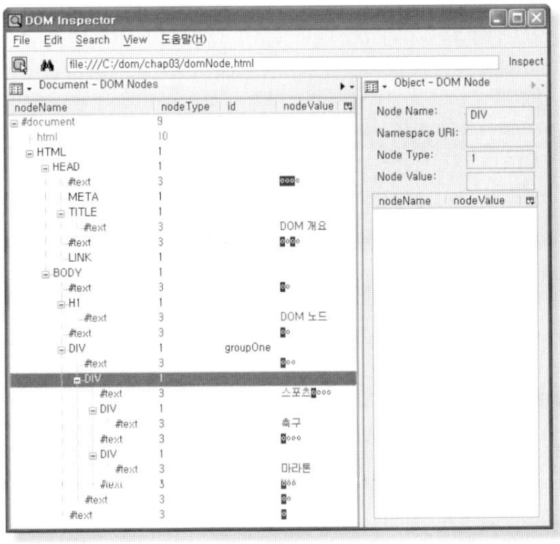

그림 3-3

그림 3-3은 Firefox에서 실행되는 DOM Inspector로 domNode.html을 전개한 것이다. 그림 3-3에서 볼 수 있듯이 '스포츠'와 같이 #text에 값(nodeValue)이 있는 것이 있는가 하면 그 위의 #text는 값이 없다.

이와 같이 구조가 다르면 DOM 트리를 처리할 때 어려움이 있다. 예를 들어 IE는 for() 문을 세 번 돌리면 자식 노드를 전부 추출할 수 있지만, Firefox는 다섯 번을 돌려야 한다. 또 실질적인 값을 추출하기 위해 '₩n'을 제외시켜야 한다. 그럼, Firefox는 무엇 때문에 '₩n'을 인식하는 것인가? 얼핏 보기에 html 파일에 작성한 것이 아닌 듯 하지만, 아니 땐 굴뚝에 연기가 나지 않듯이 틀림없이 어딘가에 작성되어 있다.

● 소스 domNodeConcate.html

```
<body>
   <h1>DOM 노드</h1>
   <div id="groupOne">
      <div id="oneLine">스포츠<div>축구</div><div>마라톤</div></div>
   </div>
</body>
```

줄을 바꿔서 <div>를 작성했던 것을 줄을 바꾸지 않고 연결하여 작성하였다. 이렇게 하면 Firefox에서 실행하더라도 그림 3-1과 같이 IE에서 실행한 형태와 같다.

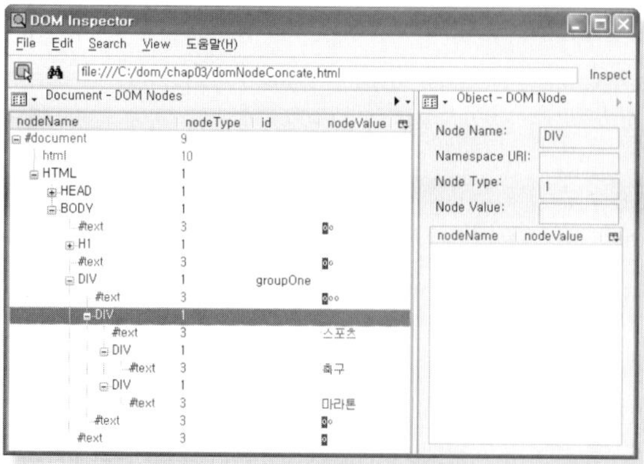

그림 3-4

그림 3–4를 보면 선택한 줄 아래의 div와 같은 레벨의 #text가 출력되지 않았다. 즉, '₩n'이 사라진 것이다. 그렇다고 이렇게 연속해서 작성하면 가독성이 떨어진다. 따라서 근본적으로 DOM에서 제공하는 틀을 유지하면서 이를 적절하게 제어해야 한다. 이에 대해서는 '5.1.1 childNodes, hasChildNodes'에서 다루고 있다.

DOM Core

PART 02

DOM Core 스펙에 정의된 인터페이스, 메소드, 프로퍼티는 Core 의미 그대로 DOM 처리에 있어 핵심이다. HTML 도큐먼트의 엘리먼트에 작성한 속성에 접근하기 위해서는 속성이 속한 엘리먼트를 엘리먼트 오브젝트로 생성해야 한다. 즉 엘리먼트 오브젝트를 생성하는 것이 DOM 처리의 시작이다.

서버에서 받은 데이터를 HTML 도큐먼트에 반영하려면 엘리먼트를 추가해야 한다. 아울러 기존의 엘리먼트에 데이터를 붙일 수도 있으며 삭제할 수도 있다. 이런 과정을 통해 자연스럽게 DOM 트리 구조가 변경된다. DOM 트리는 좌, 우, 상, 하 구조로 되어 있으므로 특정 노드를 기준으로 접근할 수 있다. DOM은 이를 위한 메소드와 프로퍼티를 제공한다.

▶▶ 2부 DOM Core는 다음과 같은 장으로 구성되어 있다.

- **4장** HTML 엘리먼트 오브젝트
- **5장** DOM 트리 제어
- **6장** HTML 엘리먼트 속성 제어

CHAPTER 04

HTML 엘리먼트 오브젝트

자바스크립트는 객체지향 언어이다. 그런데 Java와 같은 다른 객체지향 언어와는 객체(오브젝트)를 생성하는 방법이 다르다. 특히 다른 객체지향 언어의 상속과 자바스크립트의 상속은 개념에 차이가 있으며 실현 방법도 다르다. 자바스크립트의 prototype 프로퍼티는 자바스크립트로 객체지향을 실현하는 메커니즘을 제공한다.

엘리먼트에 속성 값을 설정하거나 설정된 값을 추출하기 위해서는 우선 엘리먼트를 엘리먼트 오브젝트로 생성해야 한다. 4장에서는 HTML 도큐먼트에 작성한 엘리먼트를 엘리먼트 오브젝트로 생성하는 메소드를 살펴본다.

▶▶ 4장 HTML 엘리먼트 오브젝트에서 다룰 주요 내용은 다음과 같다.

- prototype 기반 객체지향 언어
- 엘리먼트 오브젝트
- HTML 엘리먼트 오브젝트 생성

4.1 prototype 기반 객체지향 언어

객체지향 프로그래밍(OOP: Object Oriented Programming) 관점에서 보면 오브젝트 생성보다 인스턴스(Instance) 생성이 더 맞을 것이다. 하지만 자바스크립트를 정의한 ECMA 스펙에서 인스턴스도 사용하고 있지만 이를 통칭하여 오브젝트로 칭하고 있다. 이렇게 부르는 근본적인 이유는 자바스크립트가 prototype-based objected-oriented 언어이기 때문이다. 즉 자바스크립트는 prototype을 기반으로 하는 객체지향 언어이다.

자바와 같은 언어를 클래스(class) 기반 객체지향 언어라고 한다. 클래스는 메소드와 프로퍼티를 선언만 한 것이며 이 자체로 실행할 수 없으므로 인스턴스를 생성해야 한다. 하지만 prototype 기반 언어는 인스턴스를 생성하지 않아도 되며 선언하는 시점에 바로 실행할 수 있다.

var book을 선언하고 'DOM'과 같은 문자열 값을 설정하면 book은 변수가 되지만 'function'을 설정하면 오브젝트가 된다. 자바스크립트에 Date, Array 클래스와 같이 new 연산자로 오브젝트를 생성해야 하는 것도 있지만 아래와 같은 형태로도 사용할 수 있다.

```
var Show = {
   okClick: function() {
      메소드 기능과 관련된 코드
   }
}
```

Show는 오브젝트가 되며 okClick은 메소드가 된다. okClick() 메소드를 호출하기 위해 인스턴스를 생성하지 않아도 된다. Show.okClick() 형태로 작성하면 okClick() 메소드가 호출된다. 이 점이 클래스 기반 언어와 prototype 기반 언어의 차이점이다.

클래스 기반 언어는 사전에 컴파일(compile)을 해야 한다. 하지만 자바스크립트는 사전에 컴파일을 하지 않는다. 이런 메커니즘으로 인해 웹 애플리케이션을 매우 역동적으로 구현할 수 있다. 다양한 모든 기능을 컴파일 해 두지 않아도 되므로 필요한 시점에 선언해서 사용하면 된다. 따라서 사전에 정의된 형태가 아닌 유동적인 형태의 애플리케이션을 구현할 수 있다.

이것이 단점이 될 수도 있지만, 유동성이라는 장점을 살린다면 사용자 요구를 한층 더 만족시킬 수 있으며 다양한 사용자의 행동에 즉각적으로 대처할 수 있다. 이런 메커니즘을 실현할 수 있도록 하는 기술적인 바탕이 prototype 프로퍼티이다.

한편, DOM은 오브젝트를 생성해야 한다. 자바스크립트의 객체지향 방법은 DOM이 생성한 오브젝트를 포장하는 역할을 한다. DOM은 자바스크립트가 정의해 놓은 영역의 범주에서 움직여야 한다. HTML 도큐먼트에 있는 모든 엘리먼트를 추출하여 오브젝트를 만드는 것은 DOM이 하지만, for() 문을 반복하는 것은 자바스크립트이며, 이 코드는 자바스크립트로 정의한 오브젝트(메소드, 함수)에 위치한다. 이렇게 자바스크립트와 DOM은 상호 보완관계를 갖는다. 자바스크립트의 오브젝트와 DOM의 오브젝트가 다르다는 것에 대한 이해가 필요하다.

4.2 엘리먼트 오브젝트

HTML 도큐먼트에 무엇인가 변화를 주려면 HTML 도큐먼트에 작성한 엘리먼트를 오브젝트로 생성하거나 엘리먼트 오브젝트를 생성하여 HTML 도큐먼트에 추가해야 한다. 여기서는 이에 대해 살펴본다.

● **시나리오**

1 시스템은 웹 페이지를 표시한다.
  1.1 '실행결과 출력'에 click 이벤트를 설정한다.
2 사용자가 '실행결과 출력' 버튼을 클릭한다.
  2.1 시스템은 엘리먼트 오브젝트를 생성하고 그 결과를 출력한다.

● **실행결과 elementObject_Firefox**

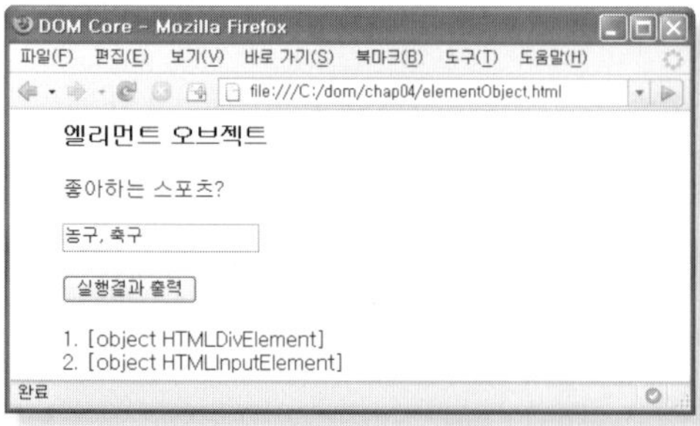

● **실행결과 elementObject_IE**

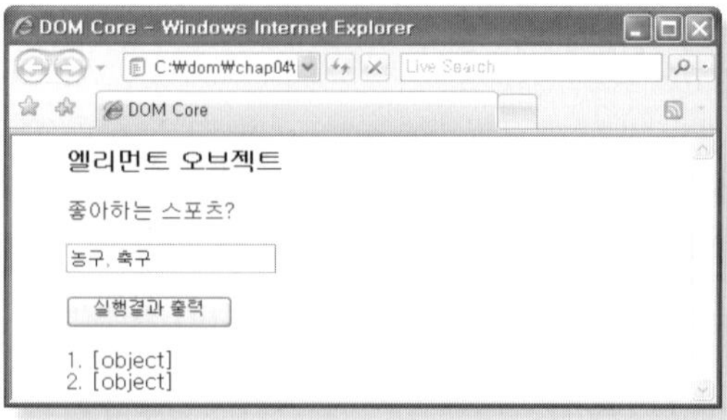

● 소스 elementObject.html

```
<div id="likeSport">좋아하는 스포츠?</div>
<input type="text" id="addSport" value="농구, 축구" />
```

본문과 직접 관계된 부분으로 각 엘리먼트에 지정한 id 속성 값으로 엘리먼트 오브젝트를 생성하고 그 결과를 출력한다.

● 소스 elementObject.js

```
var Show = {
   okClick: function(event) {
      var sportObject = document.getElementById('likeSport');
      var showOne = document.getElementById('show1');
      showOne.innerHTML = '1. ' + sportObject;
      var addSportObject = document.getElementById('addSport');
      var showThree = document.getElementById('show2');
      showThree.innerHTML = '2. ' + addSportObject;
   }
}
```

웹 페이지에서 '실행결과 출력' 버튼을 클릭하면 Show.okClick( ) 메소드가 실행된다. 버튼을 클릭한 것을 인식하기 위해서는 이벤트를 설정해야 하는데 이 부분은 게재하지 않았다.

IE로 실행하면 [실행결과 elementObject_IE]에서 볼 수 있듯이 [object]가 출력되며, Firefox로 실행하면 [실행결과 elementObject_Firefox]에서 볼 수 있듯이 [object HTMLDivElement]와 [object HTMLInputElement]가 출력된다. 비록 양 브라우저에 출력된 값은 다르지만 그래도 공통되는 단어가 있다. 바로 'object'이다. 즉 오브젝트를 생성한다는 것이다.

[실행결과 elementObject_IE]의 show1에 출력된 값인 object는 var sportObject = document.getElementById('likeSport')를 실행한 결과이므로 getElem entById( ) 메소

드의 파라미터에 id 속성 값을 지정하고 메소드를 실행하면 object가 반환된다는 뜻이 된다.

그럼, 왜 엘리먼트 오브젝트를 생성해야 하는가?

그 이유는 엘리먼트 오브젝트를 생성해야 DOM에서 제공하는 메소드와 프로퍼티를 사용할 수 있기 때문이다. 이를 생성해야 HTML 도큐먼트에 작성한 엘리먼트에 접근할 수 있으며, HTML 도큐먼트에 엘리먼트를 추가, 변경, 삭제할 수 있다. 이 점이 엘리먼트 오브젝트를 생성해야 하는 이유이다.

Firefox로 실행하면 HTMLDivElement, HTMLInputElement가 출력되는데 이를 총칭하여 '인터페이스 형태의 오브젝트'라고 부른다. 조금 더 자세하게 풀어 써 보면 'HTMLDivElement 인터페이스 형태의 오브젝트'가 된다. 이렇게 오브젝트를 생성함으로써 HTMLDivElement 인터페이스에서 제공하는 메소드와 프로퍼티를 사용할 수 있게 된다. 이 개념이 DOM의 핵심이라고 할 수 있다. 이 책에서 이 단어를 자주 접하게 될 것이다.

그렇다고 인터페이스를 오브젝트로 생성하는 코드를 작성해야 하는 것은 아니다. 인터페이스에서 제공하는 메소드를 사용하면 DOM이 이를 인식하여 관련된 인터페이스 형태의 오브젝트를 반환한다. document.getElementById('likeSport') 메소드를 실행했을 때 HTMLDivElement 인터페이스가 출력된 것은 likeSport가 <div> 엘리먼트의 id 속성 값이기 때문이다.

그림 4-1의 우측 창은 id 속성 값이 'likeSport'인 엘리먼트를 엘리먼트 오브젝트로 생성하여 sportObject에 할당하고 그 결과를 Firebug(http://www.getfirebug.com/)로 전개한 것이다. sportObject 오브젝트에 각종 메소드와 프로퍼티가 포함되어 있으며, id가 'likeSport'로 되어 있고 tagName은 DIV로 되어 있다.

그럼, 무엇 때문에 이 메소드와 프로퍼티가 중요한 것인가?

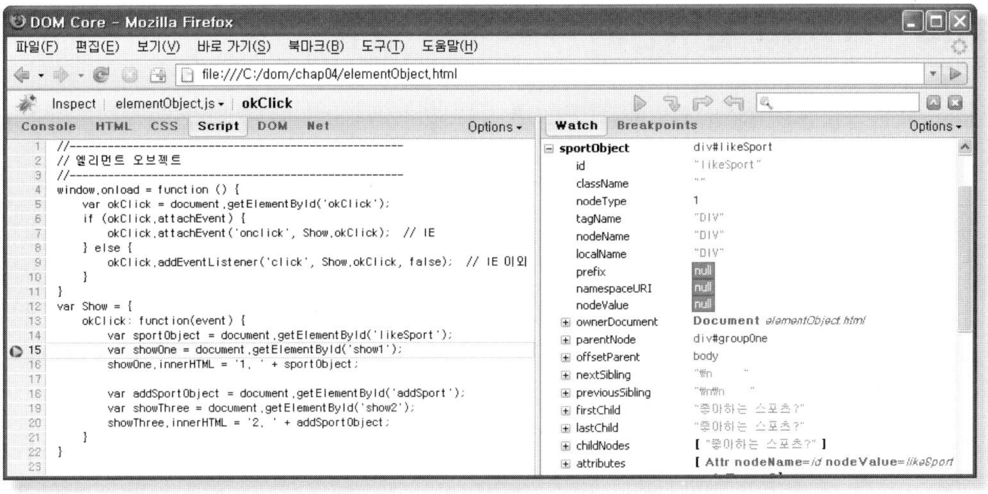

그림 4-1

엘리먼트에 따라 사용할 수 있는 프로퍼티와 메소드가 다르기 때문이다. 아래의 코드에서 <div> 엘리먼트와 <input> 엘리먼트에 공통된 속성도 있지만, type 속성과 같이 <input> 엘리먼트만의 고유 속성이 있다. 엘리먼트 오브젝트를 생성하면 엘리먼트에서 사용할 수 있는 프로퍼티와 메소드가 엘리먼트 오브젝트에 할당된다. 비록 값이 없다고 하더라도 값이 없는 상태로 할당된다. 즉 엘리먼트 오브젝트에 할당되지 않은 메소드와 프로퍼티를 사용할 수 없기 때문이다.

```
<div id="likeSport">좋아하는 스포츠?</div>
<input type="text" id="addSport" value="농구, 축구" />
```

그림 4-1의 우측 창 첫 라인에 'div#likeSport' 형태를 볼 수 있는데, 처음의 div는 <div> 엘리먼트를 의미하고 #likeSport는 id 속성 값이 likeSport인 것을 의미한다. 즉, id 속성 값이 likeSport인 <div> 엘리먼트를 의미한다. 이 책에서도 이와 같은 형태로 표기하여 엘리먼트를 지칭한다.

4.3 HTML 엘리먼트 오브젝트 생성

HTML 도큐먼트의 엘리먼트를 엘리먼트 오브젝트로 생성하기 위해서는 우선 대상이 되는 엘리먼트를 지정해야 한다. HTML 도큐먼트에서 엘리먼트를 유일하게 식별할 수 있는 것이 id 속성이다. 따라서 id 속성을 사용하면 생성하려는 엘리먼트를 쉽게 지정할 수 있다. id 속성 대신에 name 속성을 사용할 수도 있다. 복수의 엘리먼트에 name 속성을 사용할 수 있으므로 유일성은 떨어지지만, 이를 사용해서 엘리먼트 오브젝트를 생성할 수 있다.

또 태그 이름으로 엘리먼트 오브젝트를 생성할 수도 있다. 예를 들어 div를 지정하여 HTML 도큐먼트에 작성한 모든 <div> 엘리먼트를 엘리먼트 오브젝트로 생성할 수 있다. 여기서는 HTML 도큐먼트에 작성한 엘리먼트를 엘리먼트 오브젝트로 생성하는 방법에 대해 살펴본다.

4.3.1 getElementById

getElementById() 메소드는 파라미터에 지정한 id 속성 값과 같은 엘리먼트를 엘리먼트 오브젝트로 생성하여 반환한다. id 속성 값이 존재하지 않으면 null을 반환한다.

● **메소드**

인터페이스	Document		
이름	구분	형태	기능 개요
item	파라미터	DOMString	id 속성 값
	반환	Element	엘리먼트 오브젝트, null

● 실행결과 getElementById

● 소스 getElementById.html

```
<p id="sport">좋아하는 스포츠</p>
```

본문과 직접 관계된 부분으로 sport를 id 속성 값으로 지정하였다. getElementById() 메소드의 파라미터에 sport를 지정하여 엘리먼트 오브젝트를 생성하고, 생성한 엘리먼트 오브젝트를 사용하여 id 속성 값을 출력한다. 이 과정을 통해 getElementById() 메소드의 기능을 살펴본다.

● 소스 getElementById.js

```
window.onload = function () {
   var showSport = document.getElementById('sport');                                   ❶
   document.getElementById('show1').innerHTML = '1. 인터페이스: ' + showSport;

   var showOne = document.getElementById('show2');                                     ❷
   showOne.innerHTML = '2. 농구';

   document.getElementById('show3').innerHTML  = '3. 축구';                            ❸

   document.getElementById('show4').innerHTML = '4. 소문자: ' + showSport.id;         ❹
   document.getElementById('show5').innerHTML = '5. 대문자: ' + showSport.ID;
}
```

▶ 인터페이스 형태의 오브젝트

```
❶ var showSport = document.getElementById('sport');
  document.getElementById('show1').innerHTML = '1. 인터페이스: ' + showSport;
```

show1에 출력된 HTMLParagraphElement는 인터페이스 형태의 오브젝트이다. 따라서 showSport 엘리먼트 오브젝트에는 <p> 엘리먼트와 관계된 메소드와 프로퍼티가 할당되며, 이를 통해 HTMLParagraphElement 인터페이스가 제공하는 프로퍼티와 메소드를 사용할 수 있다.

▶ 엘리먼트 오브젝트 생성

```
❷ var showOne = document.getElementById('show2');
  showOne.innerHTML = '2. 농구';
```

HTML 도큐먼트에 작성한 <div id="show2"></div>에 '2. 농구'를 출력하는 코드이다. 이를 실행하게 되면 show2에 '2. 농구'가 설정되고, 결국 웹 페이지에 표시된다. div#show2에 값을 출력하기 위해 innerHTML 프로퍼티를 사용하였다. 이에 대해서는 '4.3.5 innerHTML과 textContent 차이'에서 다루고 있다.

이와 같이 HTML 도큐먼트의 엘리먼트에 값을 설정하기 위해서는 우선 getElementById() 메소드의 파라미터에 엘리먼트 id를 지정하여 엘리먼트 오브젝트를 생성한다. 그리고 생성한 엘리먼트 오브젝트를 오브젝트 위치에 지정하고 원하는 기능을 가진 프로퍼티 또는 메소드를 점(.)으로 연결한다.

▶ 한 줄에 이어서 작성

```
❸ document.getElementById('show3').innerHTML = '3. 축구';
```

위의 코드는 바로 앞에서 두 줄로 작성했던 것을 한 줄로 작성한 것이며 두 형태 모두 기능은 같다. 메소드 실행 결과를 변수에 할당하는 것은 이를 사용해서 또 다른 처리를 하기 위함이다. 즉, 재사용이 목적이다.

예를 들어 엘리먼트에 두 개의 속성 값을 설정한다고 할 때, 설정할 때마다 매번 document.getElementById()를 실행하는 것은 좋은 방법이 아니다. 엘리먼트 오브젝트를 변수에 할당하고 이를 계속하여 사용하면 그때마다 엘리먼트 오브젝트를 생성하지 않아도 된다.

엘리먼트 오브젝트를 한 번만 사용하려면 위의 코드와 같이 엘리먼트 오브젝트를 변수에 할당하지 않아도 된다.

▶ **대소문자를 구분**

❹
```
document.getElementById('show4').innerHTML = '4. 소문자: ' + showSport.id;
document.getElementById('show5').innerHTML = '5. 대문자: ' + showSport.ID;
```

show4에 출력된 값은 'sport'로 이 값은 showSport 엘리먼트 오브젝트의 id 프로퍼티 값이다. show5에 출력된 값은 undefined로 이는 id 프로퍼티가 showSport 엘리먼트 오브젝트에 없다는 것을 의미한다. 그런데, 두 코드를 자세히 보면 첫 번째 코드는 소문자로 'id'를 지정했으나 두 번째 코드는 대문자로 'ID'를 지정했다. 즉 프로퍼티 이름은 대소문자를 구분한다는 것이다. 여기서 id는 엘리먼트에 작성한 id 속성이 아니라 생성한 엘리먼트 오브젝트에 있는 프로퍼티 이름이다.

4.3.2 document 프로퍼티

document.getElementById('sport')에서 getElementById() 메소드의 오브젝트 위치에 document를 지정했는데, 이는 매우 중요한 의미를 갖는다. DOM에서 제공하는 메소드와 프로퍼티를 사용하기 위해서는 document 프로퍼티를 메소드 앞에 지정해야 한다. 왜냐하면 document가 최상위 레벨이기 때문이다. 즉, document 프로퍼티가 입구 역할을 한다.

● 실행결과 document_Firefox

DOM Core - Mozilla Firefox
파일(F) 편집(E) 보기(V) 바로 가기(S) 북마크(B) 도구(T) 도움말(H)
file:///C:/dom/chap04/document.html
document
1. document: [object HTMLDocument]
2. property 수: 142
3. : ATTRIBUTE_NODE, CDATA_SECTION_NODE, COMMENT_NODE, DOCUMENT_FRAGMENT_NODE, DOCUMENT_NODE, DOCUMENT_POSITION_CONTAINED_BY, DOCUMENT_POSITION_CONTAINS, DOCUMENT_POSITION_DISCONNECTED, DOCUMENT_POSITION_FOLLOWING, DOCUMENT_POSITION_IMPLEMENTATION_SPECIFIC, DOCUMENT_POSITION_PRECEDING, DOCUMENT_TYPE_NODE, ELEMENT_NODE, ENTITY_NODE, ENTITY_REFERENCE_NODE, NOTATION_NODE, PROCESSING_INSTRUCTION_NODE, TEXT_NODE, URL, addBinding, adoptNode, alinkColor, anchors, appendChild, applets, attributes, baseURI, bgColor, body, captureEvents, characterSet, childNodes, clear, cloneNode, close, compareDocumentPosition, compatMode, contentType, cookie, createAttribute, createAttributeNS, createCDATASection, createComment, createDocumentFragment, createElement, createElementNS, createEntityReference, createEvent, createExpression, createNSResolver,
완료

● 실행결과 document_IE

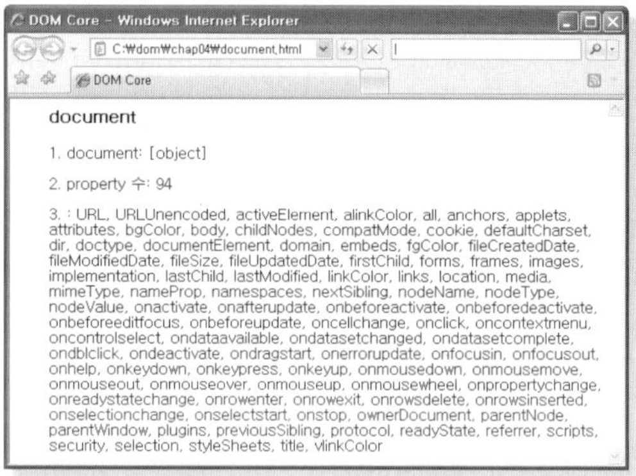
DOM Core - Windows Internet Explorer
C:₩dom₩chap04₩document.html
DOM Core
document
1. document: [object]
2. property 수: 94
3. : URL, URLUnencoded, activeElement, alinkColor, all, anchors, applets, attributes, bgColor, body, childNodes, compatMode, cookie, defaultCharset, dir, doctype, documentElement, domain, embeds, fgColor, fileCreatedDate, fileModifiedDate, fileSize, fileUpdatedDate, firstChild, forms, frames, images, implementation, lastChild, lastModified, linkColor, links, location, media, mimeType, nameProp, namespaces, nextSibling, nodeName, nodeType, nodeValue, onactivate, onafterupdate, onbeforeactivate, onbeforedeactivate, onbeforeeditfocus, onbeforeupdate, oncellchange, onclick, oncontextmenu, oncontrolselect, ondataavailable, ondatasetchanged, ondatasetcomplete, ondblclick, ondeactivate, ondragstart, onerrorupdate, onfocusin, onfocusout, onhelp, onkeydown, onkeypress, onkeyup, onmousedown, onmousemove, onmouseout, onmouseover, onmouseup, onmousewheel, onpropertychange, onreadystatechange, onrowenter, onrowexit, onrowsdelete, onrowsinserted, onselectionchange, onselectstart, onstop, ownerDocument, parentNode, parentWindow, plugins, previousSibling, protocol, readyState, referrer, scripts, security, selection, styleSheets, title, vlinkColor

● 소스 document.js

```
window.onload = function () {
    var docProperty = document;                                                    ❶
    document.getElementById('show1').innerHTML = '1. document: ' + docProperty;
    var docMember = [], propertyCount = 0;
    for (var member in docProperty ) {
        docMember[propertyCount++] = member;
    }
    document.getElementById('show2').innerHTML = '2. property 수: ' + propertyCount;   ❷
    document.getElementById('show3').innerHTML = '3. : ' + docMember.sort().join(', ');
}
```

❶
```
var docProperty = document;
document.getElementById('show1').innerHTML = '1. document: ' + docProperty;
```

Firefox로 실행하면 show1에 [object HTMLDocument]가 출력된다. 이것은 document 프로퍼티는 HTMLDocument 인터페이스 형태의 오브젝트를 반환한다는 뜻이다. HTMLDocument 인터페이스에 대해서는 '9.4 HTMLDocument'에서 다루고 있으므로 여기서는 DOM Core 관점에서 살펴본다.

HTMLDocument 인터페이스는 HTML 도큐먼트의 최상위 루트(Root) 인터페이스이며, HTML 도큐먼트에 작성되어 있는 모든 엘리먼트를 포함한다. 예를 들어 div#show1 엘리먼트에 접근하기 위해서는 HTMLDocument 인터페이스 형태의 오브젝트를 지정해야 한다. 그런데 이는 document 프로퍼티를 통해 제공하므로 document 프로퍼티를 지정하면 된다.

getElementById( ) 메소드의 앞에 document를 지정했다는 것은 getElementById( ) 메소드가 HTMLDocument 인터페이스에 있어야 한다는 것을 의미한다. 하지만 getElementById( ) 메소드는 Document 인터페이스에 있다. 그래도 getElementById() 메소드가 실행되는 것은 HTMLDocument 인터페이스가 Document 인터페이스를 상속받기 때문이다.

❷
```
document.getElementById('show2').innerHTML = '2. property 수: ' + propertyCount;
document.getElementById('show3').innerHTML = '3. : ' + docMember.sort().join(', ');
```

IE로 실행하면 show2에 94가 출력되고 Firefox로 실행하면 142가 출력된다. 출력된 값은 document에 포함되어 있는 프로퍼티와 메소드 수이다. show3에 출력된 값은 document 프로퍼티에 포함된 프로퍼티 이름을 정렬(Sort)한 것이다.

[실행결과 document_Firefox]에 createElement가 출력되었고 [실행결과 document_IE]에는 출력되지 않았다. 사실 createElement는 프로퍼티가 아니라 메소드이다. 그런데도 Firefox는 이를 프로퍼티로 인식하여 출력하였다. 이를 통해 양 브라우저가 프로퍼티를 인식하는 기준이 다르다는 것을 알 수 있다. 그래서 show2에 출력한 결과가 IE와 Firefox가 다르다.

4.3.3 getElementById 사용시 고려사항

getElementById( ) 메소드의 파라미터에 지정하는 id 속성 값은 HTML 도큐먼트에 하나만 존재해야 한다. 그런데 만약 HTML 도큐먼트에 다수의 id 속성 값이 존재하면 어떻게 될까? 실제로 이런 상황이 발생하면 에러(Error)를 찾기 위해 많은 시간을 소비하게 된다.

● 실행결과 idNotice_Firefox

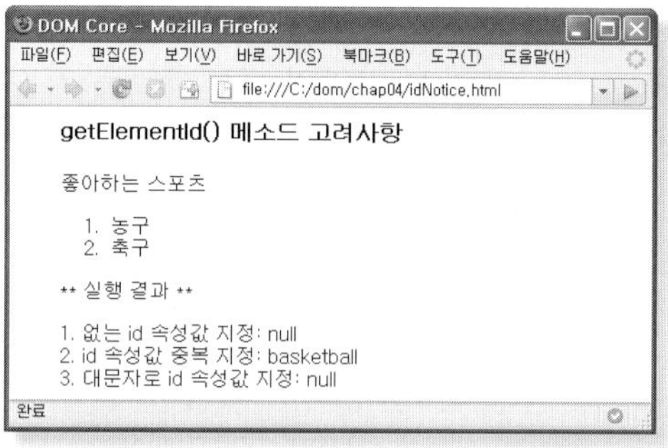

● 실행결과 idNotice_IE

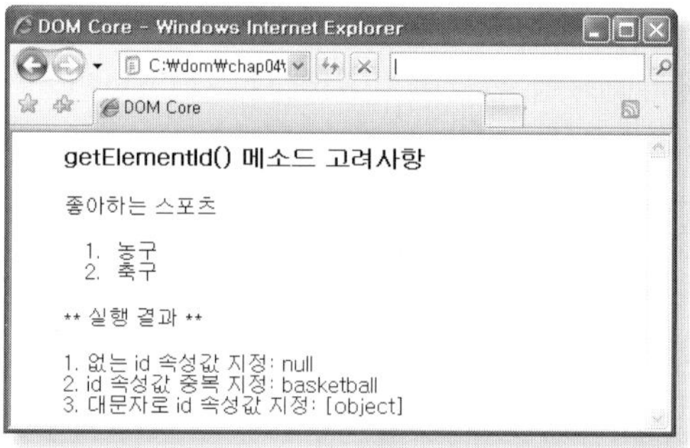

● 소스 idNotice.html

```
<p id="sport" class="sportClass">좋아하는 스포츠</p>
<ol>
   <li id="listOL" class="basketball">농구</li>
   <li id="listOL" class="soccer">축구</li>
</ol>
```

본문과 직접 관계된 부분으로 <p> 엘리먼트에 소문자로 id 속성을 작성하였으며 class 속성을 작성하였다. 두 개의 <li> 엘리먼트에 속성 값이 같은 id 속성을 작성하였으며 class 속성 값은 다르게 지정하였다. <li> 엘리먼트에 속성 값이 같은 id를 지정한 것은 의도적이다.

● 소스 idNotice.js

```
window.onload = function () {
   var elmtBook = document.getElementById('book');                                  ❶
   document.getElementById('show1').innerHTML = '1. 없는 id 속성 값 지정: ' + elmtBook;

   var listValue = document.getElementById('listOL').className;                     ❷
   document.getElementById('show2').innerHTML = '2. id 속성 값 중복 지정: ' + listValue;

   var elmtSport = document.getElementById('SPORT');                                ❸
   document.getElementById('show3').innerHTML = '3. 대문자로 id 속성 값 지정: ' + elmtSport;
}
```

▶ id 속성 값이 HTML 도큐먼트에 없으면 null을 반환

❶
```
var elmtBook = document.getElementById('book');
document.getElementById('show1').innerHTML = '1. 없는 id 속성 값 지정: ' + elmtBook;
```

show1에 출력된 값은 null이며, getElementById() 메소드의 파라미터에 지정한 'book'은 HTML 도큐먼트에 작성하지 않은 id 속성 값이다. 이와 같이 getElementById() 메소드는 HTML 도큐먼트에 없는 id 속성 값을 지정하더라도 에러가 발생하지 않고 null을 반환한다.

▶ 중복된 id는 먼저 작성한 id를 사용

❷
```
var listValue = document.getElementById('listOL').className;
document.getElementById('show2').innerHTML = '2. id 속성 값 중복 지정: ' + listValue;
```

show2에 출력된 값은 basketball이다. getElementById() 메소드의 파라미터에 지정한 id 속성 값이 'listOL'인 것을 HTML 도큐먼트에서 찾아보면 <li id="listOL" class="basketball">농구</li>와 <li id="listOL"class="soccer">축구</li>가 있다. 여기서 basketball이 출력되었다는 것은 HTML 도큐먼트에 작성한 순서를 기준으로 첫 번째 엘리먼트를 사용한다는 것을 의미한다.

▶ 대소문자 구분

❸
```
var elmtSport = document.getElementById('SPORT');
document.getElementById('show3').innerHTML = '3. 대문자로 id 속성 값 지정: ' + elmtSport;
```

getElementById() 메소드의 파라미터에 지정한 'SPORT'가 HTML 도큐먼트에 존재하지만 소문자가 아니라 대문자로 지정했다. 이 코드를 IE와 Firefox에서 실행하면 각각 다른 값이 출력되므로 브라우저별로 살펴볼 필요가 있다.

IE로 실행하면 show3에 [object]가 출력된다. 이것은 document.getElementById('SPORT')가 정상적으로 실행되었다는 것을 의미한다. 즉, IE 브라우저는 대소문자를 구분하지 않는다. Firefox로 실행하면 show3에 null이 출력된다. 정상적으로 실행이 되었다면 '[object HTMLParagraphElement]'가 출력되어야 한다. 즉, Firefox는 대소문자를 구분한다. 모든 브라우저에서 통용하려면 대소문자를 구분해서 지정해야 한다.

4.3.4 id와 name 속성의 차이

지금까지 getElementById( ) 메소드의 파라미터에 id 속성 값을 지정하였다. 그런데 id 속성 값 대신에 name 속성 값을 지정해도 된다고 생각할 수 있다. 물론 가능하지만 고려해야 할 사항이 있다. 여기서는 이에 대해 살펴본다.

● 실행결과 idName_IE

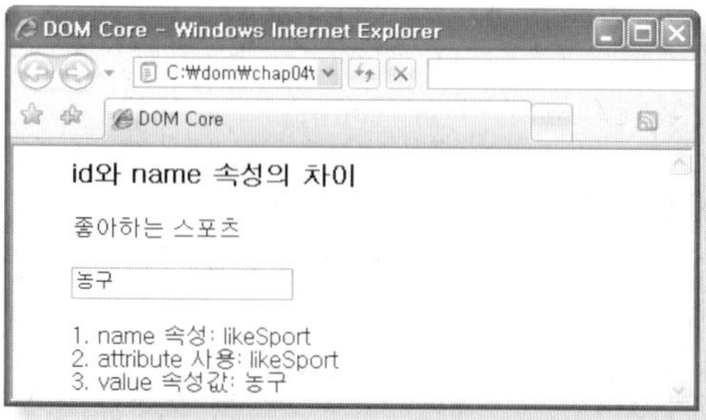

● 실행결과 idName_Firefox

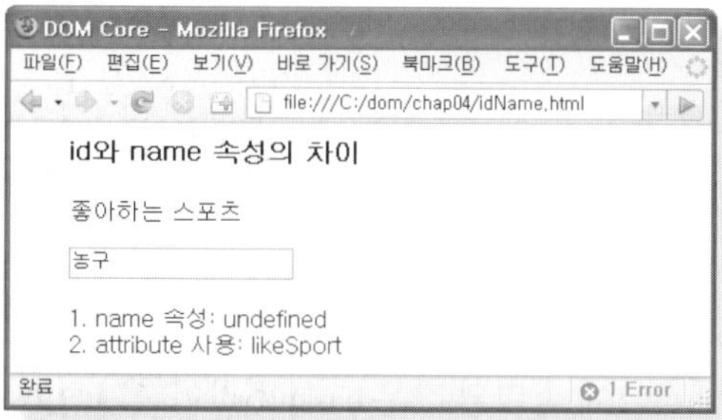

● 소스 idName.html

```
<p id="sport" name="likeSport">좋아하는 스포츠</p>
<input type="text" name="likeSport" value="농구" />
```

본문과 직접 관계된 부분으로 <p> 엘리먼트와 <input> 엘리먼트에 name 속성 값을 같게 지정하였다. 이렇게 작성한 것은 이를 통해 name 속성의 문제점을 살펴보기 위함이다.

● 소스 idNotice.js

```
window.onload = function () {
    var idSport = document.getElementById('sport');                                    ❶
    document.getElementById('show1').innerHTML = '1. name 속성: ' + idSport.name;

    var attrName = idSport.getAttribute('name');                                       ❷
    document.getElementById('show2').innerHTML = '2. attribute 사용: ' + attrName;

    var nameSport = document.getElementById('likeSport');                              ❸
    document.getElementById('show3').innerHTML = '3. value 속성 값: ' + nameSport.value;
}
```

우선 IE 브라우저로 실행한 결과와 Firefox 브라우저로 실행한 결과가 다르다. 특히 Firefox 브라우저는 3번을 출력하지 않았으면 에러가 발생하였다.

▶ name 프로퍼티로 name 속성 값 추출

❶
```
var idSport = document.getElementById('sport');
document.getElementById('show1').innerHTML = '1. name 속성: ' + idSport.name;
```

위 코드의 실행 대상이 되는 엘리먼트는 <p id="sport"name="likeSport">이다. getElementById( ) 메소드의 파라미터에 id 속성 값을 지정했으니 엘리먼트 오브젝트가 생성되는 것은 당연하다. [실행결과 idName_IE]의 1번에 name 속성 값으로 'likeSport'를 출력했지만, [실행결과 idName_Firefox]의 1번에는 undefined를 출력하였다. 이는 Firefox가 name 속성을 프로퍼티로 지원하지 않는다는 것을 의미한다.

❷
```
var attrName = idSport.getAttribute('name');
document.getElementById('show2').innerHTML = '2. attribute 사용: ' + attrName;
```

IE와 Firefox 모두 실행결과 2번에 name 속성 값인 likeSport를 출력하였다. 1번 출력에 사용했던 엘리먼트 오브젝트를 사용했으며 DOM 메소드인 getAttribute( ) 메소드를 사용하였다. 이와 같이 getElementById( ) 메소드로 생성한 엘리먼트 오브젝트는 name 프로퍼티를 제공하지 않으므로 getAttribute( ) 메소드를 사용해야 한다. getAttribute( ) 메소드는 '6.1.1 getAttribute'에서 다루고 있다.

▶ getElementById( ) 메소드 파라미터에 name 속성 값 지정

❸
```
var nameSport = document.getElementById('likeSport');
document.getElementById('show3').innerHTML = '3. value 속성 값: ' + nameSport.value;
```

위 코드의 실행 대상이 되는 엘리먼트는 <input type="text"name="likeSport"value="농구"/>이다. getElementById( ) 메소드의 파라미터에 id 속성 값을 지정하지 않고 name 속성 값을 지정하였다. IE로 실행하면 농구가 출력되지만 Firefox로 실행하면 에러가 발생한다. Firefox에서 에러가 나는 이유는 getElementById( ) 메소드로 생성한 nameSport에 null이 설정되기 때문이다.

IE에서 값이 출력되었지만 이 또한 생각해볼 것이 있다. HTML 도큐먼트에 name 속성 값이 likeSport인 것을 두 개 작성하였는데, 앞에 작성한 것이 아니라 뒤에 작성한 것이 선택되었다. getElementById( ) 메소드의 파라미터에 id 속성 값을 지정하면 앞에 작성한 것이 선택되는 것과는 반대이다.

이상의 결과를 볼 때 name 속성은 한계가 있고 크로스 브라우저 문제가 발생한다. 따라서 엘리먼트에 id 속성을 작성해야 한다. 그렇다고 name 속성을 사용하지 말자는 것은 아니다. name 속성은 그 나름대로 기능이 있으므로 id와 name 속성을 같이 엘리먼트에 작성할 것을 권한다. 이 책에서는 name 속성을 작성하지 않았는데 이는 소스의 가독성을 위한 것이다. 실제 사용할 애플리케이션에는 id와 name 속성을 작성하고 일반적으로 id 속성 값과 name 속성 값을 같게 지정한다.

4.3.5 getElementById 축약

지금까지 var listValue = document.getElementById('listOL').className 형태가 너무 길다는 느낌이 들었을 지도 모른다. 자바스크립트의 특징 중 하나가 줄을 바꾸지 않고 메소드와 프로퍼티를 점(.)으로 연결하여 한 줄에 작성할 수 있다는 것이다. 이 형태는 코드 라인수가 길 때 더욱 빛이 난다. 실행한 결과를 변수에 할당하지 않아도 되므로 물이 흘러가듯이 유연하게 코드를 작성할 수 있다.

이렇게 코드를 연결하기 위해서는 되도록이면 코드 길이가 짧아야 한다. 그래야 편집기가 넘쳐 뒷부분이 보이지 않게 되는 것을 피할 수 있으며 코드도 쉽게 읽을 수 있다. prototypeJS의 $( ) 함수는 document.getElementById( ) 메소드를 축약한 형태로 사용할 수 있어 이런 요구사항을 충족시킨다. 우선 코드를 살펴본다.

● 실행결과 $

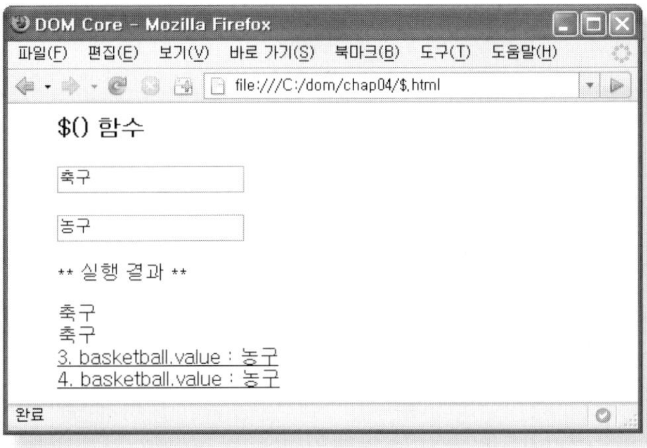

● 소스 $.html

```
<input type="text" id="soccer" value="축구" /><br /><br />
<input type="text" id="basketball" value="농구" />
```

본문과 관계된 부분으로 <input> 엘리먼트를 소문자로 작성하였으며 각 엘리먼트에 id와 value를 지정하였다.

● 소스 $.js

```
window.onload = function () {
   document.getElementById('show1').innerHTML = document.getElementById('soccer').value;   ❶
   $('show2').innerHTML = $('soccer').value;

   if ($('basketball').tagName.toLowerCase() == 'input') {   ❷
      $('show3').innerHTML = '3. basketball.value : ' +  $('basketball').value;
      $('show3').style.textDecoration = 'underline';
   }

   var objectBasketball = $('basketball'), objectShow4 = $('show4');   ❸
   if (objectBasketball.tagName.toLowerCase() == 'input') {
      objectShow4.innerHTML = '4. basketball.value : ' + objectBasketball.value;
      objectShow4.style.textDecoration = 'underline';
   }
}
```

document.getElementById('show1') 형태와 $('show1') 형태를 비교하여 장단점을 살펴본다.

▶ 축약 형태

```
❶ document.getElementById('show1').innerHTML = document.getElementById('soccer'). value;
  $('show2').innerHTML = $('soccer').value;
```

show1과 show2에 출력된 값은 '축구'로 같은 값이 출력되었다. 출력된 값이 같다는 것은 코드 기능이 같다는 뜻이다. document.getElementById('soccer').value와 $('soccer').value에서 'soccer'와 'value'를 제외시키면 document.getElementById()와 $()가 남게 되므로 결국 $()는 document.getElementById()를 축약한 형태이다.

$() 함수는 prototypeJS의 대표적인 축약 함수이며 prototypeJS 이외의 다른 Ajax 라이브러리에도 이와 비슷한 기능을 하는 축약 함수가 있다.

▶ 메소드와 프로퍼티의 연결

```
❷ if ($('basketball').tagName.toLowerCase() == 'input') {
     $('show3').innerHTML = '3. basketball.value : ' +  $('basketball').value;
     $('show3').style.textDecoration = 'underline';
  }
```

위 코드에서 가장 두드러진 것은 '$() 함수 + tagName 프로퍼티 + toLowerCase() 메소드' 형태로 메소드와 프로퍼티를 연결해 작성한 점이다. 자바스크립트는 이렇게 코드를 연결해서 작성할 수 있다. 처음 이 형태를 본 독자는 쉽게 눈에 들어오지 않겠지만 익숙해지면 그렇게 편할 수가 없다. 마치 실타래를 풀듯이 코드를 작성할 수 있기 때문이다.

if()문이 있는 첫 번째 줄을 읽어보면, $() 함수의 파라미터에 'basketball'을 지정하고 이를 실행하면 엘리먼트 오브젝트가 생성된다. 생성한 엘리먼트 오브젝트에 포함된 tagName 프로퍼티 값을 toLowerCase() 메소드를 실행하여 소문자로 변환한다. 그리고 변환된 값이 소문자로 'input'인가를 비교하고, 비교 결과가 true이면 if() 조건을 만족하게 되어 {코드}를 실행하게 된다.

이렇게 글을 읽듯이 앞에서부터 죽~ 읽어 나가면 된다. document.getElementById() 메소드를 사용하여 이런 코드를 작성할 수 없는 것은 아니지만 코드가 길어져서 가독성이 떨어지거나 한 줄에 작성할 수 없는 면이 있다.

▶ 리팩토링(Refactoring)으로 코드 정리

축약된 형태를 사용해서 코드 전체가 간단해졌지만 위 코드는 완전한 형태라고 볼 수 없다. 왜냐하면 함수를 중복해서 사용했기 때문이다. $('basketball') 함수와 $('show3') 함수를 두 번 실행한 점이 눈에 거슬린다. 결과를 출력하기에는 문제가 없지만, $() 함수를 두 번 실행하는 것은 엘리먼트 오브젝트를 두 번 생성하게 되므로 좋은 방법이 아니다. 한 번만 생성하도록 해야 한다.

```
❸ var objectBasketball = $('basketball'), objectShow4 = $('show4');
  if (objectBasketball.tagName.toLowerCase() == 'input') {
     objectShow4.innerHTML = '4. basketball.value : ' + objectBasketball.value;
     objectShow4.style.textDecoration = 'underline';
  }
```

show4에 출력된 값은 '농구'로 앞서 다루었던 show3에 출력된 값과 같다. 값이 같다는 것은 코드 기능도 같다는 의미이다. show3과 show4에 출력하는 코드를 비교하면 $() 함수를 한 번만 사용했다는 점이다. $() 함수를 실행하여 엘리먼트 오브젝트를 생성하고 생성된 엘리먼트 오브젝트를 사용하면 $() 함수를 두 번 실행하지 않아도 된다. 이 정도가 애플리케이션 실행 속도에 영향을 미치지는 않지만 그래도 쓸모 없는 실행은 할 필요가 없다.

앞으로 이 책에서는 document.getElementById() 대신에 $() 함수를 사용한다. $() 함수는 DOM 표준이 아니다. 그런데도 $() 함수를 사용하는 것은, 책의 폭이 한정되어 있어 코드가 길어지면 두 줄이 되어 가독성이 떨어지게 되므로 이를 최소화하기 위함이다.

▶ 함수와 메소드의 차이

$()를 메소드라고 하지 않고 함수라고 했던 것이 어색하게 들릴 수도 있다. 반면 함수라 하지 않고 메소드라고 하는 것이 어색하게 들릴 수도 있다. 이를 정리하기 위해 함수와 메

소드의 차이를 살펴본다. 자바스크립트에서 'function $(element) {코드}' 형태를 함수라고 하며 함수는 어떤 코드에서도 함수 이름만 지정하면 호출이 된다. 즉 독립적으로 실행할 수 있다.

하지만 메소드는 홀로 존재할 수 없고 반드시 오브젝트에 속해야 한다. 엘리먼트 오브젝트를 생성하는 것도 메소드가 오브젝트에 속해 있기 때문이다. 함수는 자바스크립트에 한정된 형태이지만, 메소드는 객체지향 언어의 공통적인 형태이다.

그럼, 자바스크립트는 함수 개념을 갖고 있고 지금까지 함수를 사용했는데 메소드를 구분해서 사용해야 하는 이유는 무엇인가? 우선 결론을 먼저 말하면 되도록이면 함수보다 메소드 사용을 권한다. 함수를 사용하면 많은 개발자가 참여하여 시스템을 개발할 때 중복된 이름이 발생할 수 있다. 이를 피하기 위해 의도적으로 함수 이름을 길게 지정하거나 이름을 명명하기 전에 다른 개발자의 사용 여부를 체크해야 한다. 특히 Ajax 애플리케이션은 CRUD(Create, Read, Update, Delete)를 하나의 자바스크립트 파일에 작성할 수도 있으므로 중복된 이름이 발생할 가능성이 높다.

이때 Create 오브젝트, Read 오브젝트와 같이 오브젝트로 분리하고 메소드를 작성하면 같은 이름의 메소드를 사용하더라도 중복이 발생하지 않는다. 대부분 하나의 오브젝트에 작성하는 메소드가 많지 않으므로 한눈에 중복여부를 파악할 수 있다.

그렇다고 함수가 단점만 있는 것은 아니다. 오브젝트를 지정하지 않아도 되므로 어디서라도 쉽게 호출할 수 있다. 이와 같이 Trade Off가 있으므로 메소드를 사용함에 있어 신중함이 요구되지만 객체지향으로 프로그램을 개발할 수 있다는 장점은 버릴 수 없다. 참조로 자바스크립트 차기 버전은 Java와 같은 객체지향 언어에서 사용하는 OOP 개념을 포함하고 있다.

4.3.6 innerHTML과 textContent 차이

$('show1').innerHTML = $('soccer').value에서 input#soccer에 입력한 값을 웹 페이지에 출력하기 위해 innerHTML 프로퍼티를 사용했지만, 사실 이 프로퍼티는 DOM 스펙에

정의되어 있지 않으므로 DOM 표준이 아니다. 그런데 이렇게 사용할 수 있는 것은 모든 브라우저에서 이 프로퍼티를 제공하기 때문이다.

● 실행결과 innerHTML_IE

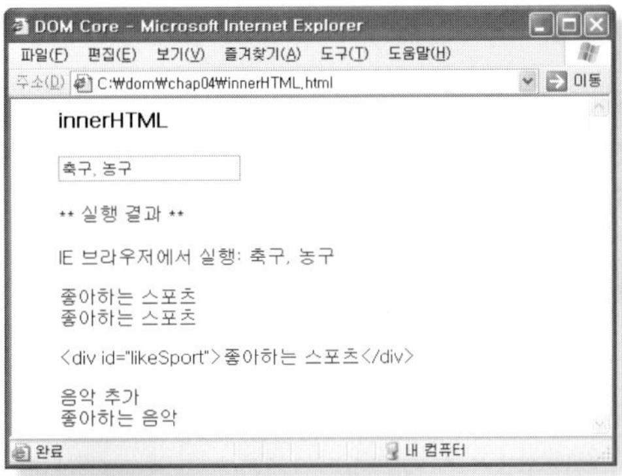

● 실행결과 innerHTML_Firefox

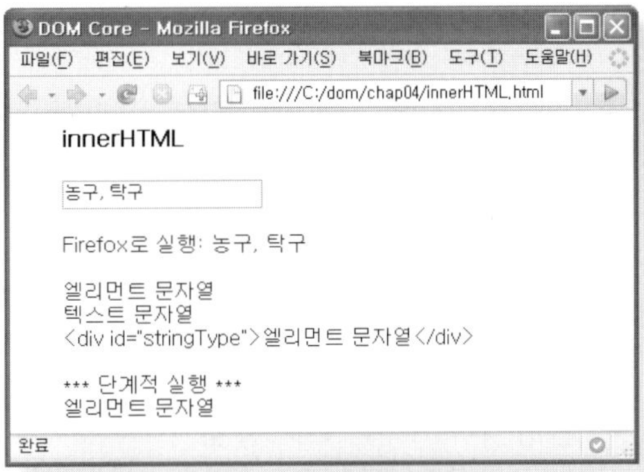

● 소스 innerHTML.html

```
<input type="text" id="soccer" value="축구, 농구" />
```

본문과 직접 관계된 부분으로 value 속성 값을 출력하는 방법을 살펴본다.

● 소스 innerHTML.js

```
window.onload = function () {
   var gecko = false;
   if (Prototype.Browser.Gecko) {gecko = true;}                          ❶
   if (gecko) {                                                            ❷
      $('show1').textContent = 'Firefox로 실행: ' + $('soccer').value;
   } else {
      $('show1').innerText = 'IE로 실행: ' + $('soccer').value;
   }

   var stringElement = '<div id="stringType">엘리먼트 문자열</div>';     ❸
   $('show2').innerHTML = stringElement;
   $('show3').innerHTML = '텍스트 문자열';
```

```
    if (gecko) {                                                        ❹
        $('show4').textContent = stringElement;
    } else {
        $('show4').innerText = stringElement;
    };

    var divElement = document.createElement('div');                     ❺
    divElement.setAttribute('id', 'stringType');
    var stringText = document.createTextNode('엘리먼트 문자열');
    divElement.appendChild(stringText);
    document.getElementById('show5').appendChild(divElement);
}
```

▶ 실행 브라우저 체크 방법

❶ `if (Prototype.Browser.Gecko) {gecko = true;}`

Prototype.Browser.Gecko는 prototypeJS에서 제공하는 프로퍼티로 애플리케이션을 실행하고 있는 브라우저가 Gecko 계열인가를 체크한다. 이 책은 IE와 Gecko 계열의 Firefox 브라우저를 대상으로 하고 있으므로 Firefox 브라우저로 실행한 것을 체크한 것이 된다. 참고로 아래의 코드가 Gecko 계열의 브라우저를 체크하는 prototypeJS의 코드이다.

```
var Prototype = {
    Browser: {
        Gecko:  navigator.userAgent.indexOf('Gecko') > -1 &&
                navigator.userAgent.indexOf('KHTML') == -1
    }
}
```

Firefox 브라우저 실행여부를 먼저 체크한 것은 Firefox 브라우저가 DOM 표준을 대부분 준수하고 있기 때문이다. 즉 DOM 표준을 먼저 살펴보고 이에 대응하는 IE 브라우저의 메소드와 프로퍼티를 살펴보기 위함이다. 앞으로도 이와 같이 DOM 표준을 먼저 다룰 것이다.

▶ textContent와 innerText

```
❷ if (gecko) {
     $('show1').textContent = 'Firefox로 실행: ' + $('soccer').value;
  } else {
     $('show1').innerText = 'IE로 실행: ' + $('soccer').value;
  }
```

textContent 프로퍼티는 프로퍼티에 설정한 값을 문자열로 출력한다. DOM Core 레벨 3에서 처음 발표되었으며 Node 인터페이스에 정의되어 있다. IE 브라우저는 이 프로퍼티를 제공하지 않고 이에 상응하는 innerText 프로퍼티를 제공한다. 따라서 실행한 브라우저를 체크하여 브라우저에서 제공하는 프로퍼티를 사용해야 한다.

▶ 실행결과를 반영하는 innerHTML

```
❸ var stringElement = '<div id="stringType">엘리먼트 문자열</div>';
  $('show2').innerHTML = stringElement;
  $('show3').innerHTML = '텍스트 문자열';
```

show2와 show3에 출력된 값은 문자열이다. 하지만 출력 대상이 되는 데이터 형태는 다르다. show3의 출력 대상은 단순한 문자열이지만 show2의 출력 대상은 엘리먼트 형태를 가진 문자열이다. 다음의 그림 4-2는 위 코드를 실행한 결과가 HTML 도큐먼트에 어떤 영향을 미치는지 알아보기 위해 DOM Inspector로 HTML 도큐먼트 구조를 펼쳐본 것이다.

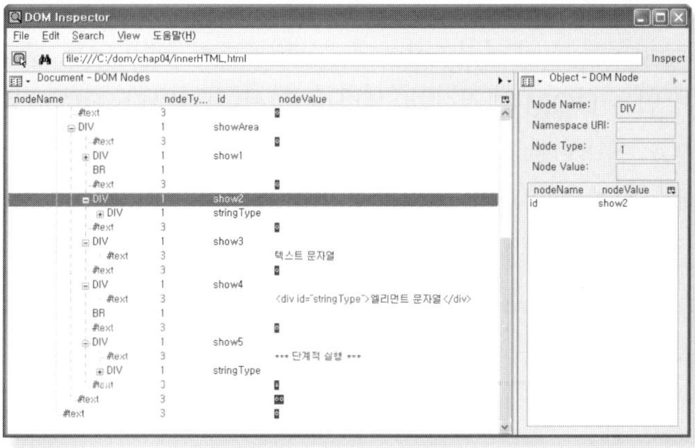

그림 4-2

그림 4-2를 보면 좌측 창의 선택된 줄 아래에 <div id="stringType">이 있으며, 바로 그 아래에 '엘리먼트 문자열'이 있다. 이것은 처음에 HTML 도큐먼트에 없었던 것으로 $('show2').innerHTML = stringElement를 실행함에 따라 추가되었다.

또 그 아래를 보면 <div id="show3">텍스트 문자열</div>가 있는데, 이는 <div id="show3"></div>가 있는 상태에서 '텍스트 문자열'만 설정한 것이다. 이 결과를 볼때 innerHTML 프로퍼티는 프로퍼티에 설정된 값을 실행하여 그 결과를 HTML 도큐먼트에 반영한다는 것을 알 수 있다. 자바스크립트의 eval() 함수와 기능이 비슷하다.

▶ textContent와 innerHTML

```
❹ if (gecko) {
     $('show4').textContent = stringElement;
  } else {
     $('show4').innerText = stringElement;
  }
```

그럼, '<div id="stringType">엘리먼트 문자열</div>'를 문자열로 출력하려면 어떻게 해야 하는가? show4에 엘리먼트를 포함한 문자열이 그대로 출력되었다. 즉, innerHTML 프로퍼티는 프로퍼티의 값을 실행하여 그 결과를 반영하지만, textContent와 innerText 프로퍼티는 프로퍼티의 값을 그대로 출력한다.

▶ DOM 정석

innerHTML 프로퍼티를 사용해서 '<div id="stringType">엘리먼트 문자열</div>'를 한 번에 수행하는 방법은 DOM 관점에서 본다면 정석이 아니다. <div> 엘리먼트 생성 → id 속성 값 설정 → '엘리먼트 문자열' 설정과 같이 단계적으로 수행하는 것이 DOM 방식이다. DOM에는 이렇게 한번에 다수를 수행할 수 있는 메소드와 프로퍼티가 없다.

DOM 방법으로 '<div id="stringType">엘리먼트 문자열</div>'를 div#show5 엘리먼트에 설정하기 위해서는 다음과 같이 작성해야 한다. 여기에 작성된 메소드와 프로퍼티는 계속 다룰 것이므로 이해하지 못해도 괜찮다.

```
❺ var divElement = document.createElement('div');
  divElement.setAttribute('id', 'stringType');
  var stringText = document.createTextNode('엘리먼트 문자열');
  divElement.appendChild(stringText);
  document.getElementById('show5').appendChild(divElement);
```

그럼, DOM은 왜 단계적으로 하나씩 실행하도록 하는 것일까? DOM을 제정했던 사람들이 한번에 실행하면 좋다는 것을 모르지 않을 것이다. 필자가 그 사람들의 생각을 들은 것이 아니므로 개인적인 생각을 전제로 하지만, DOM은 기본적으로 인터페이스 형태이며 자바스크립트뿐만 아니라 자바와 같은 다른 언어에서도 DOM을 사용할 수 있어야 한다. 또 XML 데이터도 처리해야 한다.

인스턴스를 생성하고 메소드를 호출하는 객체지향 언어 형태는 단계적으로 하나씩 실행해야 한다. 이 점이 DOM에 innerHTML을 포함시키지 못하는 이유가 될 수 있다. W3C가 DOM에 innerHTML을 포함시킬 수도 있지만 DOM Core 레벨 3에 포함시키지 않은 것을 볼 때 채택을 하더라도 시간이 걸릴 것이다. 어쩌면 DOM의 근본적인 구조로 인해 채택하지 않을 수도 있다.

4.3.7 NodeList 인터페이스

NodeList 인터페이스는 NodeList 인터페이스 형태의 오브젝트를 처리하기 위한 length 프로퍼티와 item() 메소드를 제공한다.

● **프로퍼티**

인터페이스	NodeList			
이름	형태	기능 개요	R/W	권장
length	long	NodeList의 노드 오브젝트 수	R	

● **메소드**

인터페이스	NodeList		
이름	구분	형태	기능 개요
Item	파라미터	long	인덱스
	반환	Node	인덱스 번째의 노드 오브젝트

● **실행결과 nodeList**

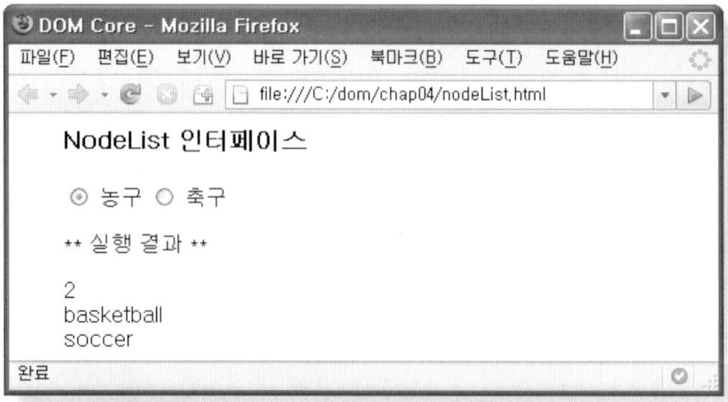

● **소스 nodeList.html**

```
<input type="radio" id="basketball" name="likeSport" value="1" checked />
   <label for="basketball">농구</label>
<input type="radio" id="soccer" name="likeSport" value="2" />
   <label for="soccer">축구</label>
```

본문과 직접 관계된 부분으로 <input> 엘리먼트의 name 속성에 likeSport를 지정했다. 따라서 name 속성 값을 지정하여 엘리먼트를 추출하면 두 개의 엘리먼트가 추출된다.

● **소스 nodeList.js**

```
window.onload = function () {
   var likeSportName = document.getElementsByName('likeSport');
   $('show1').innerHTML = likeSportName.length;
   $('show2').innerHTML = likeSportName[0].id;
```

```
    $('show3').innerHTML = likeSportName.item(1).id;
}
```

getElementsByName( ) 메소드는 HTML 도큐먼트에서 파라미터에 지정한 name 속성 값과 같은 엘리먼트를 모두 추출하여 NodeList로 반환한다. 이에 대해서는 바로 다음 절에서 다루고 있으므로 여기서는 NodeList 인터페이스가 제공하는 메소드와 프로퍼티를 살펴본다.

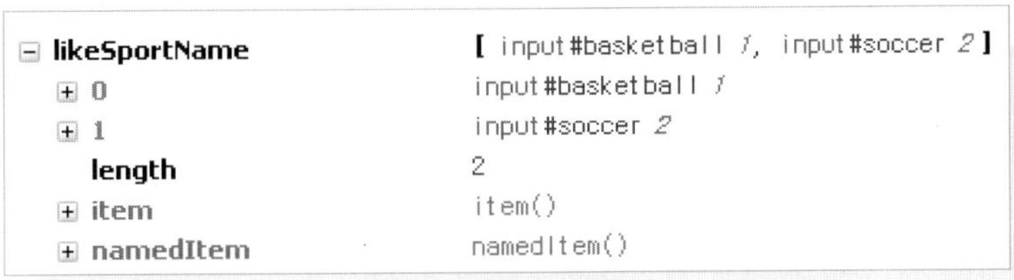

그림 4-3

그림 4-3은 getElementsByName( ) 메소드로 생성한 likeSportName 오브젝트에 포함된 메소드와 프로퍼티를 Firebug로 전개한 것이다. 첫 라인의 우측에 [input# basketball 1, inputsoccer 2]가 있는데, 배열 형태이며 배열의 엘리먼트에는 엘리먼트 오브젝트가 설정되어 있음을 알 수 있다. 그 아래 0번과 1번이 있는데 각 번호를 펼치면 메소드와 프로퍼티가 표시된다. 이와 같이 엘리먼트 오브젝트를 배열의 엘리먼트로 하는 형태를 NodeList라고 한다.

NodeList의 엘리먼트에 설정한 것이 엘리먼트 오브젝트인데, 이를 노드 오브젝트라고 한다. 왜냐하면 childNodes와 같은 다른 프로퍼티를 사용하여 노드 오브젝트를 설정하는 경우도 있기 때문이다. 즉 노드 오브젝트는 엘리먼트 오브젝트와 노드 오브젝트를 총칭한 것이다.

▶ length 프로퍼티

show1에 출력된 값은 2이며 이 값은 엘리먼트의 name 속성 값이 likeSport인 노드 오브젝트 수이다. 이와 같이 length 프로퍼티는 노드 리스트에 설정된 노드 오브젝트 수를 반환한다.

▶ item( ) 메소드

show2에 출력된 값은 'basketball'이며 이 값은 NodeList의 첫 번째에 있는 노드 오브젝트의 id 속성 값이다. show3에 출력된 값은 'soccer'이며 이 값은 NodeList의 두 번째에 있는 노드 오브젝트의 id 속성 값이다. likeSportName[0]와 likeSportName.item(1)이 형태는 다르지만 같은 기능을 한다는 것을 알 수 있다. 이와 같이 item( ) 메소드는 NodeList에서 파라미터에 지정한 인덱스 번째의 노드 오브젝트를 반환한다.

4.3.8 getElementsByName

getElementsByName( ) 메소드는 HTML 도큐먼트에서 파라미터에 지정한 name 속성 값과 같은 엘리먼트를 모두 추출하여 NodeList로 반환한다. getElementsByName( ) 메소드는 DOM Core 스펙에 정의되어 있는 것이 아니라 DOM HTML 스펙에 정의되어 있다. 그런데 여기서 다루는 것은 엘리먼트 오브젝트를 생성하는 메커니즘이 getElementById( ) 메소드와 비슷하기 때문이다.

● **메소드**

인터페이스	HTMLDocument		
이름	구분	형태	기능 개요
getElementsByName	파라미터	DOMString	엘리먼트의 name 속성 값
	반환	NodeList	파라미터 값과 일치하는 엘리먼트

● **실행결과 getElementsByName_Firefox**

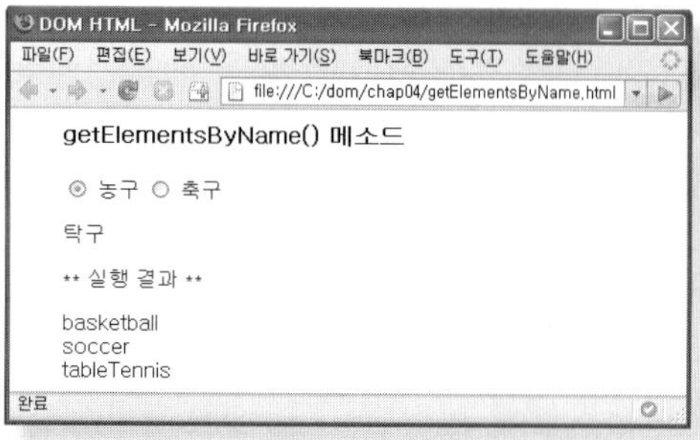

● **실행결과 getElementsByName_IE**

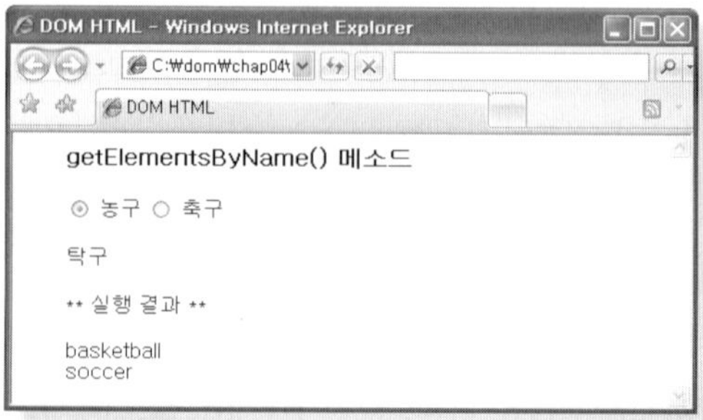

● 소스 getElementsByName.html

```
<input type="radio" id="basketball" name="likeSport" value="1" checked />
   <label for="basketball">농구</label>
<input type="radio" id="soccer" name="likeSport" value="2" />
   <label for="soccer">축구</label>
<pre id="tableTennis" name="likeSport">탁구</pre>
```

본문과 직접 관계된 부분으로 모든 <input> 엘리먼트와 <pre> 엘리먼트의 name 속성에 likeSport를 지정했다. 이와 같이 name 속성은 다수의 엘리먼트에 지정할 수 있다. 특히 라디오 버튼 타입에서는 필수로 지정해야 한다.

● 소스 getElementsByName.js

```
window.onload = function () {
   var likeSportName = document.getElementsByName('likeSport');       ❶
   for (var k = 0; k < likeSportName.length; k++) {                   ❷
      $('show' + k).innerHTML = likeSportName[k].id;
   }
}
```

길에서 '사장님'하고 부르면 여러 사람이 돌아본다는 말이 있다. 그만큼 흔하다는 의미이지만 DOM 관점에서 보면 '사장님'은 유일성을 보장하지 못한다. 돌아본 사람 중에서 자신이 원하는 사람을 찾아야 한다. 즉 한 번 더 처리를 해야 한다.

HTML 도큐먼트에서 id 속성과 유사한 기능을 하는 것이 name 속성이다. 하지만 id와 name은 근본적으로 차이가 있다. id는 HTML 도큐먼트에 하나만 있지만 name은 복수가 있을 수 있다. 따라서 name은 기본적으로 배열 처리를 동반하게 된다. 설령 하나만 있더라도 배열 처리를 해야 한다.

❶ `var likeSportName = document.getElementsByName('likeSport')` getElementsByName( ) 메소드의 파라미터에 name 속성 값을 문자열로 지정하고 메소드를 실행하면, 같은 name 속성 값을 가진 모든 엘리먼트를 HTML 도큐먼트에 작성된 순서대로 NodeList로 반환한다. 따라서 각 엘리먼트에 작성된 id 속성 값을 모두 추출하기 위해서는 for() 문을 사용해서 반복 처리를 해야 한다.

```
❷ for (var k = 0; k < likeSportName.length; k++) {
     $('show' + k).innerHTML = likeSportName[k].id;
   }
```

Firefox로 실행하면 basketball, soccer, tableTennis가 출력되고 IE로 실행하면 basketball, soccer가 출력된다. 비록 출력된 값은 다르지만 name 속성 값이 likeSport인 엘리먼트의 id 속성 값을 출력한 것이다. IE와 Firefox에 출력된 모든 id 속성 값은 <input> 엘리먼트에 작성되어 있으며, Firefox에만 출력된 id 속성 값 tableTennis는 <pre> 엘리먼트에 작성되어 있다.

<input> 엘리먼트와 같이 입력이 동반되는 것을 폼 컨트롤(Form Controls)이라고 한다. DOM 스펙에 HTML 4.01에서는 getElementsByName( ) 메소드의 파라미터에 지정한 이름과 같은 모든 엘리먼트를 반환하도록 되어 있으며, XHTML 1.0에서는 폼 컨트롤에 속한 엘리먼트를 반환하도록 되어 있다. 이 책은 XHTML 1.0을 기준으로 함으로써 <input> 엘리먼트에 지정한 id 속성 값만 출력되어야 한다.

Firefox에서 <pre> 엘리먼트의 id 속성 값을 출력한 것은 하위 호환성을 위한 것으로 생각된다. 하지만 HTML과 XHTML을 체크하지 않은 점은 있다. 한편 IE 브라우저가 HTML 4.01에서 모든 엘리먼트를 반환하는 것은 아니다. 결론적으로 IE는 폼 컨트롤에 있는 엘리먼트만 반환하고 Firefox는 HTML 도큐먼트의 모든 엘리먼트를 반환한다.

4.3.9 getElementsByTagName

getElementsByTagName( ) 메소드는 파라미터에 지정한 태그(Tag) 이름과 같은 엘리먼트를 모두 추출하여 NodeList로 반환한다.

● **메소드**

인터페이스	Element		
이름	구분	형태	기능 개요
GetElementsByTagName	파라미터	DOMString	Tag name
	반환	NodeList	[엘리먼트 오브젝트]

● **실행결과 getElementsByTagName**

● **소스 getElementsByTagName.html**

```
<input type="text" id="soccer" value="1. 축구" /><br /><br />
<input type="text" id="basketball" value="2. 농구" />
```

본문과 직접 관계된 부분으로 <input> 엘리먼트를 작성하였으며, value 속성 값을 지정하였다. value 속성 값을 추출하는 방법을 살펴본다.

● 소스 getElementsByTagName.js

```
window.onload = function () {
    var likeSport = document.getElementsByTagName('input');            ❶
    for (var k = 0; k < likeSport.length; k++) {
        $('show' + k).innerHTML = likeSport[k].value;
    }

    var allTagName = document.getElementsByTagName('*');               ❷
    var stringTag = '';
    for (k = 0; k < allTagName.length; k++) {
        stringTag += allTagName[k].tagName + ', ';
    }
    $('show2').innerHTML = stringTag;
}
```

❶
```
var likeSport = document.getElementsByTagName('input');
for (var k = 0; k < likeSport.length; k++) {
    $('show'+ k).innerHTML = likeSport[k].value;
}
```

위 코드를 실행하면 '1. 축구'와 '2. 농구'가 출력되며, 이는 <input> 엘리먼트에 작성한 value 속성 값이다. getElementsByTagName() 메소드의 파라미터에 태그 이름을 지정하고 메소드를 실행하면, HTML 도큐먼트에서 태그 이름이 같은 엘리먼트를 전부 NodeList로 반환한다. 이때 HTML 도큐먼트에 작성된 순서로 반환한다.

❷
```
var allTagName = document.getElementsByTagName('*');
var stringTag = '';
for (k = 0; k < allTagName.length; k++) {
    stringTag += allTagName[k].tagName + ', ';
}
$('show2').innerHTML = stringTag;
```

show2에 출력된 값은 HTML 도큐먼트에 작성한 모든 태그 이름이다. getElementsByTagName( ) 메소드의 파라미터에 '*'를 지정하면 HTML 도큐먼트의 모든 엘리먼트를 추출하여 NodeList로 반환한다. tagName 프로퍼티는 Element 인터페이스에 포함되어 있다.

CHAPTER 05

DOM 트리 제어

HTML 도큐먼트의 모든 엘리먼트는 트리 구조이므로 특정 엘리먼트를 기준으로 좌, 우, 상, 하의 엘리먼트에 접근하거나 추가, 삭제할 수 있다. 5장에서는 특정 엘리먼트를 기준으로 좌, 우, 상, 하 엘리먼트의 제어와 관련된 메소드와 프로퍼티를 살펴본다.

고정된 HTML 도큐먼트는 유저 인터페이스를 실현함에 있어 한계가 있으므로 필요에 따라 엘리먼트를 추가하거나 삭제할 수 있어야 한다. DOM 트리에 엘리먼트를 추가하기 위해서는 추가될 위치가 필요하다. 엘리먼트를 추가하면 DOM 트리만 변경되지 실질적으로 웹 페이지에 보여지는 것은 텍스트이므로 이를 설정할 수 있어야 한다. 5장에서는 이와 관련된 메소드와 프로퍼티를 살펴본다.

변경된 DOM 트리는 브라우저에 의해 랜더링되어 웹 페이지에 표시된다. 이때 중요한 것 중의 하나가 랜더링 속도이다. 일반적인 웹 페이지보다 표시되는 시간이 더 걸린다면 고려 대상이 된다. 경우에 따라서는 작성한 코드를 제외시킬 수도 있다. 5장에서는 효율적인 랜더링에 대해 살펴본다.

▶▶ 5장 DOM 트리 제어에서 살펴볼 주요 내용은 다음과 같다.

- DOM 노드 제어
- DOM 구조 제어
- 랜더링의 최소화

5.1 DOM 노드 제어

DOM 트리는 각 노드가 연결된 형태이므로 기준 노드를 통해 다른 노드에 접근할 수 있다. 나를 기준으로 부모 노드, 자식 노드, 형제 노드에 접근할 수 있으며 최상위 노드인 document 노드를 통해 점진적으로 하위 노드에 접근할 수 있다. 여기서는 이와 관련된 프로퍼티를 살펴본다.

5.1.1 childNodes, hasChildNodes

childNodes 프로퍼티는 부모 노드에 속한 자식 노드를 전부 NodeList로 반환한다. hasChildNodes()메소드는 부모 노드가 자식 노드를 갖고 있으면 true를 반환하고 아니면 false를 반환한다.

● **프로퍼티**

인터페이스	Node		
이름	형태	기능 개요	R/W
ChildNodes	NodeList	부모 노드에 속한 자기 노드 전체	R

● **메소드**

인터페이스	Node		
이름	구분	형태	기능 개요
HasChildNodes	파라미터	없음	
	반환	Boolean	자식 노드가 있으면 true, 아니면 false를 반환

● **실행결과 childNodes_IE**

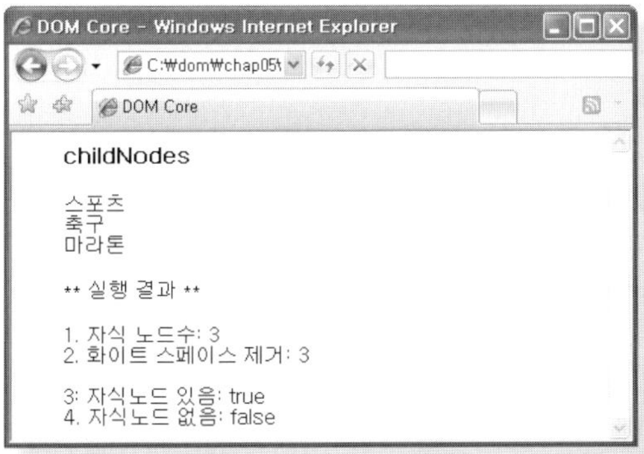

● **실행결과 childNodes_Firefox**

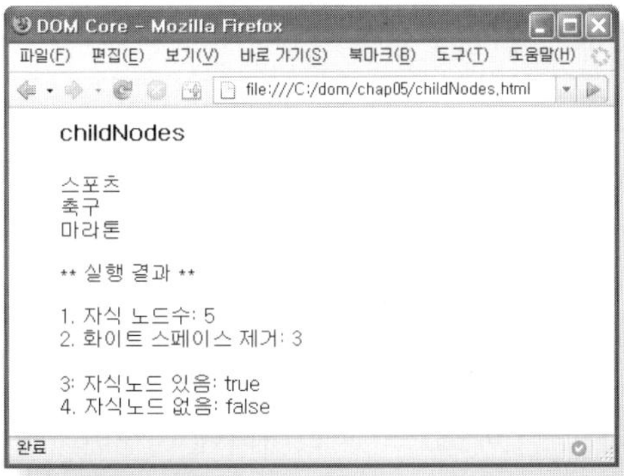

● 소스 childNodes.html

```
<div id="sport">스포츠
   <div id="soccer">축구</div>
   <div id="marathon">마라톤</div>
</div>
<div id="childCheck"></div>
```

본문과 직접 관계된 부분으로 div#sport가 부모 노드이고 div#soccer와 div#marathon이 자식 노드이다. 부모 노드를 지정하여 자식 노드를 추출하는 프로퍼티를 살펴본다. div#childCheck는 자식 노드를 갖고 있지 않다. 자식 노드의 존재 여부를 체크하는 메소드도 살펴본다.

● 소스 childNodes.js

```
window.onload = function () {
   var sportElement = document.getElementById('sport').childNodes;            ❶
   $('show1').innerHTML = '1. 자식 노드수: ' + sportElement.length;             ❷
   var whiteSpace = $('sport').cleanWhitespace().childNodes;
   $('show2').innerHTML = '2. 화이트 스페이스 제거: ' + whiteSpace.length;

   $('show3').innerHTML = '3: 자식노드 있음: ' + $('sport').hasChildNodes();    ❸
   $('show4').innerHTML = '4. 자식노드 없음: ' + $('childCheck').hasChildNodes();
}
```

▶ childNodes 프로퍼티

❶ `var sportElement = document.getElementById('sport').childNodes;`

다음 그림 5-1은 NodeList 형태인 sportElement를 Firebug로 전개한 것이다. getElementById() 메소드의 파라미터에 지정한 값인 'sport'는 부모 노드이고 sportElement에 설정된 것은 자식 노드이다. 이와 같이 childNodes 프로퍼티는 부모 노드에 속한 자식 노드 전부를 NodeList로 반환한다.

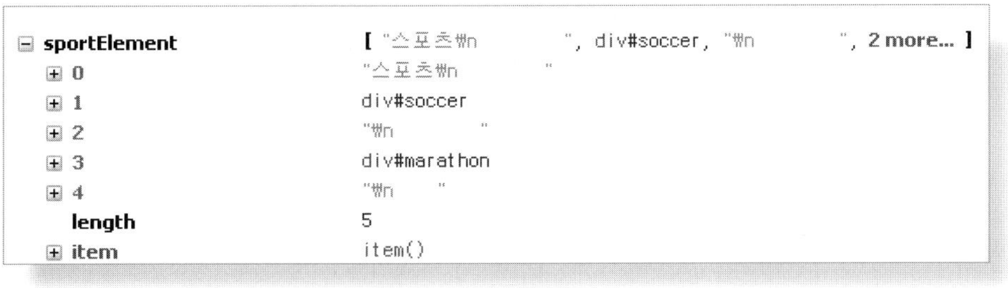

그림 5-1

▶ 화이트 스페이스 제거

❷
```
$('show1').innerHTML = '1. 자식 노드수: ' + sportElement.length;
var whiteSpace = $('sport').cleanWhitespace().childNodes;
$('show2').innerHTML = '2. 화이트 스페이스 제거: ' + whiteSpace.length;
```

IE로 실행하면 show1에 3이 출력되고, Firefox로 실행하면 5가 출력된다. IE와 Firefox가 다른 값을 출력한 것은 자식 노드를 인식하는 기준이 다르기 때문이다. 이것은 Firefox가 '₩n'을 노드로 인식하기 때문이다. 따라서 노드 수가 같도록 해야 한다.

show2에 출력된 값은 3으로 IE와 Firefox 모두 값이 같다. 이는 Firefox에서 '₩n'을 인식하지 않도록 이 값을 지웠기 때문이다. cleanWhitespace( )는 DOM에서 제공하는 메소드가 아니라, prototypeJS에서 제공하는 메소드로 줄 바꿈, 탭(Tab), 공백(Space)과 같이 보이지 않는 값인 화이트 스페이스(White space)를 제거한다. 참고로 다음의 코드가 cleanWhitespace( ) 메소드이다.

```
cleanWhitespace: function(element) {
  element = $(element);
    var node = element.firstChild;
  while (node) {
    var nextNode = node.nextSibling;
    if (node.nodeType == 3 && !/₩S/.test(node.nodeValue))
      element.removeChild(node);
```

```
        node = nextNode;
    }
    return element;
}
```

▶ hasChildNodes() 메소드

```
❸ $('show3').innerHTML = '3: 자식노드 있음: ' + $('sport').hasChildNodes();
   $('show4').innerHTML = '4. 자식노드 없음: ' + $('childCheck').hasChildNodes();
```

hasChildNodes() 메소드는 자식 노드가 있으면 true를 반환하고 없으면 false를 반환한다. show3에 출력된 값은 true로 div#sport가 자식 노드를 갖고 있기 때문이다. show4에 출력된 값은 false로 div#childCheck가 자식 노드를 갖고 있지 않기 때문이다. 만약 <div id="childCheck">DOM</div>와 같이 작성하면 'DOM'이 자식 노드가 되므로 true가 반환된다.

5.1.2 nodeType, nodeValue, nodeName

노드라고 해서 모두 같은 기능을 갖고 있는 것이 아니다. 어떤 노드는 텍스트를 제공하는가 하면 어떤 노드는 속성 값을 제공한다. 그러므로 목적에 적합한 노드를 사용해야 한다. Node 인터페이스에 노드를 나타내는 세 가지 프로퍼티가 있다. nodeType은 노드의 형태를 구분하고 nodeValue는 노드 값을 제공한다. 또 nodeName은 노드 이름을 제공한다.

● **프로퍼티**

인터페이스	Node			
이름	형태	기능 개요	R/W	권장
nodeType	DOMString	노드 타입	R	
nodeValue	DOMString	노드 값	RW	
nodeName	DOMString	태그, 속성 이름(타입에 따라 다름)	R	

● 실행결과 nodeTypeValueName

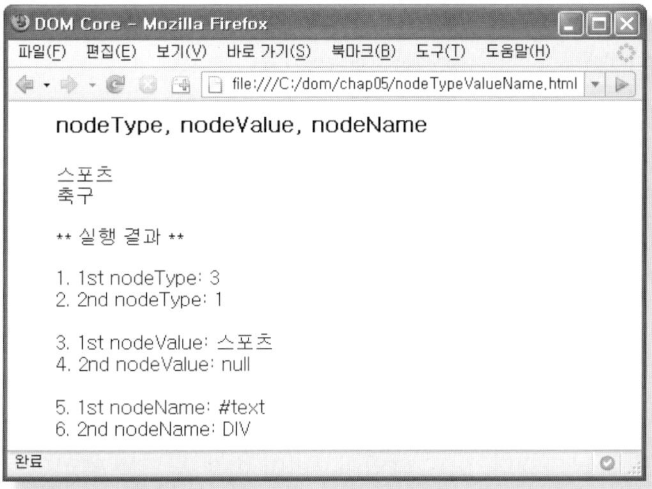

● 소스 nodeTypeValueName.html

```
<div id="sport">스포츠
   <div id="soccer">축구</div>
</div>
```

본문과 직접 관계된 부분으로 각 노드의 nodeType, nodeValue, nodeName 프로퍼티에 대해 살펴본다.

● 소스 nodeTypeValueName.js

```
window.onload = function () {
   sportChild = document.getElementById('sport').childNodes;          ❶
   var firstNode = sportChild.item(0);
   var secondNode = sportChild.item(1);

   $('show1').innerHTML = '1. 1st nodeType: ' + firstNode.nodeType;    ❷
   $('show2').innerHTML = '2. 2nd nodeType: ' + secondNode.nodeType;

   $('show3').innerHTML = '3. 1st nodeValue: ' + firstNode.nodeValue;  ❸
```

```
    $('show4').innerHTML = '4. 2nd nodeValue: ' + secondNode.nodeValue;

    $('show5').innerHTML = '5. 1st nodeName: ' + firstNode.nodeName;        ❹
    $('show6').innerHTML = '6. 2nd nodeName: ' + secondNode.nodeName;
}
```

▶ nodeType 프로퍼티

nodeType 프로퍼티는 노드 타입을 제공한다. 노드 타입은 1번부터 12번까지 있으며 다음의 표 5-1과 같다.

노드 타입 명칭이 대문자로 표시된 것을 보면 상수 값인 것을 알 수 있다. 노드 타입이 1번인 엘리먼트 노드는 엘리먼트를 나타낸다. 노드 타입이 2번인 속성 노드는 엘리먼트 안에 작성하는 id, name과 같은 속성을 나타낸다. 따라서 엘리먼트 노드에는 값이 없으나 속성 노드에는 값이 있다. 노드 타입이 3번인 텍스트 노드는 웹 페이지에 표시되는

표 5-1 ● 노드 타입

타입	노드 타입 명칭	Interface	nodeValue	nodeName
1	ELEMENT_NODE	Element	null	태그 이름
2	ATTRIBUTE_NODE	Attr	속성 값	속성 이름
3	TEXT_NODE	Text	콘텐츠	#text
4	CDATA SECTION NODE	CDATASection	콘텐츠	#cdata-section
5	ENTITY_REFERENCE_NODE	EntityReference	null	참조 엔티티 이름
6	ENTITY NODE	Entity	null	엔티티 이름
7	PROCESSING_INSTRUCTION_NODE	ProcessingInstruction	참조1	타깃(Target)
8	COMMENT_NODE	Comment	코멘트	#comment
9	DOCUMENT NODE	Document	null	#document
10	DOCUMENT_TYPE_NODE	DocumentType	null	도큐먼트 타입 이름
11	DOCUMENT FRAGMENT NODE	DocumentFragment	null	#document-fragment
12	NOTATION NODE	Notation	null	노테이션 이름

참조 1: 타깃에 포함되어 있는 모든 콘텐츠(Content)

텍스트(콘텐츠)를 나타낸다.

<div id="sport">스포츠</div>에서 <div></div>가 엘리먼트 노드이고 id="sport"가 속성 노드이다. 또 스포츠가 텍스트 노드이다.

다음 그림 5-2는 nodeTypeValueName.html을 DOM Inspector로 전개한 것이다. 첫 번째 줄에 nodeName이 #document이고 nodeType이 9로 되어 있는데, 이는 document 노드임을 의미한다. 바로 다음 줄에 nodeName이 html이고 nodeType이 10으로 되어 있는데, 이는 document type 노드임을 의미한다.

```
❶ var sportChild = document.getElementById('sport').childNodes;
  var firstNode = sportChild.item(0);
  var secondNode = sportChild.item(1);
```

sportChild에는 div#sport를 부모 노드로 한 자식 노드 오브젝트가 설정된다. 여기서 자식 노드의 기준을 다시 한 번 살펴본다. 그림 5-2를 보면 가운데쯤에 div#sport가 있고 바로 아래 #text스포츠, div#soccer, #text축구가 있다. 여기서 div#sport의 자식 노드는 #text스포츠와 div#soccer이다. #text축구는 div#soccer의 자식 노드이다. 따라서 item(0)에는 #text스포츠 노드가 설정되고, item(1)에는 div#soccer 노드가 설정된다.

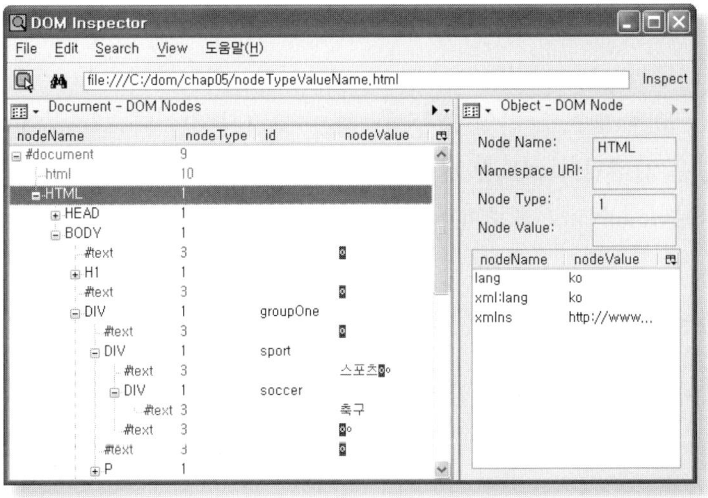

그림 5-2

```
❷ $('show1').innerHTML = '1. 1st nodeType: ' + firstNode.nodeType;
  $('show2').innerHTML = '2. 2nd nodeType: ' + secondNode.nodeType;
```

show1에 출력된 값은 3으로 이는 텍스트 노드를 의미한다. 이 값이 출력된 것은 #text스포츠가 설정되었기 때문이다. show2에 출력된 값은 1로서 이는 엘리먼트 노드를 나타낸다. 이 값이 출력된 것은 div#soccer가 설정되었기 때문이다. 이와 같이 nodeType 프로퍼티는 노드의 타입을 반환한다.

▶ nodeValue 프로퍼티

```
❸ $('show3').innerHTML = '3. 1st nodeValue: ' + firstNode.nodeValue;
  $('show4').innerHTML = '4. 2nd nodeType: ' + secondNode.nodeValue;
```

nodeValue 프로퍼티는 노드 값을 제공한다. show3에 출력된 값은 '스포츠'이고 show4에 출력된 값은 null이다. show3에 값이 출력된 것은 노드가 텍스트 노드이기 때문이며, show4에 null이 출력된 것은 엘리먼트 노드이기 때문이다. nodeValue 프로퍼티는 읽기/쓰기를 할 수 있으므로 값을 설정할 수 있다.

▶ nodeName 프로퍼티

```
❹ $('show5').innerHTML = '5. 1st nodeName: ' + firstNode.nodeName;
  $('show6').innerHTML = '6. 2nd nodeName: ' + secondNode.nodeName;
```

nodeName 프로퍼티는 노드 타입에 따른 노드 이름을 제공한다. show5에 출력된 값은 #text이며, 이 값은 텍스트 타입에서 제공하는 고정된 값이다. show6에 출력된 값은 DIV로 이 값은 엘리먼트 노드를 나타내며, 엘리먼트 노드는 태그 이름을 반환한다. 노드 타입에 따른 nodeName 프로퍼티 값에 대해서는 표 5–1을 참조한다.

5.1.3 firstChild, lastChild

firstChild 프로퍼티는 자식 노드 중에서 첫 번째 노드를 반환하고 lastChild 프로퍼티는 마지막 노드를 반환한다.

● **프로퍼티**

인터페이스	Node			
이름	형태	기능 개요	R/W	권장
FirstChild	Node	자식 노드 중에서 첫 번째 노드	R	
LastChild	Node	자식 노드 중에서 마지막 노드	R	

● **실행결과 firstLastChild**

● **소스 firstLastChild.html**

```
<div id="sport">스포츠
   <div id="soccer">축구</div>
   <div id="marathon">마라톤</div>
   <div id="basketball">농구</div>
</div>
```

div#sport를 부모 노드로 하여 div#soccer가 첫 번째 자식 노드가 되고 div#basketball이 마지막 자식 노드가 된다.

● 소스 firstLastChild.js

```
window.onload = function () {
   var sportElement = document.getElementById('sport');                                    ❶
   $('show1').innerHTML = 'firstChild: ' + sportElement.firstChild.nodeValue;
   $('show2').innerHTML = 'childNodes[0]: ' + sportElement.childNodes[0].nodeValue;

   var whiteSpace = $('sport').cleanWhitespace();                                          ❷
   $('show3').innerHTML = 'lastChild: ' + whiteSpace.lastChild.id;
   var idx = whiteSpace.childNodes.length - 1;
   $('show4').innerHTML = 'childNodes[last]: ' + whiteSpace.childNodes[idx].id;
}
```

▶ firstChild 프로퍼티

❶
```
var sportElement = document.getElementById('sport');
$('show1').innerHTML = 'firstChild: ' + sportElement.firstChild.nodeValue;
$('show2').innerHTML = 'childNodes[0]: ' + sportElement.childNodes[0].nodeValue;
```

show1에 출력된 값은 스포츠이며, 이 값은 div#sport를 부모 노드로 한 자식 노드 중에서 첫 번째 노드의 값이다. 이와 같이 firstChild 프로퍼티는 자식 노드 중에서 첫 번째 노드를 반환한다. show2에 출력된 값은 스포츠로, show1에 출력된 값과 같다. 이것은 show1과 show2에 값을 출력하는 방법은 다르지만 기능이 같다는 것을 의미한다.

▶ lastChild 프로퍼티

❷
```
var whiteSpace = $('sport').cleanWhitespace();
$('show3').innerHTML = 'lastChild: ' + whiteSpace.lastChild.id;
var idx = whiteSpace.childNodes.length - 1;
$('show4').innerHTML = 'childNodes[last]: ' + whiteSpace.childNodes[idx].id;
```

IE와 Firefox가 노드를 인식하는 방법이 다르므로 이를 일치시켜야 한다. cleanWhitespace() 메소드를 사용할 때 생성한 sportElement를 사용하지 않고 $('sp ort')를 다시 한 것은 sportElement를 사용하면 Firefox는 제대로 실행은 되지만 IE 브라우저에서 에러가 발생하기 때문이다.

show3에 출력된 값은 basketball이며 이 값은 마지막 자식 노드의 id 속성 값이다. show4에 show3과 같은 값이 출력되었다는 것은 기능이 같다는 것을 의미한다. 인덱스가 0부터 시작하므로 자식 노드 수에서 1을 빼어 인덱스를 구해야 한다.

5.1.4 previousSibling, nextSibling

기준 노드를 중심으로 좌우에 있는 노드 관계를 나타내는 것이 형제(sibling) 노드이다. 형제 노드란 동일 레벨의 노드 중에서 기준 노드의 앞과 뒤의 모든 노드를 의미한다. previousSibling 프로퍼티는 기준 노드를 중심으로 바로 앞에 있는 노드를 참조한다. 여기서 앞이란 HTML 도큐먼트에 먼저 작성한 것을 의미한다. nextSibling 프로퍼티는 기준 노드를 중심으로 바로 뒤에 있는 노드를 참조한다.

● **프로퍼티**

인터페이스	Node			
이름	형태	기능 개요	R/W	권장
previousSibling	Node	직전 노드	R	
nextSibling	Node	직후 노드	R	

● **실행결과 sibling_Firefox**

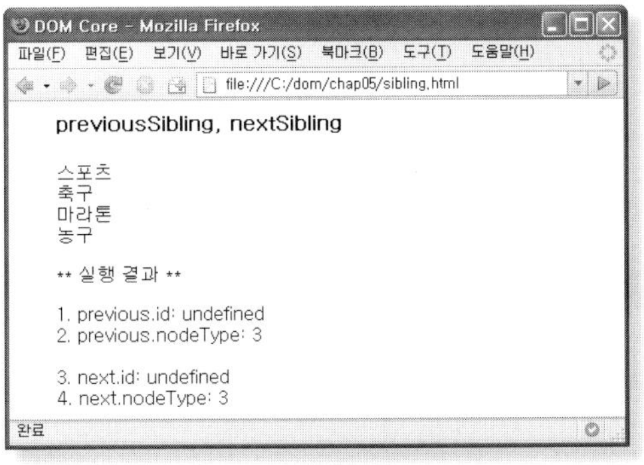

● **실행결과 sibling_IE**

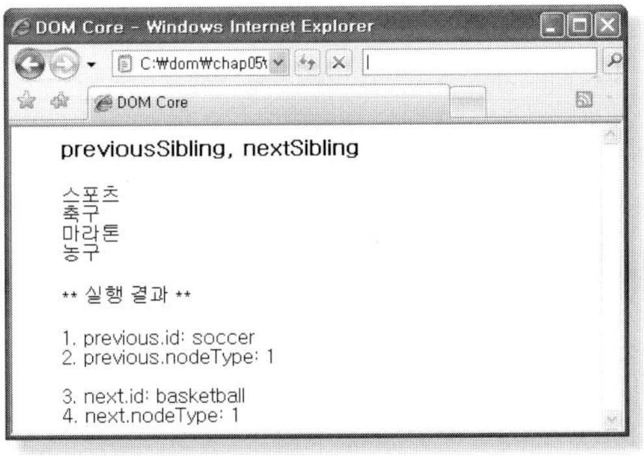

● 소스 sibling.html

```
<div id="sport">스포츠
   <div id="soccer">축구</div>
   <div id="marathon">마라톤</div>
   <div id="basketball">농구</div>
</div>
```

div#marathon을 기준으로 앞 노드는 div#soccer이고, 다음 노드는 div#basketball이다. 이를 추출하는 프로퍼티를 살펴본다.

● 소스 sibling.js

```
window.onload = function () {
   var marathon = document.getElementById('marathon');                                   ❶
   $('show1').innerHTML = '1. previous.id: ' + marathon.previousSibling.id;
   $('show2').innerHTML = '2. previous.nodeType: ' + marathon.previousSibling.nodeType;

   $('show3').innerHTML = '3. next.id: ' + marathon.nextSibling.id;                      ❷
   $('show4').innerHTML = '4. next.nodeType: ' + marathon.nextSibling.nodeType;
}
```

▶ previousSibling 프로퍼티

```
❶ var marathon = document.getElementById('marathon');
   $('show1').innerHTML = '1. previous.id: ' + marathon.previousSibling.id;
   $('show2').innerHTML = '2. previous.nodeType: ' + marathon.previousSibling.nodeType;
```

IE로 실행하면 show1에 soccer가 출력되고 Firefox로 실행하면 undefined가 출력된다. soccer는 div#marathon 노드의 바로 앞 노드의 id 속성 값이다. 이와 같이 previousSibling 프로퍼티는 기준 노드를 중심으로 바로 앞의 노드를 반환한다. IE로 실행하면 show2에 1(엘리먼트 노드)이 출력되고 Firefox로 실행하면 3(텍스트 노드)이 출력된다. 이것은 브라우저마다 노드를 인식하는 방법이 다르기 때문이다.

▶ nextSibling 프로퍼티

```
❷ $('show3').innerHTML = '3. next.id: ' + marathon.nextSibling.id;
  $('show4').innerHTML = '4. next.nodeType: ' + marathon.nextSibling.nodeType;
```

IE로 실행하면 show3에 basketball이 출력되고 Firefox로 실행하면 undefined가 출력된다. basketball은 div#marathon의 바로 다음 노드의 id 속성 값이다. 이와 같이 nextSibling 프로퍼티는 기준 노드를 중심으로 바로 다음 노드를 반환한다. IE로 실행하면 show4에 1이 출력되고 Firefox로 실행하면 3이 출력된다. 결과가 다른 것은 마찬가지로 브라우저마다 노드를 인식하는 방법이 다르기 때문이다.

5.1.5 parentNode

지금까지 부모 노드를 지정하여 자식 노드를 참조하는 프로퍼티, 처음과 마지막 노드를 참조하는 프로퍼티, 기준 노드를 중심으로 앞과 뒤의 노드를 참조하는 프로퍼티를 살펴보았다. 즉 좌, 우, 상, 하 중에서 상만 다루지 않았는데, 상에 해당하는 부모 노드를 참조하는 프로퍼티가 parentNode이다.

● **프로퍼티**

인터페이스	Node		
이름	형태	기능 개요	R/W
ParentNode	Node	자식 노드의 부모 노드를 반환	R

● **실행결과 parentNode**

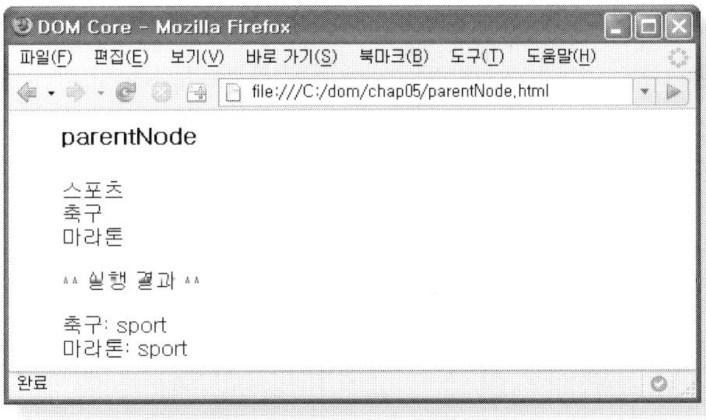

● 소스 parentNode.html

```
<div id="sport">스포츠
   <div id="soccer">축구</div>
   <div id="marathon">마라톤</div>
</div>
```

div#sport가 div#soccer의 부모 노드이면서 div#marathon의 부모 노드이다. 자식 노드를 기준으로 부모 노드를 인식하는 parentNode 프로퍼티에 대해 살펴본다.

● 소스 parentNode.js

```
window.onload = function () {
   var soccer = document.getElementById('soccer');
   $('show1').innerHTML = '축구: ' + soccer.parentNode.id;

   var marathon = document.getElementById('marathon');
   $('show2').innerHTML = '마라톤: ' + marathon.parentNode.id;
}
```

show1과 show2에 출력된 값 모두가 soccer이고 IE와 Firefox 모두 값이 같다. 이와 같이 기준이 되는 노드의 부모 노드를 반환하는 프로퍼티가 parentNode이다.

5.2 DOM 구조 제어

역동적인 유저 인터페이스를 제공하기 위해서는 사용자의 행동에 따라 사용자가 요구하는 웹 페이지를 제공해야 한다. 이를 위해서는 HTML 도큐먼트의 구조 변화가 동반된다. 예를 들어 주소 서제스트(Suggest) 창에서 '역삼'을 입력하면 '역삼'을 포함한 주소가 전부 웹 페이지에 출력되는데, 이때 주소 데이터가 HTML 도큐먼트에 적용됨에 따라 DOM 트리 구조가 변경된다. 여기서는 DOM 트리 구조를 변경하는 메소드를 살펴본다.

5.2.1 createElement

createElement() 메소드는 엘리먼트 오브젝트를 생성한다.

● **메소드**

인터페이스	Document		
이름	구분	형태	기능 개요
createElement	파라미터	DOMString	태그 이름
	반환	Element	엘리먼트 오브젝트

● **실행결과 createElement**

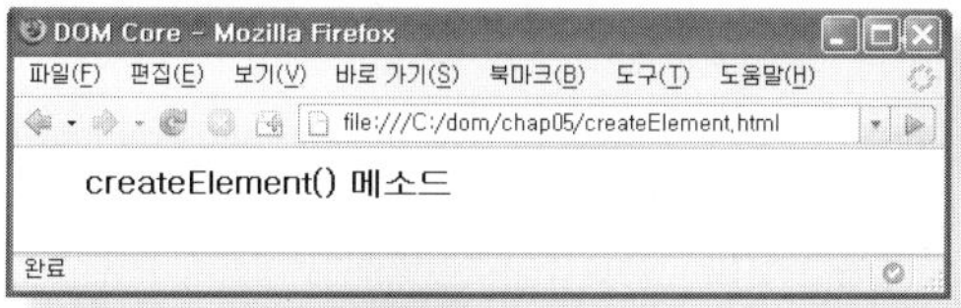

● **소스 createElement.js**

```
window.onload = function () {
   var divElement = document.createElement('div');
}
```

createElement() 메소드의 파라미터에 태그 이름을 지정하고 메소드를 실행하면 엘리먼트 오브젝트를 생성하여 반환한다. 태그 이름을 div로 지정하였지만, 실제로 <div></div> 형태가 된다. 이렇게 엘리먼트 오브젝트를 생성하는 이유는 <div></div>를 생성하여 DOM 트리 구조를 만들고 여기에 속성 노드 또는 텍스트 노드를 추가하기 위함이다.

createElement() 메소드를 실행하더라도 HTML 도큐먼트에 반영된 것은 아니다. 다만, 메모리에 HTML 도큐먼트에 반영할 영역을 만든 것이다. 그래서 [실행결과 createElement]에 아무것도 출력되지 않았다.

5.2.2 appendChild

HTML 도큐먼트에 노드를 반영하기 위해서는 DOM 트리에 속하도록 해야 한다. 즉 좌, 우, 상, 하의 관계로 노드를 연결해야 한다. appendChild() 메소드는 파라미터에 지정한 노드를 자식 노드로 하여 부모와 자식 관계를 맺게 한다.

● 메소드

인터페이스	Node		
이름	구분	형태	기능 개요
appendChild	파라미터	Dode	노드 오브젝트
	반환	Dode	노드 오브젝트

● 실행결과 appendChild

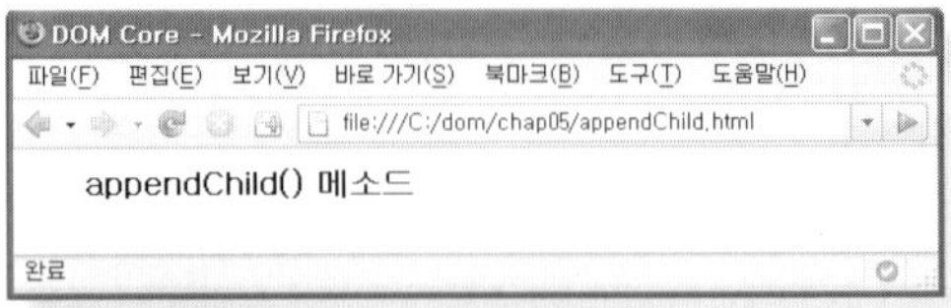

● 소스 appendChild.html

```
<div id="sport"></ div>
```

본문과 직접 관계된 부분으로 div#sport를 부모 노드로 하여 자식 노드를 연결하는 appendChild() 메소드를 살펴본다.

● 소스 appendChild.js

```
window.onload = function () {
   var divElement = document.createElement('div');
   document.getElementById('sport').appendChild(divElement);
}
```

DOM 트리의 기본 개념은 부모와 자식 구조이므로 부모 노드와 자식 노드를 연결해야 한다. appendChild() 메소드는 부모 노드와 자식 노드를 연결하는 메소드로, 부모 노드 오브젝트를 appendChild() 메소드 앞에 '.'으로 연결하고 파라미터에 자식 노드 오브젝트를 지정한다.

div 엘리먼트 오브젝트를 생성하여 divElement에 할당하고, 이를 다시 appendChild() 메소드의 파라미터에 지정하여 document.getElementById('sport')로 생성한 엘리먼트 오브젝트에 결합시킨다. 비록 [실행결과 createElement]에 아무것도 출력되지 않았지만, 그림 5-3에 보면 div#sport의 자식 노드로 생성한 엘리먼트(div) 노드가 결합되어 있다.

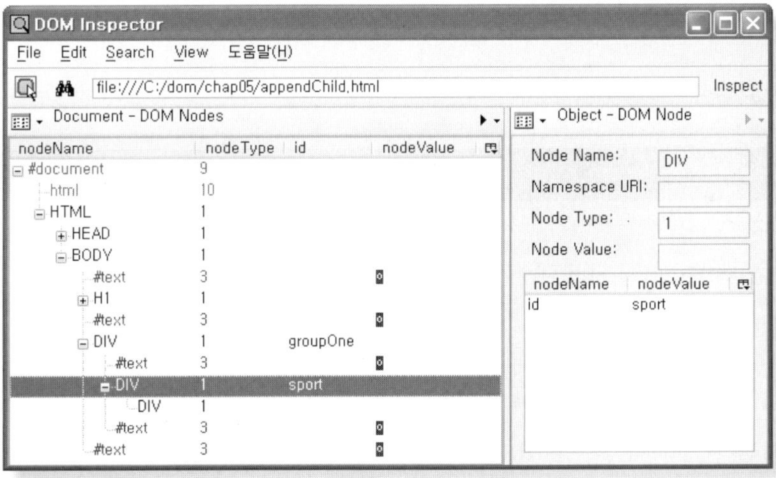

그림 5-3

5.2.3 createTextNode

앞서 다루었던 엘리먼트 노드는 HTML 도큐먼트에 반영되더라도 값이 없으므로 보이지 않는다. createTextNode() 메소드의 파라미터에 콘텐츠를 설정하고 이를 부모 노드인 엘리먼트 노드와 연결시키면 설정한 콘텐츠가 웹 페이지에 표시된다.

● 메소드

인터페이스	Document		
이름	구분	형태	기능 개요
createTextNode	파라미터	DOMString	콘텐츠
	반환	Text	텍스트 노드 오브젝트

● 실행결과 createTextNode

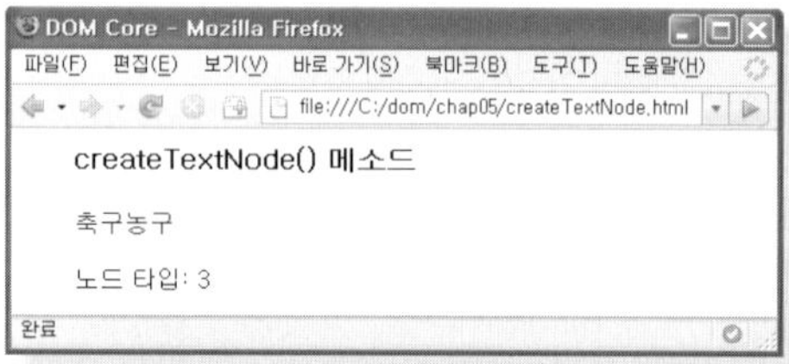

● 소스 createTextNode.html

```
<div id="sport"></div>
<div id="showArea">
   <div id="show1"></div>
</div>
```

본문과 직접 관계된 부분으로 div#sport와 div#show1은 엘리먼트만 작성하였으므로 웹 페이지에 보이지 않는다. 여기에 텍스트 노드를 설정하는 방법을 살펴본다.

● 소스 createTextNode.js

```
window.onload = function () {
   var soccerTextNode = document.createTextNode('축구');                          ❶
   document.getElementById('sport').appendChild(soccerTextNode);

   var textObject = document.createTextNode('노드 타입: ' + soccerTextNode.nodeType);   ❷
   document.getElementById('show1').appendChild(textObject);

   $('sport').appendChild(document.createTextNode('농구'));                       ❸
}
```

```
❶ var soccerTextNode = document.createTextNode('축구');
   document.getElementById('sport').appendChild(soccerTextNode);
```

위 코드를 실행하면 <div id="sport">축구</div> 구조가 된다. createTextNode() 메소드는 파라미터에 지정한 문자열을 텍스트 노드로 생성한다. 텍스트 노드를 생성했다고 해서 웹 페이지에 보여지는 것이 아니므로 생성한 텍스트 노드를 자식 노드로 하여 부모 노드에 결합시켜야 한다.

```
❷ var textObject = document.createTextNode('노드 타입: ' + soccerTextNode.nodeType);
   document.getElementById('show1').appendChild(textObject);
```

textObject는 텍스트 노드를 생성한 오브젝트이다. 이와 같이 crtateTextNode() 메소드의 파라미터에는 문자열뿐만 아니라 오브젝트도 지정할 수 있다.

```
❸ $('sport').appendChild(document.createTextNode('농구'));
```

위 코드는 두 줄로 된 것을 한 줄로 작성한 것이다. 이때 괄호를 먼저 실행하여 텍스트 노드 오브젝트를 생성하고 이를 파라미터 값으로 사용한다. [실행결과 createTextNode]를 보면 '축구농구'가 있는데, 위 코드를 실행하여 '농구'가 첨부되었다. appendChild() 메소드는 실행할 때마다 파라미터에 지정한 값이 이미 있는 값을 지우고 설정되는 것이 아니라 있는 값의 끝에 첨부된다. 그래서 '축구농구'가 출력되었다.

5.2.4 replaceChild

replaceChild() 메소드는 두 번째 파라미터에 지정한 노드 오브젝트를 첫 번째 파라미터에 지정한 노드 오브젝트로 치환한다. 즉 두 번째 파라미터에 지정한 노드 오브젝트가 변경된다.

● 메소드

인터페이스	Node		
이름	구분	형태	기능 개요
replaceChild	파라미터	Node	새로운 엘리먼트 오브젝트
	파라미터	Node	치환 전 엘리먼트 오브젝트
	반환	Node	치환 전 엘리먼트 오브젝트

● 실행결과 replaceChild_전

● 실행결과 replaceChild_후

● 소스 replaceChild.html

```
<div id="sport">
   <div id="soccer">축구, 수영</div>
</div>
```

div#soccer가 <div> 엘리먼트이고 텍스트 노드 값이 '축구, 수영'으로 되어 있으나, replaceChild() 메소드로 <p> 엘리먼트와 '농구로 치환'으로 변경한다.

● 소스 replaceChild.js

```
var Show = {
   okClick: function(event) {
      var newElement = document.createElement('p');                                      ❶
      newElement.appendChild(document.createTextNode('농구로 치환'));

      var oldElement = document.getElementById('soccer');                                ❷
      var beforeElement = oldElement.parentNode.replaceChild(newElement, oldElement);
```

```
        $('show1').innerHTML = '치환 전: ' + beforeElement.id;     ❸
    }
}
```

input#okClick의 'replaceChild 실행' 버튼을 클릭하면 Show.okClick() 메소드가 실행된다. 버튼에 이벤트를 설정하는 코드는 게재하지 않았다.

```
❶ var newElement = document.createElement('p');
   newElement.appendChild(document.createTextNode('농구로 치환'));
```

<p> 엘리먼트 오브젝트를 생성하고 여기에 '농구로 치환' 값을 가진 텍스트 노드를 생성하여 결합시킨다.

```
❷ var oldElement = document.getElementById('soccer');
   var beforeElement = oldElement.parentNode.replaceChild(newElement, oldElement);
```

[실행결과 replace_후]를 보면 '축구, 수영'이 '농구로 치환'으로 변경되었다. 또 뚜렷하게 표시는 안되었지만, 한 줄이 떨어져 출력된 것은 <div> 태그가 <p> 태그로 변경되었기 때문이다. 이와 같이 replaceChild() 메소드는 엘리먼트 오브젝트를 송두리째 변경한다. replaceChild() 메소드의 첫 번째 파라미터에 치환하려는 엘리먼트 오브젝트를 지정하고 두 번째 파라미터에 치환 대상이 되는 엘리먼트 오브젝트를 지정한다.

```
❸ $('show1').innerHTML = '치환 전: ' + beforeElement.id;
```

show1에 출력된 값은 'soccer'이며, 이 값은 치환 전 엘리먼트의 id 속성 값이다. 이와 같이 replace() 메소드는 치환 전 엘리먼트 오브젝트를 반환한다.

5.2.5 removeChild

removeChild() 메소드는 파라미터에 지정한 노드 오브젝트와 이에 속한 자식 노드를 모두 삭제한다.

● **메소드**

인터페이스	Node		
이름	구분	형태	기능 개요
removeChild	파라미터	Node	삭제하려는 노드 오브젝트
	반환	Node	삭제된 노드 오브젝트

● **실행결과 removeChild_전**

● **실행결과 removeChild_후**

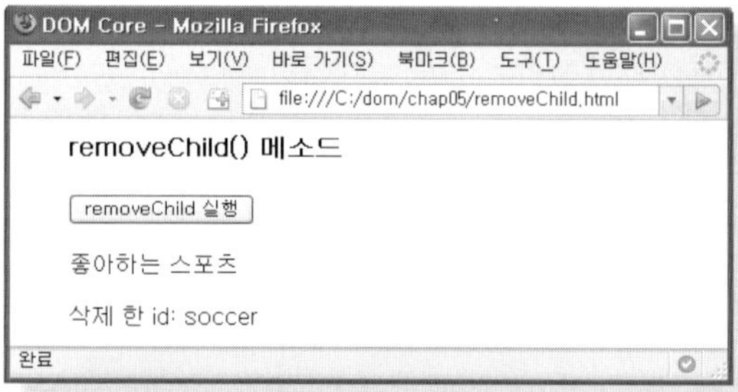

● 소스 removeChild.html

```
<div id="sport">좋아하는 스포츠
   <div id="soccer">축구</div>
</div>
<select id="selectSport" size="2">
   <option id="sport0" value="A" selected>농구</option>
   <option id="sport1" value="B" >수영</option>
</select>
```

div#sport와 select#selectSport 모두 자식 노드를 가진 형태이다.

● 소스 removeChild.js

```
var Show = {
   okClick: function(event) {
var soccerElement = document.getElementById('soccer');                    ❶
     var removeElement = soccerElement.parentNode.removeChild(soccerElement);
```

```
        $('show1').innerHTML = '삭제한 id: ' + removeElement.id;              ❷

        var selectElement = document.getElementById('selectSport');          ❸
        selectElement.parentNode.removeChild(selectElement);
    }
}
```

'removeChild 실행' 버튼을 클릭하면 Show.okClick( ) 메소드가 실행된다. [실행결과 removeChild-후]에서 볼 수 있듯이 HTML 도큐먼트의 엘리먼트를 삭제하여 <div id="sport"> 좋아하는 스포츠</div>만 남게 된다.

❶
```
var soccerElement = document.getElementById('soccer');
var removeElement = soccerElement.parentNode.removeChild(soccerElement);
```

이 코드를 실행하면 '축구'가 삭제된다. '축구'는 텍스트 노드이고 div#soccer는 엘리먼트 노드이다. 삭제한 것은 엘리먼트 노드인데 텍스트 노드까지 삭제되었다. 이와 같이 removeChild( ) 메소드는 파라미터에 지정한 노드 오브젝트를 포함하여 자식 노드까지 삭제한다. removeChild( ) 메소드 앞에 parentNode 프로퍼티를 지정한 점이 일반적인 코드와 다르다.

❷
```
$('show1').innerHTML = '삭제한 id: ' + removeElement.id
```

show1에 출력된 값은 'soccer'이며 이 값은 앞 라인에서 삭제한 엘리먼트의 id 속성 값이다. removeChild() 메소드는 삭제한 노드 오브젝트를 반환한다.

❸
```
var selectElement = document.getElementById('selectSport');
selectElement.parentNode.removeChild(selectElement);
```

이 코드를 실행하면 <select> 엘리먼트와 그 안에 있는 <option> 엘리먼트를 삭제한다. 메소드 이름만 보면 자식 노드만 삭제하는 것으로 생각할 수 있는데, 파라미터에 지정한 노드 오브젝트까지 모두 삭제한다.

5.2.6 cloneNode

cloneNode( ) 메소드는 엘리먼트 오브젝트를 복사한다. 파라미터에 true를 지정하면 자식 엘리먼트까지 복사하고 false를 지정하면 부모 엘리먼트만 복사한다.

● **메소드**

인터페이스	Node		
이름	구분	형태	기능 개요
cloneNode	파라미터	Boolean	true, false
	반환	Node	복사한 엘리먼트 오브젝트

● **실행결과 cloneNode**

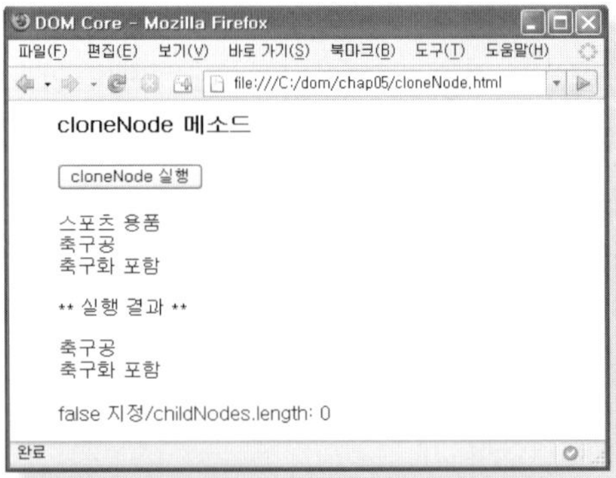

● **소스 cloneNode.html**

```
<div id="goods">스포츠 용품
   <div id="soccer">축구공
      <div id="soccerAdd">축구화 포함</div>
   </div>
</div>
```

div#soccer 노드를 기준으로 div#goods는 부모 노드가 되고 div#soccerAdd는 자식 노드가 된다. 노드를 복사하는 방법을 살펴본다.

● 소스 cloneNode.js

```
var Show = {
   okClick: function(event) {
      var soccerElement = document.getElementById('soccer');                 ❶
      var cloneTrue = soccerElement.cloneNode(true);
      document.getElementById('show1').appendChild(cloneTrue);

      var cloneFalse = soccerElement.cloneNode(false);                       ❷
      var falseChild = cloneFalse.childNodes.length;
      var falseText = document.createTextNode('false 지정/childNodes.length: ' + falseChild);
      document.getElementById('show2').appendChild(falseText);

      //Prototype 사용
      $('show3').appendChild($('soccer').cloneNode(true));
   }
}
```

'cloneNode 실행' 버튼을 클릭하면 Show.okClick( ) 메소드를 실행한다. 새로 작성할 글이 작성되어 있는 글 중에서 일부만 바꾸면 된다고 할 때, 글을 복사해서 일부를 변경할 것이다. 즉 copy & paste를 한 후 변경이 필요한 것만 변경하면 된다. HTML 도큐먼트에 있는 엘리먼트도 이와 같이 할 수 있다.

❶
```
var soccerElement = document.getElementById('soccer');
var cloneTrue = soccerElement.cloneNode(true);
document.getElementById('show1').appendChild(cloneTrue);
```

show1에 출력된 값은 '축구공', '축구화 포함'이며, 이는 div#soccer와 div#soccerAdd를 복사한 결과이다. cloneNode( ) 메소드의 파라미터에 true를 지정하면 기준 엘리먼트를 포함하여 자식 노드까지 모두 복사하고, false를 지정하면 자식 노드는 복사하지 않고 기준 엘리먼트만 복사한다.

❷
```
var cloneFalse = soccerElement.cloneNode(false);
var falseChild = cloneFalse.childNodes.length;
var falseText = document.createTextNode('false 지정/childNodes.length: ' + falseChild);
document.getElementById('show2').appendChild(falseText);
```

cloneNode() 메소드의 파라미터에 false를 지정하여 엘리먼트를 복사하고 자식 노드 수를 show2에 출력하였지만 값이 0으로 출력되었다. 이는 자식 엘리먼트를 복사하지 않는다는 것을 의미한다. 한편 이렇게 엘리먼트를 복사하면 HTML 도큐먼트에서 유일성을 보장하는 엘리먼트의 id 속성 값이 중복된다. 따라서 복사한 후 id 속성 값을 바꿔야 한다.

5.2.7 insertBefore

insertBefore() 메소드는 두 번째 파라미터에 지정한 엘리먼트 오브젝트 바로 앞에 첫 번째 파라미터에 지정한 엘리먼트 오브젝트를 추가한다.

● **메소드**

인터페이스	Node		
이름	구분	형태	기능 개요
insertBefore	파라미터	Node	추가할 엘리먼트 오브젝트
	파라미터	Node	기준 엘리먼트 엘리먼트
	반환	Node	추가된 엘리먼트 오브젝트

● 실행결과 insertBefore_Firefox

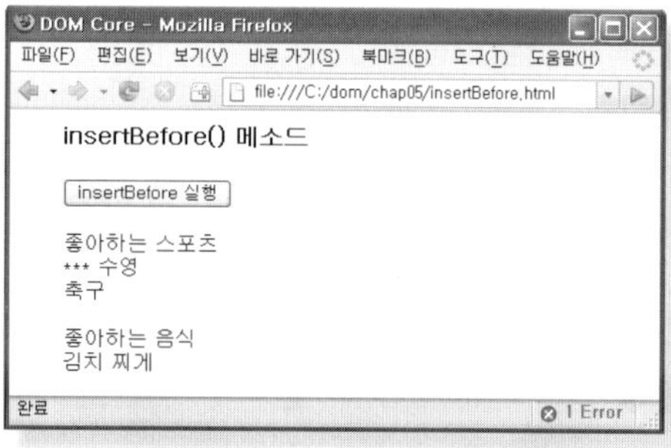

● 실행결과 insertBefore_IE

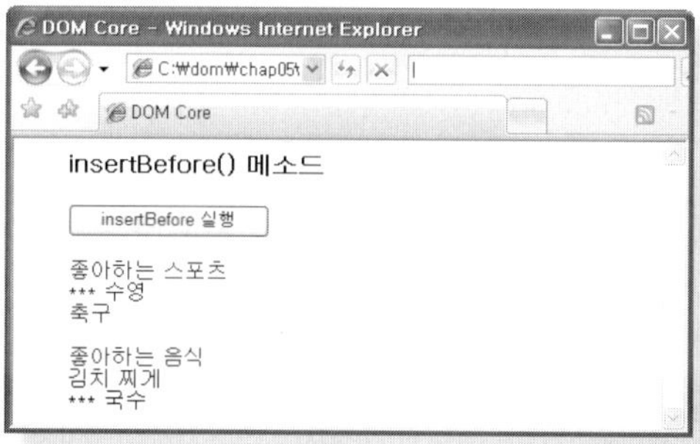

● **소스 insertBefore.html**

```
<div id="sport">좋아하는 스포츠
   <div id="soccer">축구</div>
```

```
</div>
<div id="food">좋아하는 음식
   <div id="kimchi">김치 찌게</div>
</div>
```

본문에서 다루려는 주제는 insertBrefore() 메소드를 사용하여 지정한 노드 앞에 노드를 추가하는 것이다. 물론 메소드 이름대로 노드를 추가하지만 조건이 있다. 이에 대해 살펴본다.

● 소스 insertBefore.js

```
var Show = {
   okClick: function(event) {
      var swimElement = document.createElement('div');                    ❶
      swimElement.appendChild(document.createTextNode('*** 수영'));
      var soccerElement = document.getElementById('soccer');
      soccerElement.parentNode.insertBefore(swimElement, soccerElement);

      var noodlesElement = document.createElement('div');                 ❷
      noodlesElement.appendChild(document.createTextNode('*** 국수'));
      foodElement.parentNode.insertBefore(noodlesElement);
   }
}
```

웹 페이지에서 'insertBefore 실행' 버튼을 클릭하면 Show.okClick() 메소드가 실행된다.

❶
```
var swimElement = document.createElement('div');
swimElement.appendChild(document.createTextNode('*** 수영'));
var soccerElement = document.getElementById('soccer');
soccerElement.parentNode.insertBefore(swimElement, soccerElement);
```

insertBefore() 메소드의 첫 번째 파라미터에 추가할 엘리먼트 오브젝트를 지정하고 두 번째 파라미터에 기준 엘리먼트 오브젝트를 지정한다. 그러면 두 번째 파라미터에 지정한 엘리먼트 오브젝트 바로 앞에 첫 번째 파라미터에 지정한 엘리먼트 오브젝트가 삽입

된다. insertBefore( ) 메소드 앞에 부모 엘리먼트 오브젝트를 지정하는 방법도 있지만, 여기서는 parentNode 프로퍼티를 사용하였다.

❷
```
var noodlesElement = document.createElement('div');
noodlesElement.appendChild(document.createTextNode('*** 국수'));
var foodElement = document.getElementById('food');
foodElement.parentNode.insertBefore(noodlesElement);
```

마지막 줄의 insertBefore() 메소드를 보면 파라미터가 하나만 있다. 과연 이렇게 지정하면 어떻게 될 것인가? [실행결과 insertBefore_Firefox]에는 '*** 국수'가 출력되지 않고 에러가 발생하지만, [실행결과 insertBefore_IE]에는 '*** 국수'가 출력되었다. 따라서 두 번째 파라미터를 생략할 수 없다.

5.3 랜더링의 최소화

서버에서 대량의 데이터를 가져와서 웹 페이지에 표시하려면 아무래도 시간이 걸린다. 이때 통신 속도야 어쩔 수 없다 하더라도 랜더링하는 시간은 실행 코드에 의해 좌우될 수 있다. 여기서는 서버에서 가져온 데이터를 웹 페이지에 출력하는 과정을 통해 처리 속도를 살펴본다.

appendChild() 메소드는 부모 노드에 자식 노드를 결합하게 되므로 이 메소드를 실행할 때마다 HTML 도큐먼트 구조가 변경된다. 브라우저는 랜더링을 실행하여 결합된 노드를 웹 페이지에 출력한다. 만약 appendChild() 메소드를 열 번 실행하면 랜더링이 열 번 발생하게 된다. 이때 랜더링을 한 번만 실행한다면 그만큼 처리 속도가 향상될 것이다. DOM은 랜더링을 최소화하는 createDocumentFragement() 메소드를 제공하고 있다.

5.3.1 매번 랜더링

매번 랜더링이란 부모 노드와 자식 노드를 결합할 때마다 랜더링을 하는 형태를 말한다. 따라서 속도가 아무래도 떨어질 것이다. 하지만 이는 추측이 될 수도 있다. 이에 대해 살펴본다.

● **시나리오**

---

1 시스템은 웹 페이지를 표시한다.
  1.1 '우편번호 조회'에 click 이벤트를 설정한다.
2 사용자가 '우편번호 조회' 버튼을 클릭한다.
  2.1 시스템은 서버에서 우편번호 파일을 가져와 파일의 데이터를 웹 페이지에 출력한다.

● **실행결과 zipDataShow**

● **소스 zipDataShow.html**

```
<div><span>주소 건수: </span><span id="count"></span></div>
<div><span>실행 시간(초): </span><span id="runTime"></span></div>
<div id="showArea">
   <ol id="zipData">
   </ol>
</div>
```

'우편번호 조회' 버튼을 클릭하면 우편번호 파일의 데이터를 ol#zipData에 출력한다. 이때 우편번호 파일의 주소 건수를 span#count에 출력하고, 파일의 데이터를 편집하여

ol#zipData에 출력하는 시간을 span#runTime에 출력한다.

[실행결과 zipDataShow]에 출력된 값은 Firefox 2.0에서 실행한 결과이다. 10,000건의 주소가 출력되었으며 실행 시간(초)에서 소수점 이상이 초이고 소수점 이하가 1/1000 초를 의미한다. 그 동안은 10,000건의 데이터를 웹 페이지에 출력할 수 없다는 것이 불문율이었다. 하지만 [실행결과 zipDataShow]에서 볼 수 있듯이 3초에 출력되었다. 이제 데이터 중심으로 웹 애플리케이션을 실행할 수 있다. zipDataShow.html을 실행한 환경은 표 5-2와 같다.

표 5-2 ● 실행 환경

구분	실행 환경
서버 환경	노트북, Window XP Professional
	Pentium 4, 1.7GHz, 512MB RAM
	톰켓 5.0.19
주소 건수	10,000건
파일 형태	Text

● 소스 zipDataShow.js

```
var AjaxComm = {                                                    ❶
   dataReceive: function(event) {
      new Ajax.Request('ziptextdata.txt', {
         onSuccess: function(xmlHttp) {
            var zipData = xmlHttp.responseText;
            Show.zipNumber(zipData);
         }
      });
   }
}
var Show = {
   zipNumber: function(zipData) {
      var rowSplit = zipData.split('₩n');                            ❷
      var rowSplitLength = rowSplit.length;
      $('count').appendChild(document.createTextNode(rowSplitLength));
```

```
        var zipDataElement = document.getElementById('zipData');                    ❸
        var startTime = new Date().getTime();  //시작 시각

        for (var k = 0; k < rowSplitLength; k++) {                                    ❹
            var liElement = document.createElement('li');
            liElement.appendChild(document.createTextNode(rowSplit[k]));
            zipDataElement.appendChild(liElement);
        }
        var runTime = (new Date().getTime() - startTime) / 1000;    //실행 시간       ❺
        $('runTime').appendChild(document.createTextNode(runTime));
    }
}
```

'우편번호 조회' 버튼을 클릭하면 AjaxComm.dataReceive() 메소드를 수행하여 서버에서 ziptextdata.txt 파일을 가져온다. 파일 수신이 완료되면 Show.zipNumber() 메소드를 수행하여 수신한 파일의 데이터를 웹 페이지에 출력한다.

```
❶ var AjaxComm = {
      dataReceive: function(event) {
         new Ajax.Request('ziptextdata.txt', {
            onSuccess: function(xmlHttp) {
               var zipData = xmlHttp.responseText;
               Show.zipNumber(zipData);
            }
         });
      }
   }
```

비동기 통신 방법으로 서버와 통신하기 위해서는 사전 처리와 파일을 수신하기 위한 코드를 작성해야 하는데 이 코드가 길어 prototypeJS에서 제공하는 코드를 사용하였다. 또, 이를 다루는 것은 본 책의 범위가 아니므로 본문과 관계된 부분만 간단하게 살펴본다.

AjaxComm.dataReceive() 메소드를 크게 분리하면 Ajax.Request('ziptextdata.txt', onSuccess 메소드(코드)) 형태가 되며 이것은 두 개의 파라미터를 갖는 모습이다. 첫 번째 파

라미터에 서버의 우편번호 파일('ziptextdata.txt')을 지정한다. 참고로 'ziptextdata.txt' 위치에 *.jsp, *.php와 같이 프로그램 이름을 지정하면 프로그램이 호출된다.

onSuccess( ) 메소드는 서버와 통신이 성공적으로 완료되었을 때 자동으로 실행되는 메소드이다. 메소드 이름은 prototypeJS에서 정한 약속된 이름이므로 이 이름을 사용해야 한다. 메소드의 파라미터에 지정한 xmlHttp는 임의로 지정한 이름이며 이 오브젝트가 서버와 통신하는 인스턴스가 된다. responseText 프로퍼티에 서버 파일의 데이터가 설정되므로 이를 읽으면 데이터를 취득할 수 있다. 설정한 오브젝트를 파라미터에 지정하고 Show.zipNumber( ) 메소드를 호출한다.

❷
```
var rowSplit = zipData.split('₩n');
var rowSplitLength = rowSplit.length;
$('count').appendChild(document.createTextNode(rowSplitLength));
```

서버의 데이터는 다음과 같은 형태로 작성되어 있다. split( ) 메소드는 자바스크립트 네이티브(Native) 메소드로서 파라미터에 지정한 값을 기준으로 항목을 분리한다. '₩n'은 줄 바꿈을 의미하며 아래의 데이터에서 눈에 보이지는 않지만 줄 끝에 이 값이 있으므로 줄 단위로 분리된다. length 프로퍼티는 줄 단위로 분리된 수를 제공하며 이 값이 10,000인 것이다.

100011 충무로1가 서울 중구 충무로1가
100012 충무로2가 서울 중구 충무로2가

❸
```
var zipDataElement = document.getElementById('zipData');
var startTime = new Date().getTime();  //시작 시각
```

주소 데이터가 자식 노드가 되며 이를 부모 노드에 연결해야 하므로 ol#zipData를 엘리먼트 오브젝트로 생성한다. 시작 시각에서 종료 시각을 빼면 실행 시간을 구할 수 있으므로 getTime( ) 메소드로 시작 시각을 구해 그 값을 변수에 설정한다.

❹
```
for (var k = 0; k < rowSplitLength; k++) {
    var liElement = document.createElement('li');
    liElement.appendChild(document.createTextNode(rowSplit[k]));
    zipDataElement.appendChild(liElement);
}
```

서버에서 받은 파일의 라인 수만큼 반복하면서 엘리먼트를 만들어 부모 노드에 접목시킨다. <li> 엘리먼트 오브젝트를 생성하고 여기에 파일의 데이터로 텍스트 노드를 생성하여 결합시킨다. 이렇게 결합한 오브젝트를 ol#zipData 엘리먼트에 접목한다. 바로 이때 주소 데이터가 웹 페이지에 출력된다.

첫 번째 appendChild() 메소드는 메모리에 생성한 liElement 엘리먼트와 결합하므로 랜더링이 발생하지 않지만, zipDataElement.appendChild(liElement) 메소드는 HTML 도큐먼트에 있는 엘리먼트와 결합하므로 랜더링이 발생한다. 즉 rowSplitLength 프로퍼티 값이 10,000이므로 10,000번을 랜더링하게 된다.

❺
```
var runTime = (new Date().getTime() - startTime) / 1000;
document.getElementById('runTime').childNodes[0].nodeValue = runTime;
```

종료 시각에서 시작 시각을 빼고 1000으로 나누면 초 단위의 실행 시간이 구해진다. 다음의 표 5-3은 IE 6.0과 Firefox 2.0에서 zipDataShow.html을 다섯 번 실행한 결과이다.

표 5-3 ● 실행 시간

브라우저	1회	2회	3회	4회	5회	평균
IE 6.0	3.735	3.765	3.795	3.826	3.795	3.783
Firefox 2.0	3.095	3.345	3.315	3.324	3.395	3.295

1회는 브라우저를 처음 열어서 실행하였으며, 2회부터는 새로 고침(F5)으로 실행하였다. 브라우저마다 조금씩 차이가 있지만, 평균적으로 IE 6.0에서는 3.783초가 소요되었고 Firefox 2.0에서는 3.295초가 소요되었다. 웹에서 데이터 10,000건을 처리하는 데 있어 이 정도 시간이 걸린다면 데이터 중심의 웹 애플리케이션을 개발할 수 있다. 물론 애

플리케이션의 목적과 용도에 따라 3초의 시간이 허용되지 않을 수 있지만, 웹에서 대량의 데이터 처리가 가능하다.

5.3.2 createDocumentFragment

매번 랜더링하는 것보다 한 번만 한다면 처리 속도가 빨라질 것이다. createDocumentFragement() 메소드는 랜더링을 한 번만 실행한다. 이 방법은 가상의 부모 노드를 메모리에 만들고 여기에 자식 노드를 연결시켰다가 최종적으로 한 번만 HTML 도큐먼트의 부모 노드에 결합시킨다.

● **메소드**

인터페이스	Document		
이름	구분	형태	기능 개요
createDocument Fragement	파라미터	없음	
	반환	DocumentFragement	

● **실행결과 fragment**

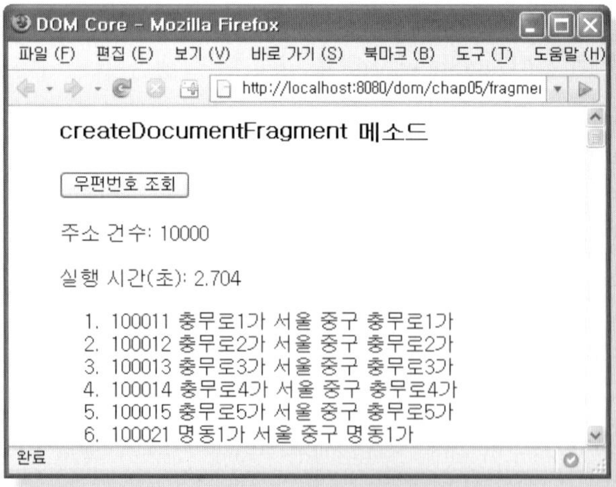

● 소스 fragment.html

앞항에서 실행했던 것과 같은 상태에서 실행할 수 있도록 하기 위해 zipDataShow.html을 복사하여 사용했으며, 서버에서 우편번호 파일을 가져오는 코드도 같게 하였다.

● 소스 fragment.js

```
*** 앞 부분 생략
var Show = {
   zipNumber: function(zipData) {
      var rowSplit = zipData.split('₩n');
      var rowSplitLength = rowSplit.length;
      $('count').appendChild(document.createTextNode(rowSplitLength));

      var zipDataElement = document.getElementById('zipData');
      var startTime = new Date().getTime();

      var fragment = document.createDocumentFragment();                 ❶
      for (var k = 0; k < rowSplitLength; k++) {
         var liElement = document.createElement('li');
            liElement.appendChild(document.createTextNode(rowSplit[k]));
            fragment.appendChild(liElement);
      }
      zipDataElement.appendChild(fragment);                              ❷

      var runTime = (new Date().getTime() - startTime) / 1000;
      $('runTime').appendChild(document.createTextNode(runTime));
   }
}
```

이벤트를 설정하는 것과 서버에서 파일을 가져오는 코드는 앞항에서 다루었던 zipDataShow.js와 같으므로 게재를 생략한다. 아울러 중복되는 코드의 설명도 생략한다.

❶ `var fragment = document.createDocumentFragment();`

document.createDocumentFragment( ) 메소드를 실행하여 가상의 부모 엘리먼트 역할을 하게 될 오브젝트를 생성한다. 메소드의 파라미터에는 값을 지정하지 않는다.

❷ `zipDataElement.appendChild(fragment);`

appendChild(fragment) 메소드의 파라미터에 for( ) 문에서 만들어 놓은 fragment 오브젝트를 지정하고 zipDataElement 엘리먼트에 접목시킨다. 바로 이때 랜더링이 발생하며 웹 페이지에 표시된다.

다음의 표 5-4는 createDocumentFragment( ) 메소드를 사용하여 한 번만 랜더링한 결과이고 표 5-5는 매번 랜더링과 한 번 랜더링의 차이를 브라우저별로 작성한 것이다. 1회는 브라우저를 처음 열어서 실행하였으며 2회부터는 새로 고침(F5)으로 실행하였다. 평균적으로 IE 6.0에서는 4.132초가 소요되었고 Firefox 2.0에서는 2.576초가 소요되었다.

표 5-4 ● createDocumentFragment( ) 메소드 처리 시간

브라우저	1회	2회	3회	4회	5회	평균
IE 6.0	4.116	4.096	4.146	4.216	4.086	4.132
Firefox 2.0	2.393	2.784	2.384	2.613	2.704	2.576

다음의 표 5-5에서 볼 수 있듯이 Firefox 2.0은 처리 시간이 단축되었지만 IE 6.0은 시간이 더 걸렸다. 개념적으로도 랜더링을 한 번만 실행하므로 처리 시간이 단축되어야 하지만, IE 6.0은 랜더링을 한 번만 하는 것보다 매번 랜더링하는 것이 더 효과적이라는 것을 알 수 있다.

표 5-5 ● 랜더링 방법에 따른 처리 시간 차이

브라우저	매번 랜더링	한 번 랜더링	차이(매번 : 한 번)
IE 6.0	3.783	4.132	0.349 증가
Firefox 2.0	3.295	2.576	0.719 감소
IE – Firefox 차이	0.448	1.556	

▶ DOM 표준과 현실

현실적으로 브라우저 점유율을 감안한다면 createDocumentFragment( ) 메소드를 사용함에 있어 어려움이 있다. 그렇다고 Firefox가 빠르니까 Firefox를 사용하라고 할 수도 없다. DOM 스펙을 제정한 멤버들이 랜더링을 고려하여 이 메소드를 제정하였겠지만 결국 의미없는 메소드가 되었다. 아쉽지만 이는 엄연한 현실이다.

이를 통해 DOM 표준이라고 무조건 사용할 수 없다는 결론을 도출할 수 있다. DOM 표준과 현실을 반영한 독자 나름대로의 기준을 가지고 애플리케이션을 개발해야 한다. 그래야 최대의 효과를 거둘 수 있다. 이 점이 웹 애플리케이션을 개발함에 있어 또 하나의 어려운 측면이다.

5.3.3 innerHTML 처리 시간

DOM 제공 메소드를 사용하여 콘텐츠를 웹 페이지에 출력하려면 createElement( ) 메소드로 엘리먼트 오브젝트를 생성해야 한다. 또 createTextNode( ) 메소드로 콘텐츠를 설정하고 appendChild( ) 메소드로 설정한 콘텐츠를 엘리먼트에 접목시키는 과정을 거쳐야 한다. innerHTML 프로퍼티는 이런 과정을 거치지 않고 한번에 콘텐츠를 웹 페이지에 출력할 수 있다는 장점을 가지고 있다.

● **실행결과 innerHTMLDOM**

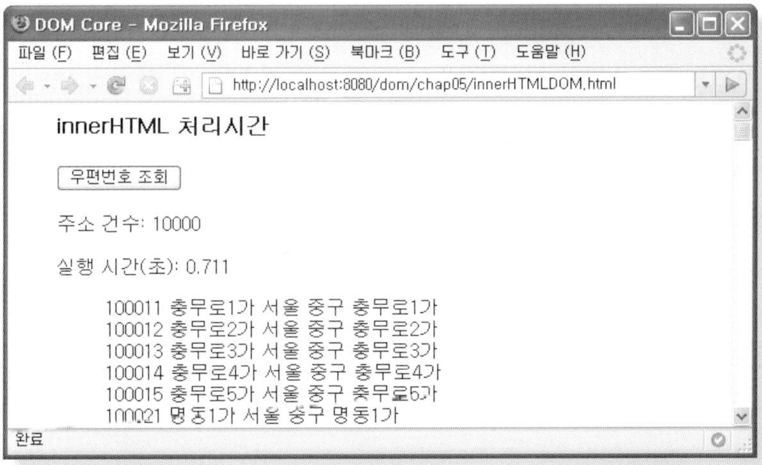

● 소스 innerHTMLDOM.js

```
var Show = {
   zipNumber: function(zipData) {
      var rowSplit = zipData.split('₩n');
      var rowSplitLength = rowSplit.length;
      $('count').appendChild(document.createTextNode(rowSplitLength));

      var startTime = new Date().getTime();
      var resultData = '';                                                    ❶
      for (var k = 0; k < rowSplitLength; k++) {
         resultData += (rowSplit[k] + '<br />');
      }
      document.getElementById('zipData').innerHTML = resultData;

      var runTime =  (new Date().getTime() - startTime) / 1000;
      $('runTime').appendChild(document.createTextNode(runTime));
   }
}
```

❶
```
var resultData = '';
for (var k = 0; k < rowSplit.length; k++) {
   resultData += (rowSplit[k] + '<br />');
}
document.getElementById('show1').innerHTML = resultData;
```

다른 코드는 앞서 다루었던 fragment.js와 같으며 다른 점은 resultData에 파일의 데이터를 전부 편집한 후 innerHTML 프로퍼티로 HTML 도큐먼트에 반영하였다. 즉 createElement(), createTextNode(), appendChild() 메소드 대신에 innerHTML프로퍼티를 사용하였다.

표 5-6은 innerHTMLDOM.html을 실행한 결과이다. 1회는 브라우저를 처음 열어 실행하였으며 2회부터는 새로 고침(F5)으로 실행하였다. 평균적으로 IE 6.0에서는 22.522초가 소요되었고 Firefox 2.0에서는 0.851초가 소요되었다. innerHTML을 사용

하면 복잡한 과정을 거치지 않고 매우 간단하게 데이터를 편집할 수 있으므로 코드의 가독성도 좋다. 그런데 innerHTML을 사용함에 있어 표 5-6에서 볼 수 있듯이 브라우저를 고려해야 한다.

표 5-6 ● innerHTML 처리 시간

브라우저	1회	2회	3회	4회	5회	평균
IE 6.0	22.292	22.372	22.512	22.722	22.713	22.522
Firefox 2.0	0.711	0.942	0.841	0.861	0.901	0.851

표 5-7에서 볼 수 있듯이 Firefox에서는 처리 시간이 매우 단축되었으나 IE는 비교가 안 될 정도로 많이 걸렸다. 22초는 특별한 경우를 제외하고 웹에서 실행할 수 없는 시간이다.

표 5-7 ● 랜더링과 innerHTML 처리 시간 비교

브라우저	매번 랜더링	한 번 랜더링	innerHTML
IE 6.0	3.783	4.132	22.522
Firefox 2.0	3.295	2.576	0.851
IE - Firefox 차이	0.448	1.556	21.671

표 5-7에서 가장 처리 속도가 빠른 것은 Firefox에서 innerHTML을 사용하는 것이며 가장 속도가 느린 것은 IE에서 innerHTML을 사용하는 것이다. 이상의 결과와 IE 브라우저의 점유율을 감안한다면 매번 랜더링하여 DOM 트리 구조를 하나씩 만드는 것이 최적의 방법이라고 할 수 있다.

하지만 innerHTMLDOM.js에 작성한 코드가 틀렸다고 할 수는 없지만 다른 방법으로 코드를 작성하면 이와 다른 결과가 나온다. 이에 대해서는 다음 항(5.3.4)에서 살펴본다.

● **실행결과 innerHTMLDOM_br 제외**

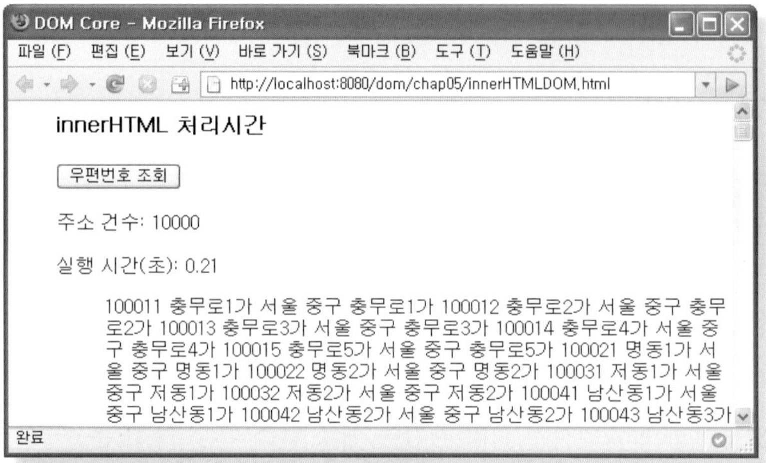

다음 항에 들어가기 앞서 (rowSplit[k] + '<br />')에서 '<br />'을 사용하지 않고 resultData += rowSplit[k] 형태의 실행 속도에 대해 살펴본다. 즉, [실행결과 innerHTMLDOM_br 제외]와 같이 줄을 바꾸지 않고 연결하여 출력한다. 이는
이 처리 속도에 미치는 영향을 살펴보기 위함이다.

표 5-8 ● 〈br /〉 제외 innerHTML 처리 시간

브라우저	구분	1회	2회	3회	4회	5회	평균
IE 6.0	〈br /〉 제외	18.897	18.977	19.187	19.267	21.120	19.490
	〈br /〉 포함	22.292	22.372	22.512	22.722	22.713	22.522
Firefox 2.0	〈br /〉 제외	0.220	0.391	0.390	0.381	0.381	0.353
	〈br /〉 포함	0.711	0.942	0.841	0.861	0.901	0.851

비율을 보면 IE 6.0은 그다지 차이가 나지 않는다. 즉,
이 처리 속도에 미치는 영향은 그리 없으며, +=을 수행하는 데 시간이 걸린다는 것을 알 수 있다. Firefox는 평균 처리 시간이 0.851초에서 0.353초로 현격하게 줄었다.
을 처리하는 시간이 +=을 수행하는 시간보다 많이 걸렸다. 즉,
을 제외시키면 속도가 빨라진다.
을 제외시키는 방법도 생각해 볼 필요가 있다. 이에 대해 다음 항에서 같이 살펴보기로 한다.

5.3.4 innerHTML의 최적화

IE 브라우저에서는 innerHTML 처리 속도가 너무 느려 사용할 수 없다. 그런데 사실은 innerHTML의 문제가 아니라 웹 페이지에 출력할 데이터를 결합하는 코드가 문제이다. 이를 개선하면 IE와 Firefox 모두 속도가 개선된다. 또 지금까지 여러 가지 경우의 수 중에서 가장 빠르고 IE와 Firefox 모두 거의 같은 처리 속도를 낼 수 있다. 데이터를 편집하는 코드를 정확하게 작성한다면 처리 속도를 보장받을 수 있다.

● **실행결과 innerHTMLPush**

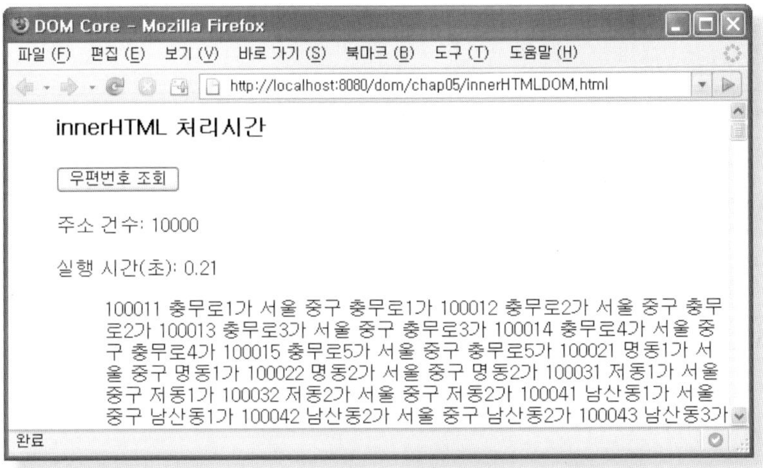

[실행결과 innerHTMLPush]에서 볼 수 있듯이 앞서 다루었던 것과 실행 시간은 다르지만 출력된 형태는 같다. 실행 환경을 같게 하기 위해 <h1> 엘리먼트의 명칭만 바꾸었을 뿐 다른 것은 바꾸지 않았다.

● **소스 i innerHTMLPush.js**

```
var resultData = [];
for (var k = 0; k < rowSplitLength; k++) {
   resultData.push(rowSplit[k] + '<br />');
}
document.getElementById('zipData').innerHTML = resultData.join('');
```

다른 코드는 앞서 다루었던 코드와 같고 위의 코드만 다르다. 앞에서 resultData를 변수로 선언하였지만, 여기서는 배열로 선언하였고 for() 문을 반복하면서 파일의 데이터에
을 포함시켜 자바스크립트 네이티브 메소드인 push() 메소드로 [k]번째의 값을 설정한다.

배열을 그대로 출력하면 콤마로 배열의 엘리먼트를 구분하여 콤마가 출력되므로 join() 메소드의 파라미터에 ''를 지정하여 빈 값으로 배열의 엘리먼트를 구분하도록 하였다. 표 5-9에서 볼 수 있듯이 IE 6.0에서 처리 속도가 매우 현저하게 떨어졌다. 거의 Firefox와 유사한 처리 속도를 내고 있음을 알 수 있다.

표 5-9 ● 배열과 push() 메소드 사용

브라우저	1회	2회	3회	4회	5회	평균
IE 6.0	0.701	0.631	0.621	0.651	0.661	0.653
Firefox 2.0	0.641	0.611	0.610	0.651	0.621	0.627

아래의 표 5-10은 랜더링하는 방법, += 연산자를 사용하여 데이터를 편집하는 방법, 배열과 push() 메소드를 사용하여 데이터를 편집하는 방법을 비교한 표이다.

표 5-10 ● 처리 시간 결과 비교

브라우저	매번 랜더링	한 번 랜더링	+= 연산자로 편집	[], push()로 편집
IE 6.0	3.783	4.132	22.522	0.653
Firefox 2.0	3.295	2.576	0.851	0.627
IE – Firefox 차이	0.448	1.556	21.671	0.026

매번, 한 번 랜더링 방법도 IE와 Fire fox가 차이가 났으며 += 연산자를 사용하는 방법도 차이가 났지만, 배열과 push() 메소드를 사용하면 거의 차이가 나지 않는다. 또 다른 방법에 비해 훨씬 처리 속도가 빠르다. 비록 innerHTML 프로퍼티가 DOM 표준은 아니지만 효율성이 높다.

그렇다고 모든 경우에 innerHTML을 사용할 수 있는 것은 아니다. 지금까지 다루었던 것은 단순하게 텍스트 데이터만 출력한 것이므로 간단하게 처리할 수 있었지만, 조건에 따라 이벤트를 설정하거나 CSS를 바꾸거나 일률적으로 적용하지 못하는 경우에는 매번 또는 한 번 랜더링 방법을 취할 수도 있다. 어떤 방법이 좋은가에 대해서는 경우에 따라 다르므로 테스트를 한 후 상황에 적합한 코드를 사용해야 한다.

▶ innerHTML 사용 제한

지금까지 살펴보았듯이 innerHTML은 틀림없이 장점이 있다. 하지만 문제점이 없는 것은 아니다. YUI(Yahoo User Interface: Ajax 라이브러리) 개발자인 Julien Lecomte씨는 innerHTML의 문제점과 해결방안을 그의 블로그(http://www.julienlecomte.net/blog/2007/12/38/)에 제시하고 있다.

CHAPTER 06

HTML 엘리먼트 속성 제어

HTML 도큐먼트를 제어하기 위한 3대 노드는 엘리먼트 노드, 속성 노드, 텍스트 노드이다. 물론, 다른 노드도 있지만 대부분 이 세 가지로 HTML 도큐먼트를 제어한다. 지금까지 엘리먼트 노드를 생성하고 삭제하는 방법을 살펴보았으며, 텍스트 노드를 생성하고 콘텐츠를 설정하는 방법을 살펴 보았다. 이제 남아있는 것은 속성 노드이다. 6장에서는 속성 노드에 대해 살펴본다.

6.1 속성 제어

속성을 제어한다는 것은 속성 값을 추출하고 설정하는 것을 의미한다. 또 속성이 없다면 속성을 생성하는 것을 포함한다. 여기서는 속성을 추출하고 설정하는 방법과 속성을 생성하고 삭제하는 방법을 살펴본다.

6.1.1 getAttribute

getAttribute() 메소드는 파라미터에 지정한 속성의 속성 값을 반환한다.

● **메소드**

인터페이스	Element		
이름	구분	형태	기능 개요
getAttribute	파라미터	DomString	속성 이름
	반환	DomString	속성 값

● 실행결과 getAttribute_Firefox

● 실행결과 getAttribute_IE

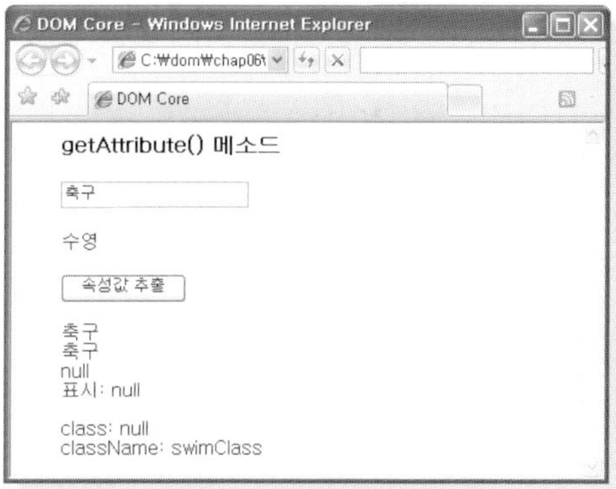

● 소스 getAttribute.html

```
<input type="text" id="soccer" value="축구" />
<p id="swim" class="swimClass">수영</p>
```

input#soccer에 value 속성을 작성하였으며, p#swim에 class 속성을 작성하였다. getAttribute() 메소드로 속성 값을 추출하는 방법을 살펴본다.

● 소스 getAttribute.js

```
var Show = {
   okClick: function(event) {
      var soccerValue = document.getElementById('soccer').getAttribute('value');      ❶
      $('show1').appendChild(document.createTextNode(soccerValue));

      var largeChar = document.getElementById('soccer'getAttribute('VALUE');      ❷
      $('show2').appendChild(document.createTextNode(largeChar));

      var nullReturn = document.getElementById('soccer').getAttribute('IDID');      ❸
      $('show3').appendChild(document.createTextNode(nullReturn));
      $('show4').appendChild(document.createTextNode('표시: ' + nullReturn));

      var swimClass = document.getElementById('swim').getAttribute('class');      ❹
      $('show5').appendChild(document.createTextNode('class: ' + swimClass));
```

```
        var swimClassName = document.getElementById('swim').getAttribute('className');
        $('show6').appendChild(document.createTextNode('className: ' + swimClassName));
    }
}
```

input#okClick의 '속성 값 추출' 버튼을 클릭하면 Show.okClick() 메소드가 실행된다.

❶
```
var soccerValue = document.getElementById('soccer').getAttribute('value');
$('show1').appendChild(document.createTextNode(soccerValue));
```

show1에 출력된 값은 '축구'이며, 이는 input#soccer 엘리먼트의 value 속성 값이다. 이와 같이 getAttribute() 메소드는 파라미터에 지정한 속성의 속성 값을 반환한다.

❷
```
var largeChar = document.getElementById('soccer').getAttribute('VALUE');
$('show2').appendChild(document.createTextNode(largeChar));
```

show2에 출력된 값은 '축구'로 getAttribute() 메소드의 파라미터에 대문자로 속성 이름을 지정하였으나 정상적으로 value 속성 값이 출력되었다. 즉 getAttribute() 메소드는 대소문자를 구분하지 않는다.

❸
```
var nullReturn = document.getElementById('soccer').getAttribute('IDID');
$('show3').appendChild(document.createTextNode(nullReturn));
$('show4').appendChild(document.createTextNode('표시: ' + nullReturn));
```

getAttribute() 메소드의 파라미터에 지정한 'IDID'는 input#soccer 엘리먼트에 작성하지 않은 속성이다. IE로 실행하면 show3과 show4에 null이 출력되고, Firefox로 실행하면 show3에는 아무 값도 출력되지 않고 show4에만 null이 출력된다. 그렇다고 반환되는 값이 null이 아닌 것은 아니다. Firefox에서 show3과 show4에 출력한 결과를 볼 때, show4와 같이 다른 값과 합해서 출력할 때에는 null이 표시되나 단독으로 출력할 때에는 표시되지 않는다는 것을 알 수 있다.

```
❹ var swimClass = document.getElementById('swim').getAttribute('class');
  $('show5').appendChild(document.createTextNode('class: ' + swimClass));
  var swimClassName = document.getElementById('swim').getAttribute('className');
  $('show6').appendChild(document.createTextNode('className: ' + swimClassName));
```

IE로 실행하면 show5에 null이 출력되고 show6에 swimClass가 출력되며, Firefox로 실행하면 show5에 swimClass가 출력되고 show6에 null이 출력된다. 어떤 이유로 값이 상반되게 출력된 것인가?

여기서 속성과 프로퍼티에 대해 생각해 볼 필요가 있다. <p class="swimClass">에서 class는 속성이고 elementObject.className = 'swimClass'에서 className은 프로퍼티이다. 즉 HTML에서는 속성이라고 하고 DOM에서는 프로퍼티라고 한다.

속성 이름과 프로퍼티 이름을 같게 사용하지만, DOM은 class를 calssName으로, for를 htmlFor로 사용할 것을 권하고 있다. 즉 elementObject.class가 아니라 elementObject.className 형태이다. 그런데 다시 getAttribute() 메소드의 파라미터에 class를 지정해야 한다는 것은 일관성이 결여되었다. 결론적으로 getAttribute() 메소드의 파라미터에 IE는 'className'을 지정해야 하고 Firefox는 'class'를 지정해야 한다.

6.1.2 setAttribute

setAttribute() 메소드는 첫 번째 파라미터에 지정한 속성에 두 번째 파라미터에 지정한 속성 값을 설정한다.

● **메소드**

인터페이스	Element		
이름	구분	형태	기능 개요
setAttribute	파라미터	DomString	속성 이름
	파라미터	DomString	속성 값
	반환	없음	

● 실행결과 setAttribute_Firefox

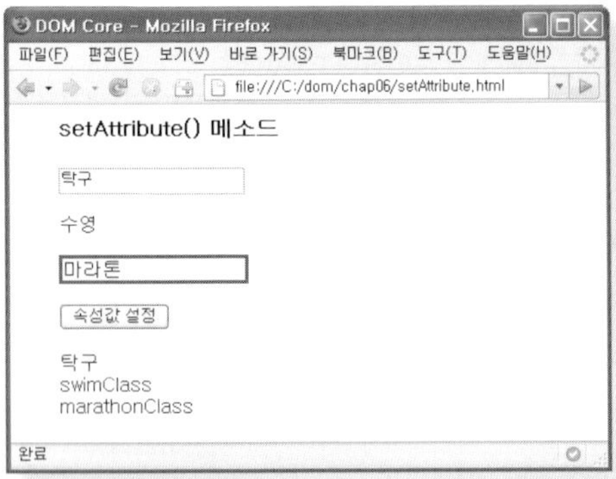

● 실행결과 setAttribute_IE

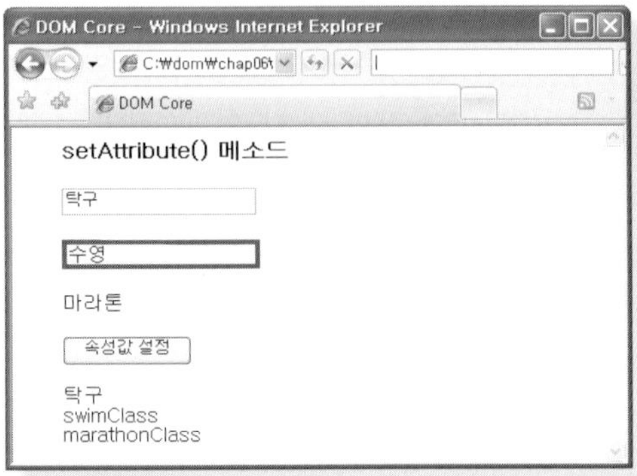

● 소스 setAttribute.html

```
<input type="text" id="soccer" value="축구" />
<p id="swim">수영</p>
<p id="marathon">마라톤</p>
```

input#soccer의 value 속성 값에 '축구'를 지정하였으며, p#swim과 p#marathon에는 value 속성을 작성하지 않았다. setAttribute() 메소드를 사용하여 속성 값을 설정하는 방법을 살펴본다.

● 소스 setAttribute.css

```
.swimClass, .marathonClass {
   background-color: yellow; width: 150px;
   border-style: solid; border-color: #0000FF;
}
```

border-style에 solid를 지정했으므로 테두리 선이 쳐진 형태로 표현되어야 하고, border-color에 노랑색을 지정했으므로 이 색으로 표현되어야 한다.

● 소스 setAttribute.js

```
var Show = {
  okClick: function(event) {
    document.getElementById('soccer').setAttribute('value', '탁구');         ❶
    $('show1').appendChild(document.createTextNode($('soccer').getAttribute('value')));

    document.getElementById('swim').setAttribute('className', 'swimClass');  ❷
    $('show2').appendChild(document.createTextNode($('swim').getAttribute('className')));

    document.getElementById('marathon').setAttribute('class', 'marathonClass');
    $('show3').appendChild(document.createTextNode($('marathon').getAttribute('class')));
  }
}
```

input#okClick의 '속성 값 설정' 버튼을 클릭하면 Show.okClick() 메소드가 실행된다.

❶
```
document.getElementById('soccer').setAttribute('value', '탁구');
$('show1').appendChild(document.createTextNode($('soccer').getAttribute('value')));
```

input#soccer에 표시된 값이 '축구'에서 '탁구'로 변경된 것은 value 속성 값이 바뀐 것을 의미한다. 이와 같이 setAttribute() 메소드는 속성 값을 설정한다. 첫 번째 파라미터에 설정 대상이 되는 속성 이름을 지정하고 두 번째 파라미터에 설정하려는 값을 지정한다. 여기서 설정이란 속성이 있으면 속성 값을 치환하고, 속성이 없으면 속성을 생성하고 속성 값을 설정하는 것을 의미한다.

❷
```
document.getElementById('swim').setAttribute('className', 'swimClass');
$('show2').appendChild(document.createTextNode($('swim').getAttribute('className')));

document.getElementById('marathon').setAttribute('class', 'marathonClass');
$('show3').appendChild(document.createTextNode($('marathon').getAttribute('class')));
```

IE로 실행하면 '수영'에 테두리가 쳐지면서 바탕색이 노랑색으로 변경되지만, '마라톤'은 변경되지 않는다. Firefox로 실행하면 '수영'은 변경되지 않지만 '마라톤'은 변경된다.

이것은 앞항에서 다루었던 class와 className 때문이다.

show2와 show3에 출력된 값을 보면 IE와 Firefox 모두 setAttribute() 메소드에 지정한 속성 값이 출력되었다. 그렇다면 속성 이름과 속성 값이 설정되었다는 것인데, CSS가 반영되지 않은 이유는 무엇인가? 속성 이름의 적정성 여부와 관계없이 setAttribute() 메소드의 파라미터에 지정한 속성 이름과 속성 값이 HTML 도큐먼트의 엘리먼트에 설정된다. 하지만, IE는 'className'으로, Firefox는 'class'로 작성해야 css 파일에 있는 셀렉터와 연결되어 엘리먼트에 CSS가 적용된다.

6.1.3 hasAttribute

hasAttribute() 메소드는 파라미터에 지정한 속성 이름이 엘리먼트에 존재하면 true를 반환하고 아니면 false를 반환한다.

● 메소드

인터페이스	Element		
이름	구분	형태	기능 개요
hasAttribute	파라미터	DomString	속성 이름
	반환	Boolean	속성 이름이 있으면 true, 아니면 false 반환

● 실행결과 hasAttribute

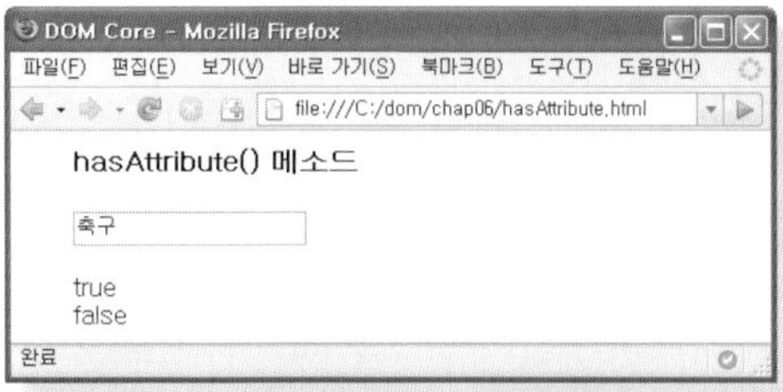

● 소스 hasAttribute.html

```
<input type="text" id="soccer" class="soccerClass" value="축구" />
```

본문과 직접 관련된 부분으로 type, id, class, value 속성이 작성되어 있다.

● 소스 hasAttribute.js

```
window.onload = function () {
   var soccerElement = document.getElementById('soccer');
   if (soccerElement.addEventListener) {  // IE이외 브라우저
      var returnClass = soccerElement.hasAttribute('class');                     ❶
      var returnName = soccerElement.hasAttribute('name');
   } else {   // IE 브라우저
      var returnClass = soccerElement.getAttributeNode('class').specified;       ❷
      var returnName = soccerElement.getAttributeNode('name').specified;
   }
   document.getElementById('show1').appendChild(document.createTextNode(returnClass));
   document.getElementById('show2').appendChild(document.createTextNode(returnName));
}
```

실행을 위한 버튼 처리가 없으므로 바로 결과가 출력된다.

❶
```
var returnClass = soccerElement.hasAttribute('class');
var returnName = soccerElement.hasAttribute('name');
```

show1에 출력된 값은 true이고 show2에 출력된 값은 false이다. show1에 true가 출력된 것은 hasAttribute() 메소드의 파라미터에 지정한 class 속성을 input#soccer에 작성했기 때문이다. 또, show2에 false가 출력된 것은 hasAttribute() 메소드의 파라미터에 지정한 name 속성을 input#soccer에 작성하지 않았기 때문이다. 이와 같이 hasAttribute() 메소드는 파라미터에 지정한 속성이 HTML 엘리먼트에 작성되어 있으면 true를 반환하고 아니면 false를 반환한다.

❷
```
var returnClass = soccerElement.getAttributeNode('class').specified;
var returnName = soccerElement.getAttributeNode('name').specified;
```

hasAttribute() 메소드는 DOM에서 제공하며 이에 상응하는 IE 제공 메소드는 getAttributeNode()이다. 또한 이 메소드에는 다양한 프로퍼티가 있는데, specified 프로퍼

티가 속성의 존재 여부를 제공한다. getAttributeNode() 메소드의 파라미터에 지정한 속성이 HTML 엘리먼트에 작성되어 있으면 true를 반환하고 아니면 false를 반환한다.

6.1.4 createAttribute

createAttribute() 메소드는 파라미터에 지정한 속성을 Attr 인터페이스 형태의 오브젝트로 생성하여 반환한다.

● **메소드**

인터페이스	Document		
이름	구분	형태	기능 개요
createAttribute	파라미터	DomString	인덱스
	반환	Attr	Attr 인터페이스 형태의 오브젝트

● **실행결과 createAttribute**

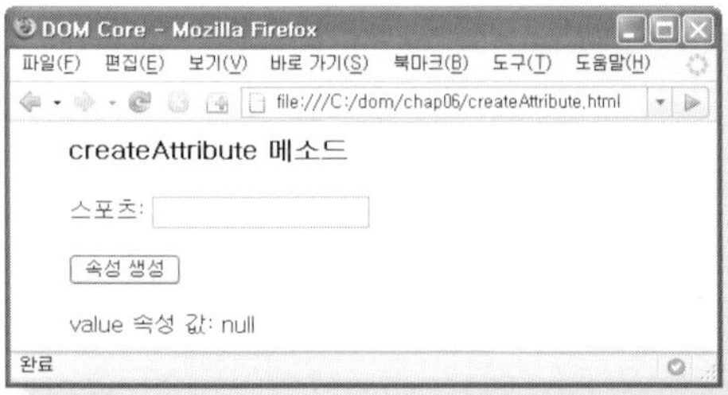

● 소스 createAttribute.html

```
스포츠: <input type="text" id="soccer" />
```

본문과 직접 관련된 부분으로 type과 id 속성이 작성되어 있다. 여기에 value 속성을 생성하여 추가한다.

● 소스 createAttribute.js

```
var Show = {
   okClick: function(event) {
```

```
        var attributeNode = document.createAttribute('value');          ❶
        attributeNode.nodeValue = '축구';

        var soccerValue = 'value 속성 값: ' + $('soccer').getAttribute('value');   ❷
        $('show1').appendChild(document.createTextNode(soccerValue));
    }
}
```

input#okClick의 '속성 생성' 버튼을 클릭하면 Show.okClick() 메소드가 실행된다. createAttribute() 메소드의 파라미터에 속성 이름을 지정하고 실행하면, Attr 인터페이스 형태의 오브젝트를 생성하여 반환한다. 여기서 중요한 것은 생성되는 것이 오브젝트라는 점이다. 즉, 오브젝트만 생성하므로 후속 처리가 동반되어야 한다.

❶
```
var attributeNode = document.createAttribute('value');
attributeNode.nodeValue = '축구';
```

다음의 그림 6-1은 위 코드를 실행한 결과를 Firebug로 전개한 것이다. nodeType이 2로 되어 있으며 nodeName에 value가 설정되어 있다. 즉 속성 노드가 생성된 것이다. 끝 부분의 value에 '축구'가 설정되어 있으며 이 값이 엘리먼트의 value 속성 값이 된다.

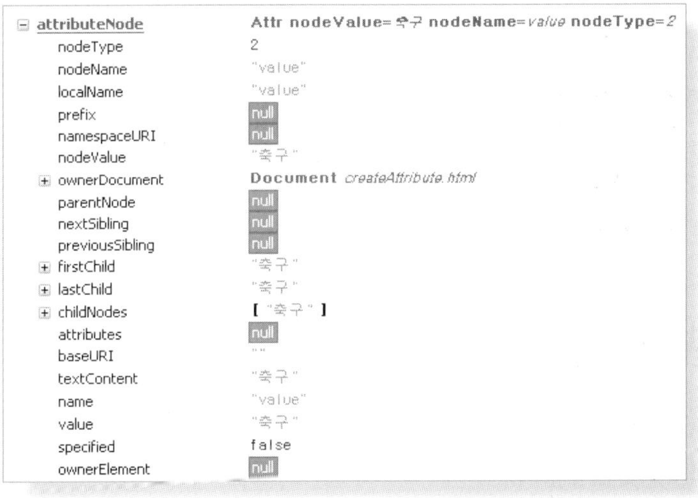

그림 6-1

```
❷ var soccerValue = 'value 속성 값: ' + $('soccer').getAttribute('value');
  $('show1').appendChild(document.createTextNode(soccerValue));
```

show1에 출력된 값은 null이다. 노드 오브젝트를 생성하였고 value 속성 값을 '축구'로 설정하였으므로 이 값이 출력되어야 한다. 그런데 null이 출력된 것은 무슨 까닭인가? 이는 메모리에 생성을 한 것이지 아직 HTML 도큐먼트에 반영된 것이 아니기 때문이다. 따라서 이를 HTML 엘리먼트에 접목시켜야 한다. 이에 대해서는 '6.2.3 setnamedItem'과 '6.3.1 setAttributeNode'에서 같이 살펴본다.

6.2 NamedNodeMap 인터페이스

엘리먼트에 <input type="text" id="soccer" value="축구"/>와 같이 다수의 속성을 작성할 수 있으므로 이를 반환받으면 배열 형태가 된다. 그런데 엘리먼트에 작성된 순서로 배열의 엘리먼트에 속성이 설정되지 않으므로 인덱스로 접근하면 다른 속성이 추출될 수 있다. 따라서 속성 이름으로 접근해야 하는데 이 형태가 NamedNodeMap 인터페이스 형태의 오브젝트이다.

이름으로 접근할 수 있다는 것은 key와 value 형태의 Hash라고 생각할 수 있다. 하지만 Hash 형태는 for(in) 문을 사용할 수 있는 반면 NamedNodeMap 인터페이스 형태의 오브젝트는 for(in) 문을 사용할 수 없으므로 Hash 형태라고 할 수 없다. 또 for()문을 사용하여 값을 추출할 수 있으므로 배열이라고 할 수 있지만, name으로 접근해야 하므로 단지 배열이라고 할 수도 없다. 이와 같이 NamedNodeMap 인터페이스 형태의 오브젝트는 두 형태가 복합된 특수한 형태이다.

6.2.1 attributes

attributes 프로퍼티는 엘리먼트에 작성된 모든 속성을 NameNodeMap 인터페이스 형태의 오브젝트로 반환한다.

● **프로퍼티**

인터페이스	Node			
이름	형태	기능 개요	R/W	권장
attributes	NameNodeMap	엘리먼트의 모든 속성	R	

● **실행결과 attributes–Firefox**

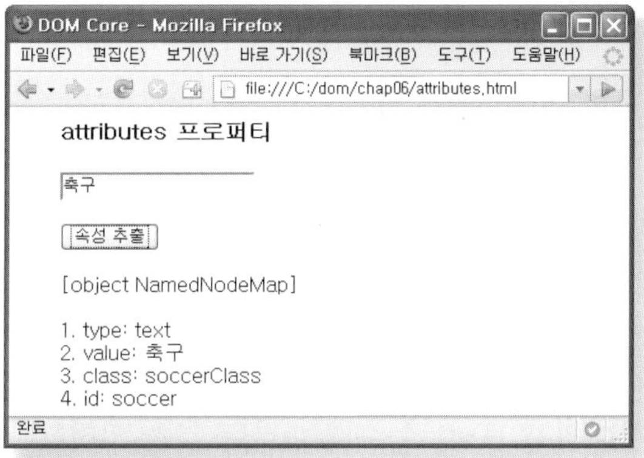

● **실행결과 attributes–IE**

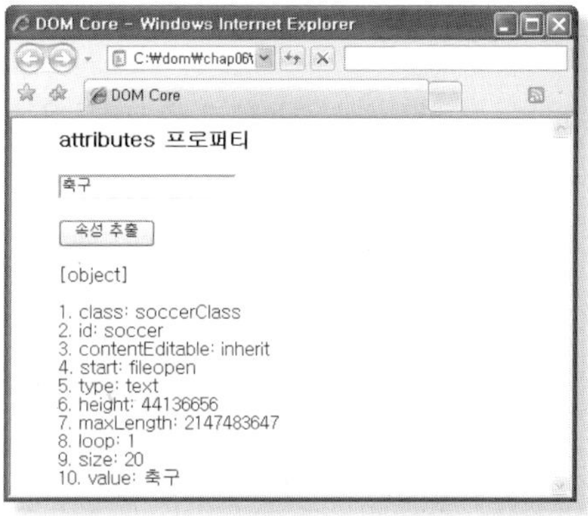

● **소스 attributes.html**

```
<input type="text" id="soccer" class="soccerClass" value="축구" />
```

본문과 직접 관련된 부분으로 type, id, class, value 속성이 작성되어 있다. attributes 프로퍼티로 이를 반환받아 속성 값을 출력하는 방법을 살펴본다.

● **소스 attributes**

```
var Show = {
  okClick: function(event) {
    var soccerAttr = document.getElementById('soccer').attributes;    ❶
    $('show0').innerHTML = soccerAttr;

    var index = 0;                                                     ❷
    for (var k = 0; k < soccerAttr.length; k++) {
```

```
            var nodeMap = soccerAttr.item(k);
            if (nodeMap.nodeValue == null || nodeMap.nodeValue == '') continue;
            ++index;
            var nodeAttr = index + '. ' + nodeMap.nodeName + ': ' + nodeMap.nodeValue;
            $('show' + index).appendChild(document.createTextNode(nodeAttr));
        }
    }
}
```

input#okClick의 '속성 추출' 버튼을 클릭하면 Show.okClick() 메소드가 실행된다.

```
❶ var soccerAttr = document.getElementById('soccer').attributes;
  $('show0').innerHTML = soccerAttr;
```

Firefox로 실행하면 show0에 'object NamedNodeMap'이 출력된다. 이것은 attributes 프로퍼티가 NamedNodeMap 인터페이스 형태의 오브젝트를 반환한다는 것을 의미한다. [실행결과 attributes_Firefox]에 출력된 속성 이름과 속성 값은 input#soccer 엘리먼트에 작성한 속성이다. 이와 같이 attributes 프로퍼티는 엘리먼트에 작성한 속성 이름과 속성 값을 모두 반환한다.

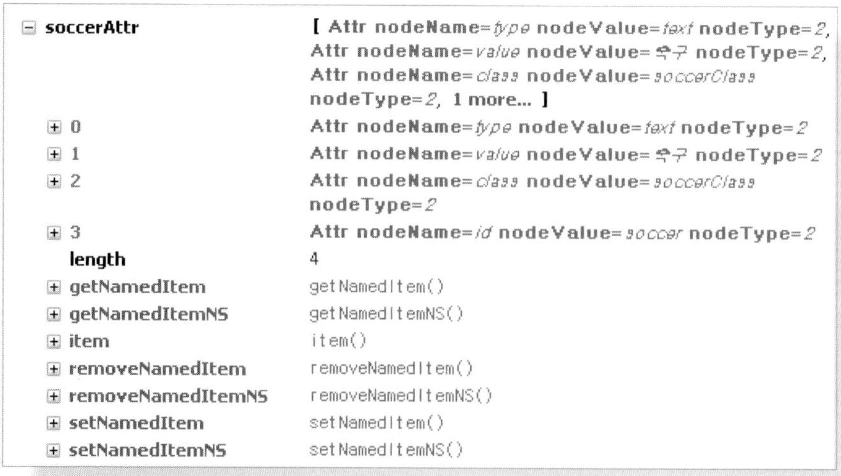

그림 6-2

그림 6-2는 attributes 프로퍼티가 반환한 NamedNodeMap 인터페이스 형태의 오브젝트에 포함된 프로퍼티와 메소드이다. nodeType 프로퍼티 값이 모두 2로 되어 있으며 이는 속성 노드를 의미한다. 0부터 3까지의 배열이 input#soccer에 작성한 속성에 관한 것이고 length 프로퍼티와 다른 메소드는 NamedNodeMap 인터페이스에 포함된 것이다.

❷
```
var index = 0;
for (var k = 0; k < soccerAttr.length; k++) {
    var nodeMap = soccerAttr.item(k);
    if (nodeMap.nodeValue == null || nodeMap.nodeValue == '') continue;
    ++index;
    var nodeAttr = index + '. ' + nodeMap.nodeName + ': ' + nodeMap.nodeValue;
    $('show' + index).appendChild(document.createTextNode(nodeAttr));
}
```

네 번째 줄의 if( ) 문에서 null 값을 체크한 것은, IE는 엘리먼트에 작성하지 않은 속성도 반환하므로 그 중에서 값이 없는 속성을 출력하지 않기 위함이다. [실행결과 attributes_Firefox]에서 볼 수 있듯이 Firefox는 엘리먼트에 작성한 속성만 반환하지만, [실행결과 attributes_IE]에서 볼 수 있듯이 IE는 엘리먼트에 작성하지 않은 속성도 반환한다.

6.2.2 getNamedItem

getNamedItem( ) 메소드는 파라미터에 지정한 속성 이름과 일치하는 노드 오브젝트를 반환한다. 지정한 속성 이름이 존재하지 않으면 null을 반환한다.

● **메소드**

인터페이스	NamedNodeMap		
이름	구분	형태	기능 개요
getNamedItem	파라미터	DomString	속성 이름
	반환	Node	노드 오브젝트

● 실행결과 getNamedItem–Firefox

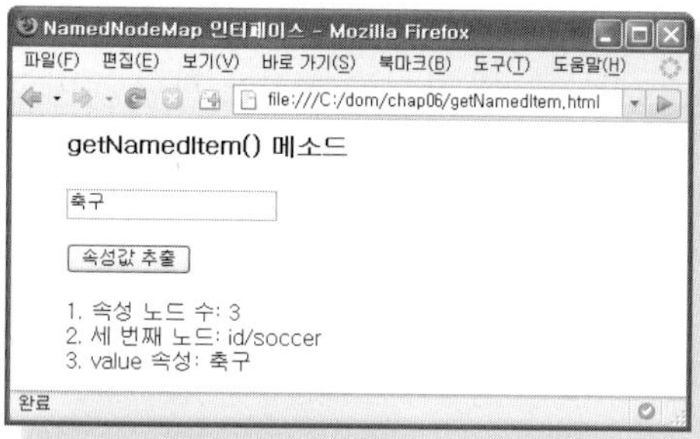

● 실행결과 getNamedItem–IE

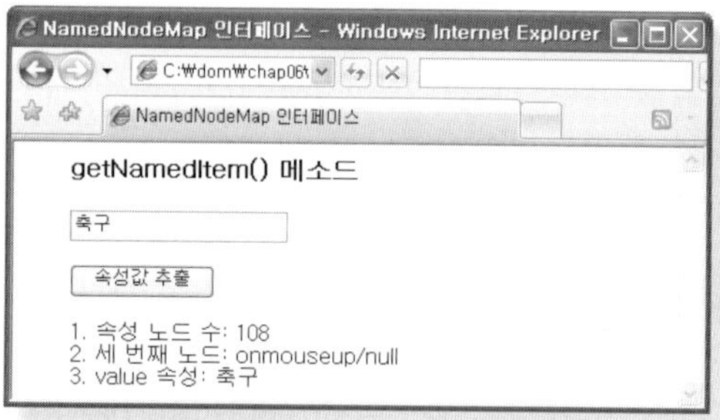

● 소스 getNamedItem.html

```
<input type="text" id="soccer" value="축구" />
```

본문과 직접 관련된 부분으로 type, id, value 순서로 세 개의 속성이 작성되어 있으며 각 속성에는 속성 값이 지정되어 있다.

● 소스 getNamedItem.js

```
var Show = {
   okClick: function(event) {
      var namedMap = document.getElementById('soccer').attributes;          ❶
      var nodeText = '1. 속성 노드 수: ' + namedMap.length;
      $('show1').appendChild(document.createTextNode(nodeText));

      var nodeItem = namedMap.item(2);                                      ❷
      nodeText = '2. 세 번째 노드: ' + nodeItem.nodeName + '/' + nodeItem.nodeValue;
      $('show2').appendChild(document.createTextNode(nodeText));

      var attrValue = namedMap.getNamedItem('value');                       ❸
      nodeText = '3. value 속성: ' + attrValue.nodeValue;
      $('show3').appendChild(document.createTextNode(nodeText));
   }
}
```

input#okClick의 '속성 값 추출' 버튼을 클릭하면 Show.okClick() 메소드가 실행된다.

❶
```
var namedMap = document.getElementById('soccer').attributes;
var nodeText = '1. 속성 노드 수: ' + namedMap.length;
$('show1').appendChild(document.createTextNode(nodeText));
```

IE로 실행하면 show1에 108이 출력되고 Firefox로 실행하면 3이 출력된다. length 프로퍼티는 attributes 프로퍼티가 반환하는 NamedNodeMap 인터페이스 형태의 오브젝트에 포함된 속성 노드 수를 반환한다. 그런데 출력된 값이 다른 이유는 Firefox는 input#soccer 엘리먼트에 작성한 속성만 설정하지만 IE는 input#soccer 엘리먼트 제어에 필요한 모든 프로퍼티를 설정하기 때문이다.

❷
```
var nodeItem = namedMap.item(2);
nodeText = '2. 세 번째 노드: ' + nodeItem.nodeName + '/' + nodeItem.nodeValue;
$('show2').appendChild(document.createTextNode(nodeText));
```

item() 메소드는 파라미터에 지정한 인덱스 번째의 노드 오브젝트를 반환한다. item(2)란 HTML 엘리먼트에 작성한 세 번째 속성을 의미하므로 'value/축구'가 출력되어야 하나 'id/soccer'가 출력되었다. 따라서 인덱스를 지정하여 속성을 추출할 수 없다.

❸
```
var attrValue = namedMap.getNamedItem('value');
nodeText = '3. value 속성: ' + attrValue.nodeValue
$('show3').appendChild(document.createTextNode(nodeText));
```

show3에 출력된 값은 IE와 Firefox 모두 '축구'로 이 값은 value 속성 값이다. getNamedItem() 메소드의 파라미터에 속성 이름을 지정하면 NamedNodeMap 인터페이스 형태의 오브젝트에서 속성 이름이 같은 노드 오브젝트를 반환한다. 따라서 nodeValue, nodeName과 같은 프로퍼티를 사용하여 노드 오브젝트에 포함된 프로퍼티 값을 추출해야 한다.

6.2.3 setNamedItem

setNamedItem() 메소드는 파라미터에 지정한 노드 오브젝트를 엘리먼트에 설정한다. 같은 이름의 속성이 존재하지 않으면 null을 반환하고, 존재하면 파라미터에 지정한 노드 오브젝트로 대체하고 현재의 속성 값을 노드 오브젝트로 반환한다.

● **메소드**

인터페이스	NamedNodeMap		
이름	구분	형태	기능 개요
setNamedItem	파라미터	Node	속성 노드 오브젝트
	반환	Node	현재의 노드 오브젝트, null

● **실행결과 setNamedItem**

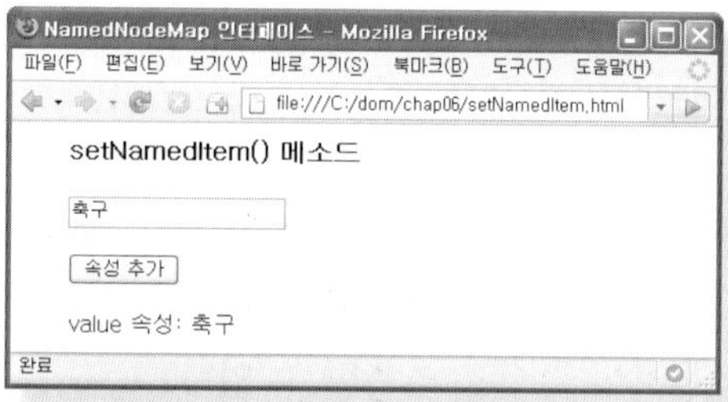

● **소스 setNamedItem.html**

```
<input type="text" id="soccer" />
```

본문과 직접 관련된 부분으로 여기에 value 속성과 속성 값을 설정한다.

● **소스 setNamedItem.js**

```
var Show = {
   okClick: function(event) {
      var soccerElmt = document.getElementById('soccer');              ❶
      var valueAttr = document.createAttribute('value');
      soccerElmt.attributes.setNamedItem(valueAttr);
```

```
        soccerElmt.setAttribute('value', '축구');

        var attrValue =  $('soccer').attributes.getNamedItem('value');
        var nodeText = 'value 속성: ' + attrValue.nodeValue;
        $('show1').appendChild(document.createTextNode(nodeText));
    }
}
```

input#okClick의 '속성 추가' 버튼을 클릭하면 Show.okClick()이 실행된다.

```
❶ var soccerElmt = document.getElementById('soccer');
   var valueAttr = document.createAttribute('value');
   soccerElmt.attributes.setNamedItem(valueAttr);
   soccerElmt.setAttribute('value', '축구');
```

setNamedItem( ) 메소드는 파라미터에 지정한 노드 오브젝트를 엘리먼트에 설정한다. 파라미터에 노드 오브젝트를 지정하기 위해서는 이를 생성해야 하는데, 이때 create Attribute( ) 메소드로 생성한다. setNamedItem( ) 메소드는 속성 이름만 설정하는 것이므로 속성 값이 설정된 것은 아니다. setAttribute( ) 메소드로 속성 값을 설정하면 된다.

6.2.4 removeNamedItem

removeNamedItem() 메소드는 파라미터에 지정한 속성 이름과 같은 속성을 삭제하고 삭제한 속성을 노드 오브젝트로 반환한다. 하지만, 일부 속성은 삭제할 수 없으므로 선별적으로 사용해야 한다.

● **메소드**

인터페이스	NamedNodeMap		
이름	구분	형태	기능 개요
removeNamedItem	파라미터	DomString	속성 이름
	반환	Node	삭제된 노드 오브젝트

● 실행결과 removeNamedItem

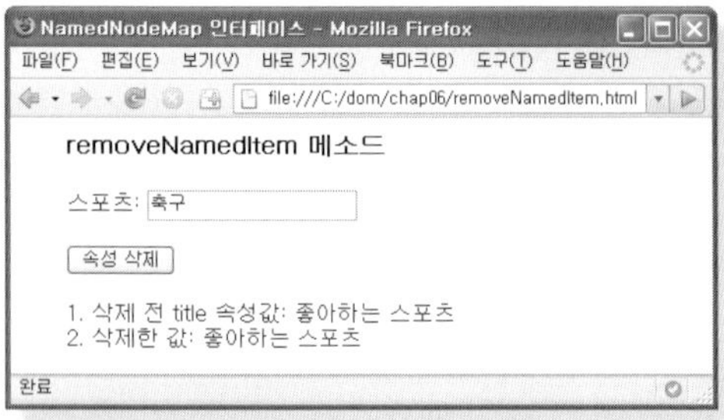

● 소스 removeNamedItem.html

```
스포츠: <input type="text" id="soccer" value="축구" title="좋아하는 스포츠" />
```

본문과 직접 관련된 부분으로 type, id, value, title 속성이 작성되어 있다. remove NamedItem() 메소드로 title 속성을 삭제하는 방법과 삭제 후의 결과를 살펴본다.

● 소스 removeNamedItem.js

```
var Show = {
   okClick: function(event) {
      var soccerElmt = document.getElementById('soccer').attributes;
      var nodeText = '1. 삭제 전 title 속성 값: ' + soccerElmt.getNamedItem('title').nodeValue;
      $('show1').appendChild(document.createTextNode(nodeText));

      var removeNode = soccerElmt.removeNamedItem('title');                ❶
      nodeText = '2. 삭제한 값: ' + removeNode.nodeValue;
      $('show2').appendChild(document.createTextNode(nodeText));

//    removeNode = soccerElmt.removeNamedItem('value');
//    nodeText = '3. 삭제한 값: ' + removeNode.nodeValue;
//    $('show3').appendChild(document.createTextNode(nodeText));
   }
}
```

input#okClick의 '속성 삭제' 버튼을 클릭하면 Show.okClick( ) 메소드가 실행된다. show1에 출력된 값은 '좋아하는 스포츠'로 이는 title 속성에 작성한 값이다.

```
❶ var removeNode = soccerElmt.removeNamedItem('title');
  nodeText = '2. 삭제한 값: ' + removeNode.nodeValue;
  $('show2').appendChild(document.createTextNode(nodeText));
```

removeNamedItem( ) 메소드는 파라미터에 지정한 속성 값만 지우는 것이 아니라 속성 노드를 삭제한다. 또한 삭제한 속성 노드를 반환한다. show2에 출력된 값은 '좋아하는 스포츠이며, 이는 title 속성에 작성한 값이다.

소스에 주석을 처리한 이유는 Firefox에서는 실행이 되나 IE에서는 에러가 발생하기 때문이다. 이는 브라우저에 따라 removeNamedItem( ) 메소드를 사용할 수 없는 속성이 있다는 것을 의미하며, 그 중의 하나가 value 속성이다. 따라서 removeNamedItem( ) 메소드는 선별적으로 사용해야 한다.

6.3 속성 노드 제어

속성은 항목이 하나이지만 속성 노드는 다수의 속성을 포함한다. 따라서 속성 노드를 제어하기 위해서는 우선 오브젝트를 생성한 후 프로퍼티에 접근해야 한다. 여기서는 속성 노드를 제어하는 메소드를 살펴본다.

6.3.1 setAttributeNode

setAttributeNode( ) 메소드는 파라미터에 지정한 노드 오브젝트를 엘리먼트에 추가한다. 지정한 속성이 엘리먼트에 존재하면 이를 대체한다.

● 메소드

인터페이스	Element		
이름	구분	형태	기능 개요
setAttributeNode	파라미터	DomString	속성 이름
	반환	Attr	Attr 인터페이스 형태의 오브젝트

● 실행결과 setAttributeNode

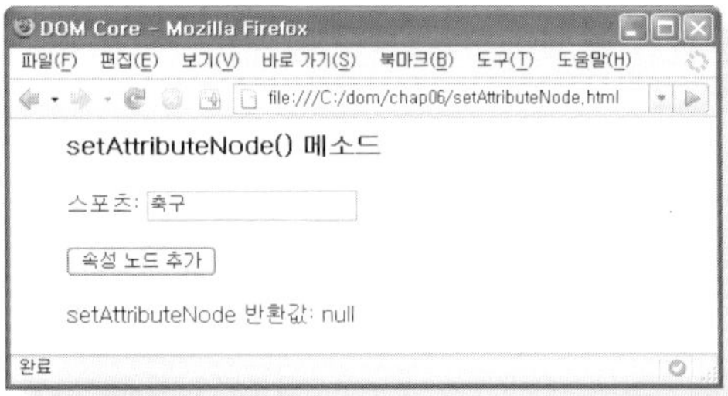

● 소스 setAttributeNode.html

```
스포츠: <input type="text" id="soccer" title="좋아하는 스포츠"/>
```

본문과 직접 관련된 부분으로 type, id, title 속성이 작성되어 있다. 여기에 value 속성을 추가한다.

● 소스 setAttributeNode.js

```
var Show = {
   okClick: function(event) {
      var createNode = document.createAttribute('value');                    ❶
      createNode.nodeValue = '축구';
      var nullNode = document.getElementById('soccer').setAttributeNode(createNode);

      var nullValue = 'setAttributeNode 반환값: ' + nullNode;                 ❷
      $('show1').appendChild(document.createTextNode(nullValue));

      createTitle = document.createAttribute('title');
```

```
      createTitle.nodeValue = '축구로 설정';

      var beforeValue = document.getElementById('soccer').setAttributeNode(createTitle);
//    var titleValue = 'title 속성 있음: ' + beforeValue.nodeValue;
//    $('show2').appendChild(document.createTextNode(titleValue));
   }
}
```

input#okClick의 '속성 노드 추가' 버튼을 클릭하면 Show.okClick() 메소드가 실행된다.

❶
```
var createNode = document.createAttribute('value');
createNode.nodeValue = '축구';
var nullNode = document.getElementById('soccer').setAttributeNode(createNode);
```

'속성 노드 추가' 버튼을 클릭하기 전에는 '축구'가 표시되지 않았으나, 버튼을 클릭하면 [실행결과 setAttributeNode]에서 볼 수 있듯이 '축구'가 표시된다. 이것은 setAttributeNode() 메소드의 파라미터에 지정한 노드 오브젝트를 HTML 엘리먼트에 추가했기 때문이다.

❷
```
var nullValue = 'setAttributeNode 반환값: ' + nullNode;
$('show1').appendChild(document.createTextNode(nullValue));
```

setAttributeNode() 메소드는 파라미터에 지정한 속성이 엘리먼트에 존재하지 않으면 null을 반환하고, 존재하면 엘리먼트의 속성을 Attr 인터페이스 형태의 오브젝트로 반환한다. show1에 null이 출력된 것은 value 속성을 엘리먼트에 작성하지 않은 상태에서 설정했기 때문이다.

소스에 주석을 처리한 이유는 Firefox에서는 실행이 되나 IE에서 에러가 발생하기 때문이다. setAttributeNode() 메소드의 파라미터에 지정한 속성이 엘리먼트에 작성되어 있으면 그 속성을 반환한다. 그런데 Firefox는 반환을 하나 IE는 반환하지 않기 때문에 이 코드를 실행하면 에러가 발생한다.

6.3.2 getAttributeNode

getAttributeNode( ) 메소드는 파라미터에 지정한 속성 이름과 같은 속성의 엘리먼트를 Attr 인터페이스 형태의 오브젝트로 반환한다.

● **메소드**

인터페이스	Element		
이름	구분	형태	기능 개요
getAttributeNode	파라미터	DomString	속성 이름
	반환	Attr	Attr 인터페이스 형태의 오브젝트

● **실행결과 getAttributeNode**

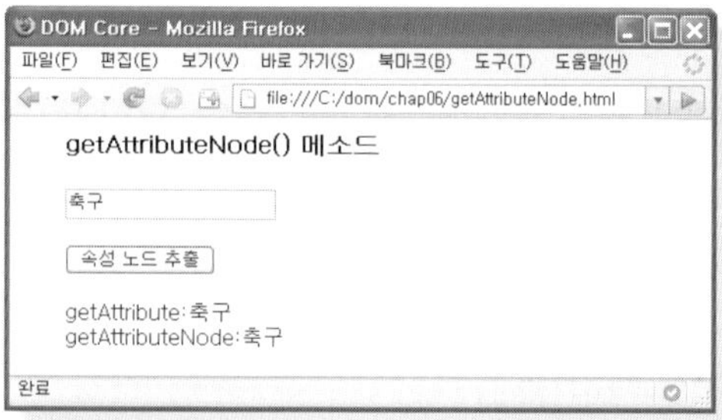

● **소스 getAttributeNode.html**

```
<input type="text" id="soccer" value="축구" />
```

본문과 직접 관련된 부분으로 value 속성이 작성되어 있다. getAttributeNode( ) 메소드로 value 속성 값을 추출하는 과정을 살펴본다.

● **소스 getAttributeNode.js**

```
var Show = {
   okClick: function(event) {
      var soccerValue = 'getAttribute:' + $('soccer').getAttribute('value');      ❶
      $('show1').appendChild(document.createTextNode(soccerValue));
```

```
        var valueNode = $('soccer').getAttributeNode('value');          ❷
        var getValue = 'getAttributeNode:' + valueNode.nodeValue;
        $('show2').appendChild(document.createTextNode(getValue));
    }
}
```

input#okClick의 '속성 노드 추출'을 클릭하면 Show.okClcik() 메소드가 실행된다.

❶
```
var soccerValue = 'getAttribute:' + $('soccer').getAttribute('value');
$('show1').appendChild(document.createTextNode(soccerValue));
```

show1에 출력된 값은 '축구'로 이는 value 속성에 작성한 값이다. getAttribute() 메소드는 파라미터에 지정한 속성 값을 반환한다. 이 메소드에 대해서는 앞에서 다루었지만 다시 제시한 것은 바로 이어서 다룰 getAttributeNode() 메소드와 비교하기 위함이다.

❷
```
var valueNode = $('soccer').getAttributeNode('value');
var getValue = 'getAttributeNode:' + valueNode.nodeValue;
$('show2').appendChild(document.createTextNode(getValue));
```

show2에 출력된 값은 '축구'로 이는 value 속성에 작성한 값이다. 이와 같이 getAttributeNode() 메소드는 value 속성에 작성한 값을 추출한다. 그런데 getAttribute() 메소드는 바로 속성 값을 추출할 수 있지만, getAttributeNode() 메소드는 Attr 인터페이스 형태의 오브젝트를 반환하므로 반환된 오브젝트의 프로퍼티를 사용하여 값을 추출해야 한다. 이 점이 두 메소드의 차이점이다.

6.3.3 removeAttributeNode

removeAttributeNode() 메소드는 엘리먼트에서 파라미터에 지정한 노드 오브젝트를 삭제한다.

● **메소드**

인터페이스	Element		
이름	구분	형태	기능 개요
removeAttributeNode	파라미터	Attr	노드 오브젝트
	반환	Attr	Attr 인터페이스 형태의 오브젝트

● **실행결과 removeAttributeNode**

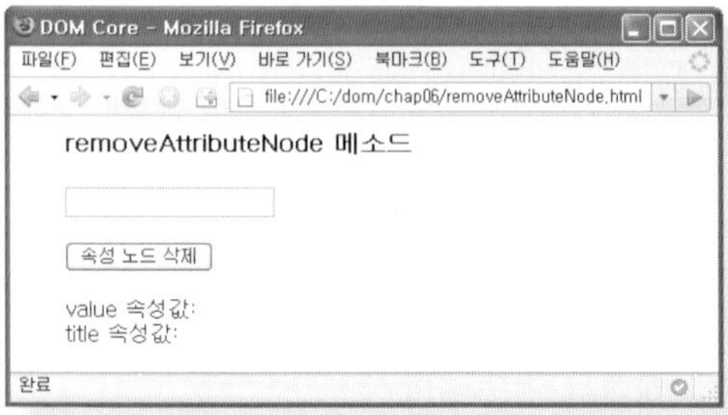

● **소스 removeAttributeNode.html**

```
<input type="text" id="soccer" value="축구" />
```

본문과 직접 관련된 부분으로 value 속성을 작성하였다. removeAttributeNode() 메소드로 value 속성을 삭제하는 과정을 살펴본다.

● **소스 removeAttributeNode.js**

```
var Show = {
   okClick: function(event) {
      var valueElement = document.getElementById('soccer');                    ❶
      var attrNode = valueElement.getAttributeNode('value');
      valueElement.removeAttributeNode(attrNode);

      var removeResult = 'value 속성 값: ' + valueElement.value;                ❷
      $('show1').appendChild(document.createTextNode(removeResult));

      attrNode = valueElement.getAttributeNode('title');                        ❸
```

```
        valueElement.removeAttributeNode(attrNode);
        removeResult = 'title 속성 값:' + valueElement.title;
        $('show2').appendChild(document.createTextNode(removeResult));
    }
}
```

input#okClick의 '속성 노드 삭제' 버튼을 클릭하면 Show.okClick() 메소드가 실행된다.

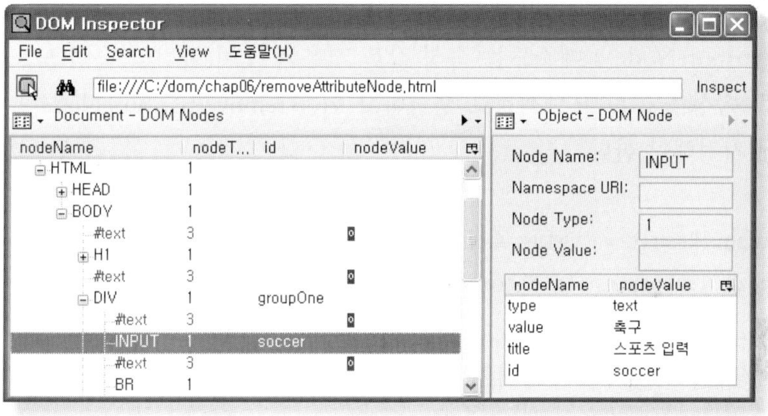

그림 6-3

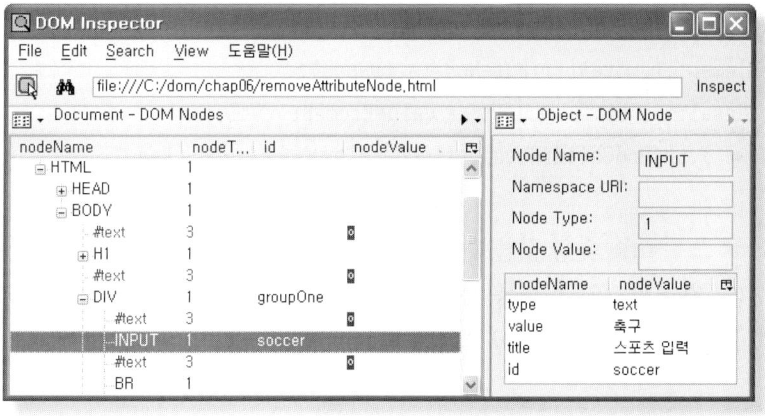

그림 6-4

그림 6–3은 '속성 노드 삭제' 버튼을 클릭하기 전에 DOM Inspector로 전개한 것이고 그림 6–4는 버튼을 클릭한 후 전개한 것이다. 그림 6–4에서 볼 수 있듯이 title 속성과 value 속성이 삭제되었다. [실행결과 removeAttributeNode]에 value 속성 값과 title 속성 값이 출력되지 않은 것은 이 때문이다.

❶
```
var valueElement = document.getElementById('soccer');
var attrNode = valueElement.getAttributeNode('value');
valueElement.removeAttributeNode(attrNode);
```

removeAttributeNode( ) 메소드는 속성 값을 지우는 것이 아니라 속성 노드를 삭제하는 것이므로, 속성을 노드 오브젝트로 생성하고 이를 removeAttributeNode( ) 메소드의 파라미터에 지정해야 한다.

❷
```
var removeResult = 'value 속성 값: ' + valueElement.value;
$('show1').appendChild(document.createTextNode(removeResult));
```

IE로 실행하면 '축구'가 출력되고 Firefox로 실행하면 아무것도 출력되지 않는다. 또 input#soccer에 IE는 '축구'가 남아 있지만 Firefox는 '축구'가 표시되지 않는다. 이것은 value 속성을 IE는 삭제하지 않고 Firefox는 삭제한다는 뜻이 된다.

❸
```
attrNode = valueElement.getAttributeNode('title');
valueElement.removeAttributeNode(attrNode);
removeResult = 'title 속성 값:' + valueElement.title;
$('show2').appendChild(document.createTextNode(removeResult));
```

IE와 Firefox 모두 title 속성 값을 출력하지 않는다. 이것은 title 속성이 삭제되었다는 것을 의미한다. 지금까지의 결과를 볼 때 IE는 value 속성은 삭제하지 않지만 title 속성은 삭제하며, Firefox는 두 속성 모두 삭제한다는 것을 알 수 있다.

Ajax Document Object Model Scripting

DOM Events

PART 03

이벤트(Event)는 역동적인 유저 인터페이스를 실현함에 있어서 필수 요소이다. DOM Event는 레벨 2와 레벨 3이 있다. 레벨 3은 권고(Recommend-ation) 상태가 아닌 워킹그룹 노트(Working Group Note) 상태이다. 그런데도 DOM Event 레벨 3의 많은 기능을 브라우저에서 지원하고 있다. 이는 DOM 레벨 0에 적용되었던 기능이 레벨 3에 포함되었기 때문이다. 이 책에서는 DOM Event 레벨 2를 기준으로 다루며 DOM Event 레벨 3의 일부 기능을 다룬다.

▶▶ 3부 DOM Events는 다음과 같은 장으로 구성되어 있다.

- **7장** DOM 이벤트 모델
- **8장** DOM 이벤트 모듈

CHAPTER 07

DOM 이벤트 모델

웹 페이지에서 사용자의 행동을 인식할 수 있는 것이 이벤트이다. 이벤트는 보다 한 차원 높은 유저 인터페이스를 실현할 수 있는 기반을 제공한다. 여기에 Ajax의 비동기 통신 기능을 적용하면 사용자와 서버의 데이터가 연동하는 인터렉션(Interaction) 형태의 웹 애플리케이션을 구현할 수 있다. 즉, 데이터를 기반으로 사용자와 애플리케이션이 대화를 나누는 형태의 애플리케이션이 된다. 이런 발전적인 모습의 중심에 이벤트가 있다.

▶▶ 7장 이벤트 모델에서 다룰 주요 내용은 다음과 같다.

- 이벤트 개요
- 이벤트의 설정과 해제
- 이벤트의 전파
- 이벤트 설정시 고려사항
- Event 인터페이스

7.1 이벤트 개요

이벤트는 무엇인가 다른 것에 영향을 미친다. 이벤트는 데이터 입력이나 마우스 클릭과 같이 다른 프로세스에 즉각적으로 영향을 미치는 행동을 통칭한 것이다. 행동은 애플리케이션 사용자가 할 수도 있으며 애플리케이션이 자체적으로 할 수도 있다.

웹 페이지의 아무 곳에서 무의미하게 마우스를 클릭하는 것은 다음 처리가 동반되지 않으므로 이벤트라고 할 수 없으며 마우스를 클릭한 것에 지나지 않는다. 그러나 '주소 조회' 버튼을 클릭하면 서버와 연동하는 등의 후속 처리를 즉각적으로 해야 하므로 이는 이벤트이다.

수량을 입력하는 것은 즉각적으로 다른 프로세스(process)에 영향을 미치지 않으므로 단지 사용자가 행동한 것에 지나지 않는다. 전송 버튼을 클릭했을 때 수량의 입력 여부를 체크하는 것도 여기에 해당된다. 하지만 수량을 입력할 때마다 입력한 수량에 단가를 곱해 금액을 계산한다면, 경우에 따라서는 금액이 0이 될지라도 이벤트를 발생시켜야 금액을 계산할 수 있다.

● **시나리오**

1 시스템은 웹 페이지를 표시한다.
  1.1 수량에 keyup 이벤트를 설정한다.
  1.2 단가에 keyup 이벤트를 설정한다.
2 사용자가 수량을 입력한다.
  2.1 시스템은 수량을 입력할 때마다 입력한 수량을 출력하고 금액을 계산하여 출력한다.
3 사용자가 단가를 입력한다.
  3.1 시스템은 단가를 입력할 때마다 입력한 단가를 출력하고 금액을 계산하여 출력한다.

● **실행결과 event**

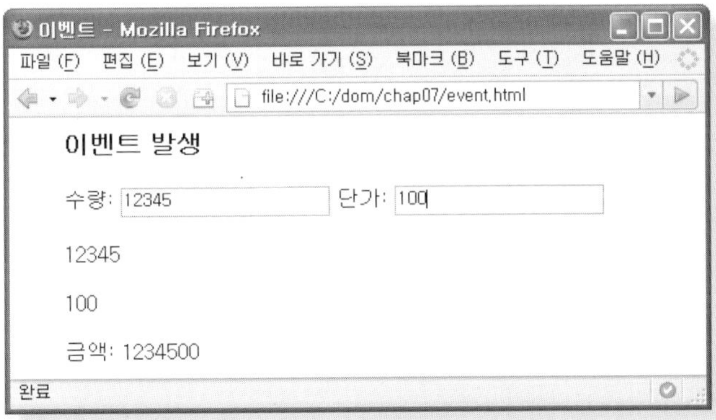

● **소스 event.html**

```
수량: <input type="text" id="qty" />
단가: <input type="text" id="price" />
```

시나리오를 보면 수량을 입력할 때마다 입력한 수량을 출력하도록 되어 있으나 [소스 event.html]에는 단지 엘리먼트만 작성되어 있다. 즉, onKeyup="Show.qty()"와 같은 형식으로 keyup 이벤트가 발생했을 때 실행할 메소드가 작성되어 있지 않다. 단가도 마찬가지이다.

● 소스 event.js

```
window.onload = function () {
   var qtyClick = document.getElementById('qty');
   var priceClick = document.getElementById('price');
   if (qtyClick.addEventListener) {
      qtyClick.addEventListener('keyup', Show.qty, false);
      priceClick.addEventListener('keyup', Show.price, false);
   } else {
      qtyClick.attachEvent('onkeyup', Show.qty);
      priceClick.attachEvent('onkeyup', Show.price);
   }
}
var Show = {
   entryQty: 0,
   entryPrice: 0,
   qty: function(event) {
      var clickElement = event.target || event.srcElement;
      $('show1').innerHTML = Show.entryQty = clickElement.value;
      Show.amount();
   },
   price: function(event) {
      var clickElement = event.target || event.srcElement;
      $('show2').innerHTML = Show.entryPrice = clickElement.value;
      Show.amount();
   },
   amount: function() {
      $('show3').innerHTML = '금액: ' + Show.entryQty * Show.entryPrice;
   }
}
```

수량을 입력할 때마다 입력한 수량을 출력하고 금액을 계산하여 출력한다. 또 단가를 입력할 때마다 입력한 단가를 출력하고 금액을 계산하여 출력한다. 이렇게 금액을 출력할 수 있는 것은 수량과 단가에 이벤트를 설정하고 이벤트가 발생할 때마다 금액을 계산했기 때문이다. 이와 같이 사용자가 행동함에 따라 이벤트가 발생하게 되고 자동으로 지정한 메소드가 실행된다.

이벤트가 반드시 사용자 행동으로 발생하는 것은 아니다. 브라우저가 HTML 파일에 작성된 엘리먼트를 순차적으로 랜더링한 후 이미지 파일을 로드하게 되는데, 이미지 파일이 매우 크다면 그만큼 시간이 걸린다. 이미지 파일의 로드가 완료되어야 window.onload 이벤트가 발생하게 된다. 따라서 사용자는 그때까지 기다려야 하는데, HTML 도큐먼트의 특정 엘리먼트가 생성되었을 때 이벤트를 발생시켜 후속 처리를 한다면 이미지 파일이 로드될 때까지 기다리지 않아도 된다.

이벤트는 사용자가 행동함에 따라 발생할 수도 있고 애플리케이션이 자체적으로 발생시킬 수도 있다. 아울러 반드시 후속처리가 동반되어야 한다. 타이머(Timer)도 일종의 이벤트라고 볼 수 있지만, 이는 자바스크립트 사항이므로 DOM에는 포함되어 있지 않다. event.js 파일에 작성한 코드에 대해서는 계속 살펴볼 것이므로 여기서는 이벤트에 대한 전체적인 개념을 이해하면 된다.

7.2 이벤트의 설정과 해제

이벤트가 발생한 것을 인식하기 위해서는 우선 이벤트가 발생할 엘리먼트를 지정해야 하며 키보드를 사용할 것인지 아니면 마우스를 사용할 것인지를 지정해야 한다. 아울러 이벤트가 발생했을 때 이를 받아 처리할 메소드를 지정해야 한다. 또 설정한 이벤트가 필요 없게 되면 이를 해제해야 한다.

7.2.1 이벤트의 설정

이벤트를 설정하기 위한 DOM 제공 메소드는 addEventListener()이며, IE 제공 메소드는 attachEvent()이다.

● 메소드

인터페이스	EventTarget		
이름	구분	형태	기능 개요
addEventListener	파라미터	DomString	이벤트 타입
	파라미터	DomString	리스너
	파라미터	Boolean	캡처(Capture) 사용 여부(true, false)
	반환	없음	

● 시나리오

1 시스템은 웹 페이지를 표시한다.

  1.1 수량에 keyup 이벤트를 설정한다.

2 사용자가 수량을 입력한다.

  2.1 시스템은 입력할 때마다 입력한 수량을 출력한다.

● 실행결과 addEventListener

● 소스 addEventListener.html

```
수량: <input type="text" id="qty" />
```

input#qty에 수량을 입력할 때마다 입력한 수량을 출력한다. 그런데 이와 같은 처리를 하기 위해서는 onKeyup="Show.entryQty()"와 같이 이벤트가 발생함에 따라 실행할 메소드를 엘리먼트에 작성해야 하지만 아무것도 작성하지 않았다.

● 소스 addEventListener.js

```
window.onload = function () {
   var qtyClick = document.getElementById('qty');                          ❶
   if (qtyClick.addEventListener) {                                          ❷
      qtyClick.addEventListener('keyup', Show.qty, false);
   } else {
      qtyClick.attachEvent('onkeyup', Show.qty);
   }
}
var Show = {
   qty: function(event) {                                                    ❸
      var clickElement = event.target || event.srcElement;
      document.getElementById('show1').innerHTML = clickElement.value;
   }
}
```

▶ 이벤트 리스너(Listener)의 3대 요소

- 이벤트 타입(Event Type)
- 리스너(Listener)
- 캡처/버블(Bubble/Capture)

❶ `var qtyClick = document.getElementById('qty');`

이벤트를 설정하려면 먼저 설정 대상이 되는 엘리먼트를 엘리먼트 오브젝트로 생성해야 한다.

❷
```
if (qtyClick.addEventListener) {
      qtyClick.addEventListener('keyup', Show.qty, false);
   } else {
      qtyClick.attachEvent('onkeyup', Show.qty);
   }
```

이벤트 타입과 이벤트가 발생했을 때 실행될 메소드를 정의한 코드이다. if() 문을 사용한 것은 이벤트를 설정하는 메소드 이름이 DOM과 IE가 다르기 때문이다.

▶ 이벤트 설정 메소드

addEventListener() 메소드는 DOM 표준이면서 Firefox와 같은 IE 이외의 브라우저에서 제공한다. 반면 attachEvent() 메소드는 IE에서 제공한다.

▶ 이벤트 타입

각 메소드의 첫 번째 파라미터에 이벤트 타입을 지정한다. 이벤트 타입에 대해서는 '8. 이벤트 타입'에서 다루고 있지만, 'keyup'은 키보드에서 문자를 눌렀다 떼었을 때 발생하는 이벤트 타입이다. 이벤트 타입을 지정하는 형태도 DOM과 IE가 다르다. DOM 이벤트 타입은 'keyup' 형태이며 IE는 'onkeyup'과 같이 DOM 이벤트 타입 앞에 'on'을 붙인다.

▶ 리스너

각 메소드의 두 번째 파라미터에 리스너를 지정한다. 리스너란 이벤트가 발생했을 때 실행하게 되는 메소드 또는 함수를 의미한다. 메소드를 호출하기 위해서는 Show.qty()와 같이 괄호 '()'를 붙여야 하지만 괄호를 제외하고 메소드 또는 함수 이름만 지정한다. 이렇게 함으로써 수량 엘리먼트에서 숫자를 입력할 때마다 Show.qty() 메소드가 자동으로 호출된다. 12345를 입력하면 Show.qty() 메소드가 다섯 번 실행된다.

▶ 버블/캡처

세 번째 파라미터에 addEventListener() 메소드는 false를 지정하였고 attach Event() 메소드는 아무것도 지정하지 않았다. 사실 attachEvent() 메소드는 아무것도 지정하지 않은 것이 아니라 원래 지정할 파라미터가 없다. 이 파라미터에는 버블(bubble) 또는 캡처(capture)를 설정했다. 이에 대해서는 '7.3 이벤트 전파'에서 다루고 있으며, 일단 false를 지정한다.

❸
```
qty: function(event) {
    var clickElement = event.target || event.srcElement;
```

```
    document.getElementById('show1').innerHTML = clickElement.value;
}
```

수량을 입력할 때마다 실행되는 메소드이다. function()의 파라미터에 event를 지정한 것은 이벤트가 발생한 엘리먼트의 정보를 받기 위함이다. 이에 대해서는 '7.5.1 Event 오브젝트'에서 다루고 있으며, 우선 event로 기입한다.

7.2.2 이벤트의 해제

설정한 이벤트를 해제하는 DOM 메소드는 removeEventListener( )이며, IE 메소드는 detachEvent( )이다.

● **메소드**

인터페이스	EventTarget		
이름	구분	형태	기능 개요
removeEventListener	파라미터	DomString	이벤트 타입
	파라미터	DomString	리스너
	파라미터	Boolean	캡처(Capture) 사용 여부(true, false)
	반환	없음	

● **시나리오**

1 시스템은 웹 페이지를 표시한다.
  1.1 수량에 keyup 이벤트를 설정한다.
  1.2 '이벤트 해제' 버튼에 click 이벤트를 설정한다.
2 사용자가 수량을 입력한다.
  2.1 시스템은 입력할 때마다 입력한 수량을 출력한다.
3 사용자가 '이벤트 해제' 버튼을 클릭한다.
  3.1 시스템은 수량에 설정한 이벤트를 해제한다.

● 실행결과 removeEventListener

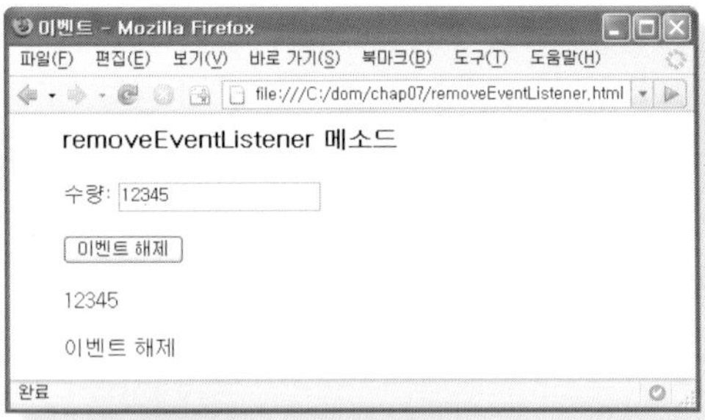

● 소스 removeEventListener.html

```
수량: <input type="text" id="qty" />
<input type="button" id="okClick" value="이벤트 해제" />
```

input#id에 수량을 입력하면 입력한 수량이 출력된다. input#okClick 버튼을 클릭한 다음부터는 수량을 입력하더라도 수량이 출력되지 않는다. 즉, 이벤트 발생을 해제한 것이다.

● 소스 removeEventListener.js

```
window.cnload = function () {
   var qtyClick = document.getElementById('qty');                    ❶
   var buttonClick = document.getElementById('okClick');

   if (qtyClick.addEventListener) {                                   ❷
      qtyClick.addEventListener('keyup', Show.qty, false);
      buttonClick.addEventListener('click', Show.remove, false);
   } else {
      qtyClick.attachEvent('onkeyup', Show.qty);
      buttonClick.attachEvent('onclick', Show.remove);
   }
}
var Show = {
   qty: function(event) {
```

```
        var clickElement = event.target || event.srcElement;
        document.getElementById('show1').innerHTML = clickElement.value;
    },
    remove: function(event) {                                                   ❸
        document.getElementById('show2').innerHTML = '이벤트 해제';
        var qtyClick = document.getElementById('qty');
        if (qtyClick.removeEventListener) {
            qtyClick.removeEventListener('keyup', Show.qty, false);
        } else {
            qtyClick.detachEvent('onkeyup', Show.qty);
        }
    }
}
```

이벤트를 해제한다는 것은 더 이상 설정한 이벤트를 사용하지 않겠다는 것이다. 예를 들어, Ajax에서 웹 페이지에 데이터를 입력한 후 '저장' 버튼을 클릭하면 입력한 데이터를 서버로 보내 데이터베이스에 저장한다고 할 때, 연속해서 '저장' 버튼을 클릭할 수 없도록 처음 '저장' 버튼을 클릭하였을 때 '저장' 버튼에 설정한 이벤트를 해제하고 데이터를 서버로 보내야 한다. 이렇게 하지 않으면 다시 '저장' 버튼을 클릭하면 같은 데이터가 두 번 전송된다.

❶
```
var qtyClick = document.getElementById('qty');
var buttonClick = document.getElementById('okClick');
```

이벤트를 설정하거나 해제하려면 우선 대상이 되는 엘리먼트를 엘리먼트 오브젝트로 생성해야 한다.

❷
```
if (qtyClick.addEventListener) {
    qtyClick.addEventListener('keyup', Show.qty, false);
    buttonClick.addEventListener('click', Show.remove, false);
} else {
    qtyClick.attachEvent('onkeyup', Show.qty);
    buttonClick.attachEvent('onclick', Show.remove);
}
```

input#okClick의 '이벤트 해제' 버튼에 click 이벤트를 설정하였고, 이 버튼을 클릭하면 설정한 이벤트를 해제하는 Show.remove( ) 메소드가 실행된다.

```
❸ remove: function(event) {
      document.getElementById('show2').innerHTML = '이벤트 해제';
      var qtyClick = document.getElementById('qty');
      if (qtyClick.removeEventListener) {
         qtyClick.removeEventListener('keyup', Show.qty, false);
      } else {
         qtyClick.detachEvent('onkeyup', Show.qty);
      }
   }
```

▶ 이벤트 해제 메소드

removeEventListener( ) 메소드는 DOM에서 제공하며 detachEvent() 메소드는 IE에서 제공한다. [실행결과 removeEventListener]에서 6789는 이벤트 설정을 해제한 후에 입력하였기 때문에 출력되지 않았다. removeEventListener( ) 메소드와 detachEvent( ) 메소드의 파라미터는 이벤트를 설정할 때와 똑같이 지정한다. 즉, 설정한 이벤트 타입과 메소드를 해제하는 것이다.

각 메소드의 첫 번째 파라미터에 해제하려는 이벤트 타입을 지정한다. 두 번째 파라미터에 이벤트를 설정할 때 지정했던 메소드 이름을 지정한다. 언뜻 보기에 이벤트 해제가 발생했을 때 실행되는 메소드라고 생각할 수도 있는데, 이벤트 해제는 메소드가 실행되는 것이 아니라 설정한 이벤트 타입과 메소드를 삭제하는 개념이다.

▶ 메모리 누수(Leak) 방지

서버에 데이터를 두 번 전송하지 못하도록 이벤트를 해제하는 것은 애플리케이션 처리 관점에서 본 것이다. 브라우저 관점에서 보면 설정한 이벤트를 해제하지 않으면 일부 브라우저에서 메모리 누수 현상이 발생한다. 즉 설정한 이벤트가 메모리에 계속 남게 되어 메모리가 낭비된다.

이벤트를 설정하였다면 이를 해제해야 한다. 경우에 따라서는 매번 이벤트를 설정하고 해제하는 것이 효율성이 떨어지므로 적어도 window를 닫을 때에는 설정한 이벤트를 해제해야 한다. window를 닫는다는 것은 'unload' 이벤트가 발생하는 것을 의미하므로 'unload' 이벤트 발생을 인식하여 설정한 이벤트를 일괄적으로 해제한다.

7.3 이벤트 전파

이벤트가 발생한 노드(엘리먼트)를 오브젝트 관점에서 보면 이벤트 타깃(Target)이라고 하고 DOM 트리 관점에서 보면 타깃 노드라고 한다. 그런데 문제는 타깃 노드에서만 이벤트가 발생하지는 않는다는 것이다. 타깃 노드에서 이벤트가 발생하면 DOM 트리의 최상위 노드인 Document 노드에서 타깃 노드 방향으로 이벤트가 전파되고, 다시 타깃 노드에서 Document 노드 방향으로 이벤트가 전파된다. 이벤트가 전파되면 실제로 이벤트를 설정하지 않은 노드에서도 이벤트가 발생하게 된다.

7.3.1 버블링과 캡처

최상위 노드인 Document 노드에서 타깃 노드로 이벤트가 전파되는 것을 캡처(capture)라고 하고, 타깃 노드에서 Document 노드 방향으로 이벤트가 전파되는 것을 버블링(bubbling)이라고 한다. 다음 그림 7-1에서 볼 수 있듯이 이벤트는 '캡처 단계 → 이벤트 타깃 → 버블링 단계'의 순서로 전파된다. 이벤트 전파는 노드 단위로 실행되므로 DOM 트리에 속한 모든 노드가 대상이 된다.

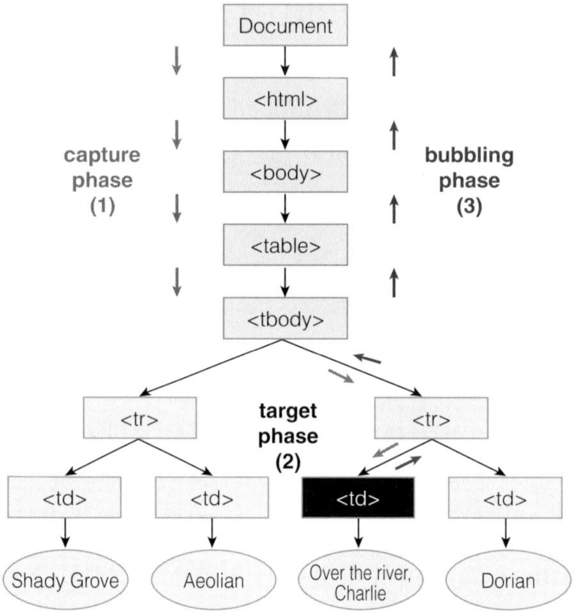

출처: http://www.w3.org/TR/2003/NOTE-DOM-Level-3-Events-20031107/ events.html#Events-flows

그림 7-1

그림 7-1의 번호 (1), (2), (3)은 이벤트 처리에 있어 매우 중요한 의미를 갖는다. 이 번호는 캡처 → 타깃 → 버블링 단계에 위치한 노드 순서로 이벤트가 발생한다는 것을 의미한다. 타깃 노드에서 이벤트가 발생하도록 지정했지만 캡처 단계의 모든 노드에서 이벤트가 발생한 후 타깃 노드에서 이벤트가 발생한다. 또 타깃 노드에서 이벤트 발생이 종료되는 것이 아니라 버블링 단계의 모든 노드에서 이벤트가 발생한다.

타깃 노드에서 먼저 이벤트가 발생하는 것이 아니라 캡처 단계의 노드에서 먼저 이벤트가 발생하게 되므로 의도했던 것과는 다른 순서로 이벤트가 발생하게 된다. 따라서 타깃 노드에서 처음으로 이벤트가 발생하도록 하기 위해서는 캡처 단계의 모든 노드에서 이벤트가 발생하지 않도록 해야 한다. 또 타깃 노드에서 이벤트가 발생한 후 계속해서 버블링 단계의 노드에서 이벤트가 발생하게 되므로 버블링 단계의 모든 노드에 이벤트가 전파되지 않도록 해야 한다.

● **시나리오**

1 시스템은 웹 페이지를 표시한다.
  1.1 스포츠와 농구에 click 이벤트를 설정한다.
2 사용자가 농구 또는 스포츠를 마우스로 클릭한다.
  2.1 시스템은 이벤트 타깃의 id와 실행순서를 출력한다.

● **실행결과 bubbling_basketball**

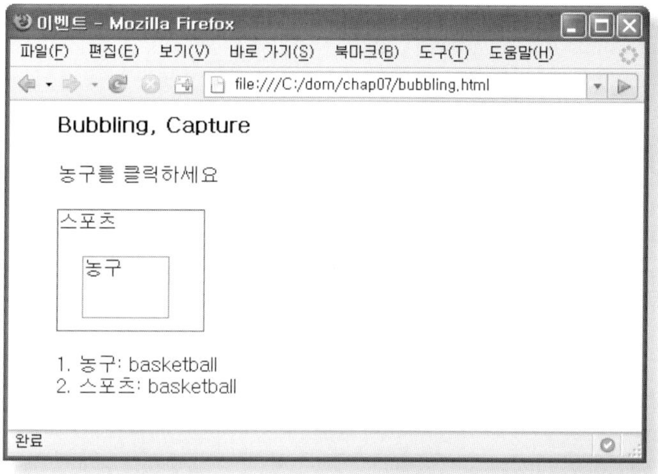

● **소스 bubbling.html**

```
<script language="javascript" type="text/javascript" src="../commMethod.js"></script>
<div id="sport">스포츠
   <div id="basketball">농구</div>
</div>
```

div#basketball을 중심으로 Document 노드에 가장 가까운 노드는 div#sport이다. 농구를 클릭함에 따라 어떻게 이벤트가 발생하는지 살펴본다. <script>에 작성한 commMethod.js 파일에는 메소드에서 실행한 값을 출력하기 위한 코드가 작성되어 있으며 이 파일을 공통으로 사용한다. 이 파일에 작성한 코드는 DOM Core에서 다루었던 메소드로 구성되어 있으므로 설명을 생략한다.

● 소스 bubbling.js

```
window.onload = function () {
   var basketballClick = document.getElementById('basketball');
   var sportClick = document.getElementById('sport');
   if (sportClick.addEventListener) {
      basketballClick.addEventListener('click', Show.basketball, false);
      sportClick.addEventListener('click', Show.sport, false);
   } else {
      basketballClick.attachEvent('onclick', Show.basketball);
      sportClick.attachEvent('onclick', Show.sport);
   }
}
var Show = {
   basketball: function(event) {
      var eventTarget = event.target || event.srcElement;
      resultShow('농구', eventTarget.id);
   },
   sport: function(event) {
      var eventTarget = event.target || event.srcElement;
      resultShow('스포츠', eventTarget.id);
   }
}
```

농구(div#basketball)와 스포츠(div#sport)에 각각 click 이벤트를 설정했으므로 농구를 마우스로 클릭하면 Show.basketball() 메소드가 실행되어 '1. 농구: basketball'만 출력되어야 하지만 '2. 스포츠: basketball'도 출력되었다. '스포츠'가 출력되었다는 것은 스포츠(div#sport)에서 click 이벤트가 발생되어 Show.sport() 메소드가 실행되었다는 뜻이 된다.

출력된 순서를 보면 농구가 1번이고 스포츠가 2번이다. 이는 이벤트가 전파되었으며 캡처 단계에서는 이벤트가 발생하지 않고 타깃 노드와 버블링 단계의 노드에서 이벤트가 발생했다는 뜻이다. 그럼, 왜 캡처 단계에서는 이벤트가 발생하지 않은 것인가? 이것은 addEventListener('click', Show.basketball, false)의 세 번째 파라미터에 false를 지정했기 때문이다.

addEventListener( ) 메소드의 세 번째 파라미터에 false를 지정하면 캡처 단계의 노드에서 이벤트가 발생되지 않고 버블링 단계의 노드에만 이벤트가 전파된다. 따라서 타깃 노드가 먼저 실행되므로 '농구 → 스포츠'의 순서로 출력된 것이다. 반대로 true를 지정하면 캡처 단계의 노드에 이벤트가 전파되고 버블링 단계의 노드에는 이벤트가 전파되지 않는다. 즉, '스포츠 → 농구'의 순서로 출력된다.

여기서 이벤트가 전파되었으나 id 속성 값이 모두 'basketball'로 출력된 점이 눈에 띈다. 이것은 이벤트는 전파되지만 타깃 노드의 id 속성 값을 갖고 있다는 뜻이 된다. 즉 이벤트를 설정한 이벤트 오브젝트는 변경되지 않는다.

● **실행결과 bubbling_sport**

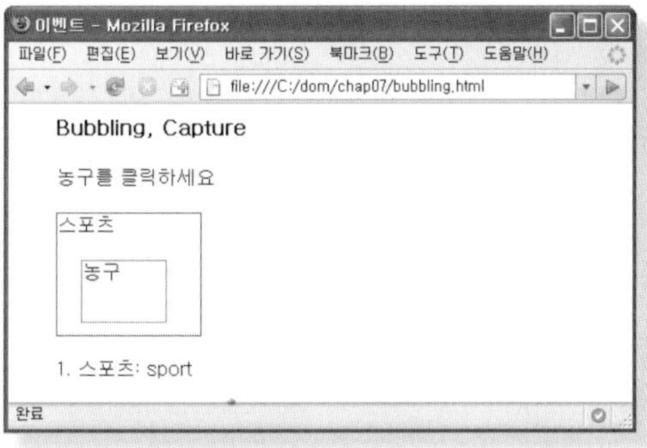

스포츠를 마우스로 클릭하였더니 [실행결과 bubbling_sport]에서 볼 수 있듯이 '1. 스포츠: sport'만 출력되고 농구는 출력되지 않았다. 이 결과에서 타깃 노드 아래에 있는 노드는 이벤트 전파에 영향을 받지 않는다는 것을 알 수 있다.

▶ 반드시 false 지정

DOM 권고를 준수하는 브라우저에서는 addEventListener('click', Show.sport, false)와 같이 세 번째 파라미터에 false를 지정하여 캡처 단계의 노드에 이벤트가 전파되는 것을 방지하지만, IE 브라우저는 attachEvent('onclick', Show. basketball)에서 볼 수 있듯이 세 번째 파라미터가 없으며 기본적으로 캡처 단계의 노드에 이벤트가 전파되지 않는다.

따라서 크로스 브라우저 문제가 발생하지 않도록 하기 위해서는 addEventListener () 메소드의 세 번째 파라미터에 false를 지정해야 한다. 만약 true를 지정하면 DOM 권고를 따르는 브라우저에서는 '스포츠 → 농구'의 순서로 출력되지만 IE 브라우저는 '농구 → 스포츠'의 순서로 출력한다.

7.3.2 버블링 방지

addEventListener() 메소드의 세 번째 파라미터에 false를 지정함으로써 캡처 단계의 노드에 이벤트가 전파되는 것을 방지할 수 있으므로 남아 있는 것은 버블링 단계의 노드에 이벤트가 전파되지 않도록 하는 것이다. 그래야만 타깃 노드에서만 이벤트가 발생하게 된다.

DOM에서 제공하는 stopPropagation() 메소드는 버블링 단계의 노드에 이벤트가 전파되는 것을 방지한다. 이에 상응하는 IE 브라우저 프로퍼티는 cancelBubble이다.

● **메소드**

인터페이스	Event		
이름	구분	형태	기능 개요
stopPropagation	파라미터	없음	
	파라미터	없음	

● **시나리오**

1 시스템은 웹 페이지를 표시한다.
  1.1 스포츠와 농구에 click 이벤트를 설정한다.
2 사용자가 농구 또는 스포츠를 마우스로 클릭한다.
  2.1 시스템은 이벤트 타깃의 id와 실행순서를 출력한다.

● 실행결과 stopPropagation

● 소스 stopPropagation.html

```
<div id="sport">스포츠
   <div id="basketball">농구</div>
</div>
```

div#basketball을 기준으로 div#sport는 부모 노드가 된다. 버블링을 방지하는 것이 목적이므로 div#basketball을 마우스로 클릭했을 때 div#sport에서 이벤트가 발생하지 않아야 한다.

● 소스 stopPropagation.js

```
var Show = {
   stopBubbling: function(event) {
      var eventTarget = event.target || event.srcElement;
      resultShow('ID', eventTarget.id );
      if (event.stopPropagation) {
         event.stopPropagation();
      } else {
         event.cancelBubble = true;
      }
   }
}
```

window.onload = function( )에서 이벤트를 설정하는 코드는 게재하지 않았지만, click 이벤트가 발생하면 Show.stopBubbling( ) 메소드를 실행하도록 이벤트를 설정하였다. [실행결과 stopPropagation]에 출력된 값은 농구를 두 번 클릭한 후 스포츠를 한 번 클릭한 결과로, 클릭한 것만 출력되었다. 이와 같이 버블링을 방지하면 부모 노드에 이벤트가 전파되지 않는다.

DOM 메소드인 stopPropagation( )은 버블링을 방지하는 메소드로 파라미터에 아무것도 지정하지 않는다. cancelBubble 프로퍼티는 stopPropagation( ) 메소드에 상응하는 IE 제공 프로퍼티로 true를 설정하면 버블링이 방지된다.

7.3.3 디폴트 액션

preventDefault() 메소드는 DOM 제공 메소드로 디폴트 액션(default action)이 동작하지 못하도록 한다. returnValue는 IE 브라우저에서 제공하는 이에 상응하는 프로퍼티이다.

● **메소드**

인터페이스	Event		
이름	구분	형태	기능 개요
preventDefault	파라미터	없음	
	반환	없음	

● **시나리오**

1 시스템은 웹 페이지를 표시한다.

　1.1 '주문 입력'과 '주문 수정'에 click 이벤트를 설정한다.

2 사용자가 마우스로 '주문 수정'을 클릭한다.

　2.1 시스템은 orderUpdate.html을 실행하지 않고 '프로그램 수정 중'을 출력한다.

● 실행결과 preventDefault

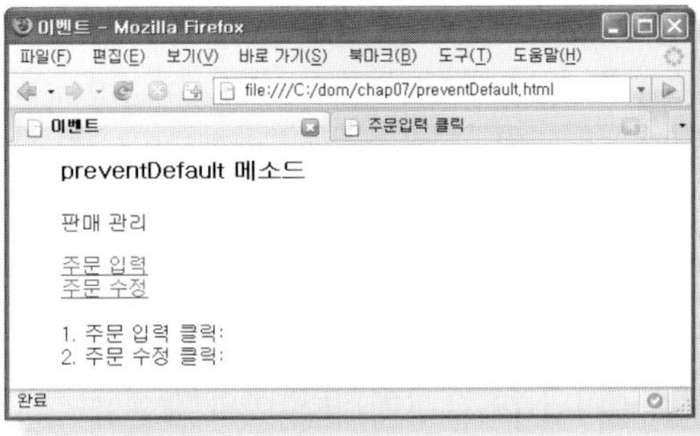

● 소스 preventDefault.html

```
<p id="sales">판매 관리</p>
<div><a id="orderEntry" href="orderEntry.html" target="_blank">주문 입력</a></div><br />
<div><a id="orderUpdate" href="orderUpdate.html" target="_blank">주문 수정</a></div>
```

'주문 입력'을 마우스로 클릭하면 href 속성에 지정한 orderEntry.html이 실행되는 것은 당연하다. 또 '주문 수정'을 마우스로 클릭하면 orderEntry.html이 실행되는데 이를 실행하지 못하도록 하는 것이 본문의 주제이다.

● 소스 preventDefault.js

```
var Show = {
  orderEntry: function(event) {                          ❶
    resultShow('주문 입력 클릭', ");
  },
  orderUpdate: function(event) {                         ❷
    resultShow('주문 수정 클릭', ");
    if (event.preventDefault) {
      event.preventDefault();
    } else {
      event.returnValue = false;
    }
  }
}
```

window.onload = function()에서 이벤트를 설정하는 코드는 게재하지 않았다. 주문 입력을 클릭하면 Show.orderEntry( ) 메소드가 실행되고, 주문 수정을 클릭하면 Show.orderUpdate() 메소드가 실행된다.

HTML 도큐먼트에 <a id="orderEntry" href="orderEntry.html">주문 입력</a>를 작성하면 '주문 입력'에 밑줄이 그어지고, 이 영역을 마우스로 클릭하면 href 속성에 지정한 orderEntry.html이 실행된다. 이때 orderEntry.html 파일을 실행하기 위해 자바스크립트와 DOM이 해야 할 일은 없다. 다만 마우스로 클릭만 하면 실행된다. 이와 같은 브라우저의 기본적인 처리를 '디폴트 액션(default action)'이라고 한다.

❶
```
orderEntry: function(event) {
    resultShow('주문 입력 클릭', '');
},
```

주문 입력을 클릭하면 실행되는 메소드이다. 그럼 Show.orderEntry( ) 메소드와 orderEntry.html 파일 중에서 먼저 실행되는 것은 어느 것일까? 너무 빠른 시간에 실행되므로 쉽게 알 수 없지만 Show.orderEntry() 메소드를 먼저 실행하여 '주문 입력 클릭'을 출력한 후 orderEntry.html을 실행한다.

❷
```
orderUpdate: function(event) {
    resultShow('주문 수정 클릭', '');
    if (event.preventDefault) {
        event.preventDefault();
    } else {
        event.returnValue = false;
    }
}
```

주문 수정을 마우스로 클릭하면 실행되는 메소드이다. 그런데 orderUpdate.html은 실행되지 않고 '주문 수정 클릭'만 출력된다. 이와 같이 디폴트 액션이 실행되지 않도록 하는 DOM 제공 메소드가 preventDefault() 메소드이다. returnValue 프로퍼티는 IE에서 제공하며 false를 설정하면 같은 기능을 한다.

7.4 이벤트 설정시 고려사항

일반적으로 하나의 이벤트 타입에 하나의 리스너를 설정한다. 그런데 하나의 이벤트 타입에 복수의 리스너를 설정하면 어떻게 될 것인가? 여기서는 이에 대해 살펴본다.

7.4.1 객체지향 프로그램과 이벤트 설정

객체지향 프로그램(OOP)을 개발함에 있어 가장 기본적인 접근은 더 이상 기능을 나눌 수 없을 때까지 상세하게 분리하는 것이다. 이것은 같은 기능을 가진 메소드를 이중 삼중으로 만들지 않기 위함이다. 상세하게 기능을 분리하게 되면 여러 번 메소드를 호출해야 하므로 개발자 측면에서 보면 불편하다. 그렇다고 분리하지 않으면 중복이 발생할 수 있다. 분리된 것을 합치는 것은 쉬워도 합쳐 있는 것을 분리하는 것은 어렵다.

예를 들어 인터넷 서점의 도서 판매 시스템에 판매가, 할인 금액, 포인트 계산 기능이 필요하다고 가정한다. 기본적인 정보는 서버의 데이터베이스에 있으며 할인 금액은 정가에 할인율을 곱하고, 판매가는 정가에서 할인 금액을 빼고, 포인트는 정가에 포인트 지급률을 곱한다고 한다면 다음과 같은 메소드가 필요할 것이다.

1 서버에서 책의 정가, 할인율, 포인트 지급률을 가져오는 메소드
2 할인 금액을 산출하는 메소드
3 판매가를 산출하는 메소드
4 포인트를 산출하는 메소드

이렇게 메소드를 분리함으로써 다른 애플리케이션에서 메소드를 하나만 사용할 수 있다. 즉, 어떤 애플리케이션은 할인 금액을 산출하는 기능만 필요로 하며, 어떤 애플리케이션은 포인트를 산출하는 기능만 필요로 할 수 있는데, 기능을 분리하지 않으면 필요하지 않은 기능까지 실행된다. 실행되는 것도 문제이지만 이로 인해 데이터가 잘못될 가능성이 있다.

물론 시스템 개발 환경에 따라 반드시 이와 같이 메소드를 분리하지 않을 수도 있지만, 이것을 논하려는 것은 아니다. 메소드와 이벤트의 설정 관계를 살펴보기 위해 사례를 만

든 것이지만, 목적에 적합하도록 기능을 분할해야 하는 것은 기본이다.

구매자가 '구매하기' 버튼을 클릭하면 메소드 1번부터 4번까지 전부 실행해야 한다. 이를 이벤트 관점에서 보면, '구매하기' 버튼에 click 이벤트 타입을 지정해야 하며 click 이벤트가 발생하면 메소드를 전부 실행하도록 설정해야 한다. 여기서 이벤트 타입은 click 하나인데, 실행할 메소드는 네 개이다.

7.4.2 엘리먼트에 속성으로 작성

<input type="button" "onclick="dcAmtCalc( )"/>와 같이 엘리먼트에 속성으로 이벤트를 설정할 수 있다. 이는 click 이벤트가 발생하면 dcAmtCalc( ) 메소드(함수)를 실행하라는 의미이다. 그런데 이 형태는 권장하는 형태가 아니다. 이에 대해 살펴본다.

● **시나리오**

---

1 시스템은 웹 페이지를 표시한다.
  1.1 {설명} 엘리먼트의 '구매하기' 버튼에 이벤트를 설정한 상태이다.
2 사용자가 '구매하기' 버튼을 클릭한다.
  2.1 시스템은 할인 금액, 판매가, 포인트를 계산하여 출력한다.

● **실행결과 eventHandler**

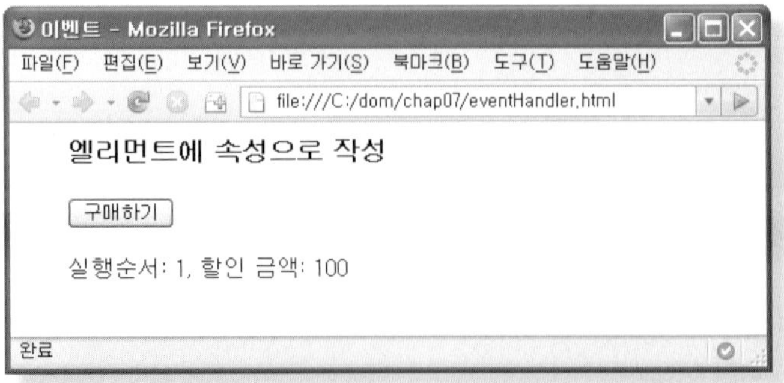

● 소스 eventHandler.html

```
<script language="javascript">
var listPrice = 1000, dcRate = 10, pointRate = 7, var dcAmount = 0, count = 0;
function dcAmtCalc() {
   dcAmount = listPrice * dcRate / 100;
   $('show1').innerHTML = '실행순서: ' + ++count + ', 할인 금액: ' + dcAmount;
}
function salesAmtCalc() {
   $('show2').innerHTML = '실행순서: ' + ++count + ', 판매가: ' + (listPrice - dcAmount);
}
function pointCalc() {
   var point = listPrice * pointRate / 100;
   $('show3').innerHTML = '실행순서: ' + ++count  + ', 포인트: ' + point;
}
</script>
</head>
<input type="button" id="mouseClick"
   onclick="dcAmtCalc()" onclick="salesAmtCalc()" onclick="pointCalc()" value="구매하기" />
```

본문과 직접 관련된 부분만 게재하였다. 우선 결론부터 말하면, 이렇게 자바스크립트를 HTML 엘리먼트에 작성하면 다수의 이벤트 리스너가 정상적으로 작동하지 않는다. 서버에서 책의 정가, 할인율, 포인트 지급률을 가져오기 위해서는 서버와 통신하는 코드를 작성해야 하지만, 이는 본문의 주제와 거리가 있으며 코드를 간편화하기 위해 전역 변수를 선언하고 여기에 값을 설정하였다.

'구매하기' 버튼을 클릭하면 할인 금액, 판매가, 포인트를 계산하는 메소드를 실행하기 위해 onclick="dcAmtCalc( )" onclick="salesAmtCalc( )" onclick="point Calc( )"를 작성하였다. 얼핏 보면 이 형태에 문제가 없을 것으로 보이지만, HTML 파일을 실행해 보면 [실행결과 eventHandler]에서 볼 수 있듯이 할인 금액만 출력되고 판매가와 포인트는 출력되지 않는다. 즉 첫 번째에 작성한 onclick="dcAmtCalc( )" 메소드만 실행되고 나머지 메소드는 실행되지 않는다.

그럼, 어떻게 하면 세 개의 메소드를 전부 실행할 수 있을 것인가? 이에 대한 답은 자바스크립트 코드를 HTML 파일에 작성하지 말고 별도의 js 파일로 분리하여 이벤트 리스너 형태로 작성하는 것이다. 즉, 구조와 동작을 분리시키는 것이다.

세 개의 메소드를 작성하는 대신 아래의 [소스 addFunction.html]과 같이 HTML 엘리먼트에는 메소드 하나만 작성하고 click 이벤트가 발생했을 때 실행된 메소드에서 다른 메소드를 호출하는 방법을 생각할 수도 있다. 이 방법이 절대적으로 나쁘다는 것은 아니지만 자바스크립트를 HTML 파일에 작성했다는 것이 마음에 걸린다.

● 소스 addFunction.html

```
function purchase() {
   dcAmtCalc();
   salesAmtCalc();
   pointCalc()
}
<input type="button" id="mouseClick" onclick="purchase()" value="구매하기" />
```

7.4.3 window.onload에 이벤트 정의

구매자가 '구매하기' 버튼을 클릭하기 위해서는 웹 페이지가 표시되었을 때 마우스 클릭이 작동하도록 해야 한다. 이를 위해 window가 load되자마자 이벤트를 설정하는 방법을 많이 사용한다. 앞에서부터 계속 이 방법을 사용해 왔으나 지금까지와 다른 점은 click 이벤트 한 번에 세 개의 메소드가 모두 실행돼야 한다는 점이다.

● 소스 windowOnload.html

```
<input type="button" id="mouseClick" value="구매하기" />
```

자바스크립트를 HTML 파일에서 분리하여 별도의 windowOnload.js 파일에 작성했으므로 HTML 파일은 구조만 갖는 모습이 되었으며 input#mouseClick에 작성되었던 메소드(함수)가 전부 없어졌다.

● 소스 windowOnload.js

```
clickNode.addEventListener('click', Purchase.dcAmtCalc, false);
clickNode.addEventListener('click', Purchase.salesAmtCalc, false);
clickNode.addEventListener('click', Purchase.pointCalc, false);

var Purchase = {
   listPrice: 10000, dcRate: 10, pointRate: 7, dcAmount: 0,
   dcAmtCalc: function(event) {
      Purchase.dcAmount = Purchase.listPrice * Purchase.dcRate / 100;
      resultShow('할인 금액', Purchase.dcAmount);
   },
   salesAmtCalc: function(event) {
      resultShow('판매가', (Purchase.listPrice - Purchase.dcAmount));
   },
   pointCalc: function(event) {
      var point = Purchase.listPrice * Purchase.pointRate / 100;
      resultShow('포인트', point);
   }
}
```

addEventListener( ) 메소드의 첫 번째 파라미터에 click 이벤트 타입을 지정하였다. 하지만, 두 번째 파라미터에 지정한 리스너는 다르다. 따라서 click 이벤트가 발생하면 세 개의 메소드가 실행된다.

● 실행결과 windowOnload_Firefox

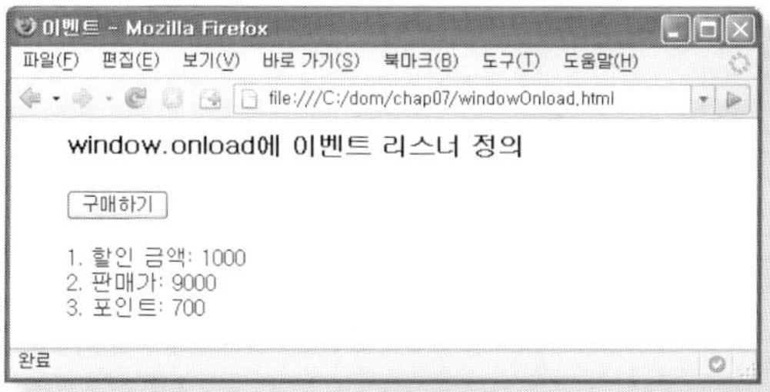

위의 결과는 Firefox에서 실행한 결과이며 이벤트 리스너를 작성한 순서(Purchase.

dcAmtCalc, salesAmtCalc, pointCalc)대로 실행되었다. 정가 10,000원에 할인율 10%를 곱해 할인 금액 1,000원이 출력되었으며, 정가에서 할인금액을 뺀 판매가 9,000이 출력되었다. 아울러 정가 10,000에 포인트 7%를 곱해 700을 출력하였다. 의도했던 대로 결과가 출력되었으니 본 프로그램은 완전하다고 할 수 있다. 하지만 크로스 브라우저 문제라고까지는 할 수 없지만 복병이 기다리고 있다.

● 실행결과 windowOnload_IE

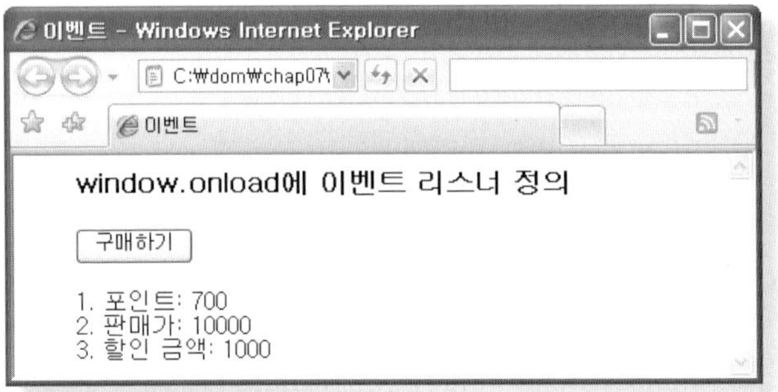

위 결과는 IE에서 실행한 결과이다. 그런데 '포인트 → 판매가 → 할인 금액'의 순서로 출력되었다. 이것은 이벤트 리스너 작성 순서를 거꾸로 실행한 것이다. 그러므로 판매금액이 의도한 대로 계산되지 않았다. 그럼 지금까지 문제가 없었는데 무엇 때문에 이런 현상이 발생했을까?

● 실행결과 attachEvent

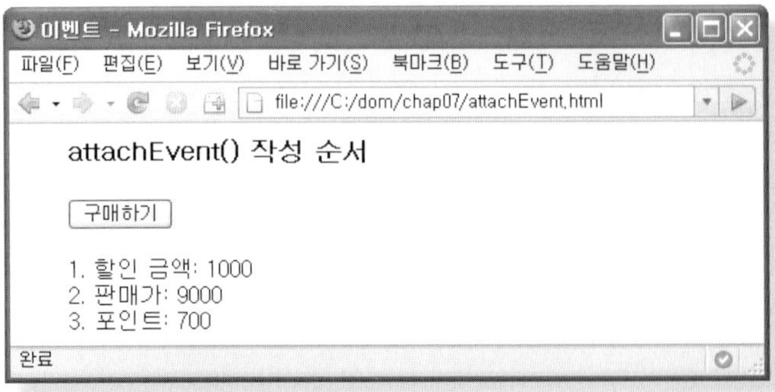

아래와 같이 '포인트 → 판매가 → 할인 금액'의 순서로 attachEvent() 메소드를 작성하였더니 [실행결과 attachEvent]와 같이 정상적으로 판매가가 산출되었다. 즉 attachEvent() 메소드는 먼저 실행해야 할 메소드를 나중에 작성해야 한다.

```
clickNode.attachEvent('onclick', Purchase.pointCalc);
clickNode.attachEvent('onclick', Purchase.salesAmtCalc);
clickNode.attachEvent('onclick', Purchase.dcAmtCalc);
```

지금까지 이벤트를 설정하면서 몇 가지 걸림돌이 되는 점이 있다.

첫째, 이벤트를 설정할 때마다 매번 실행한 브라우저를 체크하여 addEventListener() 메소드와 attachEvent() 메소드를 작성해야 한다는 점이다. 또 애플리케이션마다 설정할 이벤트의 개수가 다르므로 애플리케이션마다 이를 반영해야 한다.

둘째, window.onload 사용에 문제가 없다고 볼 수 있지만, onload는 DOM 권고가 아니다. DOM 권고 이벤트 타입은 'on'을 제외시킨 'load'이다. 따라서 이를 addEventListener('click', Show.click, false)와 같은 형태로 변경시킬 필요가 있다.

셋째, 특정 브라우저에서 설정한 이벤트가 메모리에 남게 되어 메모리 누수 문제가 발생하므로 이를 메모리에서 지우는 코드를 매 애플리케이션마다 작성해야 한다. 또 이 책에 상세한 부분까지 제시하지는 않았지만 애플리케이션을 개발해 보면 이 외에도 미세한 어려움이 있다.

▶ 그럼 어떻게 할 것인가?

prototypeJS와 같은 라이브러리 사용을 권하고 싶다. 세계에서 범용적으로 사용하는 라이브러리에는 이런 문제를 해결하는 기능이 포함되어 있다. 필자가 prototypeJS에서 제공하는 Event.osberve() 메소드를 사용한 것도 이 일환의 하나이다. 이 메소드를 분석해 보면 이해할 수 있지만 이벤트를 처리한다는 것이 쉽게 넘어갈 사항이 아니다.

그렇다고 prototypeJS에서 제공하는 Event.observe( ) 메소드가 완벽한 것은 아니다. 브라우저에 따라 실행순서를 조정하여 지정할 수는 없다. 이는 이벤트를 하나씩 설정하기 때문에 어쩔 수 없는 면이기도 하다. 언젠가는 이에 대처할 수 있는 기능이 제공될 것으로 기대해 본다.

7.5 Event 인터페이스

HTML 도큐먼트에 다수의 이벤트를 설정할 수 있으므로 우선 어떤 엘리먼트에서 이벤트가 발생했는지 인식해야 한다. 또한 하나의 엘리먼트에 다수의 이벤트 타입을 지정할 수 있으므로 어떤 이벤트 타입이 발생했는지 인식해야 한다.이와 같이 이벤트가 발생한 엘리먼트와 이벤트 타입을 제공하는 것이 Event 인터페이스이다.

7.5.1 Event 오브젝트

addEventListener('click', Show.property, false)의 두 번째 파라미터인 Show.property에 파라미터를 지정할 수 없다. 그런데, 다음의 [소스 eventObject.js]를 보면 Show.property( ) 메소드의 파라미터에 event를 기술하였다. 바로 event에 Event 인터페이스 형태의 오브젝트가 설정된다. 이를 '이벤트 오브젝트'라고 부른다.

이 오브젝트를 통해 이벤트가 발생한 엘리먼트, 이벤트 타입 등의 많은 값을 제공받을 수 있다. 이 이름을 반드시 event로 지정하지 않아도 되며 e•evt와 같이 다른 이름을 지정해도 된다.

● 실행결과 eventObject

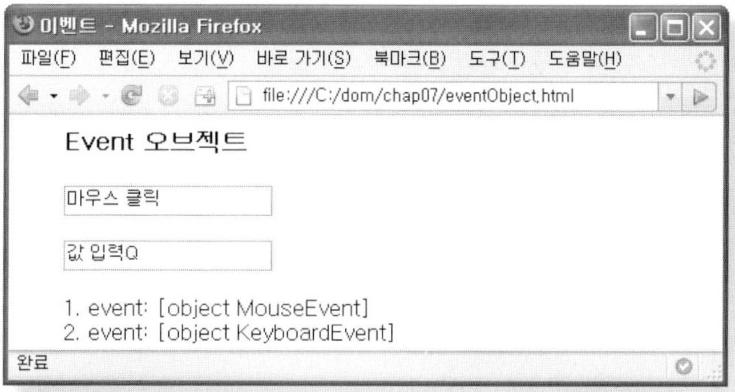

● 소스 eventObject.js

```
var Show = {
   property: function(event) {
      resultShow('event', event);
   }
}
```

[실행결과 eventObejct] 1번에 'MouseEvent'가 출력되었는데, 이는 MouseEvent 인터페이스 형태의 오브젝트를 의미한다. 또 2번에 출력된 KeyboardEvent는 KeyboardEvent 인터페이스 형태의 오브젝트를 의미한다. 이와 같이 발생한 이벤트 타입에 따라 오브젝트가 event에 설정된다. 다음의 그림 7-2는 마우스를 클릭한 후 Firebug로 event의 일부분을 전개한 것이다.

그림 7-2에서 볼 수 있듯이 메소드와 프로퍼티가 설정되어 있다. 이벤트의 타입, 마우스를 클릭한 위치 등을 볼 수 있다. 이와 같이 이벤트가 발생한 정보를 event 오브젝트를 통해 제공받을 수 있다. MouseEvent 인터페이스와 KeyboardEvent 인터페이스에 대해서는 '8. DOM 이벤트 모듈'에서 다루고 있다.

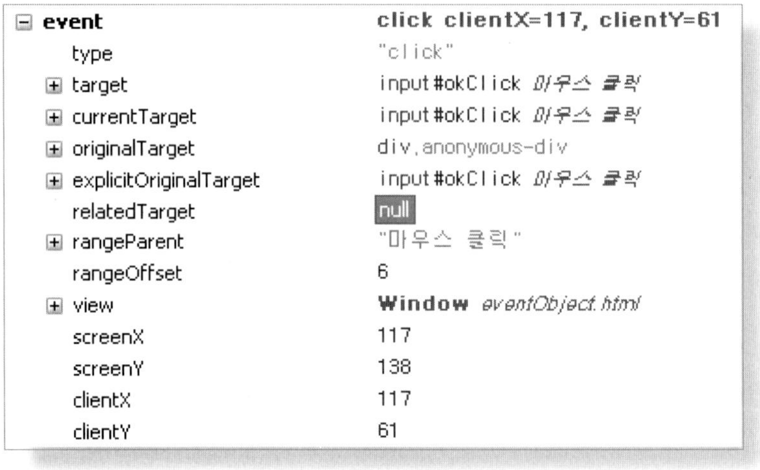

그림 7-2

7.5.2 target, type 프로퍼티

Event 인터페이스가 제공하는 모든 프로퍼티는 읽기 전용으로 값을 설정할 수 없다. bubbles, cancelable, currentTarget, eventPhase, timeStamp 프로퍼티는 IE 브라우저에

● **프로퍼티**

인터페이스	Event		
이름	형태	기능 개요	IE 프로퍼티
bubbles	Boolean	버블링 상태	제공하지 않음
cancelable	Boolean	디폴트 액션 방지 상태	제공하지 않음
currentTarget	EventTarget	현재 처리중인 이벤트 타깃	제공하지 않음
eventPhase	short	캡처 단계: 1, 이벤트 타깃: 2, 버블링 단계: 3	제공하지 않음
target	EventTarget	이벤트가 발생한 엘리먼트(노드)	srcElement
timeStamp	DOMTimeStamp	이벤트를 생성한 시각에서 경과한 시각	제공하지 않음
type	DOMString	이벤트 타입	type

상응하는 프로퍼티가 없으므로 사실상 사용할 수 없다. IE와 Firefox에서 공히 사용할 수 있는 프로퍼티는 type과 target 프로퍼티이다.

이벤트가 발생하면 이벤트가 발생한 엘리먼트를 인식해야 id를 추출하거나 자식 노드를 찾아가는 등의 처리를 할 수 있다. 이벤트가 발생한 엘리먼트를 인식할 수 있는 프로퍼티가 target 프로퍼티이다. 이 프로퍼티는 DOM 프로퍼티이고 이에 상응하는 IE 프로퍼티는 srcElement이다.

type 프로퍼티는 click과 같은 이벤트 타입을 제공한다. 예를 들어 엘리먼트에 mouseover 이벤트 타입과 mouseout 이벤트 타입을 지정하고 이벤트 타입에 따라 다른 처리를 한다면 어떤 이벤트 타입에서 이벤트가 발생했는지 인식해야 한다.

● 시나리오

1 시스템은 웹 페이지를 표시한다.
  1.1 '프로퍼티 출력'에 mouseover 이벤트와 mouseout 이벤트를 설정한다.
2 사용자가 '프로퍼티 출력' 버튼을 mouseover 또는 mouseout한다.
  2.1 시스템은 이벤트가 발생한 엘리먼트 id와 이벤트 타입을 출력한다.

● 실행결과 targetType

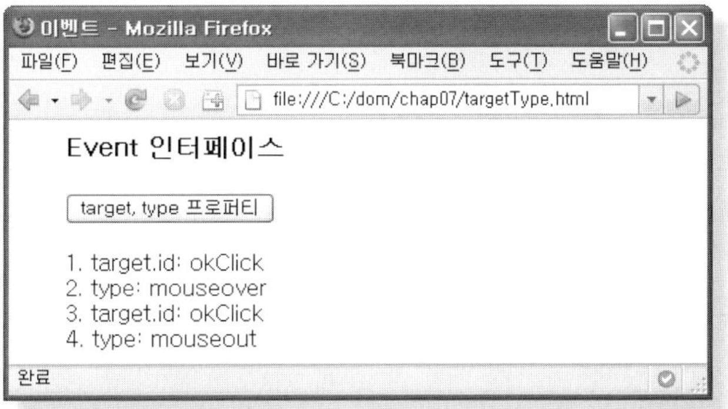

● 소스 targetType.js

```
window.onload = function () {
   var clickElement = document.getElementById('okClick');
   if (clickElement.addEventListener) {
      clickElement.addEventListener('mouseover', Show.property, false);
      clickElement.addEventListener('mouseout', Show.property, false);
   } else {
      clickElement.attachEvent('onmouseover', Show.property);
      clickElement.attachEvent('onmouseout', Show.property);
   }
}
var Show = {
   property: function(event) {
      var eventElement = event.target || event.srcElement;
      resultShow('target.id', eventElement.id);

      resultShow('type', event.type);
   }
}
```

'target, type 프로퍼티'에 마우스를 올려 놓으면 1번에 이벤트가 발생한 엘리먼트의 id 속성 값이 출력된다. target 프로퍼티와 srcElement 프로퍼티는 이벤트가 발생한 엘리먼트 정보를 오브젝트로 제공하므로 id 속성 값을 출력할 수 있다.

2번에 출력된 값은 'mouseover'로 이는 이벤트 타입이다. HTML 도큐먼트에 다수의 이벤트 타입을 지정하더라도 이벤트가 발생할 때의 이벤트 타입은 하나이다. 이를 type 프로퍼티로 인식할 수 있다.

여기서 type 프로퍼티는 그 자체로 값을 갖고 있으므로 더 이상 하위 프로퍼티를 갖지 않아도 되지만, target 프로퍼티는 HTML 엘리먼트 정보를 갖게 되므로 또 다시 프로퍼티를 갖게 된다. target 프로퍼티는 Show.property( ) 메소드의 파라미터에 지정한 event 오브젝트에서 제공하며, id 프로퍼티는 target 프로퍼티에서 제공한다. 이때 target 프로퍼티는 오브젝트 형태이다.

이 개념이 단순하지만 DOM에서 제공하는 인터페이스는 모두 이와 같은 형태로 되어 있다. 상위 인터페이스에서 제공하는 메소드와 프로퍼티는 상속을 받고 하위 인터페이스에 제공하는 메소드와 프로퍼티는 오브젝트 형태의 프로퍼티로 정의하여 이를 통해 접근할 수 있도록 되어 있다.

CHAPTER 08

DOM 이벤트 모듈

7장에서 이벤트를 설정하고 해제하는 것과 같은 이벤트를 제어하기 위한 내용을 살펴보았다. 그런데 정작 이벤트를 발생시키는 다양한 형태는 다루지 않았다. 마우스를 클릭하거나 자판에서 문자를 입력하는 것을 인식할 수 있다면 보다 발전된 유저 인터페이스를 실현할 수 있다. 8장에서는 이와 관련된 이벤트 타입 및 프로퍼티를 살펴본다.

▶▶ 8장 이벤트 모듈에서 다룰 주요 내용은 다음과 같다.

- 이벤트 모듈 타입
- 마우스 이벤트
- 키보드 이벤트
- Mutation 이벤트
- HTML 이벤트

8.1 이벤트 모듈 타입

대부분의 이벤트는 사용자가 행동함에 따라 발생한다. 그런데 사용자의 행동은 한 가지로 고정된 것이 아니다. 마우스를 클릭할 수도 있으며 문자를 입력할 수도 있다. 따라서 이를 인식하기 위해서는 사용자의 행동에 적합한 이벤트를 설정해야 한다.

마우스 클릭은 마우스를 누른 상태, 마우스를 눌렀다가 놓은 상태, 이를 합한 클릭 상태로 구분할 수 있다. 문자를 입력하는 것도 마찬가지이다. 문자를 누른 상태, 문자를 눌렀다가 놓은 상태로 구분할 수 있다. 이렇게 구분할 수 있다는 것은 각각의 사용자 행동에 이벤트를 설정할 수 있다는 것을 의미한다. DOM은 이를 위한 인터페이스를 제공하며 이를 '이벤트 모듈'이라고 한다. DOM은 다음의 표 8-1에서 볼 수 있듯이 다양한 형태의 이벤트 모듈 타입을 제공한다.

표 8-1

모듈 타입	인터페이스	DOM 레벨
유저 인터페이스	UIEvent	2, 3
마우스	MouseEvent	2, 3
키보드	KeyboardEvent	3
뮤테이션 & 뮤테이션 이름	MutationEvent, MutationNameEvent	2, 3
텍스트	TextEvent	3
HTML	HTMLEvent	2

UIEvent 인터페이스는 Event 인터페이스를 상속받으며 다른 인터페이스는 UIEvent 인터페이스를 상속받는다. UIEvent 인터페이스에서 view 프로퍼티와 detail 프로퍼티를 제공하고 있으나 IE에서 이를 지원하지 않는다.

8.2 마우스 이벤트

MouseEvent 인터페이스는 마우스와 관련된 이벤트를 처리하기 위한 메소드와 프로퍼티를 제공한다. MouseEvent 인터페이스에서 제공하는 프로퍼티는 DOM 레벨 0에서 사용했던 것을 표준적인 관점에서 정리한 것이다. 마우스 이벤트는 HTML 도큐먼트에 있는 모든 엘리먼트를 대상으로 한다.

8.2.1 MouseEvent 프로퍼티

MouseEvent 인터페이스에는 다음과 같은 프로퍼티와 이벤트 타입이 있다. 이 외에도 세 개의 메소드가 있지만 이는 게재하지 않았다.

● 프로퍼티

인터페이스	MouseEvent	
이름	형태	기능 개요
altKey	boolean	Alt 키를 누른 상태에서 마우스 이벤트의 발생 여부
button	short	클릭한 마우스의 버튼 값을 반환
clientX	long	브라우저의 상단에서 마우스 이벤트가 발생한 가로 위치
clientY	long	브라우저의 상단에서 마우스 이벤트가 발생한 세로 위치
ctrlKey	boolean	Ctrl 키를 누른 상태에서 마우스 이벤트의 발생 여부
metaKey	boolean	Mac OS에서 사용, meta 키를 누른 상태
relatedTarget	EventTarget	마우스 이벤트가 발생한 엘리먼트와 관계된 엘리먼트
screenX	long	스크린의 꼭지점을 기준으로 마우스 이벤트가 발생한 가로 위치
screenY	long	스크린의 꼭지점을 기준으로 마우스 이벤트가 발생한 세로 위치
shiftKey	boolean	Shift 키를 누른 상태에서 마우스 이벤트의 발생 여부

● 이벤트 타입

타입	기능 개요
click	엘리먼트를 마우스로 클릭했을 때 발생
mousedown	마우스로 엘리먼트를 눌렀을 때 발생
mousemove	엘리먼트 안에서 마우스를 이동했을 때 발생
mouseout	마우스가 엘리먼트를 벗어났을 때 발생
mouseover	마우스를 엘리먼트에 올려놓았을 때 발생
mouseup	마우스를 엘리먼트에서 떼었을 때 발생

8.2.2 마우스 이벤트 프로퍼티-Key

Alter Key, Control Key, Meta Key, Shift key는 마우스와 관계없는 키보드에 관한 키이다. 여기서 이 키의 역할은 이런 키를 누른 상태에서 마우스를 클릭했는가에 있다. 이런 키를 누른 상태에서 마우스를 클릭하면 이 키에 대응하는 프로퍼티(altKey, ctrlKey, metaKey, shiftKey) 값이 true로 반환되고 누르지 않았다면 false로 반환된다.

● 실행결과 mouseKey

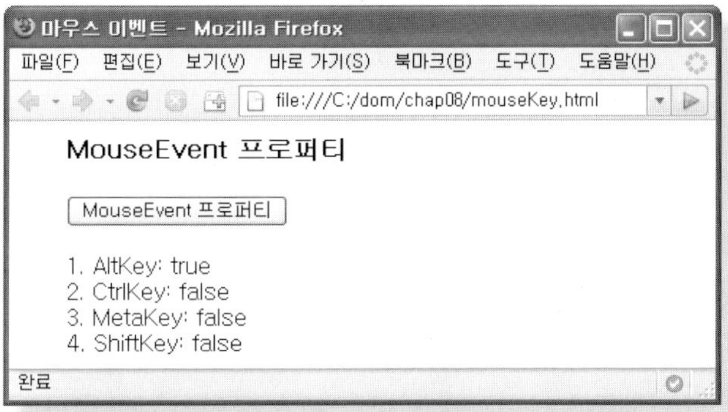

● 소스 mouseKey.js

```
Event.observe(window, 'load', function() {
   $('okClick').observe('click', Show.result);
});
var Show = {
   result: function(event) {
      resultShow('AltKey', event.altKey);
      resultShow('CtrlKey', event.ctrlKey);
      resultShow('MetaKey', event.metaKey);
      resultShow('ShiftKey', event.shiftKey);
   }
}
```

input#okClick의 'MouseEvent 프로퍼티' 버튼을 마우스로 클릭하면 Show.result() 메소드가 실행된다. Alt Key, Ctrl Key, Meta Key, Shift key를 누른 상태에서 마우스를 클릭하면 해당되는 프로퍼티 값이 true로 설정되고 누르지 않았다면 false로 설정된다. [실행결과 mouseKey]에 출력된 값은 Alt Key를 누른 상태에서 'MouseEvent 프로퍼티' 버튼을 마우스로 클릭한 결과이다.

IE로 실행하면 MetaKey 값이 undefined로 출력되는데 이는 IE가 이 키 값을 지원하지 않는다는 것을 의미한다. Meta Key는 MAC OS에서 사용하는 키이므로 window용 자판에는 이 키가 없다. 101키 형태에서는 Alt Key, Ctrl Key, Shift key가 왼쪽과 오른쪽에 있으므로 어느 쪽의 Key를 눌렀는가를 인식해야 한다. 이에 대해서는 KeyboardEvent인터페이스에서 다루고 있다.

8.2.3 마우스 클릭

마우스는 다양한 형태를 제공한다. DOM Event에서 제공하는 형태로는 클릭하기, 누르기, 이동하기, 벗어나기, 올려놓기, 누른 마우스 놓기가 있다. 또한 더블 클릭과 같이 DOM Event에서 제공하지는 않지만 브라우저에서 제공하는 형태도 있다. 이렇게 마우스 이벤트 타입을 세분해서 다루는 이유는 그만큼 세밀하게 제어할 필요가 있기 때문이다.

● 실행결과 mouseEvent_Firefox

● 실행결과 mouseEvent_IE

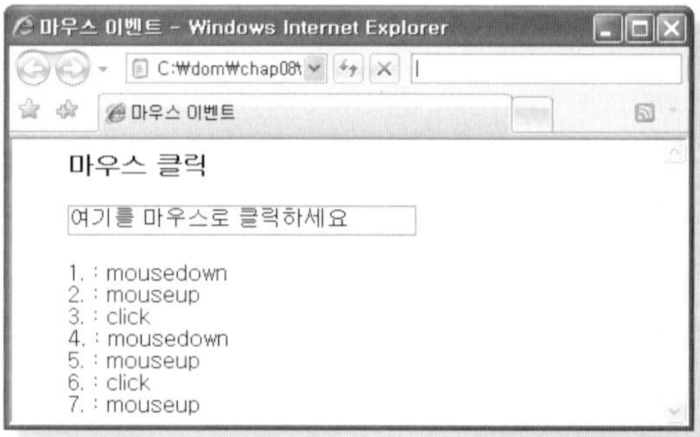

● 소스 mouseEvent.js

```
Event.observe(window, 'load', function() {
   $('mouseArea').observe('click', Show.mouseEvent);
   $('mouseArea').observe('mousedown', Show.mouseEvent);
   $('mouseArea').observe('mouseup', Show.mouseEvent);
// $('mouseArea').observe('dblclick', Show.mouseEvent);
});
var Show = {
   mouseEvent: function(event) {
      resultShow(", event.type);
   }
}
```

p#mouseArea의 '여기를 마우스로 클릭하세요'에 click. mousedown, mouseup 이벤트를 설정하였으며 이벤트가 발생하면 Show.count() 메소드를 실행하게 된다.

[실행결과 mouseEvent_Firefox]에서 1번부터 3번까지는 마우스를 클릭한 결과이다. 단지 클릭을 한 것인데 'mousedown → mouseup → click'의 순서로 출력되었다. 이는 마우스 클릭을 세 단계로 나누어 인식한다는 뜻이다. 지금까지 mousedown과 mouseup 이벤트 리스너를 설정하지 않고 click 이벤트 리스너만 설정하였기 때문에 mousedown과 mouseup 이벤트가 발생하지 않은 것으로 간주되었을 뿐 실제로는 세 단계의 이벤트가 발생한다.

▶ 더블 클릭

[실행결과 mouseEvent_Firefox]에서 4번부터 9번까지 mousedown → mouseup → click이 두 번 출력된 것은 마우스를 더블 클릭했기 때문이다. 이것은 더블 클릭을 하더라도 click을 두 번 한 것으로 인식한다는 뜻이 된다.

[실행결과 mouseEvent_IE]에서 4번부터 7번까지가 마우스를 더블 클릭한 결과이다. 첫 번째 click은 'mousedown → mouseup → click'의 순서로 이벤트가 발생했으나, 두 번째 click은 mousedown과 click 이벤트는 발생하지 않고 mouseup 이벤트만 발생하였다.

사용자가 더블 클릭을 하면 자칫 다른 결과가 초래될 수 있으므로 이에 대한 대비가 필요하다. 이 경우 DOM Event는 아니지만 IE와 Firefox에서 제공하는 dblclick 이벤트 타입을 생각할 수 있는데, 이 또한 고려해야 할 사항이 있다.

mouseEvent.js에 dblclick 이벤트 타입을 추가해서 실행해 보면 지금까지 더블 클릭으로 발생한 이벤트(Firefox의 4번에서 9번까지, IE의 4번에서 7번까지)가 모두 발생한 후 dblclick 이벤트가 발생한다. 이것은 다른 이벤트 타입과 같이 사용할 수 없다는 뜻이 된다.

8.2.4 마우스 이동

마우스 이벤트는 엘리먼트에 들어갈 때, 엘리먼트에서 벗어날 때, 엘리먼트에서 이동할 때 이벤트를 발생시킨다. 엘리먼트에서 벗어나는 것과 이동하는 것은 엘리먼트를 빠져

나온다는 뜻이 되는데 기능의 차이에 대해서도 같이 살펴본다.

● 실행결과 mouseMove_Firefox

● 실행결과 mouseMove_IE

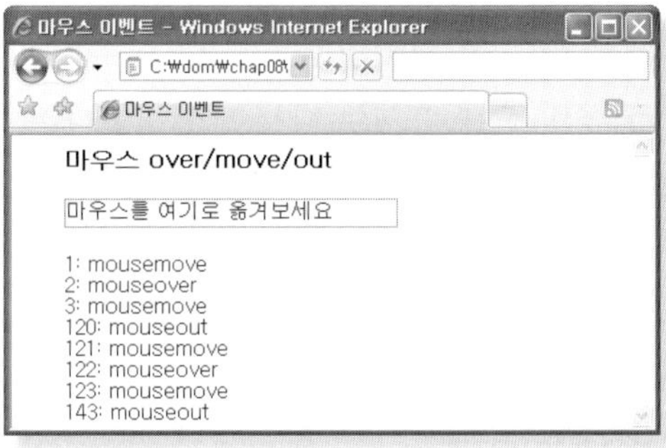

● 소스 mouseMove.js

```
Event.observe(window, 'load', function() {
   $('mouseArea').observe('mouseover', Show.mouseEvent);
   $('mouseArea').observe('mousemove', Show.mouseEvent);
   $('mouseArea').observe('mouseout', Show.mouseEvent);
});
var Show = {
   count: 0,
   mouseType: '',
   mouseEvent: function(event) {
      Show.count++;
      if (Show.mouseType != event.type)         {
         var divElement = document.createElement('div');
         divElement.id = 'div' + Show.count;
         document.getElementById('showArea').appendChild(divElement);
         var eventResult = document.createTextNode( Show.count + ': ' + event.type);
         document.getElementById(divElement.id ).appendChild(eventResult);
         Show.mouseType = event.type;
      }
   }
}
```

p#mouseArea의 '마우스를 여기로 옮겨보세요'에 mouseover, mousemove, mouseout 이벤트를 설정하였으며, 이벤트가 발생하면 Show.mouseEvent( ) 메소드를 실행하게 된다. Show.mouseEvent( ) 메소드에서 if( ) 조건을 사용한 것은 mousemove 이벤트가 픽셀(pixel) 단위로 발생하여 많은 결과가 출력되므로 이를 한 번만 출력하기 위함이다.

mouseover 이벤트는 엘리먼트에 마우스가 올려졌을 때 발생하고 mousemove 이벤트는 엘리먼트 안에서 마우스가 이동했을 때 발생한다. 또 mouseout 이벤트는 마우스가 엘리먼트를 벗어났을 때 발생한다. 따라서 mouseover 이벤트와 mouseout 이벤트는 한 번만 발생하고 mousemove 이벤트는 픽셀 단위로 발생하므로 조금만 움직여도 이벤트가 많이 발생한다.

[실행결과 mouseMove_Firefox]를 보면 'mouseover → mousemove(다수) → mouseout'의 순서로 이벤트가 발생하였다. 비록 mousemove 이벤트가 많이 발생했지만 순서는 이와 같다.

한편 [실행결과 mouseMove_IE]를 보면 'mousemove → mouseover → mousemove(다수) → mouseout'의 순서로 이벤트가 발생한다. 즉 mouseover 이벤트가 발생하기 전에 mousemove 이벤트가 한 번 발생한다. 미묘한 차이이지만 정밀하게 이벤트 처리를 해야 하는 애플리케이션에서는 신경을 써야 할 사항이다.

8.2.5 마우스 왼쪽 버튼

웹 페이지의 버튼을 선택하기 위해서는 왼쪽 마우스 버튼을 클릭해야 하고 컨텍스트(context) 메뉴를 표시하기 위해서는 오른쪽 마우스 버튼을 클릭해야 한다. 이와 같이 클릭한 버튼에 따라 처리하기 위해서는 클릭한 버튼을 인식해야 하는데 button 프로퍼티가 클릭한 버튼 값을 제공한다. 그런데 프로퍼티 값이 표 8-2에서 볼 수 있듯이 IE와 Firefox가 다르다.

표 8-2

왼쪽		가운데		오른쪽	
DOM	IE	DOM	IE	DOM	IE
0	1	1	4	2	2

● 실행결과 mouseButton_Firefox

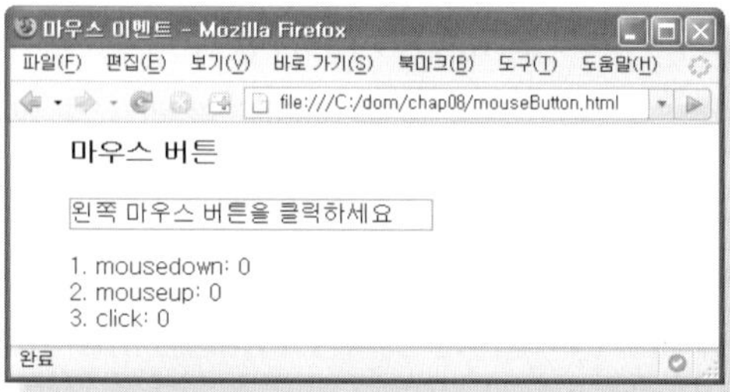

● 실행결과 mouseButton_IE

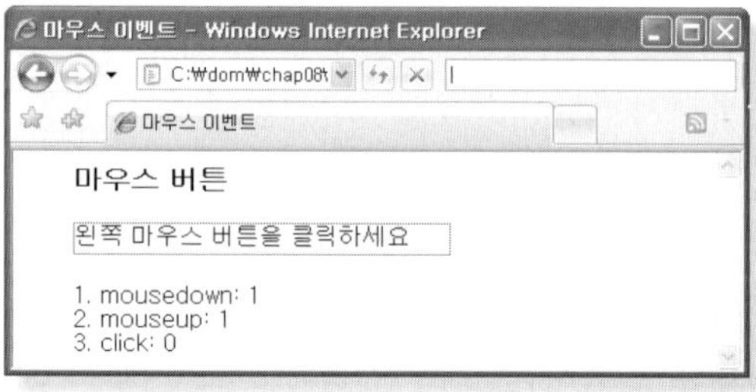

● 소스 mouseButton.js

```
Event.observe(window, 'load', function() {
   $('mouseArea').observe('mousedown', Show.mouseDown);
   $('mouseArea').observe('mouseup', Show.mouseUp);
   $('mouseArea').observe('click', Show.mouseClick);
});
var Show = {
   mouseDown: function(event) {
      resultShow('mousedown', event.button);
   },
   mouseUp: function(event) {
      resultShow('mouseup', event.button);
   },
   mouseClick: function(event) {
      resultShow('click', event.button);
   }
}
```

p#mouseArea의 '왼쪽 마우스 버튼을 클릭하세요'에 mousedown, mouseup, click 이벤트를 설정하였으며, 이벤트가 발생하면 리스너로 지정한 메소드가 실행된다. 왼쪽 마우스 버튼의 클릭 여부를 살펴보기 위한 것인데 다양한 이벤트 타입을 사용한 것은 이벤트 타입마다 차이가 있기 때문이다.

[실행결과 mouseButton_IE]에 출력된 값을 보면 mousedown과 mouseup은 1이지만 click은 0이다. IE에서 0은 디폴트 값으로 버튼을 클릭하지 않은 것을 의미한다. 이는 click 이벤트는 인식하지만 마우스 버튼 값은 설정되지 않는다는 것을 의미한다. 따라서 click 이벤트로 왼쪽 마우스 버튼의 클릭 여부를 체크할 수 없으므로 왼쪽 마우스 버튼 클릭을 인식하기 위해서는 mousedown 또는 mouseup을 사용해야 한다.

[실행결과 mouseButton_Firefox]에 출력된 값은 전부 0이다. 이는 어떤 이벤트 타입으로 왼쪽 버튼의 클릭 여부를 체크해도 된다는 것을 의미한다. 그런데 Firefox로 실행했을 때 설정되는 값이 0이라는 것이 왠지 석연치 않아 보인다. 그럼 다른 방법은 없는 것인가?

▶ which 프로퍼티

which 프로퍼티는 DOM Event와 IE에서 제공하는 프로퍼티가 아니라 Firefox에서 제공하는 프로퍼티로 표 8-3과 같은 값으로 버튼을 구분한다.

표 8-3

왼쪽	가운데	오른쪽
1	2	3

● 실행결과 mouseWhich_Firefox

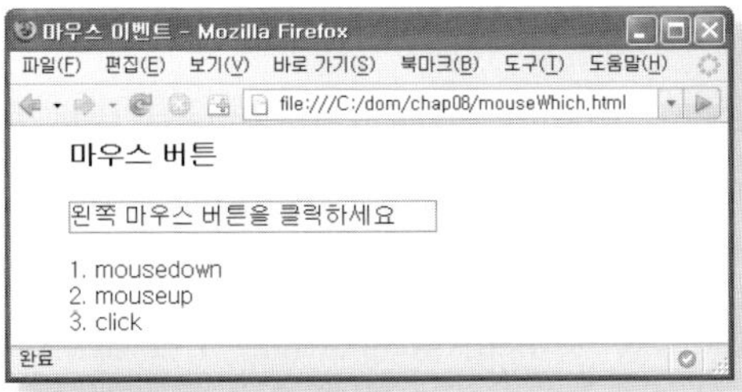

● 실행결과 mouseWhich_IE

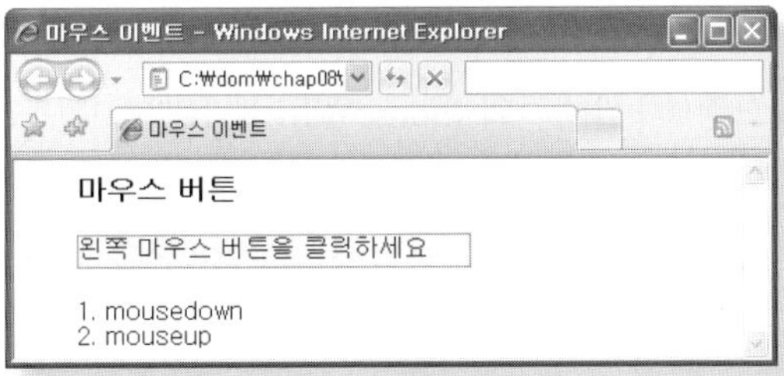

● 소스 mouseWhich.js

```
var Show = {
   count: 0,
   showResult: function(event) {
      Show.count++;
      var leftClick = (((event.which) && (event.which == 1)) ||
                      ((event.button) && (event.button == 1)));
      if (leftClick) {
         var divElement = document.createElement('div');
         divElement.id = 'div' + Show.count;
         $('showArea').appendChild(divElement);
         var text = document.createTextNode(Show.count + '. ' + event.type);
         $(divElement.id ).appendChild(text);
      }
   }
}
```

p#mouseArea의 '왼쪽 마우스 버튼을 클릭하세요'에 mousedown, mouseup, click 이벤트를 설정하였으며 이벤트가 발생하면 Show.showResult() 메소드를 실행하게 된다.

```
var leftClick = (((event.which) && (event.which == 1)) ||
                ((event.button) && (event.button == 1)));
if (leftCheck) {…}
```

event.which가 존재한다는 것은 Firefox로 실행한 것을 의미하며 which 프로퍼티 값이 1이라는 것은 왼쪽 마우스 버튼을 클릭한 것이다. IE로 실행했다면 button 프로퍼티 값을 체크하게 되며 button 프로퍼티 값이 1이라는 것은 왼쪽 마우스 버튼을 클릭한 것이다. IE와 Firefox 모두 왼쪽 마우스 버튼을 클릭하면 true가 leftClick에 설정된다.

그런데 [실행결과 mouseWhich_IE]를 보면 click이 출력되지 않았다. 따라서 click 이벤트 타입으로 왼쪽 마우스 클릭 여부를 체크하기에는 어려움이 있으므로 mousedown과 mouseup으로 왼쪽 마우스 클릭 여부를 체크해야 한다. 아울러 mousedown은 마우스를 누른 상태에서 드래그를 할 때 사용하는 경우도 있으므로 mouseup을 사용하는 것이 더 적절하다고 할 수 있다.

8.2.6 마우스 오른쪽 버튼

왼쪽 마우스 버튼을 클릭했을 때 button 프로퍼티 값이 DOM과 IE가 달라 어려움이 있었지만, 오른쪽 마우스 버튼 값은 DOM과 IE 모두 2이므로 크로스 브라우저 문제가 발생하지 않는다. 오른쪽 마우스 버튼을 클릭하면 콘텍스트 메뉴가 표시된다. 만약 이를 사용하지 않으려면 콘텍스트 메뉴가 표시되지 않도록 해야 한다.

● 실행결과 mouseContext

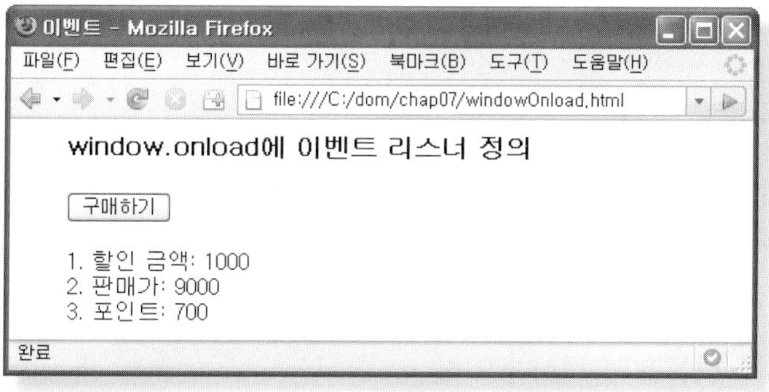

● 소스 mouseContext.js

```
Event.observe(window, 'load', function() {
   $('mouseArea').observe('mousedown', Show.mouseDown);
   $('mouseArea').observe('mouseup', Show.mouseUp);
// $('mouseArea').observe('click', Show.mouseClick);
// $('mouseArea').observe('contextmenu', Show.contextMenu);
});
var Show = {
   mouseDown: function(event) {
      resultShow('mousedown', event.button);
   },
   mouseUp: function(event) {
      resultShow('mouseup', event.button);
   },
```

```
    mouseUp: function(event) {
      resultShow('mouseup', event.button);
    },
    mouseClick: function(event) {
      resultShow('click', event.button);
    },
    contextMenu: function(event) {
      if (event.preventDefault) {
        event.preventDefault();
        event.stopPropagation();
      } else {
        event.returnValue = false;
        event.cancelBubble = true;
      }
    }
}
```

p#mouseArea의 '오른쪽 마우스 버튼을 클릭하세요'에 mousedown, mouseup, click 이벤트를 설정하였으며 DOM에서 제공하지 않는 contextmenu 이벤트를 설정하였다.

[실행결과 mouseContext]는 오른쪽 마우스 버튼을 클릭한 결과이다. 그런데 mousedown과 mouseup은 출력되었지만 click은 출력되지 않았다. 이는 오른쪽 마우스 버튼을 클릭하면 click 이벤트가 발생하지 않는다는 것을 의미한다.

▶ contextmenu 이벤트 타입

contextmenu 이벤트 타입은 DOM Event에서 제공하지 않지만 IE와 Firefox 모두 제공한다. 콘텍스트 메뉴는 contextmenu 이벤트 설정에 관계없이 오른쪽 마우스 버튼을 클릭하면 자동으로 표시된다. 즉 디폴트 액션이다.

그런데도 contextmenu 이벤트를 설정한 것은 콘텍스트 메뉴가 표시되기 전에 이 이벤트가 발생하므로 이를 인식하여 콘텍스트 메뉴가 표시되지 않도록 처리하기 위함이다. Show.contextMenu( ) 메소드에 작성한 코드는 디폴트 액션을 방지하고 이벤트 버블링을 방지하여 콘텍스트 메뉴가 표시되지 않도록 한 것이다.

8.2.7 마우스 이벤트 발생 위치

DOM Event는 마우스 클릭 위치를 알려주는 프로퍼티를 제공한다. 여기서 위치란 DOM 트리에서 <body> 엘리먼트를 포함한 자식 노드를 의미한다. 마우스 클릭 위치는 페이지를 스크롤한 경우와 하지 않은 경우로 나눌 수 있다. 스크롤하지 않았다면 마우스를 클릭한 곳이 위치가 되지만 스크롤을 했다면 스크롤한 만큼 반영해야 한다.

● 실행결과 mousePosition_1

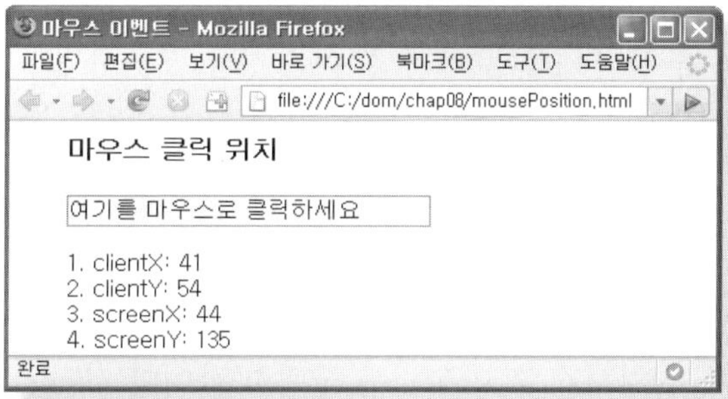

● 실행결과 mousePosition_2

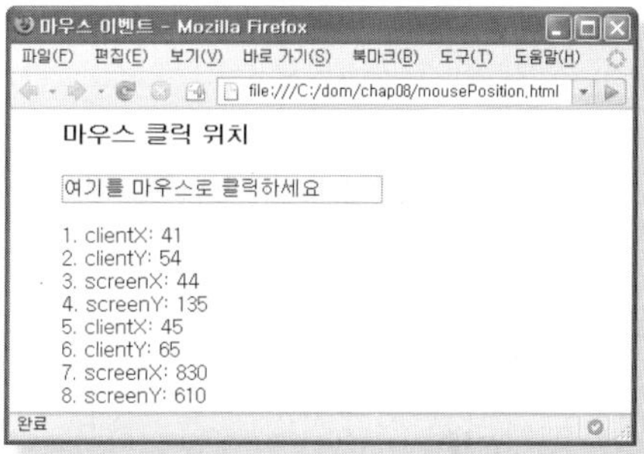

● 소스 mousePosition.js

```
var Show = {
   mouseClick: function(event) {
      resultShow('clientX', event.clientX);
      resultShow('clientY', event.clientY);
      resultShow('screenX', event.screenX);
      resultShow('screenY', event.screenY);
   }
}
```

p#mouseArea의 '여기를 마우스로 클릭하세요'에 click 이벤트를 설정하였으며 이벤트가 발생하면 Show.mouseClick() 메소드를 실행하게 된다.

▶ clientX, clientY

clientX 프로퍼티와 clientY 프로퍼티는 현재 표시된 페이지의 꼭지점(0, 0)으로부터 떨어진 좌표를 픽셀로 제공한다. [실행결과 mousePosition_1]에서 'clientX: 41'과 'clientY: 54'는 마우스로 클릭한 위치가 꼭지점에서 오른쪽으로 41픽셀, 아래로 54픽셀 떨어진 것을 의미한다.

▶ screenX, screenY

screenX 프로퍼티와 screenY 프로퍼티는 스크린의 꼭지점을 기준으로 떨어진 좌표를 픽셀로 제공한다. [실행결과 mousePosition_2]의 screenX와 screenY 프로퍼티 값은 브라우저 창의 좌측 상단 모서리를 스크린의 좌측 상단에 위치시킨 후 마우스를 클릭한 값이다. clientX와 screenX 값은 거의 차이가 없지만 clientY와 screenY 값이 차이가 나는 것은 브라우저에 메뉴바 크기가 screenY에 반영되기 때문이다.

[실행결과 mousePosition_2]의 screenX와 screenY 프로퍼티 값은 브라우저 창의 우측 하단 모서리를 스크린의 우측 하단 모서리에 위치시킨 후 마우스를 클릭한 값이다. clientX와 clientY 값은 그다지 변함이 없지만, screenX와 screenY는 크게 차이가 난다. 스크린의 폭이 넓으면 넓을수록 이 값은 더욱 차이가 나게 된다.

● 실행결과 mousePosition_3

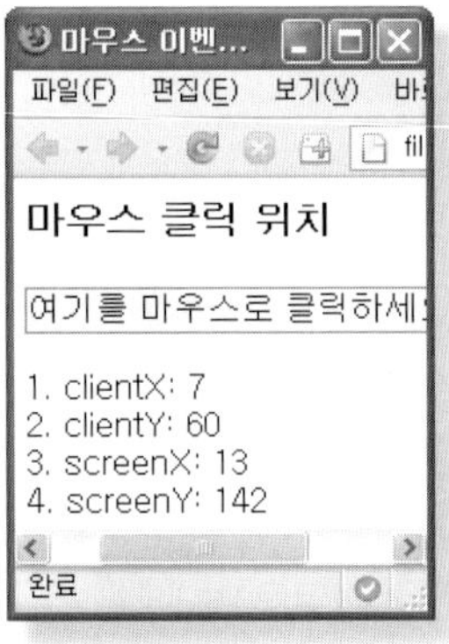

[실행결과 mousePosition_3]은 다음과 같이 처리한 결과이다.

– 브라우저 창을 좌우 스크롤이 생기도록 줄임
– 스크롤 바를 오른쪽으로 스크롤
– [실행결과 mousePosition_1]과 비슷한 위치로 브라우저 창을 이동
– '여기를 마우스로 클릭하세요'에서 '여' 앞을 마우스로 클릭

[실행결과 mousePosition_3]에 clientX 값이 7로 출력되었다는 것은 좌우 스크롤 값이 반영되지 않았다는 것을 의미한다. 좌우 스크롤이 반영되었다면 [실행결과 mousePosition_1]의 clientX 값과 비슷한 값이 출력되어야 한다. screenX 값이 다르기는 하지만 이 또한 스크롤이 반영되지 않은 값이다.

사실, DOM에서 제공하는 프로퍼티만으로 좌, 우, 상, 하로 스크롤한 값을 반영하여 마우스를 클릭한 위치를 계산하는 것은 한계가 있다. 따라서 브라우저에서 제공하는 프로퍼티를 사용해야 정확한 값을 구할 수 있다.

▶ prototypeJS의 pointerX, pointerY 메소드

좌, 우, 상, 하로 스크롤한 값을 반영하여 마우스를 클릭한 위치 값을 반환받을 수 있는 메소드를 prototypeJS가 제공하고 있다. 반드시 prototypeJS를 사용해야 하는 것은 아니며 다른 라이브러리에서도 이를 제공하고 있으므로 값을 추출하는 방법을 이해하면 된다. 최종 목적은 정확하게 마우스를 클릭한 위치를 구하는 것이다.

● 실행결과 mousePage_1

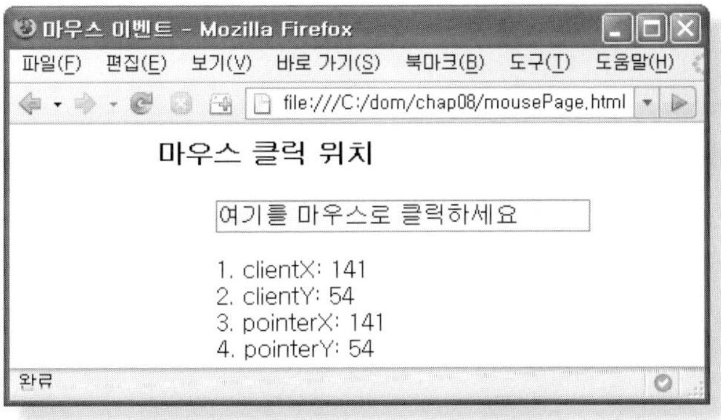

● 실행결과 mousePage_2

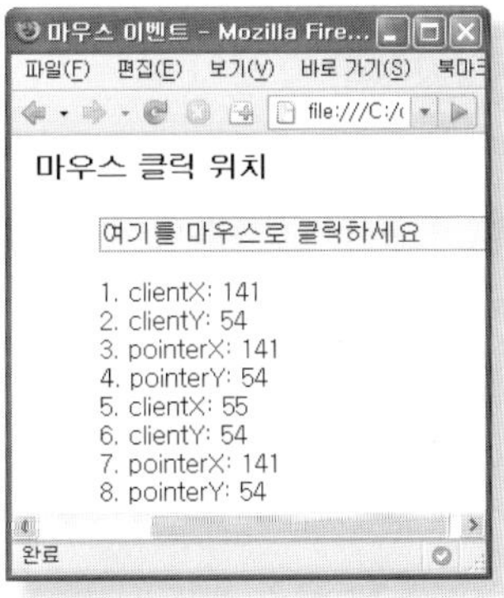

● 소스 mousePage.js

```
var Show = {
   mouseClick: function(event) {
      resultShow('clientX', event.clientX);
      resultShow('clientY', event.clientY);
      resultShow('pointerX', Event.pointerX(event));
      resultShow('pointerY', Event.pointerY(event));
   }
}
```

p#mouseArea의 '여기를 마우스로 클릭하세요'에 click 이벤트를 설정하였으며 이벤트가 발생하면 Show.mouseClick() 메소드를 실행하게 된다.

[실행결과 mousePage_1]은 브라우저 창을 줄이지 않고 마우스를 클릭한 결과이다. 1번과 2번이 clientX와 clientY 프로퍼티 값이며 3번과 4번이 prototypeJS에서 제공하는 값이다. 출력된 값에서 볼 수 있듯이 '1. clientX'와 '3. pointerX'의 값이 같으며 '2. clientY'와 '4. pointerY'의 값이 같다. 이는 스크롤을 하지 않았으므로 당연한 결과이다.

[실행결과 mousePage_2]는 [실행결과 mousePage_1]과 같은 위치에서 브라우저 창의 가로 폭을 줄인 후 실행한 결과이다. 5번과 6번이 clientX와 clientY 프로퍼티 값이며 7번과 8번이 prototypeJS에서 제공하는 값이다. '1. clientX'와 '5. clientX' 값이 다른 것은 스크롤이 반영되지 않았기 때문이다. 한편 '1. clientX'와 '7. pointerX'의 값이 같다. 이것은 '7. pointerX'에 좌우 스크롤 값이 반영되었기 때문이다. Y 축 값은 상하 스크롤을 하지 않았으므로 값이 같다.

다음 코드가 스크롤이 반영된 위치를 계산하는 prototypeJS의 메소드이다. pageX 프로퍼티는 IE 이 외의 브라우저에서 제공한다. 따라서 Firefox로 실행하면 pageX 값을 반환하고 메소드를 종료한다. documentElement.scrollLeft는 Strict 모드에서의 처리이고 body.scrollLeft는 일반 모드에서의 처리이다. 작성한 형태를 눈여겨 볼 필요가 있다.

```
var Event = {}; //아래에 작성한 코드 전부는 Event 오브젝트에 속해 있다.
--- 중간 생략 ---
pointerX: function(event) { return Event.pointer(event).x },
pointerY: function(event) { return Event.pointer(event).y },

pointer: function(event) {
   return {
   x: event.pageX || (event.clientX +
      (document.documentElement.scrollLeft || document.body.scrollLeft)),
   y: event.pageY || (event.clientY +
      (document.documentElement.scrollTop || document.body.scrollTop))
   };
},
```

8.2.8 relatedTarget 프로퍼티

relatedTarget 프로퍼티는 이벤트가 발생하기 직전의 엘리먼트를 반환한다. 아울러 이동한 엘리먼트도 반환한다. 이벤트가 발생하기 직전의 엘리먼트를 인식하기 위해서는 mouseover 이벤트와 같이 사용해야 하고, 이동한 엘리먼트를 인식하기 위해서는 mouseout 이벤트와 같이 사용해야 한다.

• **실행결과 mouseRelated**

● 소스 mouseRelated.js

```
var Show = {
   mouseOver: function(event) {
      if (event.relatedTarget) {
         resultShow('mouseover', event.relatedTarget.nodeName);
      } else {
         resultShow('mouseover', event.fromElement.nodeName);
      }
   },
   mouseOut: function(event) {
      if (event.relatedTarget) {
         resultShow('mouseout', event.relatedTarget.nodeName);
      } else {
         resultShow('mouseout', event.toElement.nodeName);
      }
   }
}
```

p#mouseArea의 '마우스 들어가기, 나가기'에 mouseover 이벤트와 mouseout 이벤트를 설정하였으며, mouseover 이벤트가 발생하면 Show.mouseOver( ) 메소드를 실행하고 mouseout 이벤트가 발생하면 Show.mouseout( ) 메소드를 실행한다.

mouseRelated.html을 실행하여 웹 페이지가 표시된 상태에서 '엘리먼트 인식'에서 오른쪽으로 열 문자 정도 떨어진 곳에 마우스를 올려 놓는다. 이 위치는 HTML 도큐먼트에서 <body> 엘리먼트의 영역이다. 그런 후 마우스를 끌어 '마우스 들어오기, 나가기'로 이동한다. 그러면 '1. mouseover: BODY'가 출력되는데, 이는 <body> 엘리먼트에서 왔다는 것을 의미한다.

다시 마우스를 끌어 이동하기 전의 위치로 이동하면, 즉 '마우스 들어오기, 나가기'를 벗어나면 '2. mouseout: BODY'가 출력되는데 이는 <body> 엘리먼트로 이동했다는 것을 의미한다. 만약 이때 '1. mouseover: BODY'가 출력된 곳으로 마우스를 이동하면 '2. mouseout: DIV'가 출력되는데, 이는 '1. mouseover: BODY'가 <div> 엘리먼트이기 때문이다.

relatedTarget 프로퍼티는 DOM에서 제공하며 IE는 이에 상응하는 프로퍼티를 두 가지로 제공한다. fromElement 프로퍼티는 이벤트가 발생하기 직전에 마우스가 위치했던 엘리먼트를 반환하고 toElement 프로퍼티는 마우스가 이동한 엘리먼트를 반환한다.

8.3 키보드 이벤트

키보드 이벤트는 자판에서 키를 누르거나 뗄 때 발생한다. KeyboardEvent 인터페이스는 이를 인식하기 위한 프로퍼티와 메소드를 제공한다.

8.3.1 KeyboardEvent 인터페이스

DOM Event 레벨 3에서 KeyboardEvent 인터페이스를 발표했지만 이 인터페이스에서 제공하는 프로퍼티는 DOM 레벨 0에서 사용했던 것이다. KeyboardEvent 인터페이스는 getModifierState() 메소드, initKeyBoardEvent() 메소드, initKeyBoard EventNS() 메소드를 제공하는 데 이에 대한 설명은 생략하고 프로퍼티를 중심으로 다루기로 한다.

● **프로퍼티**

인터페이스	KeyboardEvent	
이름	형태	기능 개요
altKey	Boolean	Alt 키를 누른 상태에서 키보드 이벤트 발생 여부
ctrlKey	Boolean	ctrl 키를 누른 상태에서 키보드 이벤트 발생 여부
KeyIdentifier	DomString	누른 키 값을 반환
keyLocation	long	shift 키와 같이 자판에 두 개의 키가 있는 경우 어느 쪽을 눌렀는지를 반환
metaKey	Boolean	Mac OS에서 사용하며, meta 키를 누른 상태에서 키보드 이벤트 발생 여부
shiftKey	Boolean	shift 키를 누른 상태에서 키보드 이벤트 발생 여부

● 이벤트 타입

타입	기능 개요
keydown	자판의 키를 눌렀을 때 발생
keyup	눌렀던 키를 놓았을 때 발생

8.3.2 키보드 이벤트 타입

KeyboardEvent 인터페이스에서 제공하는 이벤트 타입은 keydown과 keyup이다. DOM은 DOM 레벨 0에서 사용했던 keypress 이벤트 타입을 제공하지 않는다.

● 실행결과 keyboardSeq_Firefox

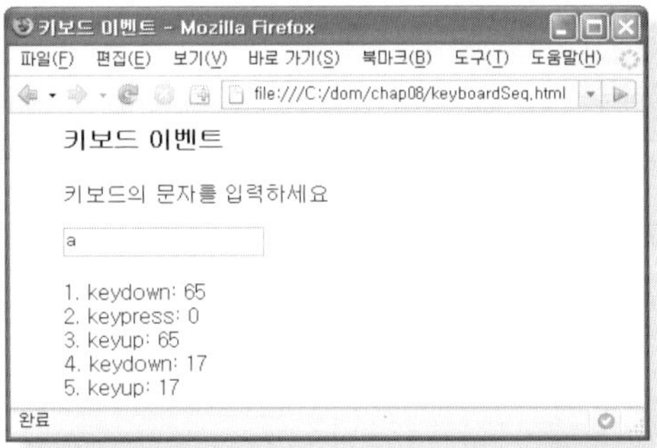

● 실행결과 keyboardSeq_IE

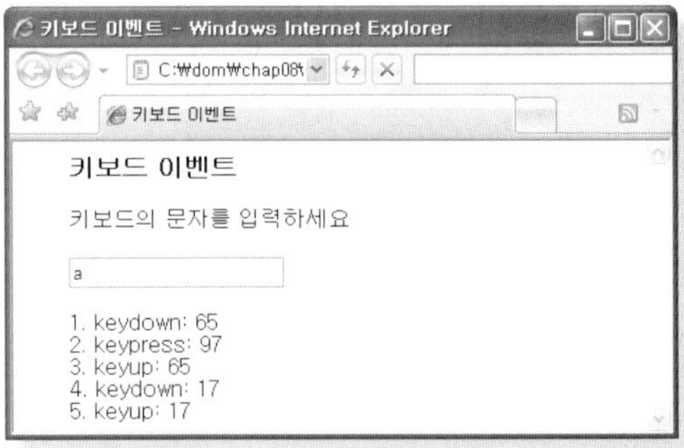

● 소스 keyboardSeq.js

```
window.onload = function () {
   var dataEntry = document.getElementById('dataEntry');
   if (dataEntry.addEventListener) {
      dataEntry.addEventListener('keydown', Show.keyEvent, false);
      dataEntry.addEventListener('keyup', Show.keyEvent, false);
      dataEntry.addEventListener('keypress', Show.keyEvent, false);
   } else {
      dataEntry.attachEvent('onkeydown', Show.keyEvent);
      dataEntry.attachEvent('onkeyup', Show.keyEvent);
      dataEntry.attachEvent('onkeypress', Show.keyEvent);
   }
```

```
}
var Show = {
   keyEvent: function(event) {
      resultShow(event.type, event.keyCode);
   }
}
```

input#dataEntry에 keydown, keyup, keypress 이벤트를 설정하였으며 이벤트가 발생하면 Show.keyEvent() 메소드를 실행하게 된다.

[실행결과 keyboardSeq_Firefox] 1번에서 3번까지는 소문자 a를 입력한 결과이다. 즉 a를 눌렀다가 놓았을 때 발생한 이벤트와 입력한 값을 출력한 것이다. 그런데 keydown → keypress → keyup 순서로 이벤트가 발생하였다.

[실행결과 keyboardSeq_Firefox] 4번에서 5번까지는 Ctrl 키를 입력한 결과이다. keydown과 keyup 이벤트는 발생하였으나 keypress 이벤트는 발생하지 않았다. 이와 같이 Firefox에서는 Ctrl, Caps Lock, Shift, Alt, Backspace, Tab 키에서 keypress 이벤트가 발생하지 않는다.

출력된 값을 보면 keydown과 keyup은 keyCode 값이 대문자 A를 나타내는 값으로 출력되었으나 keypress는 0이 출력되었다. 소문자를 입력하였으나 대문자를 출력한 것은 차제로 하더라도 값이 0으로 출력된 것은 keypress 이벤트 타입을 사용할 수 없다는 뜻이 된다.

한편, '한/영' 키는 keydown → keypress → keyup 순서로 이벤트가 발생하며 값은 229 → 229 → 21로 keyup 값이 keydown과 keypress 값과 다르다. 더욱 놀라운 것은 '한자' 키를 누르면 keydown → keypress → keydown → keypress → keyup과 같이 이벤트가 다섯 번 발생하며 값은 229 → 229 → 25 → 25 → 25로 가늠할 수 없는 값이 출력된다.

Firefox에서 키를 놓지 않고 계속 누르고 있으면 keydown과 keypress 이벤트가 계속해서 발생한다. 그리고 keyup 이벤트는 키를 놓았을 때 한 번 발생한다. 즉 keyup 이벤트는 반드시 눌렀던 키를 놓아야만 발생하며 keydown과 keypress 이벤트는 하나의 단위로 발생한다.

[실행결과 keyboardSeq_IE] 1번부터 3번까지는 소문자 a를 입력한 결과이다. Firefox와 같이 keydown → keypress → keyup 순서로 이벤트가 발생했으나 keypress의 keyCode 값이 소문자 a를 나타내는 97이 출력되었다. 값만 본다면 소문자 a를 입력했으므로 keypress 이벤트가 발생할 때의 keyCode 값이 맞다.

[실행결과 keyboardSeq_IE] 4번에서 5번까지는 Ctrl 키를 입력한 결과이다. 이 또한 Firefox와 마찬가지로 keypress 이벤트가 발생하지 않았다. IE 브라우저에서는 Alt, Backspace, Tab, Caps Lock, Shift, 한/영, 한자, 좌/우/상/하 방향키, Pagedown, Pageup, Insert, Delete 키도 keypress 이벤트가 발생하지 않는다.

지금까지의 결과를 볼 때 keypress는 사용하지 말아야 하며 keydown 또는 keyup을 사용해야 한다. 아울러 자판의 키를 계속 누르고 있으면 keyup이 발생하지 않는다는 점도 고려해야 한다.

keyCode 값은 ASCII(American Standard Code for Information Interchange) 값을 나타내며 ASCII 문자 조견표는 http://en.wikipedia.org/wiki/ASCII#ASCII_control_characters에서 볼 수 있다.

8.3.3 키보드 이벤트 프로퍼티

KeyboardEvent 인터페이스에 포함된 프로퍼티는 자체적으로 값을 가지고 있으면서 다른 키와 조합해서 사용할 수 있다는 특징을 가지고 있다. 여기서 눈여겨 볼 것은 지금까지 사용해온 keyCode 프로퍼티가 KeyboardEvent 인터페이스에 포함되어 있지 않다는 점이다. DOM의 KeyIdentifier 프로퍼티가 keyCode 프로퍼티와 같은 기능을 하지만 IE와 Firefox에서 지원하지 않는다.

● 실행결과 keyboardProperty

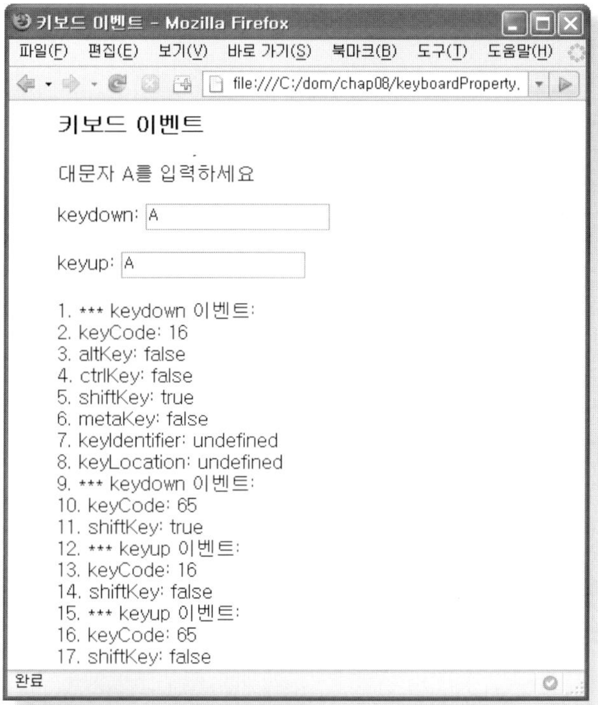

● 소스 keyboardProperty.js

```
var Show = {
  keyDown: function(event) {
    resultShow('*** keydown 이벤트', ");
    resultShow('keyCode', event.keyCode);
    if (event.keyCode == 16) {
      resultShow('altKey', event.altKey);
      resultShow('ctrlKey', event.ctrlKey);
      resultShow('shiftKey', event.shiftKey);
      resultShow('metaKey', event.metaKey);
      resultShow('keyIdentifier', event.keyIdentifier);
      resultShow('keyLocation', event.keyLocation);
    } else {
      resultShow('shiftKey', event.shiftKey);
    }
```

```
    },
    keyUp: function(event) {
        resultShow('*** keyup 이벤트', '');
        resultShow('keyCode', event.keyCode);
        resultShow('shiftKey', event.shiftKey);
    }
}
```

input#firstEntry에 keydown 이벤트를 설정하였으며 input#secondEntry에 keyup 이벤트를 설정하였다. keydown 이벤트가 발생하면 Show.keyDown( ) 메소드를 실행하고 keyup 이벤트가 발생하면 Show.keyUp( ) 메소드를 실행한다.

[실행결과 keyboardProperty]에 출력된 값은 'shift + a'를 입력한 결과이다. 1번부터 11번까지가 input#firstEntry에 입력한 결과이고 12번부터 17번까지가 input#secondEntry에 입력한 결과이다. if(event.keyCode == 16)을 체크한 것은 같은 값이 출력되어 결과가 길게 표시되지 않도록 하기 위함이다.

2번에 keyCode 값으로 16이 출력되었고 10번에 65가 출력되었다. 이것은 shift와 a 값으로 keydown 이벤트가 두 번 발생한 것을 의미한다. 다른 프로퍼티는 false를 출력하였지만 5번과 11번의 shiftKey 프로퍼티는 true를 출력하였다. 이것은 shift 키를 눌렀다는 것을 의미한다. shift 키를 누르면 shiftKey 프로퍼티에 true가 설정되듯이 altKey, ctrlKey, metaKey를 누르면 누른 프로퍼티에 true가 설정된다.

11번에 'shiftKey: true'가 출력되었다. 이는 shift 키를 누른 상태에서 a를 입력했다는 것을 의미하며 이를 통해 대소문자 입력여부를 구분할 수 있다. 그런데 14번과 17번의 shiftKey 프로퍼티는 false로 출력되었다. shift 키를 누른 상태에서 a를 입력하였지만 keyup 이벤트는 shiftKey 프로퍼티 값을 true로 설정하지 않는다. 따라서 shift 키의 누름 여부를 체크하기 위해서는 keydown 이벤트 타입을 사용해야 한다.

7번에 출력된 keyIdentifier 프로퍼티는 'U + 0041'과 'Control' 형태로 키 값을 제공한다. 'U + 0041'은 Unicode로 대문자 A를 나타내며 'Control'은 Ctrl 키를 나타낸다. 그런데 아쉽게도 IE와 Firefox에서 이 프로퍼티를 지원하지 않는다. keyIdentifier 프로퍼티 값에 대한 상세한 정보는 http://www.w3.org/TR/2003/NOTE-DOM-Level-3-Events-20031107/keyset.html#KeySet-Set에 있다.

8번의 keyLocation 프로퍼티는 클릭한 키의 위치를 나타낸다. 왼쪽 shift 키를 누르면 1이 설정되고 오른쪽 키를 누르면 2가 설정된다. A와 같이 하나만 있는 키는 0이 설정된다. 하지만 IE와 Firefox에서 이 프로퍼티를 지원하지 않는다.

8.4 Mutation 이벤트

Mutation 이벤트는 노드 또는 값이 변경 · 추가 · 삭제될 때 이벤트가 발생한다. Mutation을 한글로 표현한다면 MutationEvent 인터페이스에서 제공하는 기능을 볼 때 '변화'라는 단어가 포괄적으로 수용할 수 있다고 생각한다.

8.4.1 MutationEvent 인터페이스

Firefox, Opera, Safari 브라우저는 MutationEvent 인터페이스의 이벤트 타입과 프로퍼티를 지원하나 IE 브라우저는 지원하지 않는다. IE 브라우저가 DOM Event 레벨 2에서 제공하는 이름은 아니지만 이에 상응하는 기능을 대부분 제공하고 있으므로 지원할 것으로 생각되지만, 필자의 몫은 여기까지이다.

IE 브라우저에서 지원하지 않는 이벤트를 다루는 이유는 DOM Event가 제공하는 사상을 다른 각도에서 살펴보기 위함이다. 대부분 이벤트는 노드에서 직접 발생하지만, MutationEvent 인터페이스에 포함된 이벤트는 직접 발생하지 않고 이 이벤트가 발생하게 되는 동기를 다른 곳에서 제공한다. 예를 들어 노드를 추가하면 DOMNodeInserted 이벤트가 발생하고 노드를 삭제하면 DOMNodeRemoved 이벤트가 발생한다.

이와 같이 이벤트는 HTML 도큐먼트에서 직접 또는 간접으로 발생할 수 있으며 이를 인식할 수 있다. 이벤트는 다른 프로세스가 실행하게 되는 원인과 근거를 제공한다. 따라서 완전하게 논리적으로 접근할 수 있다. 이것이 이벤트 설정 여부를 결정하는 기준이기도

하다. 이 개념은 매우 중요하다. 분석/설계에서 프로그램 개발까지 모든 개발 영역에 적용되어야 하는 가장 단순하면서 쉬운 논리이지만 이를 실천하는 것이 쉽지만은 않다.

MutationEvent 인터페이스에는 initMutationEvent( ) 메소드와 initMutation EventNS( ) 메소드가 있으나 이에 대한 설명은 생략한다.

● **프로퍼티(상수)**

인터페이스	MutationEvent			
이름	형태	값	R/W	레벨
MODIFICATION	short	1	R	2
ADDITION	short	2	R	
REMOVAL	short	3	R	

● **프로퍼티**

인터페이스	MutationEvent	
이름	형태	기능 개요
attrChange	short	값의 변경 형태
attrName	DOMString	변경된 속성 노드의 이름
newValue	DOMString	속성 노드의 새로운 값
relatedNode	Node	이벤트가 발생한 부모 노드
preValue	DOMString	속성 노드의 이전 값

● **이벤트 타입**

타입	기능 개요
DOMAttrModified	속성 노드의 값이 추가, 수정, 삭제되었을 때 발생
DOMCharacterDataModified	노드 내의 CharactedData의 수정 후에 발생
DOMNodeInserted	노드가 다른 노드의 자식 노드로 추가될 때 발생
DOMNodeInsertedIntoDocument	노드에 포함되어진 노드로 추가될 때 발생
DOMNodeRemoved	노드가 삭제되었을 때 발생
DOMNodeRemovedFromDocument	노드에 포함되어 있는 노드가 삭제될 때 발생
DOMSubtreeModified	도큐먼트의 모든 변경을 통지하기 위해 사용

8.4.2 DOMNodeInserted 이벤트

DOMNodeInserted 이벤트는 노드가 다른 노드의 자식 노드로 추가될 때 발생하며 자식 노드를 DOM 트리에 반영한 후 리스너로 지정한 메소드가 실행된다. relatedNode 프로퍼티는 추가한 노드의 부모 노드를 오브젝트 형태로 제공한다.

● **실행결과 mutInserted**

● **소스 mutInserted.html**

```
<div id="showArea">showArea</div>
<div id="eventArea">eventArea</div>
```

본문과 직접 관계된 부분으로 showArea에 자식 엘리먼트를 추가함에 따라 발생하는 이벤트를 받아 그 결과를 eventArea에 출력한다. mutInserted.html은 Firefox에서 실행해야 한다.

● 소스 mutInserted.js

```
var Show = {
  count: 0,
  addEvent: function() {                                                    ❶
    var showElement = document.getElementById('showArea');
    if (showElement.addEventListener) {
      showElement.addEventListener('DOMNodeInserted', Show.inserted, false);
    }
  },
  elementCreate: function(event) {                                          ❷
    Show.addEvent();   //DOMNodeInserted 이벤트 리스너 설정
    var divElement = document.createElement('div');
    divElement.id = 'div' + Show.count;
    $('showArea').appendChild(divElement);
    $(divElement.id ).appendChild(document.createTextNode('이벤트 발생'));
  },
  inserted: function(event) {                                               ❸
    Show.count++;
    var eventTarget = event.target || event.srcElement;
    $('event' + Show.count).innerHTML = Show.count + '. event.id: ' + eventTarget.id;
    Show.count++;
    $('event' + Show.count).innerHTML = Show.count + '. relatedNode.id: ' + event.relatedNode.id;
  }
}
```

input#okClick에 click 이벤트를 설정하였으며 click 이벤트가 발생하면 Show.element Create() 메소드를 실행하여 showArea에 '이벤트 발생'을 출력한다. 값을 출력한다는 것은 자식 노드가 추가되었다는 것을 의미한다.

❶
```
addEvent: function() {
    var showElement = document.getElementById('showArea');
    if (showElement.addEventListener) {
      showElement.addEventListener('DOMNodeInserted', Show.inserted, false);
    }
  },
```

DOMNodeInserted 이벤트를 설정하는 형태로 일반적으로 이벤트를 설정하는 형태와 같다. 이벤트 타입에 DOMNodeInserted를 지정하면 된다.

```
❷ elementCreate: function(event) {
      Show.addEvent();   //DOMNodeInserted 이벤트 리스너 설정
      var divElement = document.createElement('div');
      divElement.id = 'div' + Show.count;
      $('showArea').appendChild(divElement);
      $(divElement.id ).appendChild(document.createTextNode('이벤트 발생'));
   },
```

Show.addEvent() 메소드를 실행하여 DOMNodeInserted 이벤트를 설정한다. 엘리먼트 노드를 생성하여 <showArea>에 결합시키고, 텍스트 노드를 생성하여 생성한 엘리먼트 노드에 결합시킨다. 노드 생성을 한 번 하는 것이 아니라 두 번 한다. 따라서 DOM NodeInserted 이벤트가 두 번 발생하게 된다.

그럼, DOMNodeInserted 이벤트는 언제 발생하는가? document.createElement('div')는 단지 엘리먼트 오브젝트를 생성하는 것이다. 이를 HTML 도큐먼트에 반영해서 DOM 트리 구조가 변경되어야 자식 노드가 추가된 것이다. 즉, appendChild(divElement)를 한 후에 DOMNodeInserted 이벤트가 발생하게 되며 이때 Show.inserted() 메소드를 실행하게 된다.

지금까지 div#showArea는 메소드를 실행한 결과를 출력하는 영역으로 사용하였지만, 이 영역에 값을 출력하면 DOMNodeInserted 이벤트가 발생한다. 이것은 마우스 클릭과 같이 사용자가 행동함에 따라 이벤트가 발생하는 형태가 아니라 특정 조건을 만족하면 자동으로 이벤트가 발생하는 형태이다. 이 점을 이해하는 것이 핵심이다.

```
❸ inserted: function(event) {
      Show.count++;
      var eventTarget = event.target || event.srcElement;
      $('event' + Show.count).innerHTML = Show.count + '. event.id: ' + eventTarget.id;
```

```
    Show.count++;
    $('event' + Show.count).innerHTML = Show.count + '. relatedNode.id: ' +
                                        event.relatedNode.id;
}
```

[실행결과 mutInserted] 1번과 2번에 출력된 값은 appendChild(divElement)에 따른 결과이다. 1번에 출력된 div0은 이벤트가 발생한 노드이고 2번의 showArea는 부모 노드이다. 이와 같이 이벤트가 발생한 부모 노드가 relatedNode 프로퍼티에 설정된다.

3번과 4번은 appendChild(document.createTextNode('이벤트 발생'))에 따른 결과이다. 3번에 undefined가 출력된 것은 텍스트 노드이기 때문이며, 4번에 div0이 출력된 것은 텍스트 노드의 부모 노드가 div#div0이기 때문이다.

8.4.3 DOMNodeRemoved 이벤트

DOMNodeRemoved 이벤트는 노드를 삭제할 때 발생하며 노드를 삭제한 후 리스너로 지정한 메소드를 실행한다. relatedNode 프로퍼티는 삭제한 노드의 부모 노드를 오브젝트 형태로 제공한다.

● 실행결과 mutRemoved

● 소스 mutRemoved.html

```
<div id="showArea">
   <div id="show1"></div>
</div>
<div id="eventArea">
   <div id="event1"></div>
   <div id="event2"></div>
</div>
```

본문과 직접 관계된 부분으로 div#show1을 삭제하면 DOMNodeRemoved 이벤트가 발생하게 되고 이 결과를 div#event1과 div#event2에 출력한다. 이 또한 Firefox에서 실행해야 한다.

● 소스 mutRemoved.js

```
window.onload = function () {
   var clickElement = document.getElementById('okClick');
   var showElement = document.getElementById('showArea');
   if (clickElement.addEventListener) {
      clickElement.addEventListener('click', Show.removeElement, false);
      showElement.addEventListener('DOMNodeRemoved', Show.removed, false);      ❶
   }
}
var Show = {
   removeElement: function(event) {                                              ❷
      var deleteElement = document.getElementById('show1');
      deleteElement.parentNode.removeChild(deleteElement);
   },
   removed: function(event) {
      Show.count++;
      var eventTarget = event.target || event.srcElement;
      $('event' + Show.count).innerHTML = Show.count + '. event.id: ' + eventTarget.id;
      Show.count++;
      $('event' + Show.count).innerHTML = Show.count + '. relatedNode.id: ' +
                                          event.relatedNode.id;
   }
}
```

input#okClick에 click 이벤트를 설정하였으며 click 이벤트가 발생하면 Show.remove Element() 메소드를 실행하여 div#show1 노드를 삭제한다.

```
❶ showElement.addEventListener('DOMNodeRemoved', Show.removed, false);
```

DOMNodeRemoved 이벤트를 설정하는 형태로 일반적으로 이벤트를 설정하는 형태와 같다. 이벤트 타입에 DOMNodeRemoved를 지정하면 된다.

```
❷ removeElement: function(event) {
      var deleteElement = document.getElementById('show1');
      deleteElement.parentNode.removeChild(deleteElement);
  },
```

만약, div#showArea에 DOMNodeRemoved 이벤트를 설정하지 않았다면 div#show1을 삭제하는 메소드일 뿐이다. div#show1은 DOMNodeRemoved 이벤트를 설정한 div#showArea의 자식 노드인데, 그런데도 이벤트가 발생하는 것은 DOMNodeRemoved 이벤트 자체가 자식 노드를 삭제하면 발생하는 이벤트이기 때문이다.

[실행결과 mutRemoved] 1번에 출력된 값은 show1로서 이 값은 이벤트가 발생한 타깃 노드의 id 속성 값이다. 2번에 출력된 값은 showArea로 이 값은 이벤트가 발생한 타깃 노드의 부모 노드의 id 속성 값이다. 이와 같이 relatedNode 프로퍼티에 삭제 이벤트가 발생한 타깃 노드의 부모 노드가 설정된다.

8.5 HTML 이벤트

HTML 이벤트에 포함된 이벤트 타입은 DOM 레벨 0에서 사용했던 것과 다름이 없다. HTML 이벤트 타입에서 신경써야 할 사항은 이벤트가 발생하는 시점이다. 이를 정확하게 이해해야 명확하게 이벤트 처리를 할 수 있다.

8.5.1 HTMLEvent 인터페이스

HTMLEvent 인터페이스에는 메소드가 없으며 이벤트 타입만 있다. 기능이 비슷한 이벤트 타입 단위로 살펴본다.

● **이벤트 타입**

타입	기능 개요
abort	이미지를 로딩하는 중에 로딩이 중단되었을 때 발생하며 〈object〉에서 발생
blur	포커스(Focus)를 잃을 때 발생
change	〈input〉〈select〉〈textarea〉의 값을 변경하고 포커스를 잃을 때 발생
error	실행 중에 에러가 났을 때 발생하며 〈object〉〈body〉〈frameset〉에서 발생
focus	포커스를 받을 때 발생
load	지정한 오브젝트가 로딩되었을 때 발생하며 document, 〈body〉〈frameset〉, 〈object〉〈link〉〈meta〉〈script〉〈frame〉〈iframe〉〈img〉에서 발생
reset	〈form〉에서 발생하며 폼을 리셋(Reset)할 때 발생
resize	브라우저 크기를 변경했을 때 발생
scroll	브라우저의 스크롤 바를 좌, 우, 상, 하로 움직였을 때 발생
select	〈input〉〈textarea〉에서 문자를 선택했을 때 발생
submit	〈form〉에서 발생하며 폼을 전송할 때 발생
unload	브라우저를 닫거나 다른 페이지로 이동할 때 발생

8.5.2 HTML 이벤트 타입-포커스

여기서는 blur, change, focus, select 이벤트 타입에 대해 살펴본다. 포커스 형태로 구분했지만 이는 기능이 비슷한 것끼리 장을 분리하기 위한 것으로 특별한 의미는 없다.

● 실행결과 htmlFocus

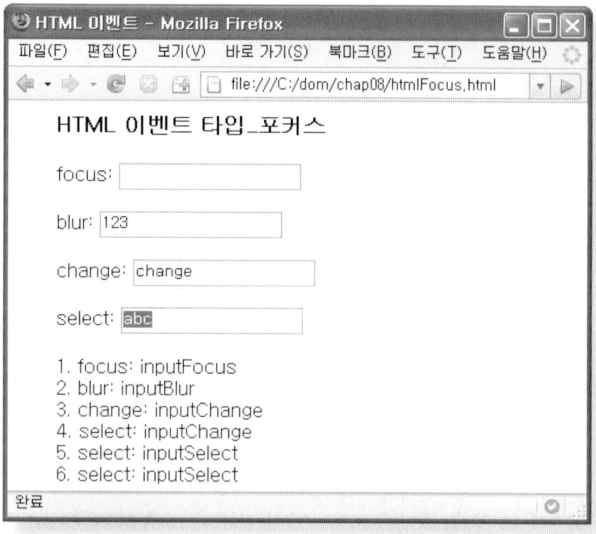

● 소스 htmlFocus.html

```
focus: <input type="text" id="inputFocus" /><br /><br />
blur: <input type="text" id="inputBlur" /><br /><br />
change: <input type="text" id="inputChange" /><br /><br />
select: <input type="text" id="inputSelect" /><br /><br />
```

● 소스 htmlFocus.js

```
Event.observe(window, 'load', function() {
   $('inputFocus').observe('focus', Show.element);
   $('inputBlur').observe('blur', Show.element);
   $('inputChange').observe('change', Show.element);
   $('inputSelect').observe('select', Show.element);
});
var Show = {
    element: function(event) {
      var eventElement = event.target || event.srcElement;
      resultShow(event.type, eventElement.id);
    }
}
```

input#inputFocus에 focus 이벤트, input#inputBlur에 blur 이벤트, input#inputChange에 change 이벤트, input#inputSelect에 select 이벤트를 설정하였다. 설정한 이벤트가 발생하면 Show.element( ) 메소드를 실행하게 된다. Show. element( ) 메소드에서는 이벤트 타입과 이벤트가 발생한 엘리먼트의 id 속성 값을 출력한다.

▶ focus 이벤트

focus 이벤트는 <a><area><label><input><select><textarea><button> 엘리먼트에서 발생하며 마우스 클릭 등의 방법으로 엘리먼트에 포커스를 위치시키면 focus 이벤트가 발생한다. 포커스를 받은 상태를 포그라운드(Foreground) 상태라고도 한다. [실행결과 htmlFocus] 1번에 'focus: inputFocus'가 출력된 것은 마우스로 input#inputFocus를 클릭했기 때문이다.

▶ blur 이벤트

blur 이벤트는 <a><area><label><input><select><textarea><button> 엘리먼트에서 발생하며 엘리먼트에서 포커스가 떠날 때 blur 이벤트가 발생한다. [실행결과 htmlFocus] 2번에 'blur: inputBlur'가 출력된 것은 input#inputBlur에 123을 입력하고 Tab 키를 눌렀기 때문이다.

▶ change 이벤트

change 이벤트는 <input><select><textarea>에서 발생하며 이 엘리먼트의 값을 변경하고 포커스를 다른 곳으로 이동할 때 이벤트가 발생한다. 값을 변경하지 않았거나 값을 변경하는 동안에는 이벤트가 발생하지 않는다. [실행결과 htmlFocus] 3번에 'change: inputChange'가 출력된 것은 input#inputChange에 'change'를 입력한 후 Tab 키를 눌렀기 때문이다.

▶ select 이벤트

select 이벤트는 <input><textarea>에서 발생하며 엘리먼트에서 문자를 선택했을 때 발생한다. IE는 Tab 키 또는 마우스로 select 이벤트가 설정된 엘리먼트로 이동하면 select 이벤트가 발생하지 않는다. Firefox도 마우스로 클릭하면 마찬가지이지만 Tab 키로 이동하면 select 이벤트가 발생한다. 아울러 이동하기 전의 엘리먼트 정보를 유지한다. [실행결과 htmlFocus] 4번에 'select: inputChange'는 바로 전의 input#change에서 Tab 키로 이동하였을 때 출력된 값이다.

[실행결과 htmlFocus] 4번에 'select: inputSelect'가 출력된 것은 abc를 입력한 후 'shift + ←'로 문자 'c'를 선택한 결과이다. 5번에 'select: inputSelect'가 출력된 것은 'abc' 끝에 커서를 옮기고 'shift + Home' 키로 전체를 선택한 결과이다. 이와 같이 select 이벤트는 엘리먼트에서 문자를 선택할 때마다 발생하며 선택한 문자 수에 관계없이 발생한다.

8.5.3 HTML 이벤트 타입-폼

여기서는 reset과 submit 이벤트 타입에 대해 살펴본다. reset 이벤트는 폼을 리셋할 때 발생하며 submit 이벤트는 폼을 전송할 때 발생한다. 즉, reset과 submit 이벤트는 <form> 단위로 발생한다.

● 실행결과 htmlForm

● 소스 htmlForm.html

```
<form id="form1">
   산: <input type="text" /><br /><br />
   <input type="reset" id="reset1" value="1-1. reset" />
   <input type="submit" id="submit1" value="1-2 submit" />
```

```
</form>
<form id="form2">
   강: <input type="text" /><br /><br />
   <input type="reset" id="reset2" value="2-1 reset" />
   <input type="submit" id="submit2" value="2-2 submit" />
</form>
```

본문과 직접 관계된 부분으로 두 개의 <form> 엘리먼트가 작성되어 있으며 각 <form> 엘리먼트에는 reset과 submit 버튼이 있다. 각 버튼을 클릭했을 때 발생한 이벤트를 처리한 결과를 살펴본다.

● 소스 htmlForm.js

```
Event.observe(window, 'load', function() {
   $('form1').observe('reset', Show.resetEvent);
   $('form1').observe('submit', Show.submitEvent);
   $('reset2').observe('reset', Show.resetEvent);
   $('submit2').observe('submit', Show.submitEvent);
});
var Show = {
   resetEvent: function(event) {
      var eventElement = event.target || event.srcElement;
      resultShow(event.type, eventElement.id);
   },
   submitEvent: function(event) {
      var eventElement = event.target || event.srcElement;
      resultShow(event.type, eventElement.id);

      if (event.preventDefault) {
         event.preventDefault();
      } else {
         event.returnValue = false;
      }
   }
}
```

form#form1에 reset 이벤트와 submit 이벤트를 설정하였다. 지금까지와 다른 점은 reset 버튼과 submit 버튼에 이벤트를 설정하지 않고 <form> 엘리먼트에 이벤트를 설정한 점이다.

form#form2의 input#reset2 엘리먼트에 reset 이벤트를 설정하였고 input# submit2 엘리먼트에 submit 이벤트를 설정하였다. 이는 <form> 엘리먼트에 속한 엘리먼트에 이벤트를 설정한 것이다. 두 가지 형태에서 이벤트가 발생하는 것을 살펴보는 것이 초점이다. 이벤트가 발생하면 Show.formEvent( ) 메소드를 실행하게 된다.

▶ reset 이벤트

reset 이벤트는 reset 버튼을 클릭했을 때 발생하며 <form> 엘리먼트에 속한 엘리먼트에 입력한 값을 초기화시킨다. [실행결과 htmlForm] 1번에 출력된 값인 'reset: form1'은 '한라산'과 '한강'을 입력하고 '1-1 reset' 버튼을 클릭한 결과이다.

이 결과를 통해 알 수 있는 것은 첫째, <form> 엘리먼트에 속한 엘리먼트에 입력한 값은 초기화시키지만, 다른 <form> 엘리먼트에 속한 엘리먼트에 입력한 값은 초기화시키지 않는다. 둘째, '1-1 reset' 버튼에 이벤트를 설정하지 않았는데 'reset: form1'이 출력되었듯이 reset 버튼을 클릭하더라도 <form> 엘리먼트에서 이벤트가 발생한다.

다시 '한라산'과 '한강'을 입력하고 '2-1 reset' 버튼을 클릭하면 '한강'만 지워지고 '한라산'은 지워지지 않으며 실행결과도 출력되지 않는다. 값이 출력되지 않았다는 것은 resetEvent( ) 메소드를 실행하지 않았다는 의미이다. 즉 이벤트가 발생하지 않은 것이다.

여기서 reset 버튼에 이벤트를 설정하였고 form#form2에는 이벤트를 설정하지 않았다. 결론적으로 reset 버튼에 이벤트를 설정하더라도 reset 버튼에서 이벤트가 발생하지 않으며 reset 고유 기능인 입력한 값만 지운다.

▶ submit 이벤트

'한라산'을 입력하고 '1-2 submit' 버튼을 클릭하면 [실행결과 htmlForm]에 'submit: form1'이 출력된다. 이때 form#from1에 submit 이벤트를 설정한 상태이다. 즉 <form>

엘리먼트에 이벤트를 설정하고 <form> 엘리먼트의 자식 엘리먼트로 작성한 submit 버튼을 클릭하면 <form> 엘리먼트에서 이벤트가 발생한다. 입력한 내용을 지우지 않은 것은 preventDefault( ) 메소드를 실행했기 때문이다.

'한강'을 입력하고 '2-2 submit' 버튼을 클릭하면 값이 출력되지 않는다. 이것은 submitEvent( ) 메소드를 실행하지 않은 것을 의미한다. 즉 <form> 엘리먼트에 속한 엘리먼트에 submit 이벤트를 설정하더라도 엘리먼트에서 이벤트가 발생하지 않는다. '한라산'과 '한강'이 지워진 것은 submit이 HTML 도큐먼트를 범위로 하기 때문이다.

submit(전송) 버튼을 클릭하면 HTML 도큐먼트의 폼 전체를 서버로 전송한다. 하지만 Ajax에서는 일반적으로 폼 전체를 서버로 전송하지 않고 엘리먼트에서 데이터만 추출하여 비동기 통신 방법으로 전송하므로 submit 버튼을 사용하지 않고 '저장'과 같은 일반 버튼을 사용한다.

8.5.4 HTML 이벤트 타입-스크롤

여기서는 resize와 scroll 이벤트 타입에 대해 살펴본다. resize 이벤트는 브라우저 크기를 조정할 때 발생하며 scroll 이벤트는 좌, 우, 상, 하로 스크롤 바를 이동할 때 발생한다.

● 실행결과 htmlScroll

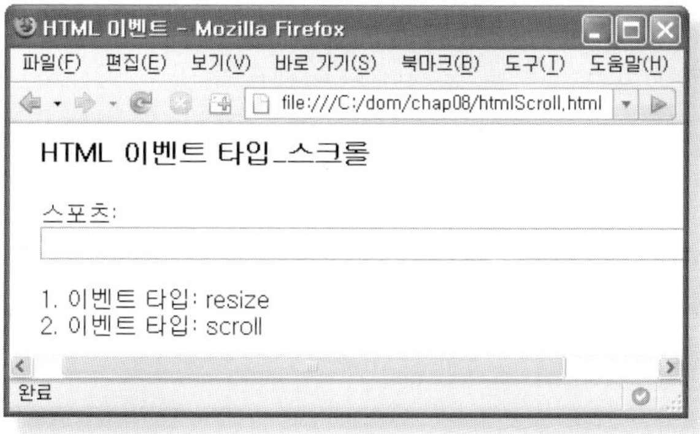

● 소스 htmlScroll.js

```
Event.observe(window, 'load', function() {
   Event.observe(window, 'scroll', Show.scrollResize);
   Event.observe(window, 'resize', Show.scrollResize);
});
var Show = {
   eventType: '',
   scrollResize: function(event) {
      if (event.type != Show.eventType) {
         Show.eventType = event.type;
         resultShow('이벤트 타입', event.type);
      }
   }
}
```

window에 scroll 이벤트와 resize 이벤트를 설정하였으며, 이벤트가 발생하면 Show.scrollResize() 메소드를 수행한다. Show.scrollResize() 메소드에는 IE 브라우저에서 스크롤 바를 움직일 때마다 scroll 이벤트가 발생하여 너무 많은 결과가 출력되므로 이를 한번만 출력할 수 있도록 이벤트 타입이 변경된 경우에만 출력하도록 하였다.

▶ resize 이벤트

resize 이벤트는 브라우저 크기를 조정할 때 발생한다. 그런데 IE와 Firefox의 이벤트 발생 시점과 횟수에 차이가 있다. IE는 마우스로 브라우저 모퉁이를 누른 후 마우스를 이동할 때마다 이벤트가 발생한다. 따라서 아주 조금만 움직여도 이벤트가 많이 발생하므로 [소스 htmlScroll.js]와 같이 발생한 이벤트 타입을 비교하는 등 운영의 묘가 필요하다.

한편 Firefox는 눌렀던 마우스를 놓았을 때 발생한다. 브라우저 크기를 늘였다 줄였다 하더라도 마우스를 놓지 않으면 이벤트가 발생하지 않는다.

▶ scroll 이벤트

scroll 이벤트는 스크롤 바를 좌, 우, 상, 하로 이동할 때 발생한다. 여기서 window에 scroll 이벤트를 설정하였는데 만약 document에 scroll 이벤트를 설정하면 IE는 이벤트가 발생하지 않으며 Firefox는 이벤트가 발생한다.

이벤트는 발생 횟수가 중요하다. 왜냐하면 발생하는 횟수만큼 리스너로 지정한 메소드가 실행되기 때문이다. scroll 이벤트의 발생 횟수 또한 IE와 Firefox가 다르다. 스크롤 바 좌우에 있는 화살표 형태의 이동 버튼을 클릭하면 IE는 여덟 번 이벤트가 발생하지만, Firefox는 한 번 발생한다. 또 스크롤 바 상하에 있는 화살표 형태의 이동 버튼을 클릭하면 IE는 열 여섯 번 이벤트가 발생하지만 Firefox는 두 번 발생한다. 따라서 연속적으로 발생한 이벤트를 한 번만 처리할 수 있도록 해야 제어하기가 쉽다.

DOM HTML

PART 04

DOM Core가 계층적인 도큐먼트 구조, 엘리먼트(노드)를 제어하기 위한 인터페이스로 구성되었다면, DOM HTML은 HTML 도큐먼트의 엘리먼트에 속한 속성을 제어하기 위한 인터페이스로 구성되어 있다. 따라서 DOM HTML은 DOM Core를 확장한 것으로 이를 기반으로 한다.

DOM Core가 HTML과 XML을 모두 다룰 수 있는 인터페이스를 제공하는 반면, DOM HTML은 HTML을 제어하는 인터페이스만 제공한다. 즉, HTML에 특화된 인터페이스이다.

4부에서 다룰 DOM HTML은 DOM HTML 레벨 1과 DOM HTML 레벨 2를 포함한다. DOM 레벨 3에서 HTML을 발표하지 않았으므로 망라된 것이라고 할 수 있다. HTML 도큐먼트의 엘리먼트 하나하나가 인터페이스이므로 DOM HTML은 다른 모듈보다 인터페이스가 많다.

▶▶ 4부 DOM HTML은 다음과 같은 장으로 구성되어 있다.

CHAPTER 09

DOM HTML

웹 애플리케이션 개발 경험이 있는 독자라면 DOM HTML에서 다루는 엘리먼트에 대해 식견을 갖고 있을 것이다. 아마 HTML에 대한 경험이 없는 독자는 없을 것이다. 따라서 쉽게 접근할 수 있다.

▶▶ 9장에서 다루는 주요 내용은 다음과 같다.

- DOM HTML 개요
- HTMLCollection 인터페이스
- HTMLOptionsCollection 인터페이스
- HTMLDocument 인터페이스
- HTMLElement 인터페이스

9.1 DOM HTML 개요

DOM Core와 마찬가지로 DOM HTML도 플랫폼과 언어에 중립적인 인터페이스를 제공한다. 따라서 개인용 컴퓨터뿐만 아니라 모바일 등에서도 작동하며, 자바스크립트뿐만 아니라 자바와 같은 다른 언어에서도 사용할 수 있다. DOM HTML은 HTML 4.01과 XHTML 1.0에 정의된 도큐먼트와 데이터를 자바스크립트와 같은 프로그램 언어로 다루기 위한 표준 API이다.

DOM HTML의 목표는 다음과 같다.

- HTML 도큐먼트 및 엘리먼트의 특성과 관련된 기능 추가와 특화
- DOM 레벨 0과의 호환성
- 일반적이고 자주 사용하는 HTML 도큐먼트의 오퍼레이션에 대해 간편한 메커니즘 제공

DOM HTML이 DOM Core를 기반으로 하고 있으므로 DOM Core에서 제공하는 인터페이스를 그대로 사용할 수 있다. 하지만 이는 일반적인 형태가 되어 HTML의 특성을 최대화하기에는 다소 부족한 점이 있다. 이런 점을 보완하고 HTML 엘리먼트의 특성을 최대화하기 위해 별도의 인터페이스를 사용한다. 예를 들어 Document 인터페이스를 상속받는 HTMLDocument 인터페이스, Element 인터페이스를 상속받는 HTMLElement 인터페이스는 HTML 기능을 최대화하기 위한 인터페이스이다.

DOM HTML 레벨 1은 HTML 4.01을 기준으로 하고 있다. 왜냐하면 XHTML 1.0이 나오기 전에 이를 제정했기 때문이다. 따라서 DOM HTML 레벨 2는 XHTML 1.0을 기준으로 하고 있다. DOM 관점에서 볼 때 HTML 4.01과 XHTML 1.0의 큰 차이는 HTML 4.01은 대소문자를 구분하지 않지만 XHTML은 대소문자를 구분한다는 점이다.

프로퍼티, 메소드, 이벤트, 컬렉션, 데이터 타입 이름을 소문자로 사용한다. 단 복수 단어로 구성될 때에는 두 번째 단어의 첫 문자를 대문자로 사용한다. 이는 필자가 정한 기준이 아니라 DOM 스펙에 정의된 사항이다. 예를 들어 getElementById( ) 메소드, className은 이 기준을 바탕으로 제정한 것이다. <label>과 <script>의 for 속성은 for 루프와 중복되어 htmlFor로 사용하고, class 속성은 자바의 class 정의와 중복되는 관계로 className으로 사용한다.

DOM Core에서 엘리먼트의 속성 값을 설정하기 위해서는 텍스트 노드 존재여부 체크, 텍스트 노드 생성, 부모 노드와 자식 노드의 결합과 같이 절차를 거쳐야 했다. 하지만 DOM HTML은 element.value = 'DOM HTML'과 같이 간단하게 value 속성 값을 설정할 수 있다. 이와 같이 DOM HTML은 HTML에 특화된 메소드와 프로퍼티를 제공한다.

프로퍼티와 속성(Attribute)을 구분할 수 있는 근거를 DOM HTML 스펙이 제공하고 있다. <input id='initValue' type='text' value='초기값' />과 같이 HTML 형태에서 value를 속성이라고 하고, 이를 엘리먼트 오브젝트로 생성한 후에는 프로퍼티라고 한다.

9.2 HTMLCollection 인터페이스

HTMLCollection은 노드 리스트이며 노드 리스트의 각 노드는 인덱스(index), id, name으로 접근할 수 있다.

● **메소드**

인터페이스	HTMLCollection		
이름	구분	형태	기능 개요
item	파라미터	long	index번째 노드 오브젝트
	반환	Node	노드 오브젝트
namedItem	파라미터	DomString	엘리먼트의 name 속성 값
	반환	Node	파라미터와 일치하는 엘리먼트

● **프로퍼티**

인터페이스	HTMLCollection			
이름	형태	기능 개요	R/W	권장
length	long	노드 리스트의 노드 오브젝트 수	R	

● 실행결과 collection_Firefox

● 실행결과 collection_IE

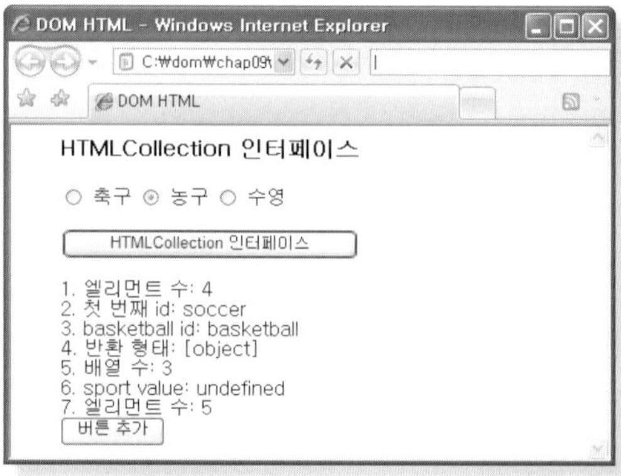

● 소스 collection.html

```
<input type="radio" id="soccer" name="sport" value="socValue" />
   <label for="soccer">축구</label>
<input type="radio" id="basketball" name="sport" value="basValue" checked="checked" />
   <label for="basketball">농구</label>
<input type="radio" id="swim" name="sport" value="swimValue" />
   <label for="swim">수영</label>
<input type="button" id="okClick" value="HTMLCollection 인터페이스" />
```

네 개의 <input> 엘리먼트가 작성되어 있으며 축구, 농구, 수영의 name 속성 값이 'sport'로 모두 같다. radio 타입에서 같은 name을 지정하는 것은 하나를 선택하면 자동으로 나머지 항목이 선택하지 않은 상태가 되도록 하기 위한 필연적인 처리이다. 이와 같은 설정에서 HTMLCollection 인터페이스에서 제공하는 메소드와 프로퍼티의 기능을 살펴본다.

● 소스 collection.js

```
var Show = {
   okClick: function(event) {
      var inputCollection = document.getElementsByTagName('input');                  ❶
      resultShow('엘리먼트 수', inputCollection.length);                              ❷
      resultShow('첫 번째 id', inputCollection.item(0).id);                           ❸
      resultShow('basketball id', inputCollection.namedItem('basketball').id);        ❹

      var sportName = inputCollection.namedItem('sport');                            ❺
      resultShow('반환 형태', sportName);
      resultShow('배열 수', sportName.length);                                        ❻
      resultShow('sport value', sportName.value);

      var inputElement = document.createElement('input');                            ❼
      inputElement.type = 'button';
      inputElement.id = 'addButton';
      inputElement.value = '버튼 추가';
      document.getElementById('groupOne').appendChild(inputElement);
      resultShow('엘리먼트 수', inputCollection.length);
   }
}
```

input#okClick의 'HTMLCollection 인터페이스' 버튼에 click 이벤트를 설정하였으며 이 버튼을 클릭하면 Show.okClick() 메소드를 실행한다.

```
❶ var inputCollection = document.getElementsByTagName('input');
```

getElementsByTagName() 메소드는 HTML 도큐먼트에서 파라미터에 지정한 태그 이름이 같은 엘리먼트를 전부 노드 오브젝트로 반환한다. 따라서 inputCollection은 노드 리스트 형태가 된다. 파라미터에 지정한 태그 이름이 HTML 도큐먼트에 없어도 노드 리스트 형태로 반환한다.

▶ length 프로퍼티

```
❷ resultShow('엘리먼트 수', inputCollection.length);
```

[실행결과 collection_Firefox] 1번에 '엘리먼트 수: 4'가 출력되었다. 4가 출력된 것은 HTML 도큐먼트에 <input> 엘리먼트를 네 개 작성했기 때문이다. 이와 같이 length 프로퍼티는 노드 리스트의 노드 오브젝트 수를 반환한다.

▶ item() 메소드

```
❸ resultShow('첫 번째 id', inputCollection.item(0).id);
```

[실행결과 collection_Firefox] 2번에 '첫 번째 id: soccer'가 출력되었으며 여기서 soccer는 노드 리스트에서 첫 번째 노드 오브젝트의 id 속성 값이다. 이와 같이 item() 메소드는 노드 리스트에서 파라미터에 지정한 index 번째의 노드 오브젝트를 반환한다. 이는 배열에서 인덱스를 지정하여 값을 추출하는 것과 같다. 단지 추출하는 값의 형태가 다른 것이다.

item(0)과 같이 item() 메소드의 파라미터에 0을 지정하면 inputCollection 노드 리스트에서 첫 번째 노드 오브젝트를 반환한다. 이때 오브젝트라는 것이 중요하다. 오브젝트이기에 item(0).id와 같이 id 프로퍼티를 사용하여 id 속성 값을 추출할 수 있다. 만약 length보다 큰 index를 지정하면 null을 반환한다.

▶ namedItem( ) 메소드

❹
```
resultShow('basketball id', inputCollection.namedItem('basketball').id);
```

[실행결과 collection_Firefox] 3번에 'basketball id: basketball'이 출력되었으며 이때 basketball은 input#basketball 엘리먼트의 id 속성 값이다. 이와 같이 namedItem( ) 메소드는 노드 리스트에서 파라미터에 지정한 id 속성 값과 같은 노드 오브젝트를 반환한다.

name 속성 값을 지정하면 우선 id 속성 값으로 검색한 후 존재하지 않으면 name 속성 값으로 검색한다. 단, name 속성을 작성할 수 있는 엘리먼트에 한한다. HTML 4.01에서는 대소문자를 구분하지 않으며 XHTML 1.0에서는 대소문자를 구분한다. 참고로 본 책은 XHTML 1.0을 기준으로 한다.

❺
```
var sportName = inputCollection.namedItem('sport');
resultShow('반환 형태', sportName);
```

위 코드는 값을 출력하는 것보다 namedItem( ) 메소드의 파라미터에 name 속성 값을 지정했을 때 반환되는 형태를 살펴보기 위함이다. IE로 실행하면 '4. 반환형태: [object]'가 출력되고, Firefox로 실행하면 '4. 반환형태: [object HTMLInputElement]가 출력된다. 즉 HTMLInputElement 인터페이스 형태의 오브젝트를 반환한다.

❻
```
resultShow('배열 수', sportName.length);
resultShow('sport value', sportName.value);
```

IE로 실행하면 '5. 배열 수: 3'과 '6. sport value: undefined'가 출력되고, Firefox로 실행하면 '5. 배열 수: undefined' 와 '6. sport value: socValue'가 출력된다. DOM 스펙을 보면 namedItem( ) 메소드는 NodeList가 아니라 Node를 반환하는 것으로 되어 있다. 즉 다수의 노드 오브젝트를 반환하는 것이 아니라 하나의 노드 오브젝트를 반환한다.

IE로 실행하면 배열 수가 3이 출력된다는 것은 노드 리스트로 반환했다는 의미이다. 이것은 name 속성 값이 sport인 모든 엘리먼트를 반환했다는 것이 된다. 따라서 sportName.value로 값을 추출하면 undefined가 반환된다. sportName.item(0).value와 같이 item() 메소드로 노드 리스트의 인덱스를 지정해야 한다.

Firefox로 실행하면 sportName.length 값이 undefined로 출력되는 것은 노드 리스트 형태가 아니라는 의미이며, sportName.value 값이 socValue로 출력되었다는 것은 HTML 도큐먼트에서 name 속성 값이 sport인 첫 번째 엘리먼트를 반환했다는 것을 의미한다.

이와 같이 크로스 브라우저 문제가 있다. 그럼 어떻게 하면 이를 해결할 수 있을 것인가? 우선 name 속성의 기본적인 목적을 살펴 볼 필요가 있다. HTML 4.01에서는 name 속성이 엘리먼트를 추출하는 데 사용되었지만, 여기서는 라디오 버튼 하나를 선택하면 나머지 항목이 선택되지 않은 상태가 되도록 함에 목적이 있다. 특히 XHTML 1.0부터는 id 속성 사용을 권하고 있다. 이런 관점에서 볼 때 id 속성으로 접근하여 처리할 수 있도록 코드를 작성하는 것이 미래 지향적인 방법이라고 할 수 있다.

▶ 엘리먼트 추가

❼
```
var inputElement = document.createElement('input');
inputElement.type = 'button';
inputElement.id = 'addButton';
inputElement.value = '버튼 추가';
document.getElementById('groupOne').appendChild(inputElement);
resultShow('엘리먼트 수', inputCollection.length);
```

[실행결과 collection_Firefox] 7번에 '엘리먼트 수: 5'가 출력되었으며 그 아래에 '버튼 추가' 버튼이 표시되었다. 노드 리스트의 노드 오브젝트 수가 3에서 5로 출력된 것은 <input> 엘리먼트를 추가로 생성했기 때문이다. 그런데, 다시 document.getElementsByTagName('input')을 수행하지 않아도 추가한 엘리먼트가 input Collection에 반영된다는 것이다. 그래서 5가 출력되었다.

여기서 inputElement.type = 'button' 형태와 같이 프로퍼티를 사용한 점에 대해 살펴본다. 엘리먼트 속성을 메소드로 제어하는 DOM Core 관점에서 보면 이 형태가 좋은 형태는 아니다. 하지만, DOM HTML 관점에서 보면 이는 HTML에 특화된 형태이다. 이는 '9.1 DOM HTML 개요'에서 다루었지만 DOM HTML이 추구하는 목표 중의 하나이다.

DOM Core의 인터페이스는 HTML과 XML을 함께 다루어야 하며 XML의 특성이 있으므로 프로퍼티 형태를 사용하기에는 한계가 있지만, DOM HTML의 모든 인터페이스는 프로퍼티를 통해 엘리먼트의 속성을 쉽게 추출하거나 추가, 수정, 삭제할 수 있다.

9.3 HTMLOptionsCollection 인터페이스

HTMLOptionsCollection은 HTML 도큐먼트의 <option> 엘리먼트를 나타내는 노드 리스트이다. 노드 리스트의 각 노드 오브젝트는 인덱스, name, id로 접근할 수 있다. HTML 도큐먼트에 추가, 삭제가 발생하면 자동으로 노드 리스트에 반영된다.

● **메소드**

인터페이스	HTMLOptionsCollection		
이름	구분	형태	기능 개요
item	파라미터	long	index번째의 노드 오브젝트
	반환	Node	노드 오브젝트
namedItem	파라미터	DomString	엘리먼트의 name 속성 값
	반환	Node	파라미터와 일치하는 엘리먼트

● **프로퍼티**

인터페이스	HTMLOptionsCollection			
이름	형태	기능 개요	R/W	권장
length	long	〈select〉에 속한 〈option〉 엘리먼트의 수	R	

HTMLOptionsCollection 인터페이스에서 제공하는 메소드와 프로퍼티는 HTML Collection 인터페이스에서 제공하는 메소드와 프로퍼티가 같다. 다만, HTML Options Collection 인터페이스는 이름에서 알 수 있듯이 <option> 엘리먼트를 대상으로 한다.

● **실행결과 optionsCollection**

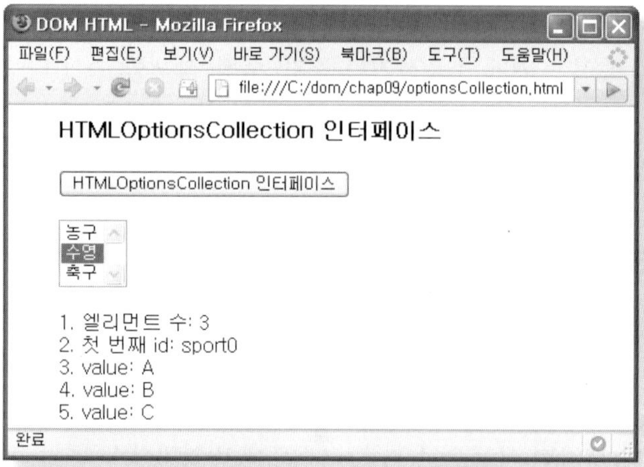

● **소스 optionsCollection.html**

```
<select id="selectSport" size="3">
   <option id="sport0" value="A">농구</option>
   <option name="sport1" value="B" selected="selected">수영</option>
   <option name="sport2" value="C">축구</option>
</select>
```

세 개의 <option> 엘리먼트가 있으며 id 속성과 name 속성이 작성되어 있다. DOM HTML 스펙에 우선 id 속성으로 검색한 후 존재하지 않으면 name 속성으로 검색한다고 되어 있다. 이를 IE와 Firefox로 검증해본다.

● 소스 optionsCollection.js

```
[소스 optionsCollection.js]
var Show = {
   okClick: function(event) {
      var likeSport = document.getElementById('selectSport');                  ❶
      resultShow('엘리먼트 수', likeSport.length);                              ❷
      resultShow('첫 번째 id', likeSport.item(0).id);                           ❸
      for (var k = 0; k < likeSport.length; k++) {                             ❹
         resultShow('value', likeSport.namedItem('sport' + k).value);
      }
   }
}
```

input#okClick의 'HTMLOptionsCollection 인터페이스' 버튼에 click 이벤트를 설정하였으며 이 버튼을 클릭하면 Show.okClick( ) 메소드를 실행한다.

❶ `var likeSport = document.getElementById('selectSport');`

getElementById( ) 메소드의 파라미터에 <select> 엘리먼트의 id 속성 값을 지정하면 <select> 엘리먼트에 속한 <option> 엘리먼트가 전부 반환된다. getElementById( ) 메소드의 파라미터에 엘리먼트 id 속성 값을 지정하지 않고 name 속성 값을 지정하면 어떻게 될 것인가? IE는 <option> 엘리먼트를 반환하지만 Firefox는 null을 반환하므로 크로스 브라우저 문제가 생긴다.

▶ length 프로퍼티

❷ `resultShow('엘리먼트 수', likeSport.length);`

[실행결과 optionsCollection] 1번에 '엘리먼트 수: 3'이 출력되었으며 3은 <select> 엘리먼트에 속한 <option> 엘리먼트 수이다. 이와 같이 length 프로퍼티는 노드 리스트의 노드 오브젝트 수를 반환한다.

▶ item() 메소드

```
❸ resultShow('첫 번째 id', likeSport.item(0).id);
```

[실행결과 optionsCollection] 2번에 '첫 번째 id: sport0'이 출력되었으며 sport0은 노드 리스트의 첫 번째 노드 오브젝트의 id 속성 값이다. 이와 같이 item() 메소드는 노드 리스트에서 파라미터에 지정한 index 번째의 노드 오브젝트를 반환한다. 만약 노드 리스트의 오브젝트 수보다 큰 index 값을 지정하면 null을 반환한다.

▶ namedItem() 메소드

```
❹ for (var k = 0; k < likeSport.length; k++) {
      resultShow('value', likeSport.namedItem('sport' + k).value);
   }
```

[실행결과 optionsCollection] 3번에서 5번까지 '3. value: A', '4. value: B', '5. value: C'가 출력되었다. 이는 다음과 같이 <option> 엘리먼트를 작성했기 때문이다.

```
<option id="sport0" value="A">농구</option>
<option name="sport1" value="B" selected="selected">수영</option>
<option name="sport2" value="C">축구</option>
```

<option> 엘리먼트를 보면 두 번째와 세 번째 엘리먼트에 id 속성을 작성하지 않았으며 name 속성만 작성했다. 그런데도 value 속성 값이 출력되었다. 이는 우선 id 속성 값으로 검색하고 검색이 되지 않으면 name 속성 값으로 검색한다는 DOM HTML 스펙에 따른 것이다. 즉 id 속성과 name 속성에 관계없이 <option> 엘리먼트에 접근할 수 있다는 뜻이 된다.

한편, IE로 실행하면 name 속성만 작성한 <option> 엘리먼트에서 에러가 발생하므로 name 속성만 사용할 수 없다. 앞절의 HTMLCollection 인터페이스에서도 name 속성 사용의 어려움이 있었던 것을 감안한다면, HTML 도큐먼트에서 엘리먼트를 식별하기 위해서는 id 속성을 사용하고 radio 버튼과 같이 특별한 목적을 위한 경우에만 name 속성을 사용한다. 물론, 반드시 이렇게만 해야 하는 것은 아니지만, 유일하게 식별할 수 있

도록 하는 것은 전산 처리의 기본이다. name 속성을 작성해야 한다면 id 속성도 같이 작성할 것을 권한다.

9.4 HTMLDocument 인터페이스

Document 인터페이스가 도큐먼트의 최상위 인터페이스라면 HTMLDocument 인터페이스는 HTML의 최상위 인터페이스이다. 물론 HTMLDocument가 HTML의 엘리먼트를 대상으로 하기 때문에 Document에 포함된다.

9.4.1 HTMLDocument 인터페이스

HTMLDocument는 HTML 계층 구조의 최상위 루트(Root)이며 HTML 도큐먼트의 모든 콘텐츠를 포함한다. HTMLDocument 인터페이스는 Document 인터페이스를 상속받는다. 따라서 Document 인터페이스에서 제공하는 메소드와 프로퍼티를 사용할 수 있다.

● **메소드**

인터페이스	HTMLDocument		
이름	구분	형태	기능 개요
close	파라미터	없음	열린 도큐먼트를 닫고 랜더링
	반환	없음	
getElementsByName	파라미터	DomString	엘리먼트의 name 속성 값
	반환	NodeList	파라미터와 일치하는 노드 리스트
open	파라미터	없음	새로운 도큐먼트 오픈
	반환	없음	
write	파라미터	DomString	도큐먼트에 포함될 문자열
	반환	없음	
writeln	파라미터	DOMString	도큐먼트에 포함될 문자열
	반환	없음	

getElementById( ) 메소드가 DOM HTML 레벨 1에서는 HTMLDocument 인터페이스에 있었으나 DOM HTML 레벨 2에서 Document 인터페이스로 이동하였다.

● **프로퍼티**

인터페이스	HTMLDocument			
이름	형태	기능 개요	R/W	권장
anchors	HTMLCollection	〈a〉에서 name 속성 값을 가진 것 전부	R	
applets	HTMLCollection	애플릿을 포함한 〈object〉와 〈applet〉 전부	R	
body	HTMLElement	〈body〉 엘리먼트에 작성한 콘텐츠	RW	
cookie	DOMString	현재 프레임 또는 도큐먼트와 관련된 쿠키	RW	
domain	DOMString	도큐먼트를 보낸 서버의 도메인 이름	R	
forms	HTMLCollection	도큐먼트의 모든 〈form〉	R	
images	HTMLCollection	도큐먼트의 모든 〈img〉	R	
links	HTMLCollection	〈a〉에서 href 속성 값을 가진 것 전부	R	
referrer	DOMString	페이지를 링크한 이전 URI	R	
title	DOMString	〈title〉 엘리먼트의 제목	RW	
URL	DOMString	도큐먼트의 절대 URI	R	

alickColor, backgrounf, bgColor, fgColor, linkColor, vlinkColor 프로퍼티는 사용을 권장하지 않으며, 이에 상응하는 다른 프로퍼티 사용을 권장한다. 이 책에서는 비권장 프로퍼티는 다루지 않는다.

9.4.2 HTMLDocument 프로퍼티

HTMLDocument 프로퍼티는 앞항에서 보았듯이 대부분의 HTML 엘리먼트에 공통으로 적용되며, HTML 엘리먼트 타입에 따라 적용되지 않는 것도 있다. 여기서는 HTMLDocument 인터페이스에 포함된 프로퍼티에 대해 살펴본다.

● 실행결과 documentProperty

● 소스 documentProperty.html

```
<form id="form1">
<div id="groupOne">
   <input type="button" id="okClick" value="HTMLDocument 인터페이스" />
   <a href="http://www.naver.com/" name="naver">네이버</a>
   <a href="http://www.daum.net/" id="daum">다음</a>
   <a href="http://www.nate.com/">네이트</a>
   <a href="http://www.yahoo.com/" id="yahoo" name="yahoo">야후</a>
   <img id="jeju" src="sunskysea.jpg" width="165" height="120" />
<div id="showArea"></div>
</div>
</form>
<form id="form2">
</form>
```

두 개의 <form> 엘리먼트가 작성되어 있다. <form id="form2"> 엘리먼트에 아무것도 작성하지 않은 것은 <form> 엘리먼트 추출 결과를 살펴보기 위해 의도적으로 만든 것이다. 네 개의 <a> 엘리먼트가 작성되어 있으며 name 속성 값을 지정한 것, id 속성 값을 지정한 것, name 속성 값과 id 속성 값을 모두 지정하지 않은 것, name 속성 값과 id 속성 값을 모두 지정한 것으로 구성되어 있다.

● 소스 documentProperty.js

```
var Show = {
   okClick: function(event) {
      resultShow('anchors', Show.collection(document.anchors));                ❶
      resultShow('applets', document.applets);                                 ❷
      resultShow('body', (document.body.innerHTML.substring(0, 40)));          ❸
      var ckName = 'book', ckTitle = 'Ajax DOM';                               ❹
      document.cookie = ckName + '=' + ckTitle;  //쿠키 설정
      resultShow('cookie', document.cookie);
      resultShow('domain', document.domain);                                   ❺
      resultShow('forms', Show.idSelect(document.forms));                      ❻
      resultShow('images', document.images.item(0).id);                        ❽
      resultShow('links', Show.collection(document.links));                    ❾
      resultShow('referrer', document.referrer);                               ⓫
      resultShow('title', document.title);                                     ⓬
      resultShow('URL', document.URL);                                         ⓭
   },
   idSelect: function(formList) {                                              ❼
   for (var k = 0, itemValue = []; k < formList.length; k++) {
         itemValue.push(formList.item(k).id);
      }
      return itemValue.join(', ');
   },
   collection: function(collList) {                                            ❿
      for (var k = 0, itemValue = []; k < collList.length; k++) {
         itemValue.push(collList.item(k).href);
      }
      return itemValue.join(', ');
   }
}
```

input#okClick의 'HTMLDocument 인터페이스' 버튼에 click 이벤트를 설정하였으며 이 버튼을 클릭하면 Show.okClick() 메소드를 실행한다.

▶ anchors 프로퍼티

❶ `resultShow('anchors', Show.collection(document.anchors));`

anchors 프로퍼티는 <a> 엘리먼트에서 name 속성을 가진 모든 엘리먼트를 HTML Collection 인터페이스 형태의 오브젝트로 반환한다. 즉 노드 리스트 형태로 반환한다. 단, id 속성만 작성하였거나 id 속성과 name 속성 모두를 작성하지 않은 엘리먼트는 반환하지 않는다. 이는 DOM 레벨 0과의 호환성을 위한 것이다. 그런데, IE는 id 속성 또는 name 속성을 작성하면 반환한다. 즉, 아무것도 작성하지 않은 것만 반환하지 않는다.

```
<a href="http://www.naver.com/" name="naver">네이버</a>
<a href="http://www.daum.net/" id="daum">다음</a>
<a href="http://www.nate.com/">네이트</a>
<a href="http://kr.yahoo.com/" id="yahoo" name="yahoo">야후</a>
```

[실행결과 documentProperty] 1번에 'http://www.naver.com/, http://kr.yahoo.com/'이 출력되었는데 이것은 name 속성을 작성했기 때문이다. 한편 IE로 실행하면 네이버, 다음, 야후가 출력되고 네이트는 출력되지 않는데 이것은 네이트에 id 속성과 name 속성을 모두 작성하지 않았기 때문이다.

▶ applets 프로퍼티

❷ `resultShow('applets', document.applets);`

applets 프로퍼티는 애플릿을 포함한 <object> 엘리먼트와 <applet> 엘리먼트를 HTMLCollection 인터페이스 형태의 오브젝트로 반환한다. documentProperty.html에 <object> 엘리먼트를 작성하지 않았는데도 [실행결과] 2번에 '[objectHTMLCollection]'이 출력된 것은 다음의 그림 9-1과 같이 값이 없다고 하더라도 applets 프로퍼티가 제공하는 프로퍼티와 메소드가 설정되기 때문이다. 만약 document. applets.length와 같이 작성하면 0이 반환된다.

그림 9-1

▶ body 프로퍼티

❸
```
resultShow('body', (document.body.innerHTML.substring(0, 40)));
```

body 프로퍼티는 <body> 엘리먼트에 작성한 콘텐츠를 HTMLElement 인터페이스 형태의 오브젝트로 반환한다. [실행결과] 3번에 '<h1>HTMLDocument 인터페이스 </h1> <form id=fo'가 출력되었는데 이것은 <body> 엘리먼트 바로 아래에 작성한 것이다. 콘텐츠가 전부 출력되지 않은 것은 substring(0, 40)으로 앞에서 40문자만 출력했기 때문이다.

▶ cookie 프로퍼티

❹
```
var ckName = 'book', ckTitle = 'Ajax DOM';
document.cookie = ckName + '=' + ckTitle;  //쿠키 설정
resultShow('cookie', document.cookie);
```

cookie 프로퍼티는 쿠키에 값을 설정하거나 쿠키에서 값을 추출할 수 있다. [실행결과] 4번에 'cookie: book=Ajax DOM'이 출력된 것은 쿠키 값을 추출하기 전에 두 번째 라인에서 쿠키에 값을 설정했기 때문이다.

▶ domain 프로퍼티

❺
```
resultShow('domain', document.domain);
```

domain 프로퍼티는 도큐먼트를 보낸 서버의 도메인 이름을 반환한다. 도메인 이름으로 서버를 식별하지 못하는 경우에는 null을 반환한다. domain 프로퍼티를 이해하기 위해서는 domain 프로퍼티를 사용하는 이유나 목적에 대한 이해가 선행되어야 한다. 그래야 '도큐먼트를 보낸 서버 도메인 이름'을 이해할 수 있다. 이에 대해서는 관련 서적을 참조한다.

▶ forms 프로퍼티

```
❻ resultShow('forms', Show.idSelect(document.forms));
❼ idSelect: function(formList) {
      for (var k = 0, itemValue = []; k < formList.length; k++) {
         itemValue.push(formList.item(k).id);
      }
      return itemValue.join(', ');
   },
```

forms 프로퍼티는 HTML 도큐먼트에 작성한 <form> 엘리먼트 전부를 HTML Collection 인터페이스 형태의 오브젝트로 반환한다. 따라서 노드 리스트에서 값을 추출하기 위해서는 for( ) 문을 사용해야 한다. [실행결과] 6번에 'form1, form2'가 출력된 것은 HTML 도큐먼트에 <form id="form1">과 <form id="form2">를 작성했기 때문이다.

▶ images 프로퍼티

```
❽ resultShow('images', document.images.item(0).id);
```

images 프로퍼티는 HTML 도큐먼트에 작성한 <img> 엘리먼트를 전부 HTML Collection 인터페이스 형태의 오브젝트로 반환한다. <object> 엘리먼트에 image 파일을 지정할 수 있지만 DOM 레벨 0과의 호환성을 위해 <object> 엘리먼트에 작성한 것은 반환하지 않는다. [실행결과] 7번에 'jeju'가 출력된 것은 HTML 도큐먼트에 <img id="jeju" />와 같이 <img> 엘리먼트를 작성했기 때문이다.

▶ links 프로퍼티

```
❾ resultShow('links', Show.collection(document.links));
❿ collection: function(collList) {
      for (var k = 0, itemValue = []; k < collList.length; k++) {
         itemValue.push(collList.item(k).href);
      }
      return itemValue.join(', ');
   }
```

links 프로퍼티는 HTML 도큐먼트에서 href 속성 값을 가진 <a> 엘리먼트를 전부 HTMLCollection 인터페이스 형태의 오브젝트로 반환한다. anchors 프로퍼티가 name 속성을 작성한 것만 반환하는 반면, links 프로퍼티는 이를 구분하지 않고 전체를 반환한다는 것이 다르다. [실행결과] 8번에 출력된 값에서 볼 수 있듯이 <a> 엘리먼트를 전부 출력하였다.

▶ referrer 프로퍼티

```
⑪ resultShow('referrer', document.referrer);
```

referrer 프로퍼티는 페이지를 방문하기 전의 URI를 반환한다. 이를 통해 어떤 경로로 사이트를 방문했는지 알 수 있다. [실행결과] 9번에 값을 출력하기 위해서는 [실행결과] 주소창에서 볼 수 있듯이 서버 환경에서 실행해야 한다. 만약 C:에서 실행하거나 서버가 실행되지 않은 상태에서 주소창에 http://localhost:8080/dom/chap09/documentProperty.html을 직접 입력하면 [실행결과] 9번에 값이 출력되지 않는다.

▶ title 프로퍼티

```
⑫ resultShow('title', document.title);
```

title 프로퍼티는 <title> 엘리먼트에 작성한 제목을 반환한다. [실행결과] 10번에 'DOM HTML'이 출력된 것은 이 값을 <title> 엘리먼트에 작성했기 때문이다. <img> 엘리먼트에 작성하는 title 속성 값은 HTMLElement 인터페이스에서 제공하는 title 프로퍼티를 사용해야 한다.

▶ URL 프로퍼티

```
⑬ resultShow('URL', document.URL);
```

URL 프로퍼티는 실행된 파일의 절대경로를 반환한다. [실행결과] 11번에서 볼 수 있듯이 documentProperty.html 파일이 있는 경로와 파일 이름이 출력되었다. URL과 같이 대문자로 지정해야 한다. 소문자로 지정하면 IE와 Firefox 모두 undefined를 출력한다.

9.4.3 HTMLDocument 메소드

여기서는 HTMLDocument 인터페이스에 포함된 메소드에 대해 살펴본다. HTML Document 인터페이스에서 제공하는 메소드는 메소드 하나만으로 사용하기 보다는 전체를 묶어서 사용해야 한다.

● **실행결과 documentMethod_1**

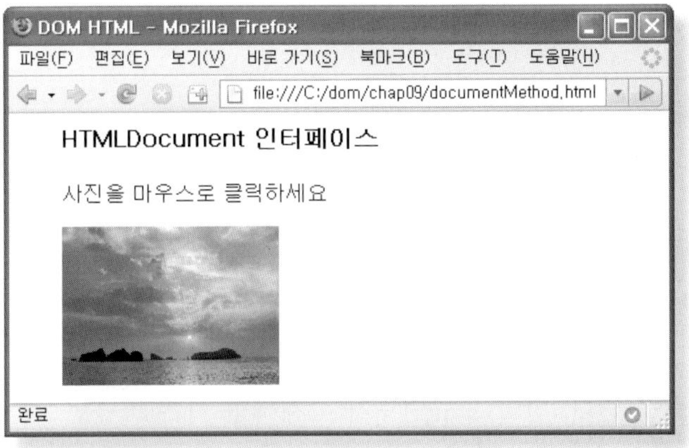

사진을 마우스로 클릭하면 아래의 [실행결과 documentMethod_2]와 같이 사진이 확대되어 표시된다. 하지만, 주소창에 주소가 변경되지 않는다.

● **실행결과 documentMethod_2**

● 소스 documentMethod.js

```
var Show = {
   okClick: function(event) {
      document.open();
      document.write('<html><head><title>HTMLDocument</title></head><body>');
      document.writeln('<pre>제주 차귀도, 출처: www.newsva.co.kr</pre>');
      document.write('<img src="sunskysea.jpg" /></body></html>');
      document.close();
   }
}
```

img#jeju에 click 이벤트를 설정하였으며 사진을 마우스로 클릭하여 Show.okClick() 메소드를 실행하면 사진이 확대되어 표시된다.

open() 메소드는 새로운 도큐먼트를 연다. 만약 도큐먼트가 존재하면 기존 도큐먼트를 지운다. write() 메소드는 파라미터에 지정한 문자열을 open() 메소드에 의해 열린 도큐먼트에 쓴다. writeln() 메소드는 write() 메소드와 기능은 같으나 줄 바꿈을 동반한다. close() 메소드는 open() 메소드로 연 도큐먼트를 닫고 랜더링한다.

DOM에서 제공하는 메소드는 아니지만 현재 브라우저 창이 아닌 새로운 브라우저 창을 여는 방법도 있다. documentMethod.js 파일의 아래 부분에 적요 처리한 코드가 이를 위한 것이다. 아래의 코드에서 볼 수 있듯이 document.open() 메소드 대신에 window.open() 메소드를 사용한다.

```
closeUp = window.open(",",'width=550,height=400');
```

9.5 HTMLElement 인터페이스

HTMLElement 인터페이스는 HTML 도큐먼트의 엘리먼트를 대상으로 하며 엘리먼트에 공통으로 적용되는 프로퍼티를 제공한다. 따라서 HTMLInputElement와 같이 엘리먼트를 처리하는 'HTML < 태그 이름> 엘리먼트 인터페이스'는 HTMLElement 인터페이스를 상속받게 된다.

HTMLElement 인터페이스에서 제공하는 프로퍼티를 사용하려면 HTML 도큐먼트의 엘리먼트를 엘리먼트 오브젝트로 생성해야 한다. 이때 HTMLElement 인터페이스에 포함된 프로퍼티가 생성한 엘리먼트 오브젝트에 할당된다.

● **프로퍼티**

인터페이스	HTMLElement			
이름	형태	기능 개요	R/W	권장
className	DOMString	엘리먼트의 class 속성 값	RW	
dir	DOMString	dir 속성 값	RW	
id	DOMString	엘리먼트 id 속성 값	RW	
lang	DOMString	RFC 1766에 정의된 언어 코드	RW	
title	DOMString	title 속성 값	RW	

● **실행결과 element**

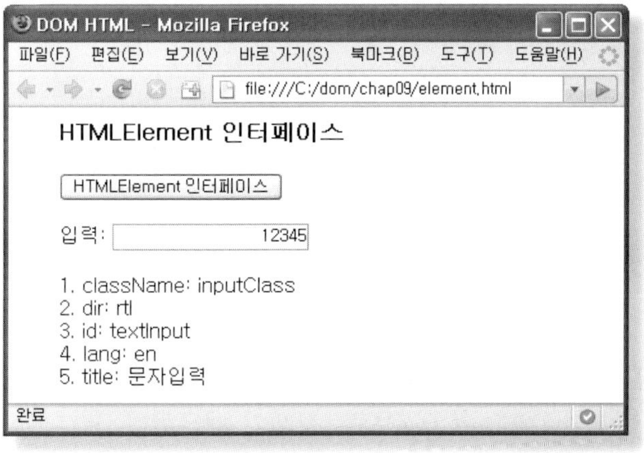

● 소스 element.html

```
입력: <input type="text" id="textInput" class="inputClass" dir="rtl" title="문자입력" lang="en"/>
```

<input> 엘리먼트의 id 속성에 'textInput', class 속성에 'inputClass', dir 속성에 'rtl', lang 속성에 'en'을 지정하였다.

● 소스 element.js

```
var Show = {
   count: 0,
   okClick: function(event) {
      var vaueInput = document.getElementById('textInput');
      resultShow('className', vaueInput.className);      ❶
      resultShow('dir', vaueInput.dir);                  ❷
      resultShow('id', vaueInput.id);                    ❸
      resultShow('lang', vaueInput.lang);                ❹
      resultShow('title', vaueInput.title);              ❺
   }
```

input#textInput의 'HTMLElement 인터페이스'에 click 버튼을 설정하였으며 이 버튼을 클릭하게 되면 Show.okClick() 메소드가 실행된다. Show.okClick() 메소드는 input#textInput 엘리먼트를 오브젝트로 생성한 후, HTMLElement 인터페이스에서 제공하는 프로퍼티를 사용하여 값을 출력한다.

[실행결과 element]에 출력된 값은 input#textInput에 12345를 입력한 결과이다.

▶ className 프로퍼티

```
❶ resultShow('className', vaueInput.className);
```

className 프로퍼티는 class 속성 값을 반환한다. [실행결과 element] 1번에 'input Class'가 출력된 것은 <input> 엘리먼트에 class="inputClass"를 작성했기 때문이다. 프로퍼티 이름을 class로 하지 않고 className으로 한 것은 Java와 같은 언어에서 class를 사용하고 있기 때문이다.

여기서 style 속성도 생각할 수 있는데 이것은 DOM Views에 포함된 Element CSSInlineStyle 인터페이스에서 제공한다. 이에 대해서는 '11.2.3 ElementCSSInline Style 인터페이스'에서 다루고 있다.

▶ dir 프로퍼티

❷ `resultShow('dir', vaueInput.dir);`

dir 프로퍼티는 dir 속성 값을 반환한다. [실행결과 element] 2번에 'rtl'이 출력된 것은 <input> 엘리먼트에 dir="rtl"을 작성했기 때문이다. dir 프로퍼티는 입력하는 방향을 나타낸다. 일반적으로 입력 엘리먼트로 커서를 옮기면 왼쪽에 커서가 위치하게 되는데 오른쪽에 위치하게 할 수도 있다. element.html을 실행하고 '입력'에 마우스를 클릭하면 오른쪽 끝에 커서가 위치한다.

한글은 왼쪽에서 오른쪽으로 쓰지만 오른쪽에서 왼쪽으로 쓰는 언어도 있다. 이런 점을 반영한 것이 dir 속성이다. dir 속성에 ltl과 rtl을 지정할 수 있으며 생략 값은 ltl이다. 그래서 왼쪽에 커서가 위치하게 된다.

회계 업무에 경험이 있는 사용자는 숫자가 왼쪽에 있는 것보다 오른쪽에 있는 것에 익숙하다. 이는 회계 전표, 장부가 이렇게 되어 있기 때문이다. 입력도 이와 같은 방법으로 한다면 보다 나은 유저 인터페이스가 될 수도 있다.

XHTML 1.1에서 <ul> 엘리먼트로 대체된 <dir> 엘리먼트로 생각할 수 있는데, HTML Element 인터페이스의 dir은 엘리먼트가 아니라 프로퍼티이다.

▶ id 프로퍼티

❸ `resultShow('id', vaueInput.id);`

id 프로퍼티는 id 속성 값을 반환한다. [실행결과 element] 3번에 'textInput'이 출력된 것은 <input> 엘리먼트에 id="textInput"을 작성했기 때문이다. 여기서 다시 한 번 생각해볼 것은 HTMLElement 인터페이스가 모든 HTML 엘리먼트 인터페이스에 공통 프로퍼티를 제공한다는 점이다. 그런데 name 속성은 제공하지 않고 id 속성만 제공한다.

▶ lang 프로퍼티

```
❹ resultShow('lang', vaueInput.lang);
```

lang 프로퍼티는 lang 속성 값을 반환한다. [실행결과 element] 4번에 'en'이 출력된 것은 <input> 엘리먼트에 lang="en"을 작성했기 때문이다. 일반적으로 lang 속성은 <html> 엘리먼트에 작성하여 전체 HTML 도큐먼트에 반영한다. 단, 특정 엘리먼트에 다른 lang 속성을 지정하려면 그 엘리먼트에 별도로 작성해야 한다.

▶ title 프로퍼티

```
❺ resultShow('title', vaueInput.title);
```

title 프로퍼티는 엘리먼트에 작성한 title 속성 값을 반환한다. [실행결과 element] 5번에 '문자입력'이 출력된 것은 <input> 엘리먼트에 title="문자입력"을 작성했기 때문이다. HTMLDocument 인터페이스에서 제공하는 title 프로퍼티와는 다르다.

CHAPTER 10

DOM HTML 인터페이스

HTML 도큐먼트의 모든 엘리먼트는 각각의 인터페이스를 갖고 있다. 따라서 DOM HTML에서 제공하는 인터페이스는 매우 많다. 역동적으로 HTML 도큐먼트를 다루기 위해서는 각 인터페이스가 제공하는 메소드와 프로퍼티를 이해할 필요가 있다. 아울러, 권장하지 않는 프로퍼티를 살펴봄으로써 표준을 준수한 웹 애플리케이션을 개발할 수 있다.

DOM HTML 인터페이스에서 제공하는 메소드와 프로퍼티는 HTML 속성을 제어하게 되므로 명확하게 메소드와 프로퍼티를 사용하기 위해서는 HTML 속성 기능을 이해해야 한다. 하지만 HTML 속성에 관한 설명은 HTML에 속하는 사항이므로 이 책에서 다루지 않는다. 다만, 메소드와 프로퍼티 이해에 필요한 사항을 개념적으로 다룬다.

▶▶ 10장 DOM HTML 인터페이스에서 다룰 주요 내용은 다음과 같다.

- HTML 도큐먼트 인터페이스
- 폼 컨트롤 인터페이스
- 리스트 인터페이스
- 문단 인터페이스
- 오브젝트 인터페이스
- 테이블 인터페이스
- 프레임 인터페이스

10.1 HTML 도큐먼트 인터페이스

DOM 트리의 최상위 레벨은 document이며 그 아래에 <head>, <body> 엘리먼트를 갖는다. 또한 <head>와 <body> 엘리먼트는 각각 하위 레벨의 엘리먼트를 갖는다. 여기서는 <head> 엘리먼트에 속한 엘리먼트 인터페이스를 다룬다. 일부는 <head> 엘리먼트에 작성하지 않고 <body> 엘리먼트에 작성한 것도 있다. 이는 HTML 엘리먼트가 너무 많아 구분하기 위한 것일 뿐 다른 의미는 없다.

HTML 엘리먼트 인터페이스 이름은 HTMLHtmlElement와 같이 'HTML' + 태그 이름(첫 문자는 대문자) + 'Element' 형태로 구성된다. 프로퍼티 설명에 작성되어 있는 '비권장'은 HTML 4.01에서 사용을 권장하지 않는 것을 의미하며 이 책에서는 이를 다루지 않는다.

10.1.1 HTMLHtmlElement

HTMLHtmlElement 인터페이스는 <html> 엘리먼트 정보를 제공한다.

● **프로퍼티**

인터페이스	HTMLHtmlElement			
이름	형태	기능 개요	R/W	권장
version	DOMString	도큐먼트의 DTD 버전	RW	비권장

● **실행결과 html**

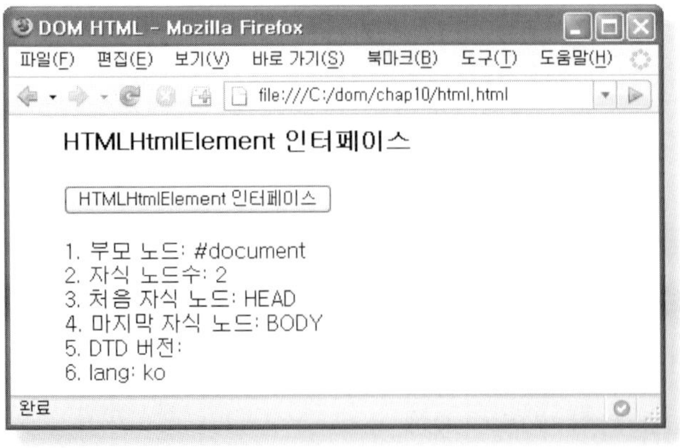

● 소스 html.html

```
<!DOCTYPE html PUBLIC "-//W3C//DTD XHTML 1.0 Strict//EN"
"http://www.w3.org/TR/xhtml1/DTD/xhtml1-strict.dtd">
<html xmlns="http://www.w3.org/1999/xhtml" lang="ko" xml:lang="ko">
```

본문과 직접 관계된 부분은 <html> 엘리먼트이며, DOCTYPE을 작성한 것은 version 프로퍼티를 설명하기 위함이다.

● 소스 html.js

```
var Show = {
   okClick: function(event) {
      var htmlElement = document.documentElement;
      resultShow('부모 노드', htmlElement.parentNode.nodeName);
      resultShow('자식 노드수', htmlElement.childNodes.length);
      resultShow('처음 자식 노드',  htmlElement.firstChild.nodeName);
      resultShow('마지막 자식 노드',  htmlElement.lastChild.nodeName);
      resultShow('DTD 버전', htmlElement.version);
      resultShow('lang', htmlElement.lang);
   }
}
```

input#okClick의 'HTMLHtmlElement 인터페이스' 버튼에 click 이벤트를 설정하였으며 이 버튼을 클릭하면 Show.okClick() 메소드가 실행된다. 앞으로 다루는 HTML 인터페이스는 이와 같은 흐름으로 처리되므로 복수의 이벤트 설정과 같이 특별한 것을 제외하고 이벤트와 관련된 코드는 게재하지 않고 Show.okClick() 메소드만 게재한다.

[실행결과 html] 1번에 #document가 출력된 것은 <html> 엘리먼트가 루트임을 나타낸다. 그 아래 2번에 2가 출력된 것은 <html> 엘리먼트가 두 개의 자식 노드를 갖는 것을 의미하며 이는 3번과 4번에 표시되었듯이 <head> 엘리먼트와 <body> 엘리먼트이다. 이를 통해 DOM 트리의 상위 레벨을 다시 한 번 확인할 수 있다.

version 프로퍼티는 HTML 도큐먼트의 DTD(Document Type Definition) 버전 정보를 제공한다. [실행결과 html] 5번에 값이 출력되지 않았지만 값이 출력된다면 "-//W3C//DTD XHTML 1.0 Strict//EN"이 출력되어야 하는데 이 값을 DOCTYPE에 작성하므로 <html> 엘리먼트에서 사용을 권장하지 않는다.

[실행결과 html] 6번에 출력된 값은 ko로 이 값은 lang 속성 값이다. lang 프로퍼티는 HTMLHtmlElement 인터페이스에서 제공하는 프로퍼티가 아니라 HTMLElement 인터페이스에서 제공하는 프로퍼티이다. 즉 HTML 도큐먼트 전체에 적용되는 프로퍼티이다.

10.1.2 HTMLHeadElement

HTMLHeadElement 인터페이스는 <head> 엘리먼트 정보를 제공한다.

● **프로퍼티**

인터페이스	HTMLHeadElement			
이름	형태	기능 개요	R/W	권장
profile	DOMString	메타 데이터 프로파일의 위치	RW	

● **실행결과 head**

● 소스 head.html

```
<head profile="headProfile.txt">
```

profile 속성에 메타 데이터 프로파일의 위치를 지정하였다.

● 소스 headProfile.txt

```
<meta name="Author" content="김영보" />
```

<head> 엘리먼트의 profile 속성에 지정한 프로파일의 내용이다.

● 소스 head.js

```
var Show = {
   okClick: function(event) {
      var headElement = document.getElementsByTagName('head');
      resultShow('프로파일 위치', headElement.item(0).profile);
   }
}
```

[실행결과 head]에 출력된 값은 <head> 엘리먼트에 작성한 profile 속성 값이다. IE와 Firefox가 위치를 표시하는 방법에는 차이가 있다. IE는 <head> 엘리먼트에 작성한 대로 표시하지만 Firefox는 전체 URI를 표시한다. item( ) 메소드의 파라미터에 0을 지정한 것은 getElementsByTagName( ) 메소드가 반환하는 노드 오브젝트가 하나일지라도 노드 리스트 형태로 반환하기 때문이다.

10.1.3 HTMLMetaElement

HTMLMetaElement 인터페이스는 <meta> 엘리먼트 정보를 제공한다.

● 프로퍼티

인터페이스	HTMLMetaElement			
이름	형태	기능 개요	R/W	권장
content	DOMString	http-equiv 및 name 속성과 관련된 값	RW	
httpEquiv	DOMString	HTTP 헤더의 부가정보 〈meta〉 엘리먼트에는 'http-equiv'로 작성	RW	
name	DOMString	도큐먼트 작성자	RW	
scheme	DOMString	http-equiv 및 name 속성에 작성한 값의 해석을 위한 부가적 정보	RW	

● 실행결과 meta

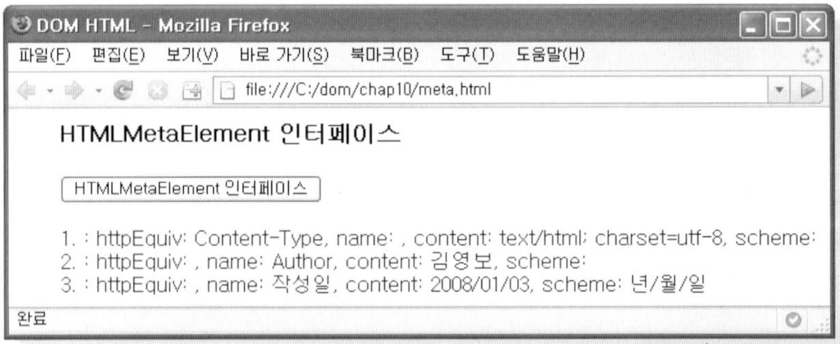

● 소스 meta.html

```
<meta http-equiv="Content-Type" content="text/html; charset=utf-8" />
<meta name="Author" content="김영보" />
<meta name="작성일" content="2008/01/03" scheme="년/월/일" />
```

세 개의 <meta> 엘리먼트를 작성하였으며 속성 값을 지정한 것과 지정하지 않은 것이 있다. 이를 출력하여 결과를 살펴본다.

● 소스 meta.js

```
var Show = {
   okClick: function(event) {
```

```
        var metaElement = document.getElementsByTagName('meta');
        for (var k = 0; k < metaElement.length; k++) {
            var resultMeta = [];
            resultMeta.push('httpEquiv: ' + metaElement[k].httpEquiv);
            resultMeta.push('name: ' + metaElement[k].name);
            resultMeta.push('content: ' +  metaElement[k].content);
            resultMeta.push('scheme: ' + metaElement[k].scheme);
            resultShow('', resultMeta.join(', '));
        }
    }
}
```

[실행결과 meta]를 보면 <meta> 엘리먼트에 속성의 작성 여부에 관계없이 모든 속성 값이 출력되었다. 이는 각 <meta> 엘리먼트에 HTMLMetaElement 인터페이스에서 제공하는 프로퍼티가 모두 설정된다는 것을 의미한다. 값이 없으면 설정이 안되고 값이 있으면 설정되는 것이 아니라 무조건 프로퍼티가 설정된다. 만약 프로퍼티가 설정되지 않았다면 undefined가 출력되어야 한다.

▶ httpEquiv 프로퍼티

httpEquiv 프로퍼티는 HTTP 헤더의 부가적인 정보를 갖는다. 유저 에이전트(User Agent)가 적절하게 처리할 수 있도록 하는 정보이다. text/html 형식으로 도큐먼트가 작성된 것을 알려주고 문자 코드가 utf-8임을 알려준다.

<meta> 엘리먼트에 속성으로 작성할 때에는 http-equiv와 같이 하이픈으로 연결하여 작성하지만 프로퍼티로 사용할 때에는 httpEquiv와 같이 하이픈을 사용하지 않으며 하이픈 다음의 문자를 대문자로 지정한다. http-equiv 속성은 XHTML 1.1에서 권장하지 않는다.

▶ name 프로퍼티

name 프로퍼티는 도큐먼트의 작성자, 작성일 등의 이름을 제공한다. name 프로퍼티 자체가 작성자의 이름을 나타내는 것이 아니라 작성자라는 것을 알려주고 이름은 content 속성에서 제공한다.

▶ content 프로퍼티

content 프로퍼티는 name 속성 값 또는 http-equiv 속성 값을 제공한다. 예를 들어 name이 "작성일"이라면 content의 속성 값에는 '2008/01/03'과 같이 연월일을 설정한다. 값을 지정할 때에는 대소문자를 구분해야 한다.

▶ scheme 프로퍼티

content 속성에 '2008/01/03'을 지정하면 연도는 구분할 수 있으나 월일은 확실하게 구분할 수 없다. 이때 scheme 속성에 '년/월/일'을 작성하면 쉽게 연월일을 구분할 수 있다. 이와 같이 scheme 속성 값은 name 속성 값과 content 속성 값을 해석하기 위한 부가적인 정보를 제공한다.

10.1.4 HTMLTitleElement

HTMLTitleElement 인터페이스는 <title> 엘리먼트 정보를 제공한다. <title> 엘리먼트는 <head> 엘리먼트에 반드시 작성해야 하는 엘리먼트이다. text 프로퍼티로 도큐먼트 제목을 추출하거나 설정할 수 있다.

● **프로퍼티**

인터페이스	HTMLTitleElement			
이름	형태	기능 개요	R/W	권장
text	DOMString	도큐먼트 제목	RW	

● **실행결과 title_Firefox**

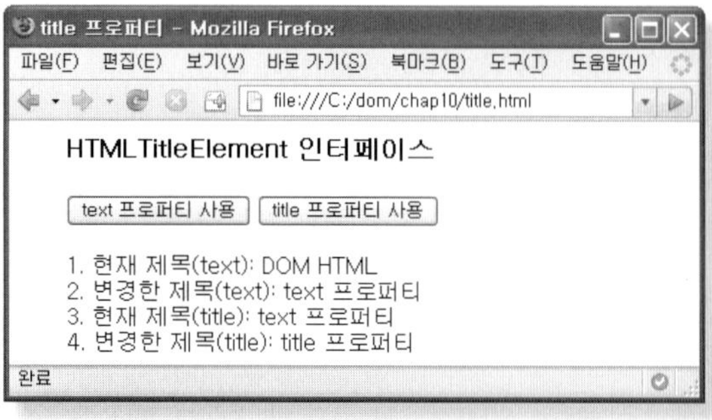

● **실행결과 title_IE_1**

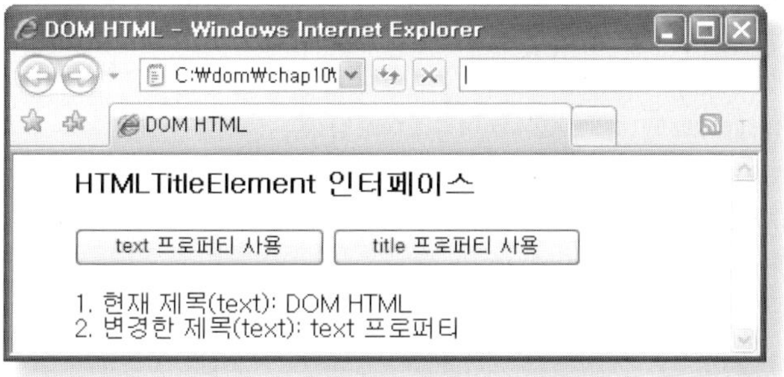

3번과 4번을 출력하지 않은 것은 text 프로퍼티의 값을 변경했을 때 브라우저 상단 파란색 부분의 제목이 변경되지 않는 것을 표시하기 위함이다. 아래의 [실행결과 title_IE_2]에는 정상적으로 변경한 제목이 표시되었다.

● **실행결과 title_IE_2**

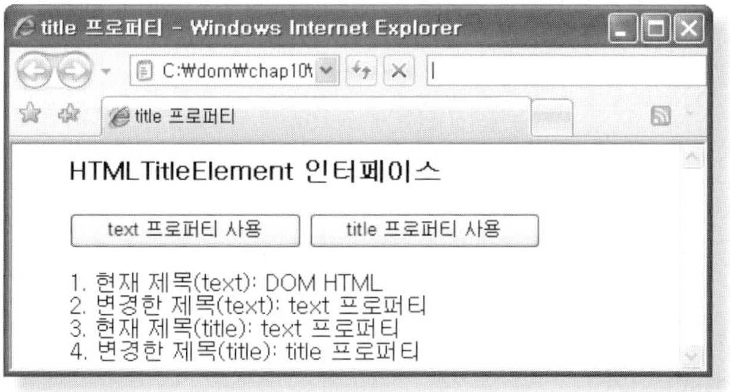

● **소스 title.html**

```
<title>DOM HTML</title>
```

처음 title.html 파일을 실행하면 <title> 엘리먼트에 작성한 제목이 브라우저 상단의 제목에 표시된다. text 프로퍼티로 이 값을 변경하고 그 결과를 살펴본다.

● 소스 title.js

```
var Show = {
   okClick: function(event) {
      var titleElement = document.getElementsByTagName('title').item(0);
      resultShow('현재 제목(text)', titleElement.text);                          ❶
      titleElement.text = 'text 프로퍼티';
      resultShow('변경한 제목(text)', titleElement.text);
   },
   okTitle: function(event) {
      resultShow('현재 제목(title)', document.title);                            ❷
      document.title = 'title 프로퍼티';
      resultShow('변경한 제목(title)', document.title);
   }
}
```

input#okClick의 'text 프로퍼티 사용'에 click 이벤트를 설정하였으며 이 버튼을 클릭하면 Show.okClick( ) 메소드를 실행한다. input#okTitle의 'title 프로퍼티 사용'에 click 이벤트를 설정하였으며 이 버튼을 클릭하면 Show.okTitle( ) 메소드를 실행한다. text 프로퍼티를 다루면서 title 프로퍼티를 함께 다룬 이유는 IE와 Firefox에서 text 프로퍼티가 다르게 작동하기 때문이다.

▶ text 프로퍼티

❶
```
resultShow('현재 제목(text)', titleElement.text);
titleElement.text = 'text 프로퍼티';
resultShow('변경한 제목(text)', titleElement.text);
```

[실행결과 title_Firefox] 1번에 'DOM HTML'이 출력되었다는 것은 text 프로퍼티가 <title> 엘리먼트에 작성한 제목을 반환한다는 것을 의미한다. 2번에 'text 프로퍼티'가 출력된 것은 문자열 'text 프로퍼티'를 titleElement.text 프로퍼티에 설정했기 때문이다. 설정된 제목은 브라우저 상단의 제목에 표시되고 탭이 있는 경우에는 탭 제목에 표시된다.

그런데 IE로 실행하면 [실행결과 title_IE_1]에서 볼 수 있듯이 'text 프로퍼티'가 text 프로퍼티에 설정되나 브라우저 상단의 제목에 반영되지 않는다. 즉 IE 브라우저에서 text 프로퍼티를 사용하더라도 의미가 없다. 그럼, 변경한 제목을 반영하는 다른 방법은 없을까? 있다, 바로 title 프로퍼티이다.

▶ title 프로퍼티

```
❷ resultShow('현재 제목(title)', document..title);
   document.title = 'title 프로퍼티';
   resultShow('변경한 제목(title)', document.title);
```

[실행결과 title_IE_2] 3번에 'text 프로퍼티'가 출력된 것은 text 프로퍼티 값이 변경된 것을 증명한다. title 프로퍼티 값을 'title 프로퍼티'로 변경하면 [실행결과 title_IE_2] 4번에 'title 프로퍼티'가 출력되고 브라우저 상단의 제목이 설정한 값으로 표시된다.

이상의 결과를 볼 때 그 동안의 관행, 습관도 있고 검색 엔진이 <title> 엘리먼트의 제목을 검색하므로 <title> 엘리먼트에 제목을 작성한다. 한편 이 값을 변경하려면 text 프로퍼티가 아닌 title 프로퍼티를 사용해야 한다. 그래야 크로스 브라우저 문제에 대응할 수 있다.

10.1.5 HTMLLinkElement

HTMLLinkElement 인터페이스는 <link> 엘리먼트 정보를 제공한다. <link> 엘리먼트는 도큐먼트와 다른 외부 파일의 관련성을 정의한다. 복수로 작성할 수 있다. CSS를 적용하기 위해 css 파일을 지정했다. CSS를 적용하는 방법은 이 외에도 <style> 엘리먼트에 작성, @import로 지정, 엘리먼트에 직접 지정하는 방법이 있다.

<link> 엘리먼트는 주로 외부의 css 파일을 지정할 때 사용하지만 다른 기능도 있다. HTMLLinkElement 인터페이스가 제공하는 프로퍼티를 기준으로 기능을 살펴본다.

● **프로퍼티**

인터페이스	HTMLLinkElement			
이름	형태	기능 개요	R/W	권장
charset	DOMString	링크할 도큐먼트의 인코딩 문자	RW	
disabled	Boolean	스타일시트의 활성화/비활성화 설정	RW	
href	DOMString	링크할 URI	RW	
hreflang	DOMString	링크할 도큐먼트의 언어	RW	
media	DOMString	스타일시트를 적용할 미디어	RW	
rel	DOMString	현재의 도큐먼트와 링크할 도큐먼트의 관계	RW	
rev	DOMString	링크할 도큐먼트와 현재 도큐먼트의 관계	RW	
target	DOMString	링크할 도큐먼트를 표시하는 방법	RW	
type	DOMString	링크할 대상의 MIME 타입	RW	

● **실행결과 link**

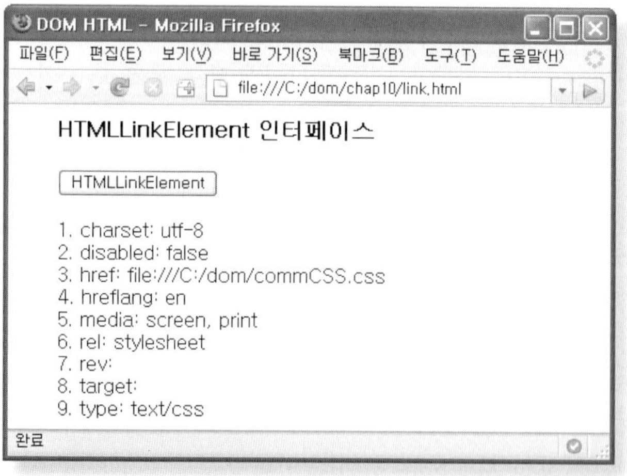

● **소스 link.html**

```
<link charset="utf-8" rel="stylesheet" href="../commCSS.css" hreflang="ko" type="text/css"
media="screen, print"/>
```

● 소스 link.js

```
var Show = {
   okClick: function(event) {
      var linkElement = document.getElementsByTagName('link').item(0);
      resultShow('charset', linkElement.charset);
      resultShow('disabled', linkElement.disabled);
      resultShow('href', linkElement.href);
      resultShow('hreflang', linkElement.hreflang);
      resultShow('media', linkElement.media);
      resultShow('rel', linkElement.rel);
      resultShow('rev', linkElement.rev);
      resultShow('target', linkElement.target);
      resultShow('type', linkElement.type);
   }
}
```

▶ charset 프로퍼티

charset 프로퍼티는 링크할 도큐먼트의 인코딩 문자를 반환한다. 중요한 것은 기준이 현재의 도큐먼트가 아니라 링크할 도큐먼트라는 점이다. [실행결과 link] 1번에 출력된 utf-8은 링크할 도큐먼트가 utf-8 문자 형태임을 의미한다.

▶ disabled 프로퍼티

disabled를 작성하지 않는 것이 기본값이며 스타일시트가 활성화된다. disabled를 작성하면 스타일시트가 비활성화되어 css 파일에 작성한 스타일이 적용되지 않는다. XHTML에서는 disabled='disabled'로 작성해야 한다. [실행결과 link] 2번에 false가 출력된 것은 disabled를 작성하지 않았기 때문이다.

▶ href 프로퍼티

href 프로퍼티는 링크할 파일의 URI를 반환한다. Firefox는 [실행결과 link] 3번에 출력된 값과 같이 상대경로를 작성하더라도 절대경로로 URI를 반환한다.

▶ hreflang 프로퍼티

hreflang 프로퍼티는 링크할 문서의 언어를 반환한다. 현재 도큐먼트와 같은 언어를 사용하면 지정하지 않아도 된다. [실행결과] 4번에 출력된 en은 영어를 의미하며 hreflang 속성에 값을 지정했기 때문이다. 여기서 주의할 것은 lang의 첫 문자가 대문자가 아니라는 점이다. 대문자로 작성하면 undefined가 반환된다.

▶ media 프로퍼티

media 프로퍼티는 스타일시트를 적용할 미디어를 반환한다. [실행결과] 5번에 'screen, print'가 출력되었지만 이 외에도 all, aural, Braille, handheld, projection, tty, tv를 지정할 수 있다.

▶ rel 프로퍼티

rel 프로퍼티는 현재 도큐먼트를 기준으로 href 속성에 작성한 외부 파일과의 관계를 반환한다. [실행결과] 6번에 stylesheet가 출력되었지만 이 외에도 alternate, appendix, bookmark, chapter, contents, copyright, glossary, help, index, next, prev, section, start, subsection을 지정할 수 있다.

▶ rev 프로퍼티

rev 프로퍼티는 rel 프로퍼티와 반대로 href 속성에 작성한 외부 파일을 기준으로 현재 도큐먼트와의 관계를 반환한다.

▶ target 프로퍼티

target 프로퍼티는 링크할 도큐먼트를 표시하는 방법을 반환한다. 일반적으로 _blank를 많이 사용하며 이 외에도 _self, _top, _parent가 있다.

▶ type 프로퍼티

type 프로퍼티는 링크할 대상의 MIME(Multipurpose Internet Mail Extension) 타입을 반환한다. [실행결과] 9번에 text/css가 출력되었지만 이 외에도 많은 MIME 타입이 있다. 주로 HTTP 통신을 설정할 때 사용하므로 어떤 것이 있는지 알아둘 필요는 있다.

application/atom+xml, application/java, application/pdf, application/rss+xml, application/x-shockwave-flash, application/xhtml+xml, audio/midi, image/gif, image/jpeg, image/png, video/mpeg, video/x-msvideo, text/css, text/html, text/javascript, text/plan, 'text/xml, application/xml'

10.1.6 HTMLScriptElement

HTMLScriptElement 인터페이스는 <script> 엘리먼트 정보를 제공한다. <script> 엘리먼트는 <head> 엘리먼트와 <body> 엘리먼트에 작성할 수 있다.

● **프로퍼티**

인터페이스	HTMLScriptElement			
이름	형태	기능 개요	R/W	권장
charset	DOMString	스크립트 파일의 문자코드	RW	
defer	Boolean	defer 처리 여부	RW	
htmlFor	DOMString	현재는 사용하지 않음. 미래를 위해 예약		
event	DOMString	현재는 사용하지 않음. 미래를 위해 예약		
src	DOMString	스크립트 파일의 URI	RW	
text	DOMString	〈script〉 엘리먼트에 작성한 내용	RW	
type	DOMString	스크립트 언어의 MIME 타입	RW	

● 실행결과 script_Firefox

● 실행결과 script_IE

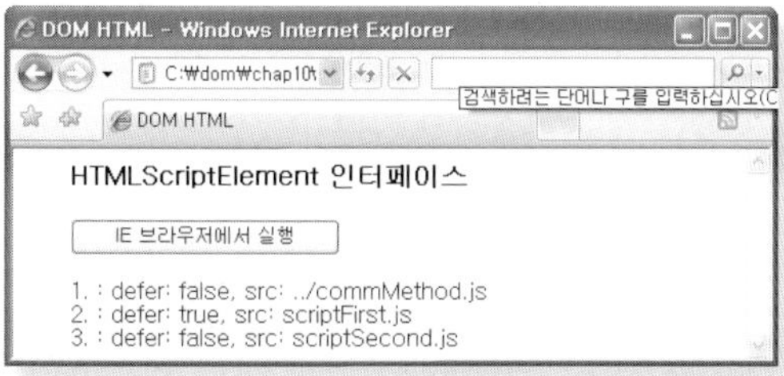

● 소스 script.html

```
<script language="javascript" type="text/javascript" src="scriptFirst.js" defer="defer">
</script>
<script language="javascript" type="text/javascript" src="scriptSecond.js"></script>
```

두 개의 <script> 엘리먼트가 작성되어 있다. 첫 번째 <script> 엘리먼트에만 defer 속성을 작성하였다. 이 속성이 여기서 다룰 주제이다.

● 소스 scriptFirst.js

```
window.onload = function () {
   게재 생략
   alert('window.onload');
}
var Show = {
   okClick: function(event) {
      var scriptElement = document.getElementsByTagName('script');
      for (var k = 0; k < scriptElement.length; k++) {
         var resultScript = [];
         resultScript.push('defer: ' + scriptElement[k].defer);
         resultScript.push('src: ' + scriptElement[k].src);
         resultShow('', resultScript.join(', '));
      }
   }
}
alert('defer를 지정한 파일 실행');
var changeValue = document.getElementById('okClick');
changeValue.value="IE 브라우저에서 실행";
alert('value 속성 값 변경 직후');
```

● 소스 scriptSecond.js

```
alert('defer를 지정하지 않은 파일 실행');
```

[소스 scriptFirst.js]와 [소스 scriptSecond.js]에 alert()가 작성되어 있는데 이는 실행 과정을 살펴 보기 위함이다. IE로 실행하면 input#okClick의 value 속성 값이 'HTMLScriptElement'에서 'IE 브라우저에서 실행'으로 변경되지만 Firefox로 실행하면 에러가 발생하면서 input#okClick의 value 속성 값도 변경되지 않는다. 이와 관계된 것이 defer 프로퍼티이다.

▶ defer 프로퍼티

Firefox로 script.html을 실행하면 아래와 같은 순서로 alert 창과 웹 페이지가 표시된다.
- defer를 지정한 파일 실행
- defer를 지정하지 않은 파일 실행: 이때 에러 발생
- 웹 페이지 표시: HTMLScriptElement 버튼
- window.onload

한편 IE로 실행하면 아래와 같은 순서로 alert 창과 웹 페이지가 표시된다.
- defer를 지정하지 않은 파일 실행
- 웹 페이지 표시: HTMLScriptElement 버튼
- defer를 지정한 파일 실행
- value 속성 값 변경 직후
- window.onload
- 버튼 값 변경: IE 브라우저에서 실행 버튼

IE와 Firefox의 실행 순서가 다르다는 것은 <script> 엘리먼트에 작성한 자바스크립트 파일의 실행 순서가 다르다는 의미이다. 그럼, 왜 브라우저마다 실행 순서가 다른 것인가? 이것은 <script src="scriptFirst.js" defer="defer">와 같이 <script> 엘리먼트에 defer 속성을 작성했기 때문이다. 여기서 defer 속성의 목적과 기능에 맞게 실행한 것은 IE 브라우저이다. 그럼, 왜 defer 속성을 작성하는 것인가?

이를 이해하기 위해서는 우선 브라우저가 랜더링하는 순서를 이해해야 한다. 브라우저는 HTML 도큐먼트에 작성한 순서로 랜더링한다. 즉 <head> 엘리먼트에 작성한 엘리먼트를 랜더링한 후 <body> 엘리먼트에 작성한 엘리먼트를 랜더링한다. 만약 <body> 엘리먼트에 있는 특정 엘리먼트를 지정하여 속성 값을 변경하는 코드가 <script> 엘리먼

트에 작성한 자바스크립트 파일에 작성되어 있다면 에러가 발생한다. 왜냐하면 아직 <body> 엘리먼트에 작성한 엘리먼트가 랜더링되지 않았으므로 이를 인식하지 못하기 때문이다.

그럼 <body> 엘리먼트를 랜더링한 후 <script> 엘리먼트에 작성한 자바스크립트 파일을 랜더링하면 에러가 나지 않을 것이다. 즉 랜더링 순서를 바꾸는 것이다. 이와 같이 <script> 엘리먼트에 작성한 자바스크립트 파일의 랜더링 순서를 바꾸는 것이 defer 속성이다. <body> 엘리먼트를 랜더링한 후 defer 속성을 작성한 자바스크립트 파일을 랜더링하도록 순서를 바꾼다.

HTML 엘리먼트에 이벤트를 설정할 때 window.onload 이벤트를 체크하여 코드를 작성하는 것도 랜더링 순서를 바꾸는 것이라고 할 수 있다. 이를 체크하지 않으면 순서에 의해 작성한 코드를 랜더링하게 되므로 에러가 발생한다. window.onload 이벤트는 HTML 도큐먼트를 모두 랜더링한 후 발생하므로 이 안에 작성한 코드의 랜더링 순서가 바뀌게 되어 에러가 발생하지 않는 것이다.

한편, Firefox로 실행하면 에러가 발생할 뿐 input#okClick의 value 속성 값이 변경되지 않는다. Firefox에서 에러가 나는 것은 Firefox가 defer 속성을 지원하지 않으므로 <script> 엘리먼트에 작성한 자바스크립트 파일이 먼저 실행되기 때문이다. 그럼, 방법이 없는 것인가? 바로 다음 항에서 이에 대해 살펴본다.

10.1.7 DOMContentLoaded 프로퍼티

DOMContentLoaded 프로퍼티는 Firefox와 Opera에서 제공한다. DOMContent Loaded 프로퍼티는 defer 속성과 같은 기능을 한다. 그런데 html 파일에 작성하는 것이 아니라 자바스크립트 파일에 작성한다.

● 실행결과 contentLoaded

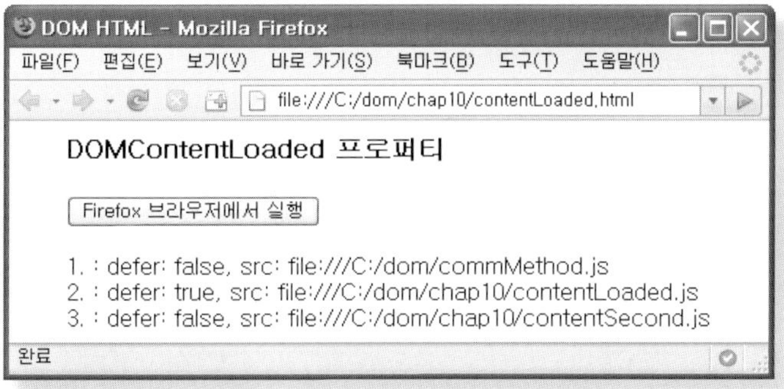

● 소스 contentLoaded.html

```
<script language="javascript" type="text/javascript" src="contentLoaded.js" defer="defer">
</script>
<script language="javascript" type="text/javascript" src="contentSecond.js"></script>
```

두 개의 <script> 엘리먼트를 작성하였으며 첫 번째 엘리먼트에만 defer 속성을 작성하였다.

● 소스 contentLoaded.js

```
window.onload = function () {
   게재 생략
   alert('window.onload');
}
var Show = { 게재 생략 }
alert('defer를 지정한 파일 실행');
if (document.addEventListener) {                                        ❶
   document.addEventListener("DOMContentLoaded", firefoxBrowser, false);
} else {
   alert('value 속성 값 변경 직전');
   var changeValue = document.getElementById('okClick');
   changeValue.value="IE 브라우저에서 실행";
   alert('value 속성 값 변경 직후');
}
```

```
function firefoxBrowser() {
   alert('value 속성 값 변경 직전');
   var changeValue = document.getElementById('okClick');
   changeValue.value="Firefox 브라우저에서 실행";
   alert('value 속성 값 변경 직후');

}
```

● 소스 contentSecond.js

```
alert('defer를 지정하지 않은 파일 실행');
```

IE로 실행하면 다음과 같은 순서로 표시된다.

- defer를 지정하지 않은 파일 실행
- 웹 페이지 표시: DOMContentLoaded 버튼
- defer를 지정한 파일 실행
- value 속성 값 변경 직전
- 버튼 값 변경: IE 브라우저에서 실행 버튼
- value 속성 값 변경 직후
- window.onload

한편 Firefox로 실행하면 다음과 같은 순서로 표시된다.

- defer를 지정한 파일 실행
- defer를 지정하지 않은 파일 실행
- 웹 페이지 표시: DOMContentLoaded
- value 속성 값 변경 직전
- 버튼 값 변경: Firefox 브라우저에서 실행
- value 속성 값 변경 직후
- window.onload

앞항에서 IE로 출력된 순서와 여기서 출력된 순서는 차이가 있다. 앞항에서 window.onload 이벤트가 발생한 후 변경한 버튼 값이 반영되어 표시되었지만, 여기서는 변경한 버튼 값이 반영되어 표시된 후 window.onload 이벤트가 발생한다. 실행한 브라우저를 체크해야 하기 때문에 여기서 실행된 순서가 일반적으로 사용하는 형태가 될 것이다.

크게 차이가 나는 것은 Firefox이다. <script> 엘리먼트에 defer 속성을 지정한 contentLoaded.js 파일을 랜더링한다. 아직 HTML 도큐먼트가 랜더링되지 않았는데도 에러가 발생하지 않는다. 이것은 자바스크립트 파일을 랜더링하였지만 실행 시점을 늦추었기 때문이다.

▶ DOMContentLoaded 이벤트 타입

```
❶ if (document.addEventListener) {
     document.addEventListener("DOMContentLoaded", firefoxBrowser, false);
   }
```

addEventListener 프로퍼티로 Firefox의 실행여부를 체크하여 Firefox이면 DOMContentLoaded 이벤트를 설정한다. 이때 리스너로 지정한 메소드의 실행이 지연된다. 그럼 언제까지 지연되는가? 리스너로 지정한 firefoxBrowser( ) 메소드에 getElementById( ) 메소드가 있는데 이 파라미터에 지정한 엘리먼트가 랜더링될 때까지 지연된다.

지정한 엘리먼트의 랜더링이 완료되면 DOMContentLoaded 이벤트가 발생하므로 리스너로 지정한 메소드를 실행하게 된다. HTML 도큐먼트 전체의 랜더링을 체크하는 것이 아니라 지정한 엘리먼트만 체크한다. 실행순서에서 '버튼 값 변경: Firefox 브라우저에서 실행'이 표시된 후 window.onload 이벤트가 발생한 것은 이를 입증한다.

<script> 엘리먼트가 또 하나 있으므로 여기에 작성한 자바스크립트 파일을 실행하게 됨에 따라 'defer를 지정하지 않은 파일 실행' 창이 표시된다. 다음 순서는 <body> 엘리먼트를 랜더링하는 것이다. 따라서 DOMContentLoaded 버튼이 웹 페이지에 표시된다.

이 버튼 값이 표시되었다는 것은 getElementById( ) 메소드의 파라미터에 지정한 엘리먼트가 생성되었다는 의미이다. 따라서 DOMContentLoaded 이벤트가 발생하게 되며 리스너로 지정한 firefoxBrowser( ) 함수를 실행하게 된다.
다음으로 'Firefox 브라우저에서 실행 버튼'이 표시되고 'window.onload'가 표시된다. 이것은 window.onload 이벤트가 발생하기 전에 HTML 도큐먼트의 콘텐츠를 제어할 수 있다는 뜻이 된다. 이 의미가 매우 중요하다. defer 속성과 DOMContentLoaded 이벤트 타입을 사용하는 목적이기 때문이다.

그럼, window.onload 이벤트가 발생한 후 처리하면 쉬운 것을 사전에 복잡하게 처리하는 이유는 무엇인가?

HTML 도큐먼트의 모든 엘리먼트를 랜더링한 후 이미지 파일(동영상 파일 포함)을 랜더링한다. 그런데 이미지 파일이 너무 커서 로드 시간이 걸린다면 사용자는 그때까지 기다려야 한다. 즉 window.onload 이벤트가 발생할 때까지 기다린 후 다음 처리를 할 수 있다.

이 경우 랜더링이 되는대로 사용자가 행동할 수 있도록 하면 편리할 것이다. 웹 페이지의 상단 메뉴만 표시된 상태에서도 이벤트를 설정할 수 있으므로 메뉴를 선택할 수 있다. 그러면 다른 html 파일을 실행하게 되므로 이미지 파일을 가져오는 것은 중단된다. 얼마나 효율적인가!

웹 페이지가 전부 표시되기 전에 사용자 아이디와 비밀번호를 입력할 수 있으며, 사용자의 선택을 받아 다른 처리도 할 수 있다. 일일이 거론할 수 없지만 이를 잘 활용하면 다양한 이점을 창출할 수 있다.

10.1.8 HTMLStyleElement

HTMLStyleElement 인터페이스는 <style> 엘리먼트 정보를 제공한다.

● 프로퍼티

인터페이스	HTMLStyleElement			
이름	형태	기능 개요	R/W	권장
disabled	Boolean	스타일시트의 활성화/비활성화	RW	
media	DOMString	스타일시트를 적용할 미디어	RW	
type	DOMString	스타일시트의 콘텐트 타입	RW	

● 실행결과 style

● 소스 style.html

```
<style type="text/css" media="all">
  input{width: 200px; font-style: italic;}
</style>
```

'HTMLStyleElement' 버튼이 이탤릭체로 표시된 것은 <style> 엘리먼트에 작성한 스타일이 <input> 엘리먼트에 적용되었기 때문이다.

● 소스 style.js

```
var styleElement = document.getElementsByTagName('style').item(0);
resultShow('disabled', styleElement.disabled);
resultShow('media', styleElement.media);
resultShow('type', styleElement.type);
```

HTMLStyleElement 인터페이스에서 제공하는 프로퍼티는 앞에서 다루었던 프로퍼티이고 [실행결과 style]에 출력된 결과와 이를 출력하는 프로퍼티를 보면 이해할 수 있으므로 설명을 생략한다.

HTMLStyleElement 인터페이스에서 제공하는 프로퍼티는 <style> 엘리먼트에 작성한 속성 값을 추출 또는 설정하는 것이지 CSS 사항을 포함하고 있는 것은 아니다. CSS 사항은 '11. DOM Style'과 '12. DOM Views'에서 다루고 있다.

10.1.9 HTMLBaseElement

HTMLBaseElement 인터페이스는 <base> 엘리먼트 정보를 제공한다. <base> 엘리먼트에 링크의 기준이 되는 URI를 지정한다.

● **프로퍼티**

인터페이스	HTMLBaseElement			
이름	형태	기능 개요	R/W	권장
href	DOMString	링크 설정의 기준이 되는 URI	RW	
target	DOMString	링크된 문서가 표시될 프레임	RW	

● **실행결과 base**

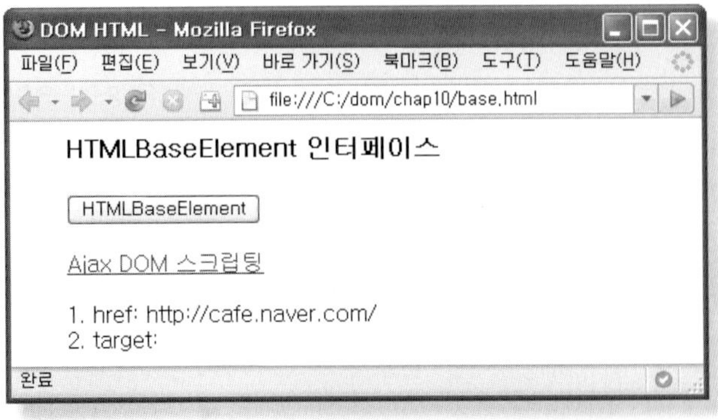

● 소스 base.html

```
<head>
    <base href="http://cafe.naver.com/">
</head>
<body>
    <a href="../requirements.cafe">Ajax DOM 스크립팅</a>
</body>
```

<base> 엘리먼트에 href 속성을 작성하였고 <a> 엘리먼트에도 href 속성을 작성하였다. <a> 엘리먼트의 href 속성 값을 보면 왠지 완전하지 않은 형태이다.

● 소스 base.js

```
var baseElement = document.getElementsByTagName('base').item(0);
resultShow('href', baseElement.href);
resultShow('target', baseElement.target);
```

href 프로퍼티는 기준이 되는 URI를 반환한다. <base> 엘리먼트의 href 속성 값과 <a> 엘리먼트의 href 속성 값을 연결하여 완전한 형태의 URI가 된다. 즉 'Ajax DOM 스크립팅'을 클릭하면 http://cafe.naver.com/requirements.cafe로 이동하게 된다. 참고로 이 카페는 필자가 운영하는 카페이다. 이 책의 오류 정보를 이 카페에 올릴 예정이다.

10.2 폼 컨트롤 인터페이스

여기서는 입력이 동반되는 버튼, 텍스트, 라디오 등의 폼 컨트롤(Control)과 관련된 인터페이스를 다룬다. 그렇다고 여기에 작성한 인터페이스만 컨트롤과 관련된 것은 아니다. 단지 하나의 절에 너무 많은 인터페이스를 담지 않기 위해 구분한 것이다.

10.2.1 HTMLBodyElement

HTMLBodyElement 인터페이스는 <body> 엘리먼트 정보를 제공한다. <body> 엘리먼트는 웹 페이지에 표시될 콘텐츠를 포함한다. <body> 엘리먼트의 프로퍼티는 사용을 권장하지 않는다.

● **프로퍼티**

인터페이스	HTMLBodyElement			
이름	형태	기능 개요	R/W	권장
aLink	DOMString	링크를 클릭했을 때의 문자 색상	RW	비권장
background	DOMString	배경 이미지	RW	비권장
bgColor	DOMString	도큐먼트 배경색	RW	비권장
link	DOMString	방문하지 않은 링크를 나타내는 문자 색상	RW	비권장
text	DOMString	도큐먼트 문자 색상	RW	비권장
vLink	DOMString	방문한 링크를 나타내는 문자 색상	RW	비권장

aLink 속성은 CSS의 :active 슈도 클래스(Pseudo classes)로 대체할 수 있다. 즉 a:active {프로퍼티:값} 형태로 대체할 수 있다. background 속성은 CSS의 background-image 프로퍼티로 대체할 수 있다. bgColor 속성은 CSS의 background-color 프로퍼티로 대체할 수 있다.

link 속성은 CSS의 :link 슈도 클래스로 대체할 수 있다. 즉 a:link {프로퍼티:값} 형태이다. text 속성은 CSS의 color 프로퍼티로 대체할 수 있다. vLink 속성은 CSS의 :visited 슈도 클래스로 대체할 수 있다.

10.2.2 HTMLFormElement

HTMLFormElement 인터페이스는 <form> 엘리먼트 정보를 제공한다.

● **메소드**

인터페이스	HTMLFormElement		
이름	구분	형태	기능 개요
submit	파라미터	없음	폼을 전송
	반환	없음	
reset	파라미터	없음	엘리먼트의 초기값으로 환원
	반환	없음	

● **프로퍼티**

인터페이스	HTMLFormElement			
이름	형태	기능 개요	R/W	권장
acceptCharset	DOMString	데이터 인코딩에 사용하는 문자코드	RW	
action	DOMString	form 데이터를 처리할 서버 프로그램	RW	
elements	HTMLCollection	form 엘리먼트에 있는 모든 컨트롤의 컬렉션	R	
entype	DOMString	post 방법에서 인코딩 형식	RW	
length	long	폼의 컨트롤 수	R	
method	DOMString	데이터 전송 방식	RW	
name	DOMString	form name	RW	
target	DOMString	form의 처리 결과를 나타낼 프레임	RW	

● **실행결과 form**

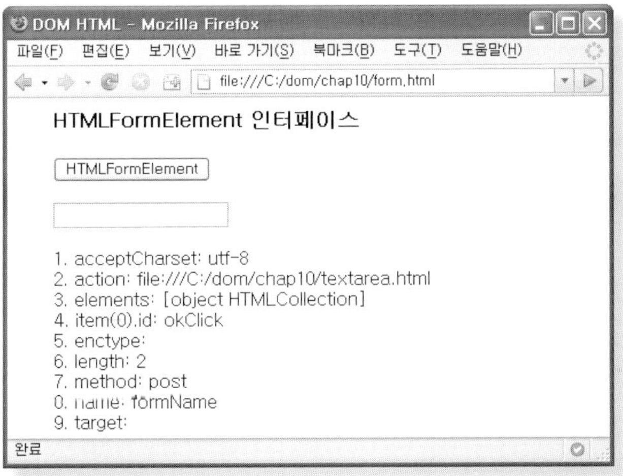

● 소스 form.html

```
<form id="formID" name="formName" action="textarea.html">
   <div id="groupOne">
      <input type="button" id="okClick" value="HTMLFormElement" />
      <input type="text" />
      <div id="showArea"></div>
   </div>
</form>
```

<form> 엘리먼트에 id, name, action 속성이 작성되어 있다. 또 <form> 엘리먼트 안에 두 개의 <input> 엘리먼트가 작성되어 있다.

● 소스 form.js

```
var Show = {
   okClick: function(event) {
      var formElement = document.getElementsByTagName('form').item(0);
      resultShow('acceptCharset', formElement.acceptCharset);
      resultShow('action', formElement.action);

      resultShow('elements', formElement.elements);
      var elementsNode = formElement.elements
      resultShow('item(0).id', elementsNode.item(0).id);

      resultShow('enctype', formElement.enctype);
      resultShow('length', formElement.length);
      resultShow('method', formElement.method);

      resultShow('name', formElement.name);
      resultShow('target', formElement.target);
      formElement.reset();
//    formElement.submit();
   }
}
```

마지막 라인의 submit( ) 메소드는 그 앞 라인의 reset() 메소드를 실행하기 위해 의도적으로 적요 처리를 하였다.

▶ acceptCharset 프로퍼티

acceptCharset 프로퍼티는 데이터의 인코딩에 사용하는 문자 코드를 반환한다. [실행결과 form] 1번에 출력된 값인 utf-8은 accept-charset 속성 값이다. 한편, 속성 값을 지정하지 않고 IE로 실행하면 'UNKNOWN'이 출력된다.

▶ action 프로퍼티

action 프로퍼티는 폼에 입력한 데이터를 처리할 서버 프로그램을 반환한다. [실행결과 form] 2번에 출력된 값은 textarea.html이지만 실제로는 URI 형태를 갖추어야 한다.

▶ elements 프로퍼티

elements 프로퍼티는 <form> 엘리먼트에 속한 폼 컨트롤 엘리먼트를 노드 리스트 형태로 반환한다. [실행결과 form] 3번에 HTMLCollection이 출력된 것은 HTML Collection 인터페이스 형태의 오브젝트를 반환한다는 것을 의미한다. 즉 복수의 엘리먼트가 반환된다는 것이다. [실행결과 form] 4번에 출력된 okClick은 <input> 엘리먼트의 id 속성 값이다.

그런데 <input> 엘리먼트 앞에 <div id="groupOne">이 있지만 이 엘리먼트의 id 속성 값은 출력되지 않았다. 이와 같이 elements 프로퍼티는 <input> <select> 엘리먼트와 같이 컨트롤이 동반된 엘리먼트를 노드 리스트 형태로 반환한다.

▶ entype 프로퍼티

entype 프로퍼티는 전송할 데이터의 MIME 타입을 반환한다. IE로 실행하면 [실행결과 form] 5번에 'application/x-www-form-urlencoded'가 출력되고 Firefox로 실행하면 값이 출력되지 않는다. <form> 엘리먼트에 entype 속성을 작성하지 않았는데도 IE에서 출력된 것은 이 값이 기본값이기 때문이다. 이 외에도 multipart/form-data가 있다.

▶ length 프로퍼티

length 프로퍼티는 <form> 엘리먼트에 작성한 폼 컨트롤 수를 나타낸다. [실행결과 form] 6번에 2가 출력된 것은 <form> 엘리먼트 안에 <input> 엘리먼트를 두 개 작성했기 때문이다.

▶ method 프로퍼티

method 프로퍼티는 폼을 서버로 전송하는 방법을 반환한다. [실행결과 form] 7번에 출력된 값인 post는 post 방법으로 폼을 전송한다는 것을 의미한다. 만약, method 속성을 작성하지 않고 IE로 실행하면 get이 출력되고 Firefox로 실행하면 값이 출력되지 않는다. IE에서 get이 출력된 것은 이 값이 기본값이기 때문이다. 일반적으로 전송할 데이터가 적을 때에는 get을 사용하고 데이터가 많을 때에는 post를 사용한다.

▶ reset( ) 메소드

<form>에 작성한 reset 버튼은 폼에 입력한 값을 지운다. value 속성에 값을 지정하고 값을 바꾼 후 reset 버튼을 클릭하면 value 속성에 작성한 값이 표시된다. reset( ) 메소드도 이와 기능이 같다.

▶ submit( ) 메소드

<form>에 작성한 submit 버튼은 폼을 전송한다. 또 입력한 값을 지우는 것은 reset과 같지만 다른 폼의 입출력 값도 지운다. submit( ) 메소드도 이와 기능이 같다.

10.2.3 HTMLIsIndexElement

HTMLIsIndexElement 인터페이스는 <isindex> 엘리먼트 정보를 제공한다. 한 줄의 텍스트를 입력할 수 있는 입력 칸을 제공한다. <isindex> 엘리먼트 자체의 사용을 권장하지 않는다.

● **프로퍼티**

인터페이스	HTMLIsIndexElement			
이름	형태	기능 개요	R/W	권장
form	HTMLFormElement	accept-charset, 문자셋 리스트	R	
prompt	DOMString	form 데이터를 처리할 서버 프로그램	RW	비권장

10.2.4 HTMLSelectElement-프로퍼티

HTMLSelectElement 인터페이스는 <select> 엘리먼트 정보를 제공한다. 여기서는 인터페이스에서 제공하는 프로퍼티를 살펴보고 다음 항에서 메소드에 대해 살펴본다.

● **프로퍼티**

인터페이스	HTMLSelectElement			
이름	형태	기능 개요	R/W	권장
disabled	Boolean	선택의 활성화, 비활성화	RW	
form	HTMLFormElement	〈select〉가 속해 있는 form 엘리먼트	R	
length	long	〈select〉에 속한 option 엘리먼트 수	RW	
multiple	Boolean	multiple 지정 여부	RW	
name	DOMString	〈select〉 엘리먼트 name	RW	
options	HTMLOptionsCollection	option 엘리먼트의 노드 리스트	R	
selectedIndex	long	선택한 option 엘리먼트의 인덱스	RW	
size	long	한번에 보이는 option 엘리먼트 수	RW	
tabIndex	long	탭 키의 이동 순서	RW	
type	DOMString	multiple 지정 여부의 문자열 값	R	
value	DOMString	선택한 value 속성 값	RW	

● 실행결과 selectProperty

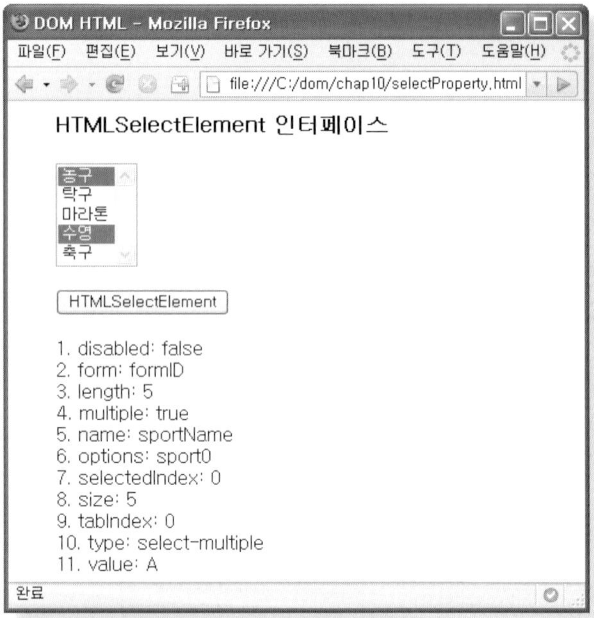

● 소스 selectProperty.html

```
<select id="sportID" name="sportName" multiple size="5">
   <option id="sport0" value="A" selected="selected">농구</option>
   <option id="sport1" value="B">탁구</option>
   <option id="sport2" value="C">마라톤</option>
   <option id="sport3" selected>수영</option>
   <option id="sport4" value="E">축구</option>
</select>
```

<select> 엘리먼트에 다섯 개의 <option> 엘리먼트가 작성되어 있다. 또 네 번째 <option> 엘리먼트에는 value 속성을 작성하지 않았다.

● 소스 selectProperty.js

```
var Show = {
   okClick: function(event) {
```

```
        var selectElement = document.getElementById('sportID');
        resultShow('disabled', selectElement.disabled);
        resultShow('form', selectElement.form.id);
        resultShow('length', selectElement.length);
        resultShow('multiple', selectElement.multiple);
        resultShow('name', selectElement.name);
        resultShow('options', selectElement.options.item(0).id);
        resultShow('selectedIndex', selectElement.selectedIndex);
        resultShow('size', selectElement.size);
        resultShow('tabIndex', selectElement.tabIndex);
        resultShow('type', selectElement.type);
        resultShow('value', selectElement.value);
    }
}
```

다른 인터페이스보다 많은 프로퍼티를 제공하지만 그래도 다행인 것은 IE와 Firefox의 실행 결과 값이 같다.

▶ disabled 프로퍼티

[실행결과 selectProperty] 1번에 false가 출력되었다. 그런데 <select> 엘리먼트에 작성한 속성이 아닌데도 값이 출력된 것은 false가 기본값이기 때문이다. disabled 프로퍼티에 true를 설정하면 <option> 엘리먼트를 선택할 수 없다.

▶ form 프로퍼티

[실행결과 selectProperty] 2번에 출력된 값은 'formID'로 이 값은 <form> 엘리먼트의 id 속성 값이다. form 프로퍼티는 <select> 엘리먼트가 속한 <form> 엘리먼트를 HTMLFormElement 인터페이스 형태의 오브젝트로 반환한다. 따라서 id 프로퍼티를 사용하여 값을 추출할 수 있다. 만약 <form> 엘리먼트를 작성하지 않으면 null이 반환된다.

▶ length 프로퍼티

[실행결과 selectProperty] 3번에 출력된 값은 5이며 이 값은 <select> 엘리먼트에 작성한 <option> 엘리먼트의 수이다. 이와 같이 length 프로퍼티는 <option> 엘리먼트 수를 반환한다.

▶ multiple 프로퍼티

[실행결과 selectProperty] 4번에 출력된 값은 true이며 이것은 <select> 엘리먼트에 multiple 속성을 작성했기 때문이다. multiple 속성을 작성하지 않으면 false가 반환된다.

▶ name 프로퍼티

[실행결과 selectProperty] 5번에 출력된 값은 sportName으로 이 값은 <select> 엘리먼트에 작성한 name 속성 값이다. 이와 같이 name 프로퍼티는 name 속성 값을 반환한다.

▶ options 프로퍼티

options 프로퍼티는 <select> 엘리먼트에 작성한 <option> 엘리먼트를 HTMLOptionsCollection 인터페이스 형태의 노드 리스트로 반환한다. [실행결과 selectProperty] 6번에 출력된 값은 sport0으로 이 값은 첫 번째 <option> 엘리먼트의 id 속성 값이다.

▶ selectedIndex 프로퍼티

selectedIndex 프로퍼티는 선택한 <option> 엘리먼트의 인덱스를 반환한다. [실행결과 selectProperty] 7번에 0이 출력된 것은 첫 번째 <option> 엘리먼트를 선택했기 때문이다. 그런데 <option> 엘리먼트를 두 개 선택했는데 첫 번째 것만 반환하고 두 번째는 반환하지 않았다.

multiple 속성을 작성하지 않으면 하나만 선택할 수 있으므로 selectedIndex 프로퍼티를 사용할 수 있지만, multiple 속성을 작성하면 이것으로 부족하다. 즉 각각의 <option> 엘리먼트의 선택 여부를 체크해야 한다. 이에 대해서는 '10.2.6 HTML OptionElement'에서 다루고 있다. 하나도 선택하지 않으면 −1이 반환된다.

▶ size 프로퍼티

[실행결과 selectProperty] 8번에 출력된 값은 5이며 이 값은 <select> 엘리먼트에 작성한 size 속성 값이다. size 프로퍼티에 따라 한번에 보이는 <option> 엘리먼트 수가 결정된다.

▶ tabIndex 프로퍼티

tabIndex 프로퍼티는 <tab> 키로 이동했을 때 엘리먼트 위치를 나타내는 인덱스이다. [실행결과 selectProperty] 9번에 0이 출력된 것은 <select> 엘리먼트에 tabindex 속성을 작성하지 않았기 때문이다.

▶ type 프로퍼티

type 프로퍼티는 multiple 지정 여부를 문자열로 반환한다. multiple을 지정하면 [실행결과 selectProperty] 10번에 출력된 것과 같이 select-multiple을 반환하고 multiple을 지정하지 않으면 select-one을 반환한다.

▶ value 프로퍼티

value 프로퍼티는 선택한 <option> 엘리먼트의 value 속성 값을 반환한다. 다수의 <option> 엘리먼트를 선택하더라도 첫 번째로 선택한 <option> 엘리먼트의 value 속성 값을 반환한다. [실행결과 selectProperty] 11번에 A가 출력되었는데 이것은 첫 번째 <option> 엘리먼트의 value 속성 값이다.

10.2.5 HTMLSelectElement-메소드

HTMLSelectElement 인터페이스가 제공하는 메소드를 살펴본다.

● **메소드**

인터페이스	HTMLSelectElement		
이름	구분	형태	기능 개요
add	파라미터	HTMLElement	element, 추가하려는 option 엘리먼트
		HTMLElement	추가하려는 위치
	반환	없음	
blur	파라미터	없음	엘리먼트에서 키보드 포커스를 해제
	반환	없음	
focus	파라미터	없음	엘리먼트에 키보드 포커스를 위치시킴
	반환	없음	
remove	파라미터	long	index, 인덱스의 option 엘리먼트를 삭제
	반환	없음	

● 소스 selectMethod.html

```
<select id="sportID" size="9">
   <option value="B">농구</option>
   <option value="S">축구</option>
</select>
```

이 형태에 <option> 엘리먼트를 추가하고 삭제하는 메소드를 살펴본다. [실행결과]는 메소드에 따라 표시되는 결과가 다르므로 메소드와 함께 게재한다.

● 소스 selectMethod.js

```
var Show = {
   status: true,
   count: 1,
   indexAdd: function(event) {
      var selectElement = document.getElementById('sportID');
      var optionElement = document.createElement('option');
      optionElement.value = 'T';
      optionElement.text = Show.count++ + '. 테니스';
      if (!Prototype.Browser.IE) {      //Firefox
         selectElement.add(optionElement, selectElement.options.item(1));
      } else {
         selectElement.add(optionElement, 1);
      }
   },
   nullAdd: function(event) {  //insertBefore()
      var selectElement = document.getElementById('sportID');
      var optionElement = document.createElement('option');
      optionElement.value = 'M';
      optionElement.text = Show.count++ + '. 마라톤';
      if (!Prototype.Browser.IE) {      //Firefox
         selectElement.add(optionElement, null);
      } else {
         selectElement.add(optionElement);
      }
   },
```

```
    okRemove: function(event) {
        var selectElement = document.getElementById('sportID');
        selectElement.remove(0);
    },
    blurFocus: function(event) {
        var selectElement = document.getElementById('sportID');
        if (Show.status) {
            selectElement.focus();
            Show.status = false;
        } else {
            selectElement.blur();
            Show.status = true;
        }
    }
}
```

▶ add( ) 메소드

● **실행결과 selectMethod_1**

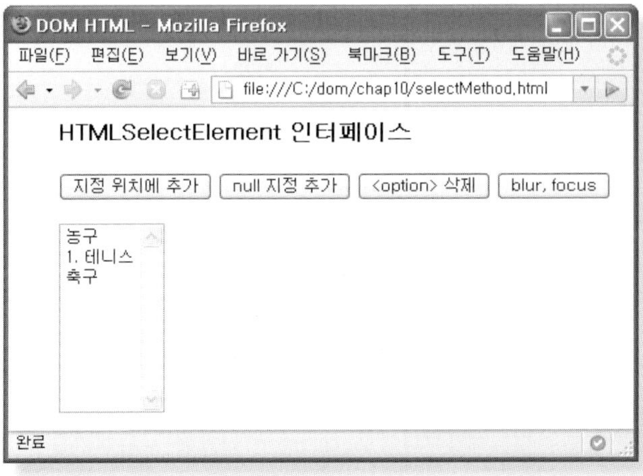

'지정 위치에 추가' 버튼을 클릭하면 Show.indexAdd( ) 메소드를 실행하며 [실행결과 selectMethod_1]은 이 메소드를 실행한 결과이다. 버튼을 클릭하기 전에 있던 농구와

축구 사이에 '1. 테니스'가 삽입되었다. 이와 같이 add( ) 메소드는 <select> 엘리먼트에 <option> 엘리먼트를 추가한다.

첫 번째 파라미터에 추가하려는 <option> 엘리먼트 오브젝트를 지정하고 두 번째 파라미터에 추가할 위치의 <option> 엘리먼트 오브젝트를 지정한다. 그러면 두 번째 파라미터 바로 앞에 추가한다. 이는 DOM에서 제공하는 add() 메소드 설정 방법이다.

IE도 add( ) 메소드를 사용하지만 두 번째 파라미터에 추가할 위치의 인덱스 값을 지정한다. 그러면 그 앞에 추가한다. 예를 들어 0을 지정하면 맨 처음에 추가한다. 만약 지정한 인덱스 값이 <option> 엘리먼트 수보다 크면 마지막에 추가한다.

이 상태에서 '지정 위치에 추가' 버튼을 클릭하면 어떻게 될 것인가? '1. 테니스' 앞에 새로운 엘리먼트가 추가된다. 이는 추가한 <option> 엘리먼트가 노드 리스트에 자동으로 반영된다는 것을 의미한다. 즉 노드 리스트를 다시 생성하지 않아도 된다.

● **실행결과 selectMethod_2**

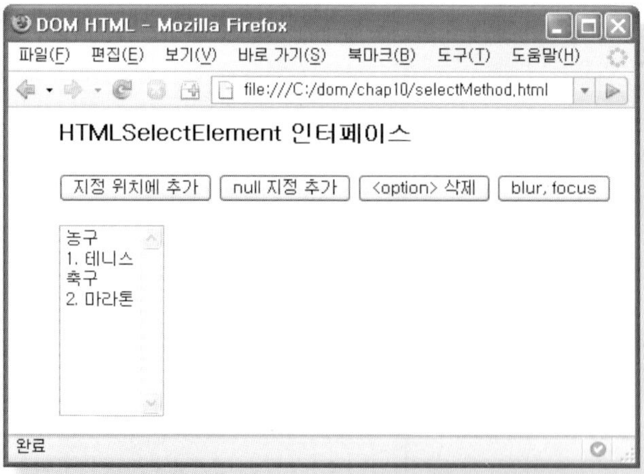

'null 지정 추가' 버튼을 클릭하면 Show.nullAdd( ) 메소드를 실행하며 [실행결과 selectMethod_2]는 [실행결과 selectMethod_1] 상태에서 이 버튼을 클릭한 결과이다.

'2. 마라톤'이 '1. 테니스' 앞에 추가되지 않고 마지막에 첨부된 것은 add() 메소드의 두 번째 파라미터에 null을 지정했기 때문이다. 이는 DOM 권고이며 IE는 두 번째 파라미터를 지정하지 않는다. 지정하지 않는다고 해서 ' '를 지정하는 것이 아니라 add(optionElement)와 같이 두 번째 파라미터가 없다. 결과적으로 두 번째 파라미터에 null을 지정하는 것은 appendChild() 메소드와 기능이 같으며 인덱스를 지정하는 것은 insertBefore() 메소드와 기능이 같다.

▶ remove( ) 메소드

● **실행결과 selectMethod_3**

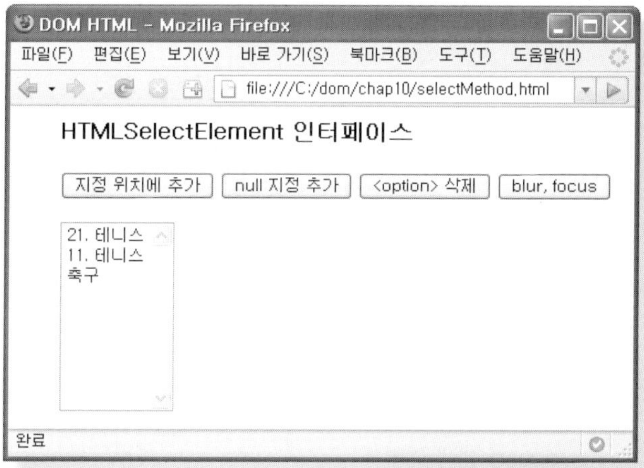

'<option> 삭제' 버튼을 클릭하면 Show.okRemove( ) 메소드를 실행하며 [실행결과 selectMethod_3]은 [실행결과 selectMethod_2] 상태에서 이 버튼을 클릭한 결과이다.

첫 번째에 있던 농구 <option> 엘리먼트가 삭제되었다. 그렇다고 무조건 첫 번째가 삭제되는 것은 아니다. remove() 메소드의 파라미터에 지정한 인덱스 위치의 <option> 엘리먼트를 삭제한다.

즉 remove(0)으로 실행했기 때문에 첫 번째 <option> 엘리먼트가 삭제된 것이다. 지정한 인덱스가 존재하지 않으면 아무것도 수행하지 않으며 에러가 발생하지 않는다. 이 메소드는 DOM과 IE가 같은 형식을 사용한다.

▶ focus( ), blur( ) 메소드

focus( ) 메소드는 포커스를 <select> 엘리먼트로 이동시키고 blur( ) 메소드는 포커스를 <select> 엘리먼트에서 떠나게 한다. 'blur, focus' 버튼을 클릭해보면 각 메소드의 기능을 이해할 수 있다.

10.2.6 HTMLOptionElement

HTMLOptionElement 인터페이스는 <option> 엘리먼트 정보를 제공한다.

● **프로퍼티**

인터페이스	HTMLOptionElement			
이름	형태	기능 개요	R/W	권장
defaultSelected	Boolean	selected 작성 여부	RW	
disabled	Boolean	선택의 활성화, 비활성화	RW	
form	HTMLFormElement	〈option〉이 속해 있는 form 엘리먼트	R	
index	long	option 엘리먼트의 인덱스	R	
label	DOMString	label 속성 값	RW	
selected	Boolean	option 선택 여부	RW	
text	DOMString	텍스트 노드의 값	R	
value	DOMString	value 속성 값	RW	

● 실행결과 option

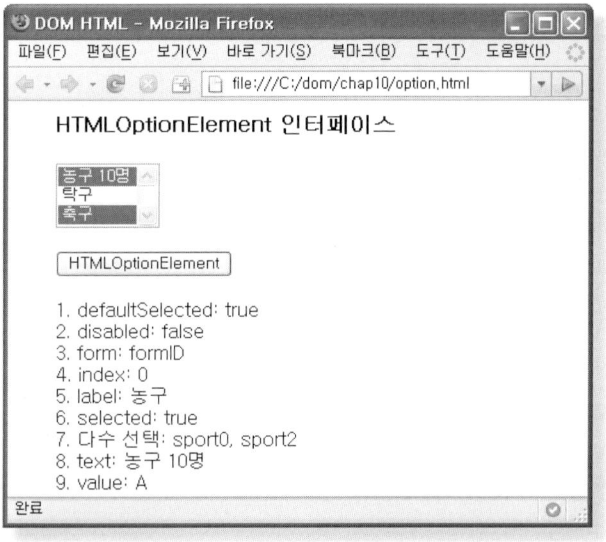

● 소스 option.html

```
<select id="sportID" name="sportName" multiple size="3">
   <option id="sport0" value="A" label="농구" selected="selected">농구 10명</option>
   <option id="sport1" value="B">탁구</option>
   <option id="sport2" value="D" selected="selected">축구</option>
</select>
```

<option> 엘리먼트에 id, value, label, selected 속성을 작성한 것도 있지만 일부 속성만 작성한 것도 있다.

● 소스 option.js

```
var Show = {
   okClick: function(event) {
      var optionElement = document.getElementById('sport0');
      resultShow('defaultSelected', optionElement.defaultSelected);
      resultShow('disabled', optionElement.disabled);
```

```
      resultShow('form', optionElement.form.id);
      resultShow('index', optionElement.index);
      resultShow('label', optionElement.label);

      resultShow('selected', optionElement.selected);
      var selectElement = document.getElementById('sportID');                    ❶
      for (var k = 0, selectedID = []; k < selectElement.length; k++ ) {
         var optionObject = selectElement.options[k];
         if (optionObject.selected) {
            selectedID.push(optionObject.id);
         }
      }
      resultShow('다수 선택', selectedID.join(', '));
      resultShow('text', optionElement.text);
      resultShow('value', optionElement.value);
   }
}
```

앞에서 살펴보았던 HTMLSelectElement 인터페이스는 <select> 엘리먼트 중심으로 <option> 엘리먼트를 다루지만, HTMLOptionElement 인터페이스는 <option> 엘리먼트와 관계된 프로퍼티를 제공한다.

Firefox로 실행하면 select 리스트에 '농구 10명'이 표시되지만 IE로 실행하면 '농구'가 표시된다. Firefox는 텍스트 노드의 값을 표시한다. 이 값을 작성하지 않으면 label 속성 값을 작성했더라도 표시되지 않는다. 한편 IE는 label 속성 값을 우선 표시한다. label 속성 값을 작성하지 않은 경우에 텍스트 노드의 값을 표시한다. 따라서 크로스 브라우저 문제에 대응하려면 label 속성 값을 작성하지 말고 텍스트 노드에 값을 작성해야 한다.

▶ defaultSelected 프로퍼티

defaultSelected 프로퍼티는 selected 속성의 작성 여부를 반환한다. [실행결과 option] 1번에 true가 출력된 것은 <option> 엘리먼트에 selected 속성을 작성했기 때문이다. 이 속성을 작성하지 않으면 false가 반환된다.

selected 속성을 <option> 엘리먼트에 작성하지 않고 <option> 엘리먼트를 선택하더라도 false가 반환된다. defaultSelected 프로퍼티 관점에서 보면 selected 속성을 작성하는 것과 <option> 엘리먼트를 선택하는 것은 다르다.

▶ disabled 프로퍼티

[실행결과 option] 2번에 출력된 값은 false이다. <option> 엘리먼트에 disabled 속성을 작성하지 않았는데 값이 출력되었다는 것은 이 값이 기본값임을 의미한다. disabled 프로퍼티에 true를 설정하면 <option> 엘리먼트를 선택할 수 없다.

▶ form 프로퍼티

[실행결과 option] 3번에 출력된 값은 formID로 이 값은 <form> 엘리먼트의 id 속성 값이다. form 프로퍼티는 <option> 엘리먼트가 속한 <form> 엘리먼트를 HTML FormElement 인터페이스 형태의 오브젝트로 반환한다. 따라서 <form> 엘리먼트의 id를 추출하려면 form.id 형태로 접근해야 한다.

▶ index 프로퍼티

index 프로퍼티는 <select> 엘리먼트에서 optionElement.index와 같이 오브젝트 위치에 지정한 <option> 엘리먼트 오브젝트의 인덱스를 반환한다. [실행결과 option] 4번에 0이 출력된 것은 첫 번째 <option> 엘리먼트 오브젝트를 오브젝트 위치에 지정했기 때문이다. 만약 getElementById()의 파라미터에 'sport1'을 지정하여 엘리먼트 오브젝트로 생성한 후 이를 오브젝트 위치에 지정하면 1이 반환된다.

▶ label 프로퍼티

label 프로퍼티는 label 속성 값을 반환한다. [실행결과 option] 5번에 IE와 Firefox 모두 '농구'를 출력하였다. 그런데 Firefox로 실행하면 select 리스트에 '농구 10명'이 표시되고 label을 지정하더라도 표시되지 않으므로 의미가 없는 프로퍼티라고 할 수 있다.

▶ selected 프로퍼티

selected 프로퍼티는 <option> 엘리먼트를 선택한 상태이면 true를 반환하고 선택하지 않은 상태이면 false를 반환한다. [실행결과 option] 6번에 true가 출력된 것은 첫 번째 <option> 엘리먼트에 selected 속성을 작성했기 때문이다. 물론 selected 속성을 작성하지 않고 <option> 엘리먼트를 선택해도 true가 반환된다.

그런데 <option> 엘리먼트 하나를 선택한 경우에는 이 프로퍼티로 선택한 <option> 엘리먼트를 인식할 수 있지만, 다수를 선택한 경우 선택한 모든 <option> 엘리먼트를 인식하는 것이 불가능하다. 그렇다고 모든 <option> 엘리먼트를 엘리먼트 오브젝트로 생성하여 체크하는 것은 왠지 석연치 않은 느낌이 든다.

이때 HTMLSelectElement 인터페이스에서 제공하는 options 프로퍼티를 사용하면 쉽게 해결할 수 있다. 우선 [실행결과 option] 7번에 'sport0, sport2'가 출력되었는데 이는 선택한 <option> 엘리먼트의 id 속성 값이다.

```
❶ var selectElement = document.getElementById('sportID');
  for (var k = 0, selectedID = []; k < selectElement.length; k++ ) {
     var optionObject = selectElement.options[k];
     if (optionObject.selected) {
        selectedID.push(optionObject.id);
     }
  }
```

getElementById( ) 메소드의 파라미터에 <select> 엘리먼트의 id 속성 값을 지정하여 엘리먼트 오브젝트를 생성한다. 이때 생성한 엘리먼트 오브젝트는 노드 리스트 형태로 모든 <option> 엘리먼트가 설정된다. options 프로퍼티에서 인덱스 번째의 오브젝트를 반환받아 selected 프로퍼티 값의 true 여부를 체크하면 모든 <option> 엘리먼트를 체크할 수 있다.

▶ text, value 프로퍼티

[실행결과 option] 8번에 출력된 값은 '농구 10명'으로 이 값은 텍스트 노드에 작성한 값이다. [실행결과 option] 9번에 출력된 값은 A로 이 값은 value 속성 값이다.

10.2.7 HTMLOptGroupElement

HTMLOptGroupElement 인터페이스는 <optgroup> 엘리먼트 정보를 제공한다.

● **프로퍼티**

인터페이스	HTMLOptGroupElement			
이름	형태	기능 개요	R/W	권장
disabled	Boolean	선택의 활성화, 비활성화	RW	
label	DOMString	option 그룹의 label 속성 값	RW	

● **실행결과 optgroup**

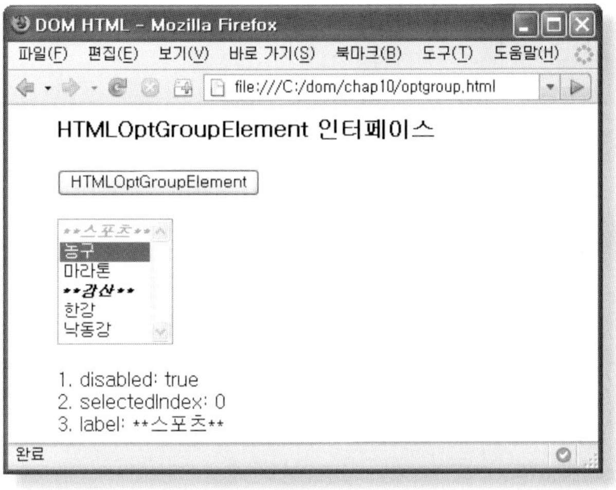

● **소스 optgroup.html**

```
<select id="sportFirst" size="6">
   <optgroup id="sport" label="**스포츠**" disabled="disabled"></optgroup>
      <option id="sport0" value="A">농구</option>
      <option id="sport1" value="B">마라톤</option>
   </optgroup>
   <optgroup id="river" label="**강산**"></optgroup>
      <option id="river0" value="A">한강</option>
      <option id="river1" value="B">낙동강</option>
   </optgroup>
</select>
```

<select> 엘리먼트에 두 개의 <optgroup> 엘리먼트가 작성되어 있으며 첫 번째 <optgroup> 엘리먼트에 disabled가 설정되어 있다.

● 소스 optgroup.js

```
var Show = {
   okClick: function(event) {
      var optgroupElement = document.getElementById('sport');
      resultShow('disabled', optgroupElement.disabled);

      var selectElement = document.getElementById('sportFirest');
      resultShow('selectedIndex', selectElement.selectedIndex);
      resultShow('label', optgroupElement.label);
   }
}
```

<optgroup> 엘리먼트는 단어 의미 그대로 <option> 엘리먼트의 묶음이다. [실행결과 optgroup]에서 볼 수 있듯이 label 속성에 작성한 값이 진하게 표시되어 <optgroup> 엘리먼트를 구분할 수 있도록 한다. Firefox에서 실행하면 '**스포츠**'가 흐리게 표시되는데 이는 <optgroup> 엘리먼트에 disabled 속성을 작성했기 때문이다.

▶ disabled 프로퍼티

[실행결과 optgroup] 1번에 true가 출력된 것은 첫 번째 <optgroup> 엘리먼트에 disabled 속성을 작성했기 때문이다. 이와 같이 disabled 프로퍼티는 disabled 속성을 작성하면 true를 반환하고 작성하지 않으면 false를 반환한다.

'농구' <option> 엘리먼트를 선택하면 [실행결과 optgroup] 2번에 0이 표시된다. 이것은 첫 번째 <option> 엘리먼트를 선택했다는 것을 의미한다. 그런데 첫 번째 <optgroup> 엘리먼트에 disabled 속성을 작성했는데도 선택이 된다. IE도 마찬가지이다. <select> 엘리먼트에 disabled 속성을 작성하면 <option> 엘리먼트를 선택할 수 없는 것과는 차이가 있다.

▶ label 프로퍼티

[실행결과 optgroup] 3번에 '**스포츠**'가 출력된 것은 첫 번째 <optgroup> 엘리먼트의 label 속성에 '**스포츠**'를 작성했기 때문이다. 이와 같이 label 프로퍼티는 label 속성 값을 반환한다.

10.2.8 HTMLInputElement-프로퍼티 1

HTMLInputElement 인터페이스는 <input> 엘리먼트 정보를 제공한다. 이 인터페이스에서 제공하는 프로퍼티가 너무 많으므로 두 항으로 나누어 살펴본다. 우선 여기서 text 타입에 대해서 살펴보고 다음 항에서 다른 타입에 대해 살펴본다. 바로 이어서 메소드에 대해 살펴본다.

● **프로퍼티**

인터페이스	HTMLInputElement			
이름	형태	기능 개요	R/W	권장
accept	DOMString	form 처리를 위한 서버의 콘텐츠 타입	RW	
accessKey	DOMString	단축 키	RW	
align	DOMString	엘리먼트의 배치 위치	RW	비권장
alt	DOMString	이미지 대신 표시할 텍스트	RW	
checked	Boolean	checked 상태 여부	RW	
defaultChecked	Boolean	checkbox, radio 타입의 초기값	RW	
defaultValue	DOMString	text, file, password 타입의 초기값	RW	
disabled	Boolean	입력의 활성화, 비활성화	RW	
form	HTMLFormElement	〈input〉 엘리먼트의 form 엘리먼트	R	
maxLength	long	text, password 타입의 최대 문자수	RW	
name	DOMString	엘리먼트 name	RW	
readOnly	Boolean	text, password 타입의 읽기 전용 상태	RW	
size	long	표시되면서 입력할 수 있는 폭(길이)	RW	
src	DOMString	image의 경로 및 파일명	RW	
tabIndex	long	tab 키의 이동 순서	RW	
type	DOMString	text, checkbox, radio와 같은 타입	RW	
useMap	DOMString	클라이언트 사이드의 이미지 맵 URI	RW	
value	DOMString	폼 컨트롤의 현재 값	RW	

● 실행결과 inputText

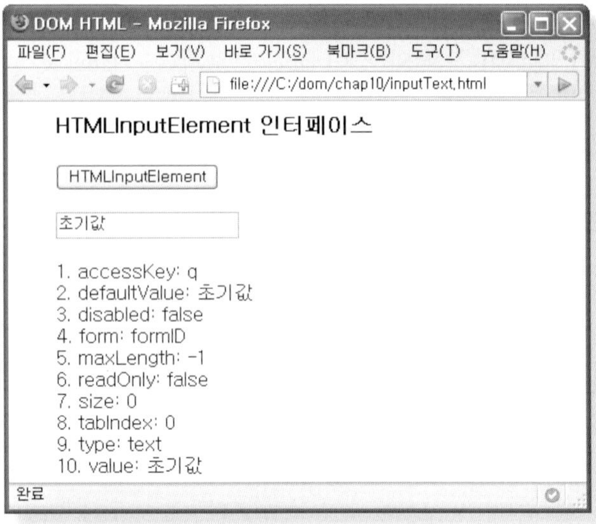

● 소스 inputText.html

```
<input type="text" id="inputText" accesskey="q" value="초기값" />
```

text 타입 속성을 작성하였으며 accesskey 속성과 value 속성을 작성하였다. 여기서는 text 타입의 <input> 엘리먼트를 살펴본다.

● 소스 inputText.js

```
var Show = {
   okClick: function(event) {
      var textElement = document.getElementById('inputText');
      resultShow('accessKey', textElement.accessKey);
      resultShow('defaultValue', textElement.defaultValue);
      resultShow('disabled', textElement.disabled);

      resultShow('form', textElement.form.id);
      resultShow('maxLength', textElement.maxLength);
      resultShow('readOnly', textElement.readOnly);
```

```
        resultShow('size', textElement.size);
        resultShow('tabIndex', textElement.tabIndex);
        resultShow('type', textElement.type);
        resultShow('value', textElement.value);
    }
}
```

▶ accesskey 프로퍼티

[실행결과 inputProperty] 1번에 출력된 값은 q이며 이 값은 '초기값'이 표시된 input#inputText의 accesskey 속성 값이다. accesskey 속성 값에 영문자 또는 숫자를 지정할 수 있으며, 'Alt+지정 값' 형태의 단축키가 되어 이를 누르면 accesskey 속성 값을 지정한 엘리먼트로 포커스가 이동된다. 그런데 IE는 'Alt+q'를 누르거나 'Alt+shift+q'를 누르면 포커스가 이동하지만 Firefox는 'Alt+shift+q'를 눌러야 포커스가 이동한다.

브라우저마다 사전에 정의된 단축키가 있어 Alt 키 하나만으로 단축키를 지정하기에는 한계가 있을 것이다. 따라서 'Alt+Shift' 형태가 더 바람직하다고 볼 수 있지만 IE와 Firefox가 인식하는 기준이 다르다는 점이 마음에 걸린다.

▶ defaultValue 프로퍼티

defaultValue 속성은 text, file, password 타입에서 사용할 수 있으며 value 속성에 작성한 값을 반환한다. [실행결과 inputProperty] 2번에 '초기값'이 출력된 것은 value 속성에 '초기값'을 설정했기 때문이다.

▶ disabled 프로퍼티

disabled 프로퍼티는 disabled 속성의 작성여부를 반환한다. 이 속성을 작성했으면 true를 반환하고 작성하지 않았다면 false를 반환한다. [실행결과 inputProperty] 3번에 false가 출력된 것은 disabled 속성을 작성하지 않았기 때문이다.

▶ form 프로퍼티

[실행결과 inputProperty] 4번에 출력된 값은 'formID'로 이 값은 <form> 엘리먼트의 id

속성 값이다. form 프로퍼티가 HTMLFormElement 인터페이스 형태의 오브젝트를 반환하므로 form.id와 같이 id 프로퍼티를 사용해야 <form> 엘리먼트의 id 속성 값을 추출할 수 있다.

▶ maxLength 프로퍼티

maxLength 프로퍼티는 text, password 타입에 입력할 수 있는 최대 문자 수를 반환한다. [실행결과 inputProperty] 5번에 IE로 실행하면 2147483647이 표시되고 Firefox로 실행하면 −1이 표시되는데, 이는 maxlength 속성 값을 작성하지 않았기 때문이다.

▶ readOnly 프로퍼티

[실행결과 inputProperty] 6번에 false가 출력된 것은 readonly 속성을 지정하지 않았기 때문이다. readonly 속성은 데이터를 입력할 수 없으나 데이터를 서버로 전송하는 반면, disabled 속성은 입력도 할 수 없으며 데이터도 전송하지 않는다.

▶ size 프로퍼티

size 프로퍼티는 입력한 데이터가 표시되는 폭 또는 글자수를 반환한다. [실행결과 inputProperty] 7번에 IE로 실행하면 20이 출력되고 Firefox로 실행하면 0이 출력되는데 이것은 size 속성을 작성하지 않았을 때 기본값으로 설정되는 값이다.

▶ tabIndex 프로퍼티

tabIndex 프로퍼티는 탭 키로 이동하는 순서를 반환한다. 이 값을 지정하지 않으면 [실행결과 inputProperty] 8번에서 볼 수 있듯이 0이 반환된다.

▶ type 프로퍼티

type 프로퍼티는 엘리먼트의 형태를 반환하면 type 속성에 따라 <input> 엘리먼트 형태가 결정된다. [실행결과 inputProperty] 9번에 출력된 값은 text로 이는 엘리먼트가 text 형태임을 의미한다. type 속성에는 button, checkbox, file, hidden, image, password, radio, reset, submit, text가 있다.

▶ value 프로퍼티

value 프로퍼티는 엘리먼트에 지정한 value 속성 값 또는 입력한 값을 반환한다. file, password, text 타입은 입력한 값을 반환하고 그 외의 타입은 value 속성 값을 반환한다.

10.2.9 HTMLInputElement-프로퍼티 2

여기서는 <input> 엘리먼트에서 file, image, radio 타입에 대해 살펴본다.

● 실행결과 inputProperty

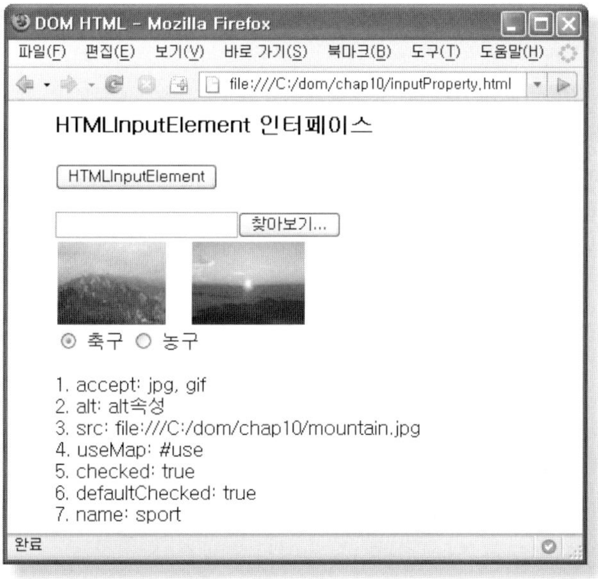

● 소스 event.html

```
<input type="file" id="inputFile" accept="jpg, gif" />
<input type="image" id="imgID" src="mountain.jpg" usemap="#use" title="title속성" alt="alt속성" />
<input type="radio" id="soccer" name="sport" checked="checked" />
   <label for="soccer">축구</label>
<input type="radio" id="basketball" name="sport" />
   <label for="basketball">농구</label>
```

타입이 file, image, radio인 <input> 엘리먼트가 작성되어 있다. 또 라디오 타입은 두 개의 엘리먼트가 작성되어 있다.

● 소스 inputProperty.js

```
var Show = {
   okClick: function(event) {
      var fileElement = document.getElementById('inputFile');
      resultShow('accept', fileElement.accept);

      var imageElement = document.getElementById('imgID');
      resultShow('alt', imageElement.alt);
      resultShow('src', imageElement.src);
      resultShow('useMap', imageElement.useMap);

      var radioElement = document.getElementById('soccer');
      resultShow('checked', radioElement.checked);
      resultShow('defaultChecked', radioElement.defaultChecked);
      resultShow('name', radioElement.name);
   }
}
```

▶ accept 프로퍼티

[실행결과 inputProperty] 1번에 출력된 값은 'jpg, gif'로 이 값은 accept 속성 값이다. accept 속성은 '찾아보기' 버튼을 클릭하여 파일을 선택할 때 accept 속성에 지정한 타입 이외의 파일을 선택하면 경고 창을 띄우도록 되어 있으나 유명무실해졌다.

▶ alt 프로퍼티

alt 프로퍼티는 src 속성에 지정한 파일이 존재하지 않을 때 표시되는 alt 속성 값을 반환한다. 이때 파일이 존재하지 않는다는 전제 조건이 중요하다. 왜냐하면 alt 속성 값과 title 속성 값을 작성하고 파일이 표시된 상태에서 그림 위에 마우스를 올려 놓으면 IE와 Firefox 모두 alt 속성 값이 표시되지 않고 title 속성 값이 표시되기 때문이다.

▶ src 프로퍼티

src 프로퍼티는 src 속성에 지정한 파일이 존재하는 URI를 반환한다. [실행결과 inputProperty] 3번에 출력된 값은 src 속성 값이다. 그런데 IE는 일반적으로 엘리먼트에 작성한 URI만 반환하고 Firefox는 전체 URI를 반환하는데, IE도 전체 URI를 반환한다.

▶ useMap 프로퍼티

useMap 프로퍼티는 image 타입의 엘리먼트에 작성한 usemap 속성 값을 반환한다. useMap 프로퍼티는 <map> 엘리먼트와 연계하여 사용한다. usemap 속성 값에서 #을 제외한 값이 <map> 엘리먼트의 id 속성 값 또는 name 속성 값이 된다. <map> 엘리먼트에 대해서는 '10.5.2 HTMLMapElement'에서 다루고 있다.

▶ checked 프로퍼티

checked 프로퍼티는 라디오 또는 체크박스 타입에서 선택한 것이 있으면 true를 반환하고 선택한 것이 없으면 false를 반환한다. [실행결과 inputProperty] 5번에 true가 출력된 것은 '축구'를 선택했기 때문이다.

▶ defaultChecked 프로퍼티

defaultChecked는 라디오 또는 체크박스 타입에서 초기값으로 checked를 작성한 것이 있으면 true를 반환하고 이를 작성하지 않았다면 false를 반환한다. [실행결과 inputProperty] 6번에 true가 출력된 것은 '축구'에 checked를 작성했기 때문이다.

▶ name 프로퍼티

name 프로퍼티는 name 속성 값을 반환한다. [실행결과 inputProperty] 7번에 출력된 값은 'sport'로 이 값은 input#soccer의 name 속성 값이다.

사용자가 입력하는 관점에서 볼 때 라디오 버튼 타입의 name 속성은 하나의 항목을 선택했을 때 다른 항목을 전부 선택하지 않은 상태로 설정하므로 매우 유용하다. 하지만 어떤 라디오 버튼을 선택했는지는 id 속성 값으로 체크해야 한다.

한편 체크박스 타입에 name 속성을 사용하는 것은 id 속성 값으로 엘리먼트의 선택 여부를 체크해야 하며 그룹을 정의하는 것에 지나지 않으므로 name 속성의 사용은 무의미하다. 하지만 form을 전송하려면 name 속성이 필요하므로 id와 name 속성을 같이 사용해야 한다.

데이터 처리 관점에서 보면 submit 버튼을 사용하여 폼 전체의 데이터를 전송하게 되면 클라이언트에서 별도로 데이터를 정리하지 않는다. 이는 서버 애플리케이션이 수신한 데이터를 분리, 정리하여 처리한다는 것을 의미한다. 즉 id 속성 값을 사용하든 name 속성 값을 사용하든 클라이언트에서 처리할 사항이 아니다.

하지만 비동기 통신을 주로 하는 Ajax에서는 데이터만 서버로 보낸다. 즉 서버용 애플리케이션은 받은 데이터를 정리하지 않고 그대로 사용하게 된다. 따라서 클라이언트에서 데이터를 정리해서 보내야 한다. name 속성을 사용하게 되면 같은 이름이 존재하게 되므로 id 속성 값을 사용해서 유일성을 보장해야 데이터를 처리하기가 쉽다.

데이터를 전송하는 방법은 여러 가지가 있지만, 일반적으로 JSON 타입의 해시(Hash) 형태와 구분자 형태를 사용한다. 해시 형태란 'name=value'와 같이 name과 value를 하나의 단위로 설정하는 형태이고, 구분자 형태란 '^^^'과 같이 데이터를 구분할 수 있는 사전에 약속된 문자를 사용하는 형태이다.

예를 들어 수량·단가·금액을 전송한다고 할 때 'qty=10&price=20&amount=200'이 해시 형태이고 '10^^^20^^^200'이 구분자 형태이다. 구분자 형태가 코드의 가독성은 떨어지나 값만 전송하므로 데이터 양도 적으며 배열 형태이므로 for() 문을 사용해서 데이터를 쉽게 처리할 수 있다는 장점이 있다.

이 외에도 XML 형태로 데이터를 전송할 수도 있지만, 다소 무겁다는 평가를 받고 있다.

10.2.10 HTMLInputElement-메소드

여기서는 HTMLInputElement 인터페이스에서 제공하는 메소드를 살펴본다.

● **메소드**

인터페이스	HTMLInputElement		
이름	구분	형태	기능 개요
blur	파라미터	없음	필드에서 포커스를 해제
	반환	없음	
click	파라미터	없음	필드를 클릭 상태로 전환
	반환	없음	
focus	파라미터	없음	필드에 포커스를 위치시킴
	반환	없음	
select	파라미터	없음	입력한 값을 반전 표시
	반환	없음	

● **실행결과 inputMethod**

● 소스 inputMethod.html

```
<input type="text" id="inputFocus" value="반전 표시" />
<input type="radio" id="soccer" name="sport"/>축구
<input type="radio" id="basketball" name="sport" />농구
```

첫 번째 엘리먼트는 text 타입이고 두 번째와 세 번째 엘리먼트는 radio 타입이다.

● 소스 inputMethod.js

```
status: true,
blurFocus: function(event) {
   var focusElement = document.getElementById('inputFocus');
   if (Show.status) {
      focusElement.focus();
      Show.status = false;
   } else {
      focusElement.blur();
      Show.status = true;
   }
},
okClick: function(event) {
   var soccer = document.getElementById('soccer');
   soccer.click();
},
okSelect: function(event) {
   var selectElement = document.getElementById('inputFocus');
   selectElement.select();
}
```

'blur, focus' 버튼을 클릭하면 blurFocus( ) 메소드를 실행하고 'click' 버튼을 클릭하면 okClick( ) 메소드를 실행한다. 또 'Select' 버튼을 클릭하면 okSelect( ) 메소드를 실행한다.

▶ focus( ), blur( ) 메소드

focus( ) 메소드는 포커스를 지정한 엘리먼트로 이동시키고, blur( ) 메소드는 포커스를 지정한 엘리먼트에서 떠나게 한다.

▶ click( ), select( ) 메소드

click( ) 메소드는 마우스로 클릭한 것과 같은 기능을 한다. button, checkbox, radio, reset, submit 타입에서 사용할 수 있다. select( ) 메소드는 입력한 값을 반전 표시한다. file, text, password에서 사용할 수 있다.

10.2.11 HTMLTextAreaElement

HTMLTextAreaElement 인터페이스는 <textarea> 엘리먼트 정보를 제공한다. 이 인터페이스에서 제공하는 메소드와 프로퍼티들 거의 대부분 HTMLInputElement 인터페이스에서 제공하므로 HTMLInputElement 인터페이스에 없는 것만 다룬다.

● **메소드**

인터페이스	HTMLTextAreaElement		
이름	구분	형태	기능 개요
blur	파라미터	없음	필드에서 포커스를 해제
	반환	없음	
focus	파라미터	없음	필드에 포커스를 위치시킴
	반환	없음	
select	파라미터	없음	입력한 값을 반전 표시
	반환	없음	

● **메소드**

인터페이스	HTMLTextAreaElement			
이름	형태	기능 개요	R/W	권장
accessKey	DOMString	단축 키	RW	
cols	long	문자 폭	RW	
defaultValue	DOMString	초기값	RW	
disabled	Boolean	입력의 활성화, 비활성화	RW	
form	HTMLFormElement	엘리먼트가 속한 form 엘리먼트	R	
name	DOMString	엘리먼트 name	RW	
readOnly	Boolean	text, password 타입의 읽기 전용 상태	RW	
rows	long	라인 수	RW	
tabIndex	long	tab 키의 이동 순서	RW	
type	DOMString	'textarea'	R	
value	DOMString	폼 컨트롤의 현재 값	RW	

● 실행결과 textarea

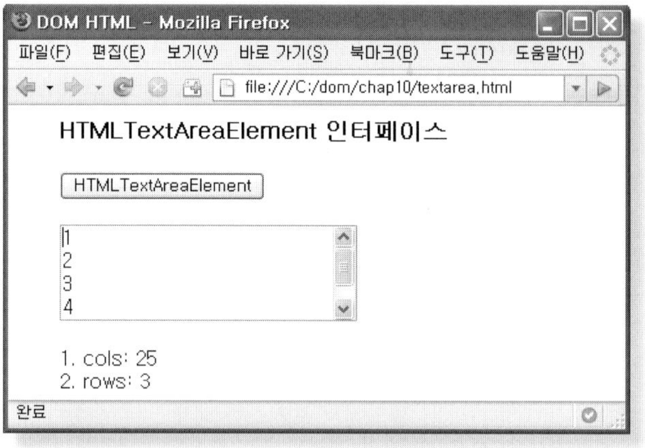

● 소스 textarea.html

```
<textarea id="textInput" rows="3" cols="20"></textarea>
```

rows와 cols 속성 값을 지정하였다.

● 소스 textarea.js

```
var textareaElement = document.getElementById('textInput');
resultShow('cols', textareaElement.cols);
resultShow('rows', textareaElement.rows);
```

▶ cols 프로퍼티

cols 프로퍼티는 한 줄에 표시되는 문자 수를 반환한다. cols 속성 값을 지정하지 않으면 IE는 20을 반환하고 Firefox는 −1을 반환한다. 이 상태에서 IE는 한 줄에 20자 정도를 입력할 수 있는 반면 Firefox는 24자 정도를 입력할 수 있다. Firefox가 길게 입력할 수 있는 것은 스크롤 바가 생기지 않기 때문이다. [실행결과 textarea] 1번에 25가 출력된 것은 cols 속성 값에 25를 지정했기 때문이다.

▶ rows 프로퍼티

rows는 표시되는 라인 수를 반환한다. row 속성 값을 지정하지 않으면 IE는 2를 반환하고 Firefox는 −1을 반환한다. [실행결과 textarea] 2번에 3이 출력된 것은 rows 속성 값에 3을 지정했기 때문이다. rows 속성에 3을 지정하고 IE로 실행하면 세 줄이 표시되지만 Firefox로 실행하면 네 줄이 표시된다.

IE는 비활성화 상태로 상하 스크롤 바가 표시되지만 Firefox는 스크롤 바가 표시되지 않는다. IE에서는 cols 프로퍼티 값보다 크게 문자를 입력하면 자동으로 다음 라인으로 넘어가지만, Firefox는 text 타입과 같이 계속하여 한 줄에 입력하며 줄 바꿈 키(Enter)를 눌러야 라인이 바뀐다.

10.2.12 HTMLButtonElement

HTMLButtonElement 인터페이스는 <button> 엘리먼트 정보를 제공한다. 이 인터페이스에서 제공하는 프로퍼티는 HTMLInputElement 인터페이스에서 다루었으므로 설명을 생략한다.

● **프로퍼티**

인터페이스	HTMLButtonElement			
이름	형태	기능 개요	R/W	권장
accessKey	DOMString	단축 액세스 키	RW	
disabled	Boolean	입력의 활성화, 비활성화	RW	
form	HTMLFormElement	〈input〉 엘리먼트가 속한 form 엘리먼트	R	
name	DOMString	엘리먼트 name	RW	
tabIndex	long	tab 키의 이동 순서	RW	
type	DOMString	'button'	R	
value	DOMString	폼 컨트롤의 현재 값	RW	

10.2.13 HTMLLabelElement

HTMLLabelElement 인터페이스는 <label> 엘리먼트 정보를 제공한다.

● **메소드**

인터페이스	HTMLLabelElement			
이름	형태	기능 개요	R/W	권장
accessKey	DOMString	단축 액세스 키	RW	
form	HTMLFormElement	〈input〉 엘리먼트가 속한 form 엘리먼트	R	
htmlFor	DOMString	라벨 명칭	RW	

● **실행결과 label**

● **소스 label.js**

```
var labelElement = document.getElementsByTagName('label');
resultShow('checkbox', labelElement.item(0).htmlFor);
resultShow('radio', labelElement.item(2).htmlFor);
```

▶ htmlFor 프로퍼티

htmlFor 프로퍼티는 <label> 엘리먼트의 for 속성 값을 반환한다. 속성 이름이 for( ) 문과 같으므로 htmlFor로 사용한다. [실행결과 label] 1번에 checkA가 출력되었으며 이 값은 for 속성 값이다.

```
<input type="checkbox" id="checkA" checked="checked" /><label for="checkA">마라톤
</label>
<label for="checkB" >수영</label><input type="checkbox" id="checkB" />
```

첫 번째 줄은 <label> 엘리먼트를 연결 대상이 되는 <input> 엘리먼트 뒤에 작성하고 for 속성 값과 id 속성 값이 같도록 지정하였다. 이렇게 함으로써 두 개의 엘리먼트는 연결이 되며 '라디오 버튼' →'마라톤'의 순서로 표시된다. 한편, 두 번째 줄은 <label> 엘리먼트를 앞에 작성하였다. 따라서 '수영' →'라디오 버튼'의 순서로 표시된다.

```
<label><input type="radio" id="radioA" name="sport" checked="checked" />축구
</label>
<input type="radio" id="radioB" name="sport">농구</input>
```

첫 번째 줄의 <label> 엘리먼트에 for 속성을 작성하지 않았으며 두 번째 줄에는 <label> 엘리먼트도 작성하지 않았다. 그런데 '라디오 버튼' →'명칭'의 순서로 표시되었다. 즉 두 형태가 같다는 것이다. for 속성을 작성하지 않으면 <label> 엘리먼트 사용이 의미가 없다.

10.2.14 HTMLFieldSetElement

HTMLFieldSetElement 인터페이스는 <fieldset> 엘리먼트 정보를 제공한다. <fieldset> 엘리먼트는 다수의 폼 컨트롤을 하나의 그룹으로 묶는다. 이에 대해서는 다음 항에서 같이 살펴본다.

● **프로퍼티**

인터페이스	HTMLFieldSetElement			
이름	형태	기능 개요	R/W	권장
form	HTMLFormElement	〈fieldset〉 엘리먼트가 속한 form 엘리먼트	R	

10.2.15 HTMLLegendElement

HTMLLegendElement 인터페이스는 <legend> 엘리먼트 정보를 제공한다. <legend> 엘리먼트는 <fieldset> 엘리먼트 그룹의 제목을 제공한다.

● **프로퍼티**

인터페이스	HTMLLegendElement			
이름	형태	기능 개요	R/W	권장
accessKey	DOMString	단축 액세스 키	RW	
align	DOMString	엘리먼트의 위치	RW	비권장
form	HTMLFormElement	〈legend〉 엘리먼트가 속한 form 엘리먼트	R	

● **실행결과 fieldsetLegend**

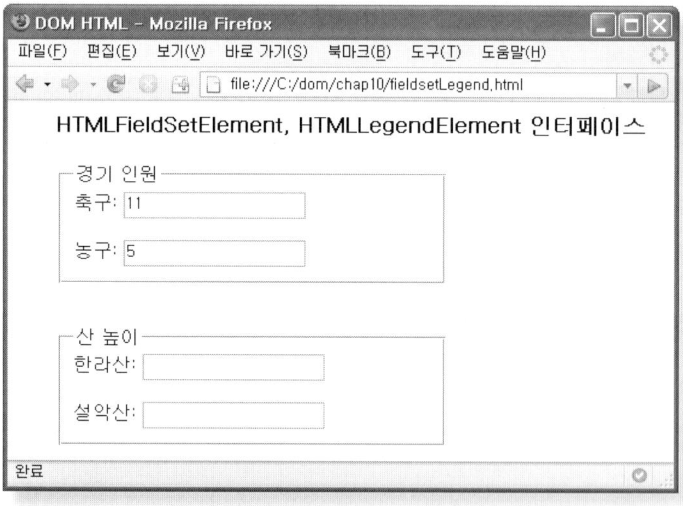

● **소스 fieldsetLegend.html**

```
<form id="groupOne">
  <fieldset>
    <legend>경기 인원</legend>
    <label for="sport1" >축구: </label><input type="text" id="sport1" /><br /><br />
```

```
      <label for="sport2" >농구: </label><input type="text" id="sport2" />
   </fieldset>
   <br /><br />
   <fieldset>
      <legend>산 높이</legend>
      <label for="mtn1" >한라산: </label><input type="text" id="mtn1" /><br /><br />
      <label for="mtn2" >설악산: </label><input type="text" id="mtn2" />
   </fieldset>
</form>
```

두 개의 <fieldset> 엘리먼트를 작성하였으며 각 <fieldset> 엘리먼트에는 <legend> 엘리먼트를 작성하였다. [실행결과 fieldsetLegend]에서 볼 수 있듯이 박스가 그려져서 하나의 그룹 이미지를 느끼게 한다.

● 소스 fieldsetLegend.js

```
var Show = {
   okClick: function(event) {
      var fieldsetElement = document.getElementById('firstFieldset');
      resultShow('form_fieldset', fieldsetElement.form.id);

      var legendElement = document.getElementById('firstLegend');
      resultShow('form_legend', legendElement.form.id);
   }
}
```

[실행결과 fieldsetLegend] 1번과 2번에 groupOne이 출력되었는데 이 값은 <fieldset> 엘리먼트와 <legend> 엘리먼트가 속한 <form> 엘리먼트의 id 속성 값이다. <fieldset>와 <legend> 엘리먼트는 <select>와 <option> 엘리먼트와 같이 하나의 단위로 사용한다.

10.3 리스트 인터페이스

여기서는 리스트(List)와 관련된 ul, ol, dl, dir, menu, li 엘리먼트를 다룬다. 이 인터페이스만 리스트 관련 인터페이스에 속하는 것은 아니지만 장의 분류를 위해 임의적으로 한 것이다. 여기서 다룰 프로퍼티는 사용을 권장하지 않으므로 이를 사용하지 않기 위한 측면에서 살펴보는 것이 나을 것이다.

10.3.1 HTMLUListElement

HTMLUListElement 인터페이스는 <ul> 엘리먼트 정보를 제공한다. <ul> 엘리먼트 자체를 제외하고 프로퍼티는 사용을 권장하지 않는다.

● 프로퍼티

인터페이스	HTMLUListElement			
이름	형태	기능 개요	R/W	권장
Compact	Boolean	리스트 항목 간 공백의 최소화	RW	비권장
Type	DOMString	circle, disk, square와 같은 블릿(bullet) 형태	RW	비권장

compact 속성은 CSS의 margin 프로퍼티로, type 속성은 list-style-type 프로퍼티로 대체할 수 있다.

10.3.2 HTMLOListElement

HTMLOListElement 인터페이스는 <ol> 엘리먼트 정보를 제공한다. <ol> 엘리먼트 자체를 제외하고 프로퍼티는 사용을 권장하지 않는다.

● 메소드

인터페이스	HTMLOListElement			
이름	형태	기능 개요	R/W	권장
Compact	Boolean	리스트 항목 간 공백의 최소화	RW	비권장
Start	long	리스트 항목의 시작 값	RW	비권장
Type	DOMString	번호부여 형태	RW	비권장

compact 속성은 CSS의 margin 프로퍼티로, type 속성은 list-style-type 프로퍼티로 대체할 수 있다.

10.3.3 HTMLDListElement

HTMLDListElement 인터페이스는 <dl> 엘리먼트 정보를 제공한다. <dl> 엘리먼트 자체를 제외하고 프로퍼티는 사용을 권장하지 않는다.

● 프로퍼티

인터페이스	HTMLDirectoryElement			
이름	형태	기능 개요	R/W	권장
Compact	Boolean	리스트 항목 간 공백의 최소화	RW	비권장

10.3.4 HTMLDirectoryElement

HTMLDirectoryElement 인터페이스는 <dir> 엘리먼트 정보를 제공한다. 프로퍼티뿐만 아니라 <dir> 엘리먼트도 사용을 권장하지 않는다.

● 프로퍼티

인터페이스	HTMLDirectoryElement			
이름	형태	기능 개요	R/W	권장
Compact	Boolean	리스트 항목 간 공백의 최소화	RW	비권장

10.3.5 HTMLMenuElement

HTMLMenuElement 인터페이스는 <menu> 엘리먼트 정보를 제공한다. 프로퍼티뿐만 아니라 <menu> 엘리먼트도 사용을 권장하지 않는다.

● **메소드**

인터페이스	HTMLMenuElement			
이름	형태	기능 개요	R/W	권장
Compact	Boolean	리스트 항목 간 공백의 최소화	RW	비권장

10.3.6 HTMLLIElement

HTMLLIElement 인터페이스는 <li> 엘리먼트 정보를 제공한다. <li> 엘리먼트 자체를 제외하고 프로퍼티는 사용을 권장하지 않는다.

● **프로퍼티**

인터페이스	HTMLLIElement			
이름	형태	기능 개요	R/W	권장
Type	DOMString	리스트를 나타내는 블릿 형태	RW	비권장
Value	long	일련번호	RW	비권장

type 속성은 CSS의 list-style-type 프로퍼티로 대체할 수 있다.

10.4 문단 인터페이스

여기서는 문단과 관련된 인터페이스를 살펴본다. div, h1~h6, q, blockquote, pre, br, basefont, font, hr, ins, del 엘리먼트를 다룬다. 여기서 다룰 프로퍼티는 대부분 사용을 권장하지 않으므로 이를 사용하지 않기 위한 측면에서 살펴보는 것이 나을 것이다.

10.4.1 HTMLDivElement

HTMLDivElement 인터페이스는 <div> 엘리먼트 정보를 제공한다. <div> 엘리먼트 자체를 제외하고 프로퍼티는 사용을 권장하지 않는다.

● **프로퍼티**

인터페이스	HTMLDivElement			
이름	형태	기능 개요	R/W	권장
Align	DOMString	엘리먼트의 배치 위치	RW	비권장

10.4.2 HTMLHeadingElement

HTMLHeadingElement 인터페이스는 <h1>~<h6> 엘리먼트 정보를 제공한다. 엘리먼트 자체를 제외하고 프로퍼티는 사용을 권장하지 않는다.

● **프로퍼티**

인터페이스	HTMLHeadingElement			
이름	형태	기능 개요	R/W	권장
Align	DOMString	엘리먼트의 배치 위치	RW	비권장

10.4.3 HTMLQuoteElement

HTMLQuoteElement 인터페이스는 <q> 엘리먼트와 <blockquote> 엘리먼트 정보를 제공한다.

● 프로퍼티

인터페이스	HTMLQuoteElement			
이름	형태	기능 개요	R/W	권장
Cite	DOMString	인용문의 URI	RW	

10.4.4 HTMLPreElement

HTMLPreElement 인터페이스는 <pre> 엘리먼트 정보를 제공한다. <pre> 엘리먼트 자체를 제외하고 프로퍼티는 사용을 권장하지 않는다.

● 프로퍼티

인터페이스	HTMLPreElement			
이름	형태	기능 개요	R/W	권장
Width	long	내용의 폭	RW	비권장

width 속성은 CSS의 width 프로퍼티로 대체할 수 있다.

10.4.5 HTMLBRElement

HTMLBRElement 인터페이스는
 엘리먼트 정보를 제공한다.
 엘리먼트 자체를 제외하고 프로퍼티는 사용을 권장하지 않는다.

● 프로퍼티

인터페이스	HTMLBRElement			
이름	형태	기능 개요	R/W	권장
Clear	DOMString	float 프로퍼티의 텍스트 해제	RW	비권장

clear 속성은 CSS의 clear 프로퍼티로 대체할 수 있다.

10.4.6 HTMLBaseFontElement

HTMLBaseFontElement 인터페이스는 <basefont> 엘리먼트 정보를 제공한다. 프로퍼티와 엘리먼트 모두 사용을 권장하지 않는다.

● **프로퍼티**

인터페이스	HTMLOListElement			
이름	형태	기능 개요	R/W	권장
Color	DOMString	폰트 색상	RW	비권장
Face	DOMString	폰트 식별자	RW	비권장
Size	long	계산된 폰트 사이즈	RW	비권장

color 속성은 CSS의 color 프로퍼티로, face 속성은 font-family 프로퍼티로, size 속성은 font-size 프로퍼티로 대체할 수 있다.

10.4.7 HTMLFontElement

HTMLFontElement 인터페이스는 <font> 엘리먼트 정보를 제공한다. 프로퍼티와 엘리먼트 모두 사용을 권장하지 않는다.

● **프로퍼티**

인터페이스	HTMLFontElement			
이름	형태	기능 개요	R/W	권장
Color	DOMString	폰트 색상	RW	비권장
Face	DOMString	폰트 식별자	RW	비권장
Size	long	폰트 사이즈	RW	비권장

10.4.8 HTMLHRElement

HTMLHRElement 인터페이스는 <hr> 엘리먼트 정보를 제공한다. <hr> 엘리먼트 자체를 제외하고 프로퍼티는 사용을 권장하지 않는다.

● **프로퍼티**

인터페이스	HTMLHRElement			
이름	형태	기능 개요	R/W	권장
Align	DOMString	수평선의 배치	RW	비권장
NoShade	Boolean	음영을 표시하지 않음	RW	비권장
Size	DOMString	수평선 높이	RW	비권장
Width	DOMString	수평선 폭	RW	비권장

noShade 속성은 CSS의 background-color 프로퍼티와 color 프로퍼티로 조합하여 대체할 수 있다. Size 속성은 CSS의 height 프로퍼티로, width 속성은 width 프로퍼티로 대체할 수 있다.

10.4.9 HTMLModElement

HTMLModElement 인터페이스는 <ins>와 <del> 엘리먼트 정보를 제공한다.

● **프로퍼티**

인터페이스	HTMLModElement			
이름	형태	기능 개요	R/W	권장
Citc	DOMString	변경된 이유를 설명한 URI	RW	
DateTime	DOMString	변경일시(YYYY-MM-DDThh:mm:ssTZD)	RW	

10.5 오브젝트 인터페이스

여기서는 링크 및 오브젝트와 관련된 인터페이스를 다룬다. img, image, area, a, object, param, applet 엘리먼트를 다룬다.

10.5.1 HTMLImageElement

HTMLImageElement 인터페이스는 <img> 엘리먼트 정보를 제공한다.

● **프로퍼티**

인터페이스	HTMLImageElement			
이름	형태	기능 개요	R/W	권장
Align	DOMString	이미지 배치 위치	RW	비권장
Alt	DOMString	이미지 대신 표시할 문자열	RW	
Border	DOMString	이미지 테두리 폭(픽셀)	RW	비권장
Height	long	이미지 높이(픽셀)	RW	
Hspace	long	이미지 좌우의 여백(픽셀)	RW	비권장
IsMap	Boolean	서버 사이드 이미지 맵 사용	RW	
LongDesc	DOMString	이미지를 상세하게 설명한 URI	RW	
Name	DOMString	이름	RW	
Src	DOMString	이미지 파일의 URI	RW	
UseMap	DOMString	클라이언트 사이드 이미지 맵 URI	RW	
Vspace	long	이미지 상하의 수직 여백(픽셀)	RW	비권장
Width	long	이미지 폭(픽셀)	RW	

border 속성은 CSS의 border 프로퍼티로, hspace 속성과 vspace 속성은 margin 프로퍼티로 대체할 수 있다.

● 실행결과 image

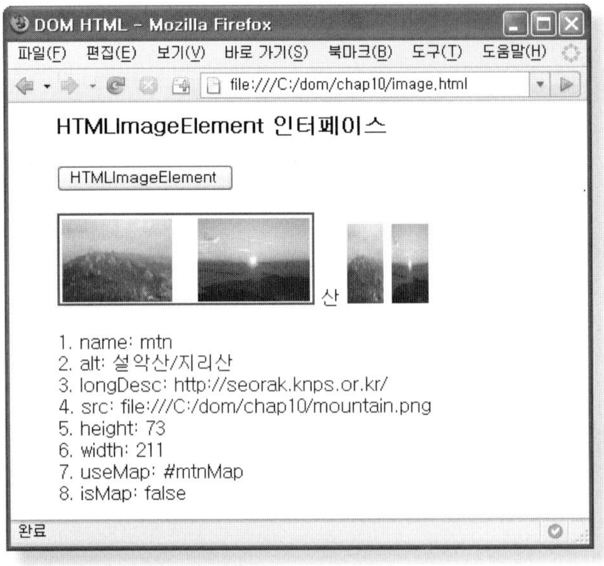

● 소스 image.html

```
<img id="mtn" name="mtn" src="mountain.png" alt="설악산/지리산"
   longDesc="http://seorak.knps.or.kr/" usemap="#mtnMap" height="73" width="211" />
<img id="mtnA" src="abc.png" alt="산" height="70" width="70" />
<img id="mtnB" src="mountain.png" alt="산 alter" title="산 title" height="70" width="70" />
```

눈여겨 볼 것은 alt 속성과 title 속성을 작성한 것과 작성하지 않은 것이다.

● 소스 image.js

```
var Show = {
   okClick: function(event) {
      var imageElement = document.getElementById('mtn');
      resultShow('name', imageElement.name);
      resultShow('alt', imageElement.alt);
      resultShow('longDesc', imageElement.longDesc);
      resultShow('src', imageElement.src);
```

```
        resultShow('height', imageElement.height);
        resultShow('width', imageElement.width);

        resultShow('useMap', imageElement.useMap);
        resultShow('isMap', imageElement.isMap);
    }
}
```

▶ alt 프로퍼티

alt 속성은 src 속성에 지정한 이미지 파일이 존재하지 않을 때 alt 속성 값이 표시된다. 그럼, 이미지 파일이 존재하면 어떻게 될 것인가? 몇 가지 경우를 통해 alt 속성과 title 속성에 대해 살펴본다.

첫 번째 그림에 마우스를 올려놓으면 IE는 alt 속성 값인 '설악산/지리산'을 표시하지만 Firefox는 이 값을 표시하지 않는다. 이 엘리먼트에는 alt 속성을 작성하였으나 title 속성은 작성하지 않았다.

두 번째 엘리먼트에는 존재하지 않는 파일을 지정하였다. IE는 X 표시와 함께 alt 속성 값을 표시한다. 그러나 Firefox는 X 표시가 표시되지 않고 alt 속성 값은 표시된다. 또 지정한 width 속성 값이 무시되고 alt 속성 값의 글자수 크기로 표시된다. title 속성 값을 작성하더라도 IE와 Firefox 모두 alt 속성 값을 표시한다.

세 번째 그림에 마우스를 올려놓으면 IE와 Firefox 모두 title 속성 값을 표시한다. 이 엘리먼트에는 alt 속성 값과 title 속성 값을 모두 작성하였다. 이 사례를 볼 때 파일이 존재하지 않을 때에는 alt 속성 값이 표시되고 파일이 존재하면 title 속성 값이 표시된다는 것을 알 수 있다. 즉 alt 속성과 title 속성을 모두 작성해야 한다.

▶ height, width 프로퍼티

height 프로퍼티는 이미지의 높이를 반환하고 width 프로퍼티는 이미지의 넓이를 반환한다.

▶ longDesc 프로퍼티

longDesc 프로퍼티는 이미지에 관한 상세한 설명이 있는 URI를 반환한다. 이 속성은 alt 속성과 title 속성보다 많은 설명을 할 때 사용한다.

▶ useMap 프로퍼티

useMap 속성에 작성하는 값은 <map> 엘리먼트와 연결할 id 속성 값 또는 name 속성 값이다. 이미지 파일 하나에 하나의 링크 URI를 지정할 수 있지만, <area> 엘리먼트를 사용하여 영역을 분리하면 다수의 링크 URI를 지정할 수 있다. 그런데 <area> 엘리먼트는 <map> 엘리먼트에 작성해야 하므로 <map> 엘리먼트와 연결해야 한다. 즉 <img> → <map> →<area> 엘리먼트가 연결되게 된다.

▶ isMap 프로퍼티

ismap 프로퍼티는 서버 사이드 이미지를 반환한다. [실행결과 image] 8번에 false가 출력된 것은 ismap 속성을 작성하지 않았기 때문이다.

10.5.2 HTMLMapElement

HTMLMapElement 인터페이스는 <map> 엘리먼트 정보를 제공한다.

● **프로퍼티**

인터페이스	HTMLMapElement			
이름	형태	기능 개요	R/W	권장
Areas	HTMLCollection	〈area〉를 포함한 노드 리스트	R	
Name	DOMString	이미지 맵 이름	RW	

● 실행결과 map

● 소스 map.html

```
<img id="mtn" name="mtn" src="mountain.png" usemap="#mtnMap" />
<map id="mtnMap" name="mtnMap">
   <area shape="rect" coords="1, 1, 92, 73" />
   <area shape="rect" coords="113, 1, 211, 73" />
</map>
```

<img> 엘리먼트의 usemap 속성 값에서 '#'을 제외한 이름과 <map> 엘리먼트의 id 속성 값이 같다. 이는 두 엘리먼트를 연결하기 위함이며 <map> 엘리먼트에 name 속성을 작성한 것은 HTML 4.01의 호환성을 위한 것이다. 또 <map> 엘리먼트에는 두 개의 <area> 엘리먼트가 작성되어 있다.

● 소스 map.js

```
var Show = {
   okClick: function(event) {
      var mapElement = document.getElementById('mtnMap');
      resultShow('areas', mapElement.areas);
      resultShow('name', mapElement.name);
   }
}
```

[실행결과 map] 1번에 HTMLCollection이 출력되었다는 것은 반환 값이 노드 리스트 형태임을 의미한다. 이는 <map> 엘리먼트에 다수의 <area> 엘리먼트를 작성할 수 있기 때문이다. <map> 엘리먼트는 그다지 기능이 없지만 <area> 엘리먼트를 노드 리스트 형태로 반환한다는 것이 의미가 크다고 할 수 있다.

10.5.3 HTMLAreaElement

HTMLAreaElement 인터페이스는 <area> 엘리먼트 정보를 제공한다.

● **프로퍼티**

인터페이스	HTMLAreaElement			
이름	형태	기능 개요	R/W	권장
accessKey	DOMString	단축 키(alt + 1문자)	RW	
Alt	DOMString	이미지 대신 표시할 텍스트	RW	
Cords	DOMString	영역의 좌표 값	RW	
Href	DOMString	링크할 URI	RW	
NoHref	Boolean	링크가 없음을 지정	RW	
Shape	DOMString	영역 형태	RW	
TabIndex	long	tab 키 이동 순서	RW	
Target	DOMString	링크된 문서가 랜더링될 프레임	RW	

● **실행결과 area**

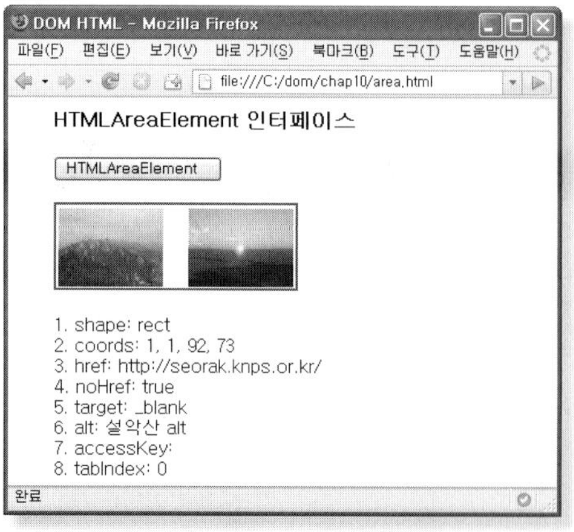

● 소스 area.html

```
<img id="mtn" name="mtn" src="mountain.png" usemap="#mtnMap" />
<map id="mtnMap" name="mtnMap">
   <area shape="rect" coords="1, 1, 92, 73" alt="설악산 alt" title="설악산 title"
      href="http://seorak.knps.or.kr/" target="_blank" />
   <area shape="rect" coords="113, 1, 211, 73" alt="지리산 alt" title="지리산 title"
      nohref="nohref" />
</map>
```

첫 번째 <area> 엘리먼트에 nohref 속성을 작성하지 않았으나 두 번째 엘리먼트에는 작성하였다. 또 각 엘리먼트에 alt 속성과 title 속성을 작성하였다.

● 소스 area.js

```
var Show = {
   okClick: function(event) {
      var mapElement = document.getElementById('mtnMap').areas.item(0);
      resultShow('shape', mapElement.shape);
      resultShow('coords', mapElement.coords);

      resultShow('href', mapElement.href);
      var secontElement = document.getElementById('mtnMap').areas.item(1);
      resultShow('noHref', secontElement.noHref);
      resultShow('target', mapElement.target);

      resultShow('alt', mapElement.alt);
      resultShow('accessKey', mapElement.accessKey);
      resultShow('tabIndex', mapElement.tabIndex);
   }
}
```

<area> 엘리먼트는 <img> 엘리먼트의 src 속성에 지정한 이미지 파일을 다수의 영역으로 구분하여 정의할 수 있다. 따라서 첫 번째 <area> 엘리먼트에 접근하기 위해서는 areas 프로퍼티가 제공하는 노드 리스트의 첫 번째 노드 오브젝트를 반환받아야 한다.

첫 라인의 areas.item(0)은 이를 위한 것이다.

▶ shape 프로퍼티

shape 프로퍼티는 이미지 맵 형태를 반환한다. shape 속성에는 default(전체), rect(사각형), circle(원형), poly(다각형)를 지정할 수 있다. [실행결과 area] 1번에 출력된 rect는 이미지 맵이 사각형 형태인 것을 의미한다. 이 속성은 단지 영역 형태를 나타내며 영역의 범위는 coords 속성에서 지정한다. IE로 실행하면 대문자로 shape 속성 값을 반환하지만 Firefox로 실행하면 소문자로 반환한다.

▶ coords 프로퍼티

coords 프로퍼티는 shape 속성에 지정한 이미지 맵 형태의 영역이 되는 좌표를 반환한다. 이미지 맵 형태에 따라 영역이 다르므로 좌표를 지정하는 방법 또한 각각 다르다. [실행결과 area] 2번에 '1, 1, 92, 73'이 출력되었는데 이는 사각형 형태의 좌측 상단 모퉁이(x, y)와 우측 하단 모퉁이(x, y) 값이다. 여기서 좌표는 이미지가 위치할 좌표가 아니라 이미지 맵 영역 내에서의 좌표이다.

▶ noHref 프로퍼티

nohref 속성은 링크할 URI를 지정하지 않았다는 것을 의미한다. [실행결과 area] 4번에 true가 출력된 것은 nohref 속성을 작성했기 때문이다. 그런데 IE로 실행하면 false가 반환된다. 아울러 이 속성을 작성하지 않으면 IE와 Firefox 모두 false를 반환한다. 따라서 크로스 브라우저 문제가 있다.

▶ target 프로퍼티

target 프로퍼티는 href 속성에 작성한 URI를 표시하는 방법을 반환한다. IE 7과 Firefox 2에서 산이 있는 좌측 그림을 마우스로 클릭하면 별도의 탭에 표시되는데 이것은 target 속성에 _blank를 지정했기 때문이다. _blank 이 외에도 _self, _top, _parent가 있으며 frame 이름을 지정할 수도 있다.

▶ alt 프로퍼티

이미지 파일이 존재하지 않을 때에는 alt 속성 값이 표시되고, 존재할 때에는 title 속성 값이 표시된다. 그런데 <area> 엘리먼트에 alt 속성 값과 title 속성 값을 전부 작성한 상태에서 그림에 마우스를 올려놓으면 브라우저마다 다른 값이 표시된다. IE는 alt 속성 값이 표시되고 Firefox는 title 속성 값이 표시된다.

10.5.4 HTMLAnchorElement

HTMLAnchorElement 인터페이스는 <a> 엘리먼트 정보를 제공한다.

● **메소드**

인터페이스	HTMLAnchorElement		
이름	구분	형태	기능 개요
Blur	파라미터	없음	엘리먼트에서 키보드 포커스를 해제
	반환	없음	
Focus	파라미터	없음	엘리먼트에 키보드 포커스를 위치시킴
	반환	없음	

● **메소드**

인터페이스	HTMLAnchorElement			
이름	형태	기능 개요	R/W	권장
accessKey	DOMString	단축 키	RW	
Charset	DOMString	링크할 도큐먼트의 인코딩 문자	RW	
Cords	DOMString	영역의 좌표 값	RW	
Href	DOMString	링크할 URI	RW	
Hreflang	DOMString	링크할 리소스의 언어 코드	RW	
Name	DOMString	이름	RW	
Rel	DOMString	링크할 리소스의 링크 타입	RW	
Rev	DOMString	링크한 리소스에서의 본 도큐먼트의 링크 타입	RW	
Shape	DOMString	영역 형태	RW	
TabIndex	long	tab 키 이동 순서	RW	
Target	DOMString	링크될 도큐먼트의 표시 방법	RW	
Type	DOMString	링크할 리소스의 MIME 형식	RW	

● 실행결과 a

● 소스 a.html

```
<img id="mtn" name="mtn" src="mountain.png" usemap="#mtnMap" border="0" />
<map id="mtnMap" name="mtnMap">
   <p id="dummy">
      <a shape="rect" coords="1, 1, 92, 73" title="설악산" target="_blank" charset="utf-8"
         rel="alternate" hreflang="kr" rev="pre" type="HTML" id="seorak" name="seorak"
         href="http://seorak.knps.or.kr/">설악산</a>
      <a shape="rect" coords="113, 1, 211, 73" title="지리산" target="_blank"
         href="http://jiri.knps.or.kr/">지리산</a>
   </p>
</map>
```

첫 번째 <a> 엘리먼트에 HTMLAnchorElement 인터페이스에서 제공하는 프로퍼티를 작성하였다. 사실 이렇게 속성을 작성하지는 않지만, 속성 값을 출력하기 위해 의도적으로 작성하였다. 실제로 사용할 때에는 두 번째 <a> 엘리먼트와 같이 필요한 속성만 작성하면 된다.

● 소스 a.js

```
var Show = {
   okClick: function(event) {
      var ancElement = document.getElementsByTagName('a').item(0);
      resultShow('shape', ancElement.shape);
      resultShow('coords', ancElement.coords);

      resultShow('href', ancElement.href);
      resultShow('type', ancElement.type);
      resultShow('target', ancElement.target);

      resultShow('charset', ancElement.charset);
      resultShow('hreflang', ancElement.hreflang);
      resultShow('rel', ancElement.rel);
      resultShow('rev', ancElement.rev);

      resultShow('accessKey', ancElement.accessKey);
      resultShow('name', ancElement.name);
      resultShow('tabIndex', ancElement.tabIndex);
   }
}
```

HTMLAnchorElement 인터페이스에서 제공하는 메소드와 프로퍼티는 앞에서 다루었으므로 설명을 생략한다.

10.5.5 HTMLObjectElement

HTMLObjectElement 인터페이스는 <object> 엘리먼트 정보를 제공한다. <applet>, <embed> 엘리먼트 대신 <object> 엘리먼트 사용을 권장하고 있다.

● **프로퍼티**

인터페이스	HTMLObjectElement			
이름	형태	기능 개요	R/W	권장
align	DOMString	object 배치 위치	RW	비권장
archive	DOMString	object와 관계된 자원의 URI 리스트	RW	
border	DOMString	object 테두리 폭(픽셀)	RW	비권장
code	DOMString	애플릿 클래스 파일	RW	
codeBase	DOMString	classid, data, archive 속성의 기준 URI	RW	
codeType	DOMString	classid로 지정한 데이터의 MIME 타입	RW	
contentDocument	Document	object의 document 포함 여부	R	
data	DOMString	object가 사용하는 데이터의 URI	RW	
declare	Boolean	자동 실행여부 제어	RW	
form	HTMLFormElement	컨트롤이 속한 form 엘리먼트	R	
height	DOMString	object의 높이(픽셀)	RW	
hspace	long	object 좌우의 수평 여백(픽셀)	RW	비권장
name	DOMString	object 이름	RW	
standby	DOMString	object를 로드할 때 표시되는 메시지	RW	
tabIndex	long	tab 키 이동 순서	RW	
type	DOMString	데이터의 MIME 타입	RW	
useMap	DOMString	클라이언트 사이드 이미지 맵 URI	RW	
vspace	long	object 상하의 수직 여백(픽셀)	RW	비권장
width	DOMString	object의 폭(픽셀)	RW	

● 실행결과 object

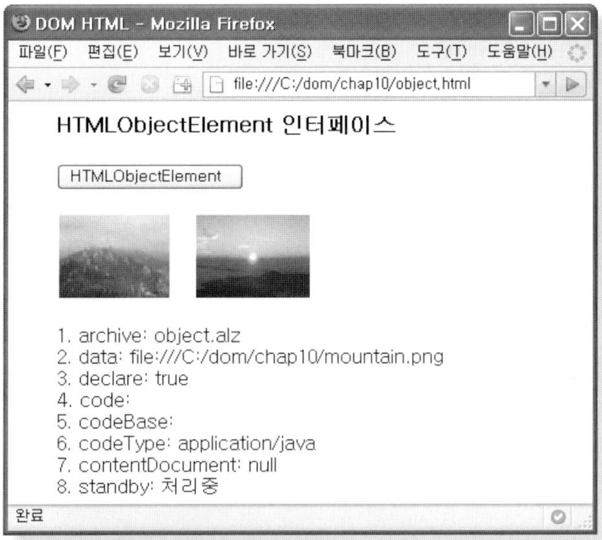

● 소스 object.html

```
<object id="mtn" name="mtn" data="mountain.png" height="73" width="211" declare
    type="image/png" standby="처리중" archive="object.alz"
    classid="PostDataJava.class" codetype="application/java" >
</object>
```

<object> 엘리먼트에 여러 가지 형태의 오브젝트를 지정할 수 있으므로 하나의 형태가 모든 속성을 사용하지는 않는다. 여기에 작성한 속성 값은 HTMLObjectElement 인터페이스가 제공하는 프로퍼티를 사용하여 값을 추출하기 위한 것으로 실제로는 이렇게 사용하지 않는다.

● 소스 object.js

```
var Show = {
   okClick: function(event) {
      var objectElement = document.getElementById('mtn');
      resultShow('archive', objectElement.archive);
      resultShow('data', objectElement.data);
```

```
        resultShow('declare', objectElement.declare);
        resultShow('code', objectElement.code);
        resultShow('codeBase', objectElement.codeBase);
        resultShow('codeType', objectElement.codeType);
        resultShow('contentDocument', objectElement.contentDocument);
        resultShow('standby', objectElement.standby);
    }
}
```

Firefox로 실행하면 정상적으로 이미지 파일이 표시되지만 IE로 실행하면 스크롤 바가 생긴다. 이런 점을 볼 때 이미지 파일을 <object> 엘리먼트에 지정할 수는 있지만 <img> 엘리먼트에 지정하는 것이 좋다. 여기서 이미지 파일을 사용한 것은 앞항과의 연속성과 차이점을 살펴보기 위함이다.

▶ archive 프로퍼티

archive 프로퍼티는 압축 파일의 URI를 반환한다. 압축 파일을 풀면 다수의 파일이 있듯이 다수의 파일을 하나로 만든 파일을 archive 속성에 지정한다. [실행결과 object] 1번에 출력된 값은 archive 속성 값이다.

▶ data 프로퍼티

data 프로퍼티는 오브젝트 파일의 URI를 반환한다. data 속성에 "object.alz"를 지정하고 IE에서 실행하면 다음 그림 10-1과 같이 파일 다운로드 화면이 표시된다. [실행결과 object] 2번에 출력된 값은 data 속성 값이다.

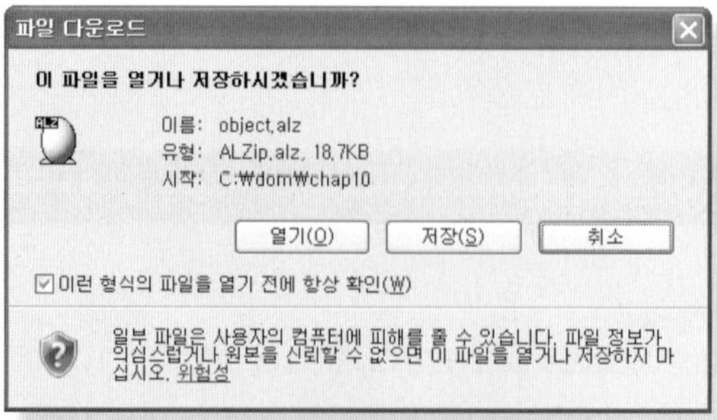

그림 10-1

▶ declare 프로퍼티

declare 프로퍼티는 declare 속성의 작성 여부를 반환한다. 작성했으면 true를 반환하고 작성하지 않았으면 false를 반환한다. <object> 엘리먼트를 랜더링하게 되면 지정한 프로그램이 자동으로 실행하게 되는데, 이를 실행하지 못하게 하고 자바스크립트에서 제어하기 위함이다. [실행결과 object] 3번에 true가 출력된 것은 declare 속성을 작성했기 때문이다.

▶ code 프로퍼티

code 속성에 Java 애플릿 class 파일의 URI를 지정한다. 참고로 Java 애플릿 class 파일은 HTMLAppletElement 인터페이스에서 제공하며 이 인터페이스 사용을 권장하지 않으므로 <object> 엘리먼트에 지정한다.

▶ codeBase 프로퍼티

codeBase 프로퍼티는 archive 속성, classid 속성, data 속성에 작성한 URI의 상대 URI를 반환한다. 이 속성 값을 작성하지 않으면 <object> 엘리먼트가 포함된 URI가 기준 URI가 된다.

▶ codeType 프로퍼티

codeType 프로퍼티는 classid 속성에 지정한 파일의 MIME 타입을 반환한다. [실행결과 object] 6번에 출력된 값인 'application/java'는 Java class를 의미한다.

▶ contentDocument 프로퍼티

contextDocument 프로퍼티는 실행중인 오브젝트가 도큐먼트를 포함하고 있으며 사용할 수 있다면 그 도큐먼트의 인터페이스 오브젝트를 반환하고 아니면 null을 반환한다. <iframe> 엘리먼트 대신 data 속성에 .html을 지정하여 사용하는 개념이나, Firefox는 지원을 하지만 IE는 지원하지 않는다. contentDocument 프로퍼티는 IE로 실행하면 undefined가 출력된다.

10.5.6 HTMLParamElement

HTMLParamElement 인터페이스는 <param> 엘리먼트 정보를 제공한다.

● **프로퍼티**

인터페이스	HTMLParamElement			
이름	형태	기능 개요	R/W	권장
name	DOMString	오브젝트를 실행하기 위한 파라미터 이름	RW	
type	DOMString	MIME 타입, valueType이 ref일 때만 지정	RW	
value	DOMString	name 속성의 파라미터 값	RW	
valueType	DOMString	value 속성에 설정한 값의 형태	RW	

● **실행결과 param**

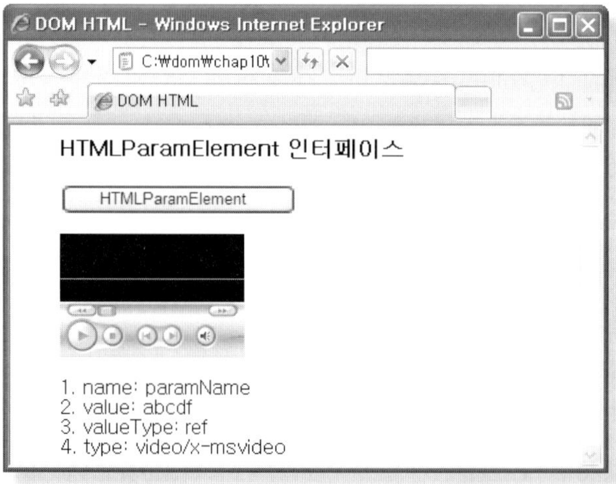

● **소스 param.html**

```
<object id="paramID" name="paramName" data="paramav.wmv" height="100" width="150"
   classid="clsid:6BF52A52-394A-11d3-B153-00C04F79FAA6" >
   <param name="AutoRewind" valuetype="ref" type="video/x-msvideo" value="false"/>
</object>
```

<param> 엘리먼트의 name 속성 값에 'AutoRewind'를 지정하였으며 value 속성에 'false'를 지정하였다.

● 소스 param.js

```
var Show = {
   okClick: function(event) {
      var paramElement = document.getElementsByTagName('param').item(0);
      resultShow('name', paramElement.name);
      resultShow('value', paramElement.value);
      resultShow('valueType', paramElement.valueType);
      resultShow('type', paramElement.type);
   }
}
```

<param> 엘리먼트의 속성 값은 오브젝트를 실행하기 위한 데이터를 정의하는 것이므로 id 속성 값이 의미가 없다. getElementById( ) 메소드를 사용하면 value 프로퍼티와 valueType 프로퍼티의 값이 undefined로 출력되며 type 프로퍼티는 값을 반환하지 않는다. getElementsByTagName( ) 메소드를 사용해야 한다.

▶ name, value 프로퍼티

name 속성 값과 value 속성 값은 파라미터로 해서 전송된다. name 속성에는 파라미터 이름을 지정하고 value 속성에 name 속성 값을 지정한다.

▶ type, valueType 프로퍼티

valuetype 속성은 value 속성에 설정한 값의 형태를 나타내며 type 속성은 valuetype 속성에 'ref'를 지정한 경우에 MIME 타입을 지정한다.

10.5.7 HTMLAppletElement

HTMLAppletElement 인터페이스는 <applet> 엘리먼트 정보를 제공한다. <applet> 엘리먼트 사용을 권장하지 않으며 <object> 엘리먼트 사용을 권장하고 있다.

● **프로퍼티**

인터페이스	HTMLAppletElement			
이름	형태	기능 개요	R/W	권장
align	DOMString	오브젝트 배치 위치	RW	비권장
alt	DOMString	오브젝트 대신 표시할 문자열	RW	비권장
archive	DOMString	object와 관계된 자원의 URI 리스트	RW	비권장
code	DOMString	애플릿 클래스 파일	RW	비권장
codebase	DOMString	archive, code 속성의 기준 URI	RW	비권장
height	DOMString	오브젝트 높이(픽셀)	RW	비권장
hspace	long	오브젝트 좌우의 여백(픽셀)	RW	비권장
name	DOMString	오브젝트 이름	RW	비권장
object	DOMString	애플릿 상태를 보존한 데이터	RW	비권장
vspace	long	오브젝트 상하의 수직 여백(픽셀)	RW	비권장
width	DOMString	오브젝트 폭(픽셀)	RW	비권장

10.6 테이블 인터페이스

여기서는 테이블과 관련된 인터페이스를 다룬다. table, caption, col, colgroup, thead, tffot, tbody, tr, th, td 엘리먼트를 다룬다.

10.6.1 HTMLTableElement-프로퍼티

HTMLTableElement 인터페이스는 <table> 엘리먼트 정보를 제공한다. 여기서는 프로퍼티에 대해 살펴보고 다음 항에서 메소드에 대해 살펴본다.

● 프로퍼티

인터페이스	HTMLTableElement			
이름	형태	기능 개요	R/W	권장
align	DOMString	table의 정렬 방법	RW	비권장
bgColor	DOMString	셀의 배경색	RW	비권장
border	DOMString	table의 테두리 두께	RW	
caption	HTMLTableCaptionElement	table의 caption	RW	
cellPadding	DOMString	셀과 테두리 선 사이 간격	RW	
cellSpacing	DOMString	셀과 셀 사이의 간격	RW	
frame	DOMString	table의 바깥선 표시 형태	RW	
rows	HTMLCollection	table의 모든 행	R	
rules	DOMString	table의 내부선 표시 형태	RW	
summary	DOMString	table의 목적, 구조에 대한 설명	RW	
tBodies	HTMLCollection	table의 tbody	R	
tFoot	HTMLTableSectionElement	table의 tffot	RW	
tHead	HTMLTableSectionElement	table의 thead	RW	
width	DOMString	table의 폭(숫자, %)	RW	

● 실행결과 tableProerty

● 소스 tableProerty.html

```
<table id="tableID" border="1" cellSpacing="2" cellPadding="3"  frame="border"
   rules="all" width="200px" summary="Table 속성 값 추출" >
  <caption id="cap">스포츠</caption>
  <thead><tr><th>종목</th><th>인원(명)</th></tr></thead>
  <tfoot><tr><td>2</td><td>16</td></tr></tfoot>
  <tbody>
    <tr><td>축구</td><td>11</td></tr>
    <tr><td>농구</td><td>5</td></tr>
  </tbody>
</table>
```

<table> 엘리먼트에 속성을 작성하였다. 다른 엘리먼트는 <table> 엘리먼트만 작성하면 내용이 보이지 않으므로 내용을 보이기 위해 작성한 것이다. 이에 대해서는 계속 살펴볼 것이다.

● 소스 tableProerty.js

```
var Show = {
  okClick: function(event) {
    var tableElement = document.getElementById('tableID');
    resultShow('width', tableElement.width);
    resultShow('border', tableElement.border);
    resultShow('cellPadding', tableElement.cellPadding);
    resultShow('cellSpacing', tableElement.cellSpacing);

    resultShow('frame', tableElement.frame);
    resultShow('rules', tableElement.rules);
    resultShow('summary', tableElement.summary);

    resultShow('caption', tableElement.caption);
    resultShow('caption_nodeValue', tableElement.caption.firstChild.nodeValue);
    resultShow('caption_innerHTML', tableElement.caption.innerHTML);

    resultShow('rows', tableElement.rows);
    resultShow('tHead', tableElement.tHead);
    resultShow('tFoot', tableElement.tFoot);
```

```
        resultShow('tBodies', tableElement.tBodies);
    }
}
```

▶ width 프로퍼티

width 프로퍼티는 테이블의 폭을 반환한다. 만약 이 속성 값을 지정하지 않으면 브라우저가 자동 레이아웃 알고리즘으로 계산한다. 픽셀 또는 %를 지정할 수 있다. HTMLPreElement 인터페이스 등에서는 width 프로퍼티 사용을 권장하지 않지만, 이 인터페이스에서는 사용을 권장하지 않는 것은 아니다. 하지만 일관성을 위해 CSS의 width 프로퍼티를 사용하는 것이 좋다.

▶ border 프로퍼티

border 프로퍼티는 테두리 선의 굵기를 픽셀로 반환한다. 0을 지정하면 테두리 선이 표시되지 않는다. 같은 값이라도 IE와 Firefox가 표시하는 모습이 다르다.

▶ cellPadding 프로퍼티

cellPadding 프로퍼티는 셀과 테두리 선 사이의 간격을 반환한다. 이 값은 픽셀 또는 %로 지정할 수 있다.

▶ cellSpacing 프로퍼티

cellSpacing 프로퍼티는 셀의 테두리 선과 내용 사이의 간격을 반환한다.

▶ frame 프로퍼티

frame 프로퍼티는 테이블의 외부 테두리 선 표시 여부와 위치를 반환한다. [실행결과 tableProperty] 5번에 border가 출력되었으며 이 외에도 above, box, below, hsides, lhs, rhs, void, vsides가 있다.

▶ rules 프로퍼티

rules 프로퍼티는 테이블 내부 테두리 선의 표시방법을 반환한다. [실행결과 tableProperty] 6번에 all이 출력되었으며 이 외에도 cols, groups, none, rows가 있다. IE와 Firefox가 표시하는 형태가 다르므로 다양한 형태로 지정해보면서 변하는 모습을 살펴볼 필요가 있다.

▶ summary 프로퍼티

summary 속성에는 테이블의 개요를 작성하며 summary 프로퍼티는 이 값을 반환한다. 이를 작성하는 이유는 점자 및 음성 출력과 같이 시각 장애우를 위함이다.

▶ caption 프로퍼티

caption 프로퍼티는 HTMLTableCaptionElement 인터페이스 형태의 오브젝트를 반환한다. 따라서 <caption> 엘리먼트의 제목을 추출하기 위해서는 tableElement.caption.firstChild.nodeValue와 같이 지정해야 한다. 그런데 이 코드는 다소 긴 느낌이 든다. DOM 표준은 아니지만 innerHTML 프로퍼티로 제목을 추출할 수 있다. [실행결과 tableProperty] 9번과 10번에 같은 값이 출력되었다는 것은 두 형태 모두 같은 기능을 한다는 것을 의미한다.

▶ rows 프로퍼티

rows 프로퍼티는 HTMLCollection 인터페이스 형태의 오브젝트를 반환한다. 이는 테이블에 속한 <th>, <tr>, <td> 엘리먼트를 전부 반환하기 때문이다.

▶ tHead, tFoot, tBodies 프로퍼티

tHead 프로퍼티는 <thead> 엘리먼트 정보를, tFoot 프로퍼티는 <tfoot> 엘리먼트 정보를 HTMLTableSectionElement 인터페이스 형태의 오브젝트로 반환한다. tBodies 프로퍼티는 <tbody> 엘리먼트 정보를 HTMLCollection 인터페이스 형태의 오브젝트로 반환한다. 이에 대해서는 계속 다룰 것이다.

지금까지 다른 인터페이스에서 보았던 것처럼 HTMLTableElement 인터페이스는 <table> 엘리먼트를 제어하기 위한 프로퍼티와 메소드를 제공하는 것으로 생각할 수 있다. 프로퍼티는 <table> 엘리먼트의 속성을 대상으로 하지만 메소드는 <table> 엘리먼트에 속한 엘리먼트를 대상으로 한다.

예를 들어 createCaption( ) 메소드는 <caption> 엘리먼트를, createTHead( ) 메소드는 <thead> 엘리먼트를, createTFoot( ) 메소드는 <tfoot> 엘리먼트를 생성한다. 또 insertRow( ) 메소드는 한 단계 더 아래인 <tr> 엘리먼트를 생성한다. 그렇다고 <col> 엘리먼트를 생성하는 메소드는 없으며 프로퍼티는 다른 인터페이스에서 제공하고 있다.

10.6.2 HTMLTableElement-caption

여기서는 <caption> 엘리먼트를 생성하는 createCaption() 메소드와 삭제하는 delete Caption() 메소드를 살펴본다.

● **메소드**

인터페이스	HTMLTableElement		
이름	구분	형태	기능 개요
createCaption	파라미터	없음	〈caption〉 엘리먼트 생성
	반환	HTMLElement	〈caption〉 엘리먼트
deleteCaption	파라미터	없음	〈caption〉 엘리먼트 삭제
	반환	없음	

● **실행결과**

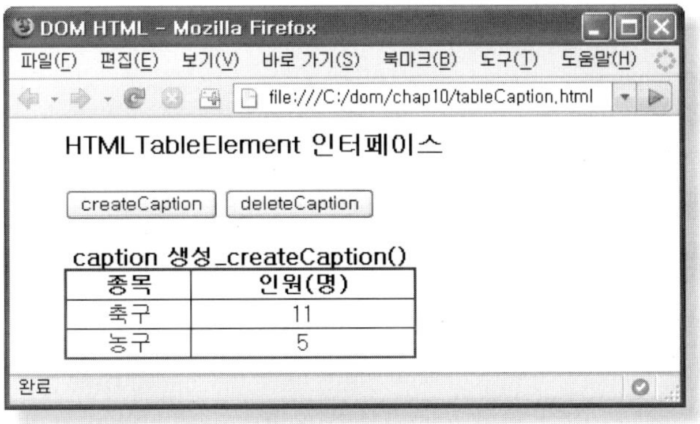

● 소스 tableCaption.html

```
<link rel="stylesheet" href="domHtmlCss.css" type="text/css" />
<table id="tableID">
   <thead><tr id="theadTr1"><th>종목</th><th>인원(명)</th></tr></thead>
   <tbody>
      <tr id="tbodyTr1"><td>축구</td><td>11</td></tr>
      <tr id="tbodyTr2"><td>농구</td><td>5</td></tr>
   </tbody>
</table>
```

domHtmlCss.css 파일에 각 엘리먼트에 적용할 CSS를 작성하였다. <caption> 엘리먼트를 작성하지 않았으며, 여기에 <caption> 엘리먼트를 추가하고 삭제한다.

● 소스 tableCaption

```
var Show = {
   createElmt: function(event) {
      var tableElement = document.getElementById('tableID');
      var captionElement = tableElement.createCaption();
      captionElement.id = 'firstCaption';
      var captionText = document.createTextNode('caption 생성_createCaption()');
      document.getElementById(captionElement.id ).appendChild(captionText);

      var captionCreate = document.createElement('caption');
      captionCreate.id = 'secondCaption';
      tableElement.appendChild(captionCreate);
      captionText = document.createTextNode('caption 생성_DOM Core');
      document.getElementById(captionCreate.id ).appendChild(captionText);
   },
   deleteElmt: function(event) {
      var tableElement = document.getElementById('tableID');
      tableElement.deleteCaption();
   }
}
```

'createCaption' 버튼을 클릭하면 Show.createElmt( ) 메소드를 수행하고 'deleteCaption' 버튼을 클릭하면 Show.deleteElmt( ) 메소드를 수행한다.

▶ createCaption( ) 메소드

createCaption( ) 메소드는 <caption> 엘리먼트를 생성한다. 'createCaption' 버튼을 IE에서 실행하면 'caption 생성_createCaption( )'과 'caption 생성_DOM Core'가 표시되지만, Firefox로 실행하면 첫 번째로 생성한 'caption 생성_createCaption( )'만 표시된다. 하지만 Firefox에서 두 번째 엘리먼트가 생성되지 않은 것이 아니라 보이지만 않을 뿐이다. 즉 DOM 트리는 형성된다.

Show.createElmt( ) 메소드에서 'caption 생성_DOM Core'를 출력하기 위한 코드는 DOM Core에서 주로 사용했던 형태이다. createElement('caption') 메소드와 tableElement.appendChild( ) 메소드를 하나의 tableElement.createCaption( ) 메소드로 대체할 수 있다.

▶ deleteCaption() 메소드

deleteCaption( ) 메소드는 <caption> 엘리먼트를 삭제한다. 만약, 두 개의 <caption> 엘리먼트가 있다면 어느 것이 먼저 삭제될 것인가? <body> 엘리먼트에 가까운 <caption> 엘리먼트가 먼저 삭제된다. 'deleteCapiton' 버튼을 클릭해 보면 이를 알 수 있는데, 한 번 클릭하면 처음에 생성한 'caption 생성_createCaption( )'이 삭제되고 다시 한 번 클릭하면 두 번째에 생성한 'caption 생성_DOM Core'가 삭제된다.

10.6.3 HTMLTableElement-thead, tfoot

여기서는 HTMLTableElement 인터페이스에서 제공하는 createTHead( ) 메소드, createTFoot( ) 메소드, deleteTHead( ) 메소드, deleteTFoot( ) 메소드를 살펴본다.

● 메소드

인터페이스	HTMLTableElement		
이름	구분	형태	기능 개요
createTHead	파라미터	없음	〈thead〉 엘리먼트 생성
	반환	HTMLElement	〈thead〉 엘리먼트
createTFoot	파라미터	없음	〈tfoot〉 엘리먼트 생성
	반환	HTMLElement	〈tfoot〉 엘리먼트
deleteTHead	파라미터	없음	〈thead〉 엘리먼트 삭제
	반환	없음	
deleteTFoot	파라미터	없음	〈tfoot〉 엘리먼트 삭제
	반환	없음	

● 실행결과 table_1_Firefox

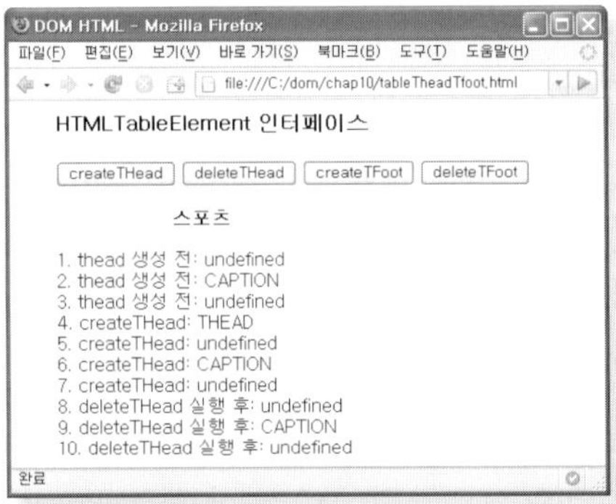

● 실행결과 table_1_IE

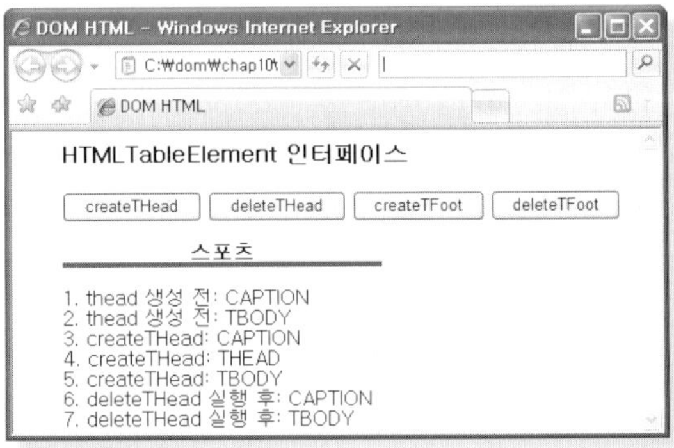

● 소스 tableTfoot.html

```
<table id="tableID">
  <caption id="sports">스포츠</caption>
</table>
```

<table> 엘리먼트를 작성하였고 <option> 엘리먼트를 작성하였다.

● 소스 tableTheadTfoot.js

```
firstThead: function(event) {
   var tableElement = document.getElementById('tableID');
   Show.elementShow('thead 생성 전', tableElement.childNodes);
   var theadElement = tableElement.createTHead();
   theadElement.id = 'theadId';
   Show.elementShow('createTHead', tableElement.childNodes);
},
secondThead: function(event) {
   var tableElement = document.getElementById('tableID');
   tableElement.deleteTHead();
   Show.elementShow('deleteTHead 실행 후', tableElement.childNodes);
},
elementShow: function(runMethod, elementObject) {
   for (var k = 0; k < elementObject.length; k++) {
      resultShow(runMethod, elementObject[k].tagName);
   }
},
```

'createTHead' 버튼을 클릭하면 firstThead( ) 메소드를 수행하고 'deleteTHead' 버튼을 클릭하면 secondThead( ) 메소드를 수행한다.

▶ createTHead( ) 메소드

createTHead( ) 메소드는 <thead> 엘리먼트를 생성한다. [실행결과 table_1_Firefox]의 1번에서 3번까지 출력된 값이 현재 HTML 도큐먼트에 작성되어 있는 <table> 엘리먼트의 자식 노드이다. undefined가 출력된 것은 Firefox에서 '\n'을 노드로 인식하기 때문이다. IE와 Firefox의 실행결과가 다르게 출력된 것은 이 때문이다.

[실행결과 table_1_Firefox]의 4번에서 7번까지 'THEAD → undefined → CAPTION → undefined'의 순서로 출력되었고 [실행결과 table_1_IE]의 3번에서 5번까지 'CAPTION → THEAD →TBODY'의 순서로 출력되었다. 여기서 IE와 Firefox가 <thead> 엘리먼트를 생성하는 위치가 다르다.

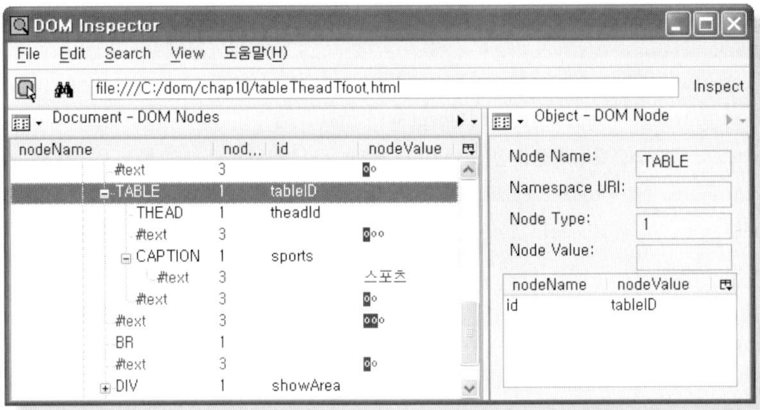

그림 10-2

그림 10-2는 DOM inspector로 <table> 엘리먼트의 구조를 전개한 것이다. Firefox는 <table>과 <cation> 사이에 <thead> 엘리먼트를 생성하였다. 순서대로 처리하는 경우에 크로스 브라우저 문제가 발생할 수도 있다.

▶ 〈tbody〉 생성

한편, [실행결과 table_1_IE] 2번과 5번에 TBODY가 출력되었다. HTML 도큐먼트에 작성하지도 않았고 생성하지도 않았는데 <tbody> 엘리먼트가 출력된 이유는 무엇인가? 이것은 HTML 도큐먼트에 <tbody> 엘리먼트를 작성하지 않으면 자동으로 생성되기 때문이다. 이는 DOM 권고 사항이다.

그런데 IE는 <tbody>를 생성하였지만 그림 10-2에서 볼 수 있듯이 Firefox는 생성하지 않았다. 이것은 생성하는 시점의 차이 때문이다. Firefox는 <tr> 엘리먼트가 존재해야 <tbody> 엘리먼트를 생성한다. 한편 IE는 <table> 엘리먼트가 있으면 생성한다.

chap10 폴더의 tableTestTbody.html을 IE로 실행하면 TBODY가 출력되지만 Firefox로 실행하면 TBODY가 출력되지 않는다. 이 파일에는 단지 <table id="tableID"></table>만 작성하고 자식 노드를 출력하였다.

▶ deleteTHead( ) 메소드

deleteTHead() 메소드는 <thead> 엘리먼트를 삭제한다. [실행결과 table_1_Firefox]의 8번부터 10번까지는 <thead> 엘리먼트를 삭제한 후 childNodes 프로퍼티 값을 출력한 것으로 생성한 <thead> 엘리먼트가 출력되지 않았다. 마찬가지로 [실행결과 table_1_IE]의 6번, 7번에 CAPTION과 TBODY만 출력되었다.

● 실행결과 table_2_Firefox

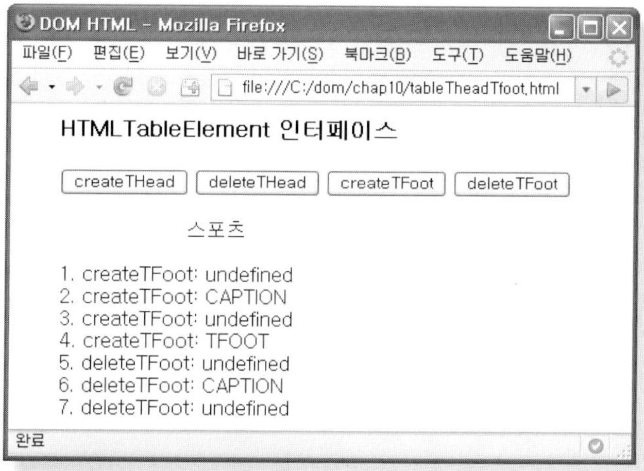

● 소스 tableTheadTfoot.js

```
firstTfoot: function(event) {
   var tableElement = document.getElementById('tableID');
   tableElement.createTFoot();
   Show.elementShow('createTHead', tableElement.childNodes);
},
secondTfoot: function(event) {
   var tableElement = document.getElementById('tableID');
   tableElement.deleteTFoot();
   Show.elementShow('createTHead', tableElement.childNodes);
}
```

우선 앞서 실행한 내용을 지우고 테스트할 수 있도록 새로 고침(F5)을 한다. 'create TFoot' 버튼을 클릭하면 firstTfoot() 메소드를 수행하고 'deleteTFoot' 버튼을 클릭하면 secondTfoot() 메소드를 수행한다.

▶ createTFoot() 메소드

createTFoot() 메소드는 <tfoot> 엘리먼트를 생성한다. createTFoot() 메소드를 IE에서 실행하면 1번에서 3번까지 'CAPTION → TFOOT → TBODY'의 순서로 출력되며 Firefox에서 실행하면 1번에서 4번까지 'undefined → CATION → undefined → TFOOT'의 순서로 출력된다. <caption>, <thead>, <tfoot>, <tbody> 순서로 HTML 도큐먼트에 작성되는 것을 감안할 때 createTFoot() 메소드는 IE와 Firefox 모두 순서에 맞게 생성한다.

▶ deleteTFoot() 메소드

deleteTFoot() 메소드는 <tfoot> 엘리먼트를 삭제한다. [실행결과 table_2_Firefox]의 5번부터 8번까지는 <tfoot> 엘리먼트를 삭제한 후 childNodes 프로퍼티 값을 출력한 것으로 삭제한 <tfoot> 엘리먼트가 출력되지 않았다.

10.6.4 HTMLTableElement-tr

여기서는 HTMLTableElement 인터페이스에서 제공하는 insertRow() 메소드, deleteRow() 메소드를 살펴본다.

● **메소드**

인터페이스	HTMLTableElement		
이름	구분	형태	기능 개요
insertRow	파라미터	long	row 인덱스
	반환	HTMLElement	생성한 〈tr〉 엘리먼트
deleteRow	파라미터	long	row 인덱스
	반환	없음	

● 실행결과 tableTr

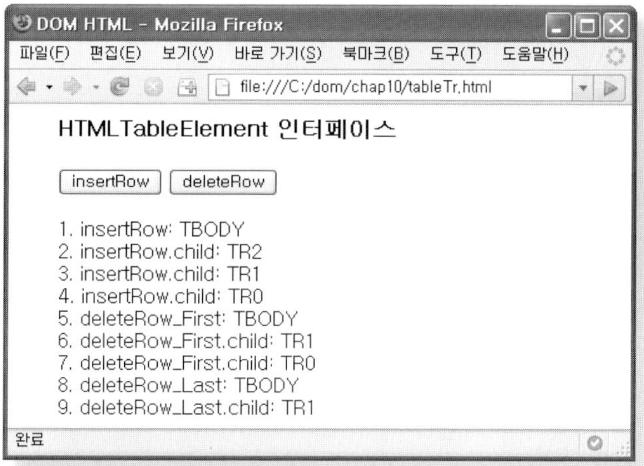

● 소스 tableTr.js

```
var Show = {
   count: 0,
   firstRow: function(event) {
      var tableElement = document.createElement('table');
      tableElement.id = 'tableID';
      for (var k = 0; k < 3; k++) {
         var rowElement = tableElement.insertRow(0);
         rowElement.id = 'TR' + k;
      }
      document.getElementById('groupOne').appendChild(tableElement);
      Show.elementShow('insertRow', tableElement.childNodes);
   },
   secondRow: function(event) {
      var tableElement = document.getElementById('tableID');
      tableElement.deleteRow(0);
      Show.elementShow('deleteRow_First', tableElement.childNodes);
      tableElement.deleteRow(-1);
      Show.elementShow('deleteRow_Last', tableElement.childNodes);
   },
   elementShow: function(runMethod, elementObject) {
```

```
        for (var k = 0; k < elementObject.length; k++) {
            resultShow(runMethod, elementObject[k].tagName);
            var childElement = elementObject[k].childNodes;
            for (var m = 0; m < childElement.length; m++) {
                resultShow(runMethod + '.child', childElement[m].id);
            }
        }
    }
}
```

'insertRow' 버튼을 클릭하면 Show.firstRow( ) 메소드를 실행하고 'deleteRow'를 클릭하면 Show.secondRow( ) 메소드를 실행한다.

▶ insertRow( ) 메소드

[실행결과 tableTr] 1번에서 4번까지는 <tr> 엘리먼트 세 개를 생성하고 생성한 결과를 출력한 것이다. 2번에서 4번까지 출력된 값은 생성한 <tr> 엘리먼트의 id 속성 값이다. 그런데 처음에 생성한 tr#tr0이 마지막에 표시되고 마지막으로 생성한 tr#tr2가 처음에 표시되었다. 이는 insertRow( ) 메소드의 파라미터에 지정한 인덱스 번째의 바로 앞에 <tr> 엘리먼트를 생성하기 때문이다.

insertRow( ) 메소드의 파라미터에 인덱스를 지정하지 않으면, IE는 마지막에 <tr> 엘리먼트를 추가하나 Firefox는 에러가 발생하므로 파라미터에 반드시 인덱스를 지정해야 한다. 파라미터에 −1을 지정하면 IE와 Firefox 모두 마지막에 <tr> 엘리먼트를 추가한다.

IE와 Firefox 모두 [실행결과 tableTr] 1번에 <tbody> 엘리먼트를 출력하였다. 이것은 <tr> 엘리먼트를 생성할 때 <tbody> 엘리먼트가 없으면 이를 자동으로 생성하기 때문이다. 이런 이유로 DOM에 <thead>와 <tfoot>를 생성하는 메소드는 있으나 <tbody> 엘리먼트를 생성하는 메소드가 없다.

▶ deleteRow( ) 메소드

deleteRow( ) 메소드는 파라미터에 지정한 인덱스 번째의 <tr> 엘리먼트를 삭제한다. IE는 파라미터에 값을 지정하지 않으면 마지막 인덱스의 <tr> 엘리먼트를 삭제하지만 Firefox는 에러가 발생하므로 반드시 인덱스를 지정해야 한다. 파라미터에 −1을 지정하면 마지막 인덱스의 <tr> 엘리먼트가 삭제된다.

[실행결과 tableTr] 5번에서 7번까지는 deleteRow( ) 메소드의 파라미터에 0을 지정하여 실행한 결과로 첫 번째 <tr> 엘리먼트인 tr#tr2가 삭제되었다. 8번과 9번은 deleteRow( ) 메소드의 파라미터에 −1을 지정하여 실행한 결과로 마지막 <tr> 엘리먼트인 tr#tr0이 삭제되었다.

10.6.5 HTMLTableCaptionElement

HTMLTableCaptionElement 인터페이스는 <caption> 엘리먼트 정보를 제공한다. 이 인터페이스에서 제공하는 align 프로퍼티는 사용을 권장하지 않는다. <caption> 엘리먼트를 생성하고 삭제하는 것에 대해서는 '10.6.2 HTMLTableElement-caption'에서 다루었다.

● **메소드**

인터페이스	HTMLTableCaptionElement			
이름	형태	기능 개요	R/W	권장
align	DOMString	caption 정렬 방법	RW	비권장

10.6.6 HTMLTableColElement

HTMLTableColElement 인터페이스는 <col> 엘리먼트와 <colgroup> 엘리먼트 정보를 제공한다.

● 메소드

인터페이스	HTMLTableColElement			
이름	형태	기능 개요	R/W	권장
align	DOMString	셀 데이터의 수평 정렬 형태	RW	
ch	DOMString	char 속성. 셀의 정렬 문자	RW	
chOff	DOMString	charOff 속성. 정렬 문자의 오프셋	RW	
span	long	그룹 내의 칼럼 수	RW	
vAlign	DOMString	셀 데이터의 수직 정렬 형태	RW	
width	DOMString	칼럼 폭	RW	

● 실행결과 tableCol

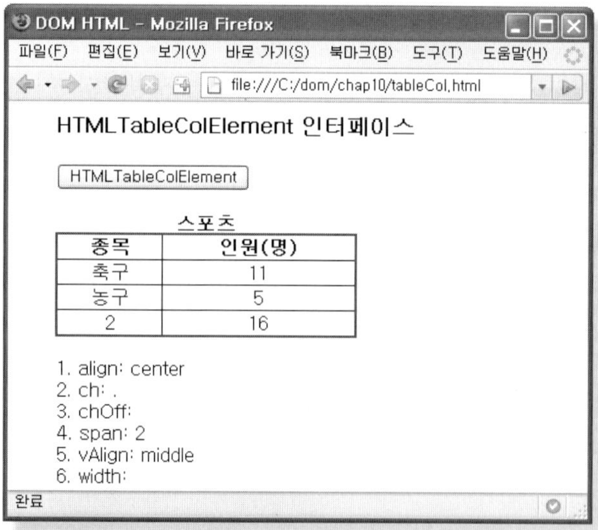

● 소스 tableCol.html

```
<caption id="sports">스포츠</caption>
<colgroup span="2" align="center" vAlign="middle">
   <col width="70px" /><col width="130px" />
</colgroup>
```

본문과 직접 관계된 부분으로 <caption> 엘리먼트 다음에 <colgroup> 엘리먼트를 작성했으며 <colgroup> 엘리먼트 다음에 <col> 엘리먼트를 작성했다.

● 소스tableCol.js

```
var Show = {
   okClick: function(event) {
      var colgroupElement = document.getElementsByTagName('colgroup').item(0);
      resultShow('align', colgroupElement.align);
      resultShow('ch', colgroupElement.ch);
      resultShow('chOff', colgroupElement.chOff);
      resultShow('span', colgroupElement.span);
      resultShow('vAlign', colgroupElement.vAlign);
      resultShow('width', colgroupElement.width);
   }
}
```

다른 인터페이스에서 align 프로퍼티 사용을 권장하지 않지만 이 인터페이스는 비권장 프로퍼티가 아니다. [실행결과 tableCol] 1번에 center가 출력되었지만 이 외에도 left, right, justify, char 프로퍼티가 있다.

IE와 Firefox에서 정렬하는 방법이 다르거나 또는 속성 값을 지정하더라도 적용되지 않는 것이 있으므로 실제로 속성 값을 지정하면서 테스트해 볼 필요가 있다. [실행결과 tableCol]에 출력된 값과 프로퍼티 이름을 보면 이해할 수 있으므로 설명을 생략한다.

10.6.7 HTMLTableSectionElement

HTMLTableSectionElement 인터페이스는 <thead>, <tfoot>, <tbody> 엘리먼트 정보를 제공한다. 프로퍼티는 이 엘리먼트를 대상으로 하지만 메소드는 <tr> 엘리먼트를 대상으로 한다.

● **프로퍼티**

인터페이스	HTMLTableSelectionElement			
이름	형태	기능 개요	R/W	권장
align	DOMString	셀 데이터의 수평 정렬 형태	RW	
ch	DOMString	char 속성. 셀의 정렬 문자	RW	
chOff	DOMString	charOff 속성. 정렬 문자의 오프셋	RW	
rows	HTMLCollection	행 노드 리스트	R	
vAlign	DOMString	셀 데이터의 수직 정렬 형태	RW	

● **메소드**

인터페이스	HTMLTableSelectionElement		
이름	구분	형태	기능 개요
insertRow	파라미터	long	row 인덱스
	반환	HTMLElement	생성한 〈tr〉 엘리먼트
deleteRow	파라미터	long	row 인덱스
	반환	없음	

● **실행결과 tableSection**

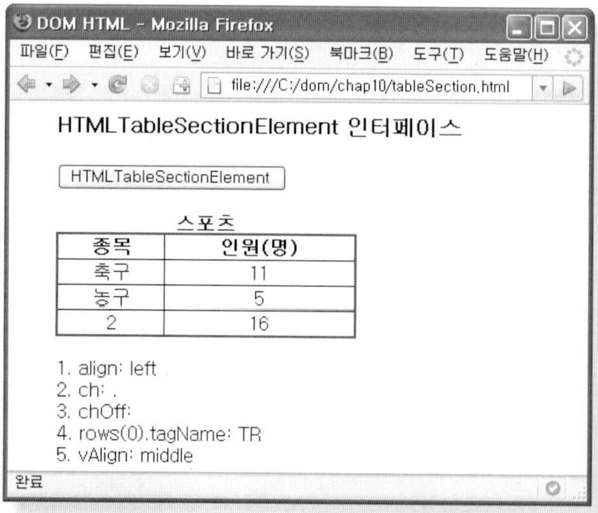

● 소스 tableSection.html

```
<tbody>
   <tr><td>축구</td><td>11</td></tr>
   <tr><td>농구</td><td>5</td></tr>
</tbody>
```

<tbody> 엘리먼트에 속성을 작성하지 않았으며 두 개의 <tr> 엘리먼트를 작성하였다.

● 소스 tableSection.js

```
var Show = {
   okClick: function(event) {
      var tbodyElement = document.getElementsByTagName('tbody').item(0);
      resultShow('align', tbodyElement.align);
      resultShow('ch', tbodyElement.ch);
      resultShow('chOff', tbodyElement.chOff);
      resultShow('rows(0).tagName', tbodyElement.rows.item(0).tagName);
      resultShow('vAlign', tbodyElement.vAlign);
   }
}
```

IE로 실행하면 [실행결과 tableSection] 1번에 값이 출력되지 않지만 Firefox로 실행하면 left가 출력된다. left가 출력된 것은 이 값이 디폴트 값이기 때문이다. 한편 [실행결과 tableSection] 5번에 IE로 실행하면 값이 출력되지 않지만 Firefox로 실행하면 middle이 출력되는 것은 이 값이 디폴트 값이기 때문이다. vAlign 속성에는 middle 이외에도 top, bottom, baseline이 있다.

rows 프로퍼티는 자식 노드를 HTMLCollection 인터페이스 형태의 오브젝트로 반환한다. [실행결과 tableSection] 4번에 출력된 값인 TR은 첫 번째 자식 노드의 태그 이름이다. 이 인터페이스에서 제공하는 메소드는 '10.6.4 HTMLTableElement-tr'에서 다루었으므로 설명을 생략한다.

10.6.8 HTMLTableRowElement-프로퍼티

HTMLTableRowElement 인터페이스는 <tr> 엘리먼트 정보를 제공한다. 이 인터페이스에서 제공하는 프로퍼티는 <tr> 엘리먼트를 대상으로 하지만 메소드는 <td> 엘리먼트를 대상으로 한다. 여기서는 프로퍼티에 대해 살펴보고 다음 항에서 메소드에 대해 살펴본다.

● **프로퍼티**

인터페이스	HTMLTableRowElement			
이름	형태	기능 개요	R/W	권장
align	DOMString	셀 데이터의 수평 정렬 형태	RW	
bgColor	DOMString	행의 배경색	RW	비권장
cells	HTMLCollection	행의 셀 컬렉션	R	
ch	DOMString	char 속성. 셀의 정렬 문자	RW	
chOff	DOMString	charOff 속성. 정렬 문자의 오프셋	RW	
rowIndex	long	행 순서	R	
sectionRowIndex	long	thead, tfoot, tbody에서 현재 행의 인덱스	R	
vAlign	DOMString	셀의 수직 데이터 정렬	RW	

● **소스 tableRow.html**

```
<table id="tableID">
   <caption id="sports">스포츠</caption>
   <thead><tr id="theadTr1"><th>종목</th><th>인원(명)</th></tr></thead>
   <tfoot><tr id="tfootTr1"><td>2</td><td>16</td></tr></tfoot>
   <tbody>
      <tr id="tbodyTr1"><td>축구</td><td>11</td></tr>
      <tr id="tbodyTr2"><td>농구</td><td>5</td></tr>
   </tbody>
</table>
```

● 실행결과 tableRow

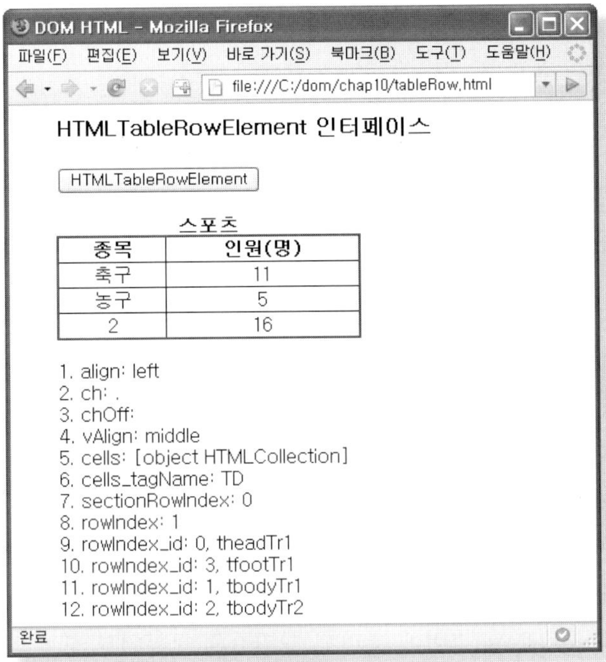

<table> 엘리먼트에 <caption>, <thead>, <tfoot>, <tbody> 엘리먼트가 작성되어 있다. <caption>을 제외한 각 엘리먼트에는 <tr> 엘리먼트가 있으며 id 속성이 작성되어 있다. 이런 구조에서 <tr> 엘리먼트의 속성 값을 추출하는 프로퍼티를 살펴본다.

● 소스 tableRow.js

```
var Show = {
  okClick: function(event) {
    var trElement = document.getElementById('tbodyTr1');
    resultShow('align', trElement.align);
    resultShow('cells', trElement.cells);
    resultShow('ch', trElement.ch);
    resultShow('chOff', trElement.chOff);
    resultShow('vAlign', trElement.vAlign);
    resultShow('sectionRowIndex', trElement.sectionRowIndex);
    resultShow('rowIndex', trElement.rowIndex);
```

```
        var trNodeList = document.getElementsByTagName('tr');
        for (var k = 0; k < trNodeList.length; k++) {
            var itemTr = trNodeList.item(k);
            resultShow('rowIndex_id', itemTr.rowIndex + ', ' + itemTr.id);
        }
    }
}
```

▶ cell 프로퍼티

cells 프로퍼티는 자식 노드를 HTMLCollection 인터페이스 형태의 노드 리스트로 반환한다. [실행결과 tableRow] 6번에 TD가 출력되었는데 이 값은 엘리먼트 오브젝트로 생성한 <tr> 엘리먼트의 자식 노드이다.

▶ sectionRowIndex 프로퍼티

sectionRowIndex 프로퍼티는 <thead>, <tfoot>, <tbody> 엘리먼트에 작성한 <tr> 엘리먼트의 인덱스를 반환한다. [실행결과 tableRow] 7번에 출력된 값인 0은 엘리먼트 오브젝트로 생성한 'tr#tbodyTr1'이 <tbody> 엘리먼트의 첫 번째 <tr> 엘리먼트이기 때문이다.

▶ rowIndex 프로퍼티

rowIndex 프로퍼티는 <table>에 속한 모든 엘리먼트에서 <tr> 엘리먼트의 논리적 순서를 반환한다. 논리적 순서란 HTML 도큐먼트에 작성한 순서가 아니라 브라우저가 해석한 순서를 의미한다. [실행결과 tableRow] 8번에 1이 출력되었으며 이 값은 tr#tbodyTr1의 인덱스이다. HTML 도큐먼트를 보면 tr#tbodyTr1은 tr#theadTr1 → tr#tfootTr1 → tr#tbodyTr1 순서로 작성되어 있다. 즉 세 번째로 작성하였다.

[실행결과 tableRow] 9번에 0번째 인덱스로 theadTr1가 출력되었으며 3번째 인덱스로 tfootTr1가 출력되었다. 또 1번째와 2번째 인덱스에 <tbody> 엘리먼트에 작성한 tbodyTr1과 tbodyTr2가 출력되었다. 즉 <thead> → <tfoot> → <tbody> 엘리먼트의 <td> 엘리먼트가 출력되었으며 이는 브라우저가 이런 순서로 해석한다는 것을 의미한다.

그럼, 언제 rowIndex 프로퍼티가 유용한가? <tr> 엘리먼트를 추가, 삭제하게 되면 DOM

트리가 변경되어 추가하려는 위치를 정확하게 알 수 없다. 이때 인덱스 값을 구해 이 값을 기준으로 <tr> 엘리먼트를 추가하면 정확하게 원하는 위치에 추가할 수 있다. 예를 들어 <tr> 엘리먼트를 특정 엘리먼트 앞에 추가하려면 특정 엘리먼트의 rowIndex 값을 구해 앞서 다루었던 insertRow( ) 메소드의 파라미터에 지정하면 원하는 위치에 <tr> 엘리먼트가 추가된다.

10.6.9 HTMLTableRowElement-메소드

HTMLTableRowElement 인터페이스에서 제공하는 메소드에 대해 살펴본다. 여기서 다룰 메소드는 <td> 엘리먼트를 대상으로 한다.

● **메소드**

인터페이스	HTMLTableRowElement		
이름	구분	형태	기능 개요
insertCell	파라미터	long	〈td〉 엘리먼트 생성
	반환	HTMLElement	생성한 〈td〉 엘리먼트
deleteCell	파라미터	long	〈td〉 인덱스
	반환	없음	

● **실행결과 tableRowProperty_insertCell**

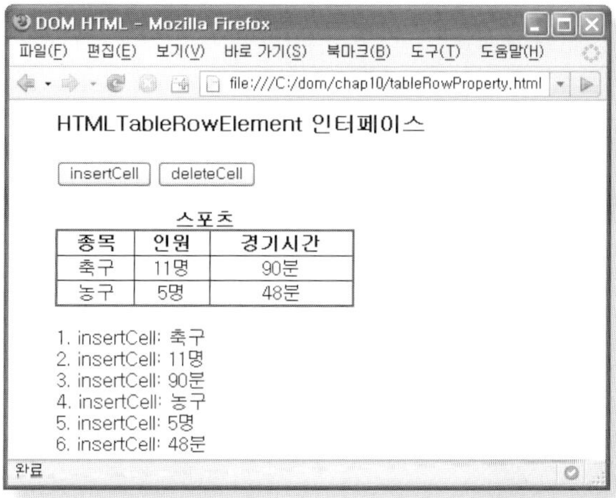

● 소스 tableRowProperty.html

```
<table id="tableID">
  <caption id="sports">스포츠</caption>
  <thead><tr><th>종목</th><th>인원</th><th>경기시간</th></tr></thead>
  <tbody>
    <tr id="tbodyTr1"></tr>
    <tr id="tbodyTr2"></tr>
  </tbody>
</table>
```

본문과 직접 관계된 부분으로 <tbody> 엘리먼트에 <tr> 엘리먼트는 작성했으나 실제로 데이터가 표시되는 <td> 엘리먼트를 작성하지 않았다. 이를 추가, 삭제하는 메소드를 살펴본다.

● 소스 tableRowProperty.js

```
firstCell: function(event) {
  var trElement = document.getElementById('tbodyTr1');
  var soccer = ['90분', '11명', '축구'];
  for (var k = 0; k < soccer.length; k++) {
    var tdElement = trElement.insertCell(0);
    tdElement.appendChild(document.createTextNode(soccer[k]));
  }
  Show.elementShow('insertCell', trElement.childNodes);
  var basketball = ['농구', '5명', '48분'];
  trElement = document.getElementById('tbodyTr2');
  for (k = 0; k < basketball.length; k++) {
    var tdElement = trElement.insertCell(-1);
    tdElement.appendChild(document.createTextNode(basketball[k]));
  }
  Show.elementShow('insertCell', trElement.childNodes);
},
elementShow: function(runMethod, childElement) {
```

```
    for (var k = 0; k < childElement.length; k++) {
        resultShow(runMethod, childElement[k].childNodes[0].nodeValue);
    }
},
```

'insertCell' 버튼을 클릭하면 firstCell() 메소드가 실행된다.

▶ insertCell( ) 메소드

insertCell( ) 메소드는 <td> 엘리먼트를 생성하고 파라미터에 지정한 인덱스의 바로 앞에 생성한 <td> 엘리먼트를 위치시킨다. 예를 들어 0을 지정하면 첫 번째 엘리먼트가 두 번째가 되고 생성한 엘리먼트가 첫 번째에 위치하게 된다. −1을 지정하면 마지막에 위치한다.

<td> 엘리먼트만 생성하면 데이터가 없으므로 무엇을 만들었는지 알 수 없다. 따라서 텍스트 노드가 필요한데 이를 생성하는 메소드는 DOM HTML에 없으며 DOM Core의 createTextNode( ) 메소드를 사용해야 한다.

[실행결과 tableRowProperty_insertCell]의 1번에서 3번까지는 insertCell( ) 메소드의 파라미터에 0을 지정하여 <td> 엘리먼트를 생성한 결과이다. 여기서 ['90분', '11명', '축구']와 같이 값을 거꾸로 지정한 것은 insertCell( ) 메소드의 파라미터에 0을 지정하면 마지막으로 생성한 것이 처음에 표시되기 때문이다. 즉 '축구 → 11명 → 90분'의 순서로 출력하기 위함이다.

실행결과 [tableRowProperty_insertCell]의 4번에서 6번까지는 insertCell( ) 메소드의 파라미터에 −1을 지정하여 <td> 엘리먼트를 생성한 결과이다. ['농구', '5명', '48분']과 같이 정상적인 순서로 작성한 것은 순서대로 마지막에 추가되기 때문이다.

▶ deleteCell( ) 메소드

● 실행결과 tableRowProperty_deleteCell

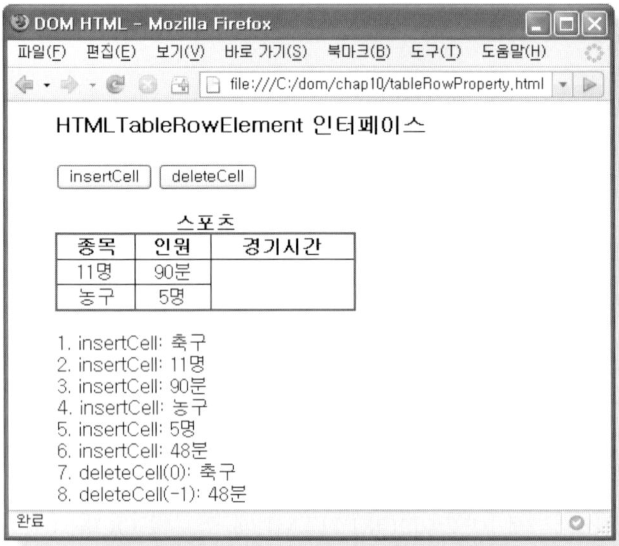

● 소스 tableRowProperty.js

```
secondCell: function(event) {
   var trElement = document.getElementById('tbodyTr1');
   var deletedValue = trElement.childNodes[0].childNodes[0].nodeValue;
   trElement.deleteCell(0);
   resultShow('deleteCell(0)', deletedValue);

   trElement = document.getElementById('tbodyTr2');
   deletedValue = trElement.childNodes[trElement.rowIndex].childNodes[0].nodeValue;
   trElement.deleteCell(-1);
   resultShow('deleteCell(-1)', deletedValue);
}
```

[실행결과 tableRowProperty_deleteCell]은 'incertCell' 버튼을 클릭하여 표시된 결과에서 'deleteCell' 버튼을 클릭한 결과이다. 'deleteCell' 버튼을 클릭하면 secondCell( ) 메소드를 실행한다.

deleteCell() 메소드는 파라미터에 지정한 인덱스 번째의 <td> 엘리먼트를 삭제한다. −1을 지정하면 마지막 <td> 엘리먼트를 삭제한다. [실행결과 tableRowProperty_deleteCell] 7번에 '축구'가 출력되었는데 이는 첫 번째 <td> 엘리먼트의 텍스트 노드 값이다.

deleteCell() 메소드의 파라미터에 0을 지정했기 때문에 첫 번째 엘리먼트가 삭제되었으며, 이 엘리먼트를 삭제함에 따라 <td> 엘리먼트가 한 칸씩 앞으로 당겨져 표시되었다.

10.6.10 HTMLTableCellElement

HTMLTableCellElement 인터페이스는 <th> 엘리먼트와 <td> 엘리먼트 정보를 제공한다.

● **프로퍼티**

인터페이스	HTMLTableCellElement			
이름	형태	기능 개요	R/W	권장
abbr	DOMString	셀의 약어 명칭	RW	
align	DOMString	셀 데이터의 수평 정렬 형태	RW	
axis	DOMString	관련된 셀 그룹 명칭	RW	
bgColor	DOMString	셀의 배경색	RW	비권장
cellIndex	long	행에서 셀의 인덱스	R	
ch	DOMString	char 속성. 셀의 정렬 문자	RW	
chOff	DOMString	charOff 속성. 정렬 문자의 오프셋	RW	
colSpan	long	가로로 합치려는 셀의 수	RW	
headers	DOMString	셀의 Id 속성 값 리스트	RW	
height	DOMString	셀의 높이	RW	비권장
noWrap	DOMString	셀의 넓이에 맞추어 자동으로 줄을 바꾸지 않음	RW	비권장
rowSpan	long	세로로 합치려는 열의 수	RW	
scope	DOMString	셀이 커버하는 범위	RW	
vAlign	DOMString	셀의 수직 데이터 정렬	RW	
width	DOMString	셀의 폭(픽셀, %)	RW	비권장

● 실행결과 tableCell

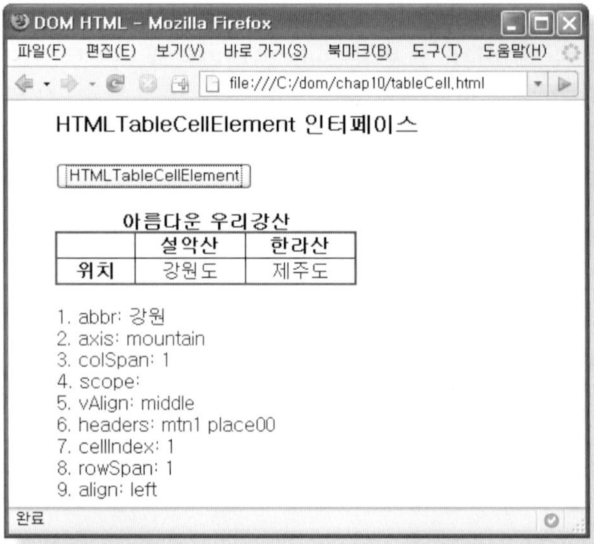

● 소스 tableCell.html

```
<thead>
   <tr>
      <td></td>
      <th id="mtn1" abbr="강원" axis="mountain">설악산</th>
      <th id="mtn2" abbr="제주" axis="mountain">한라산</th>
   </tr>
</thead>
<tbody>
   <tr>
      <th id="place00" abbr="위치" axis="place">위치</th>
      <td id="place1" headers="mtn1 place00">강원도</td>
      <td id="place2" headers="mtn2 place00">제주도</td>
   </tr>
</tbody>
```

<th> 엘리먼트와 <td> 엘리먼트에 속성을 작성하였다.

● 소스 tableCell.js

```
var Show = {
   okClick: function(event) {
      var thElement = document.getElementsByTagName('th').item(0);
      resultShow('abbr', thElement.abbr);
      resultShow('axis', thElement.axis);
      resultShow('colSpan', thElement.colSpan);
      resultShow('scope', thElement.scope);
      resultShow('vAlign', thElement.vAlign);

      var tdElement = document.getElementById('place1');
      resultShow('headers', tdElement.headers);
      resultShow('cellIndex', tdElement.cellIndex);
      resultShow('rowSpan', tdElement.rowSpan);
      resultShow('align', tdElement.align);
   }
}
```

▶ abbr 프로퍼티

abbr 속성에 약어 명칭을 작성하며 일반적으로 <th> 엘리먼트에 작성한다. 그렇다고 이 속성 값이 웹 페이지에 표시되는 것은 아니다. 이 값은 시각 장애우를 위한 음성장치에 사용할 때 기능을 발휘한다.

▶ axis 프로퍼티

axis 속성에 셀의 분류 명칭을 작성하며 headers 속성 또는 scope 속성과 관련성이 있다. 이 속성 값을 headers 속성과 직접 연결하는 것이 아니라 id 속성 값으로 연결하며 이때 axis 속성 값이 적용된다.

▶ headers 프로퍼티

headers 속성에 명칭을 제공하는 <th> 엘리먼트 id 속성 값을 지정한다. 이렇게 함으로써 <th> 엘리먼트의 텍스트 노드 값이 반영된다. 이때 abbr 속성 값이 있으면 이 속성 값이 먼저 반영된다.

▶ cellIndex 프로퍼티

cellIndex 프로퍼티는 <tr> 엘리먼트에 속한 <td> 엘리먼트의 인덱스를 반환한다. [실행결과 tableCell] 7번에 1이 출력되었는데 이는 두 번째에 작성했다는 것을 의미한다.

10.7 프레임 인터페이스

여기서는 프레임(Frame)과 관련된 인터페이스를 다룬다. frameset, frame, iframe 엘리먼트에 대해 살펴본다. 하나의 웹 페이지를 다수의 페이지로 분리하는 것은 장점도 있지만 단점도 있으므로 사용하기 전에 한번쯤 생각해 볼 필요가 있다.

10.7.1 HTMLFrameSetElement

HTMLFrameSetElement 인터페이스는 <frameset> 엘리먼트 정보를 제공한다.

● **프로퍼티**

인터페이스	HTMLFrameSetElement			
이름	형태	기능 개요	R/W	권장
cols	DOMString	수평으로 나누는 기준(숫자, %)	RW	
rows	DOMString	수직으로 나누는 기준(숫자, %)	RW	

● **실행결과 frameset**

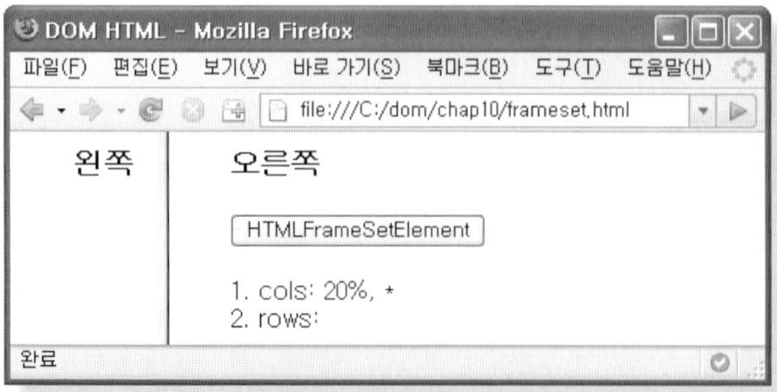

● 소스 frameset.html

```
<frameset cols="20%, *">
   <frame name="왼쪽 메뉴" src="framesetLeft.html" />
   <frame name="오른쪽 영역" src="framesetRight.html" />
</frameset>
```

<frameset> 엘리먼트와 <frame> 엘리먼트를 작성하였다. 여기서는 <frameset> 엘리먼트에 작성한 cols 속성 값을 추출하는 프로퍼티를 살펴보고 다음 항에서 <frame> 엘리먼트에 작성한 속성 값을 추출하는 프로퍼티를 살펴본다.

● 소스 framesetRight.js

```
var Show = {
   okClick: function(event) {
      var framesetElement = parent.document.getElementsByTagName('frameset').item(0);
      resultShow('cols', framesetElement.cols);
      resultShow('rows', framesetElement.rows);
   }
}
```

cols 프로퍼티는 프레임을 수직으로 나눈 값을 반환한다. [실행결과 frameset] 1번에 출력된 값인 '20%, *'는 비율과 상대비율로 프레임을 나눈 것이다. 또 픽셀로도 나눌 수 있다. rows 프로퍼티는 프레임을 수평으로 나눈 값을 반환한다. [실행결과 frameset] 2번에 값이 출력되지 않은 것은 rows 속성을 작성하지 않았기 때문이다.

10.7.2 HTMLFrameElement

HTMLFrameElement 인터페이스는 <frame> 엘리먼트 정보를 제공한다.

● 프로퍼티

인터페이스	HTMLFrameElement			
이름	형태	기능 개요	R/W	권장
contentDocument	Document	프레임의 document	R	
frameBorder	DOMString	프레임의 구분선 표시 여부	RW	
longDesc	DOMString	프레임에 대한 상세한 설명이 있는 URI	RW	
marginHeight	DOMString	프레임 수직 경계선과 내용 사이의 여백	RW	
marginWidth	DOMString	프레임 수평 경계선과 내용 사이의 여백	RW	
name	DOMString	프레임 이름	RW	
noResize	Boolean	프레임 크기 조절 가능 여부	RW	
scrolling	DOMString	프레임에 스크롤바 설정 여부	RW	
src	DOMString	프레임에 내용을 표시할 URI	RW	

● 실행결과 frame

● 소스 frame.html

```
<frameset cols="20%, *">
   <frame name="왼쪽 메뉴" src="frameLeft.html" />
   <frame name="오른쪽 영역" src="frameRight.html" frameborder="1"
      longdesc="frameDesc.html" marginheight="10" marginwidth="20" scrolling="auto" />
</frameset>
```

두 번째 <frame> 엘리먼트에 각종 속성이 작성되어 있다.

● 소스 frameRight.js

```
var Show = {
   okClick: function(event) {
      var frameElement = parent.document.getElementsByTagName('frame').item(1);
      var cont = frameElement.contentDocument;
      if (cont == undefined) {
         resultShow('contentDocument.nodename', 'IE-->undefined');
      } else {
         resultShow('contentDocument.nodename', cont.nodeName);
      }
      resultShow('frameBorder', frameElement.frameBorder);
      resultShow('longDesc', frameElement.longDesc);
      resultShow('marginHeight', frameElement.marginHeight);
      resultShow('marginWidth', frameElement.marginWidth);
      resultShow('name', frameElement.name);
      resultShow('noResize', frameElement.noResize);
      resultShow('scrolling', frameElement.scrolling);
      resultShow('src', frameElement.src);
   }
}
```

<frameset>에는 두 개의 <frame> 엘리먼트가 있으며 여기서 다루는 <frame> 엘리먼트는 두 번째에 작성한 엘리먼트이다. 따라서 item( ) 메소드의 파라미터에 1을 지정해야 한다.

contentDocument 프로퍼티는 frame에 포함된 document를 Document 인터페이스 형태의 오브젝트로 반환한다. 그런데 이 프로퍼티는 IE에서 제공하지 않는다. [실행결과 frame] 1번에 출력된 값은 #document로 이 값은 document를 나타낸다. [실행결과 frame]에 출력된 값과 프로퍼티 개요를 보면 이해할 수 있으므로 설명을 생략한다.

10.7.3 HTMLIFrameElement

HTMLIFrameElement 인터페이스는 <iframe> 엘리먼트 정보를 제공한다.

● **프로퍼티**

인터페이스	HTMLIFrameElement			
이름	형태	기능 개요	R/W	권장
align	DOMString	프레임의 정렬 형태	RW	비권장
contentDocument	Document	프레임의 document	R	
frameBorder	DOMString	프레임의 구분선 표시 여부	RW	
height	DOMString	프레임 높이(픽셀)	RW	
longDesc	DOMString	프레임에 대한 상세한 설명이 있는 URI	RW	
marginHeight	DOMString	프레임 수직 경계선과 내용 사이의 여백	RW	
marginWidth	DOMString	프레임 수평 경계선과 내용 사이의 여백	RW	
name	DOMString	프레임 이름	RW	
scrolling	DOMString	프레임에 스크롤바 설정 여부	RW	
src	DOMString	프레임에 내용을 표시할 URI	RW	
width	DOMString	프레임 폭(픽셀)	RW	

● **실행결과 iframe**

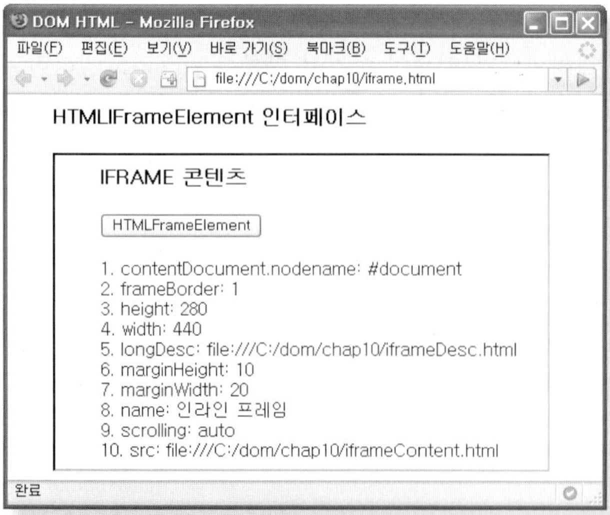

● 소스 iframe.html

```
<div id="groupOne">
   <iframe id="abc" src="iframeContent.html" frameborder="1" height="280" width="440"
      longdesc="iframeDesc.html" marginheight="10" marginwidth="20"
      name="인라인 프레임" scrolling="auto" >
   </iframe>
</div>
```

<iframe> 엘리먼트에 각종 속성이 작성되어 있다.

● 소스 iframeContent.js

```
var Show = {
   okClick: function(event) {
      var iframeElement = parent.document.getElementsByTagName('iframe').item(0);
      var cont = iframeElement.contentDocument;
      if (cont == undefined) {
         resultShow('contentDocument.nodename', 'IE-->undefined');
      } else {
         resultShow('contentDocument.nodename', cont.nodeName);
      }
      resultShow('frameBorder', iframeElement.frameBorder);
      resultShow('height', iframeElement.height);
      resultShow('width', iframeElement.width);

      resultShow('marginHeight', iframeElement.marginHeight);
      resultShow('marginWidth', iframeElement.marginWidth);
      resultShow('scrolling', iframeElement.scrolling);

      resultShow('name', iframeElement.name);
      resultShow('longDesc', iframeElement.longDesc);
      resultShow('src', iframeElement.src);
   }
}
```

앞에서 살펴 보았던 <frame> 엘리먼트는 <frameset> 엘리먼트에 작성하지만 [소스 iframe.html]에서 볼 수 있듯이 <iframe> 엘리먼트는 <body> 엘리먼트에 작성한다. 즉 영역을 분할하는 것이 아니라 <iframe> 엘리먼트를 포함하는 개념이다. [실행결과 iframe]에 출력된 값과 프로퍼티 개요를 보면 이해할 수 있으므로 설명을 생략한다.

DOM Style & Views

PART 05

DOM Style과 DOM Views는 CSS(Cascading Style Sheets)와 관련된 인터페이스를 제공한다. 즉 표현을 제어하기 위한 인터페이스를 제공한다.

CSS 자체로는 표현을 할 수 없으며 HTML 도큐먼트의 엘리먼트와 결합하여 표현을 실현한다. HTML 도큐먼트에 적용된 스타일 값은 필요에 따라 변경될 수 있다. 즉 스타일의 추가, 변경, 삭제가 발생할 수 있는데 이를 제어하는 인터페이스가 DOM Style에 정의되어 있다.

스타일의 형태는 다양하다. 그 다양한 형태를 한꺼번에 HTML 도큐먼트의 엘리먼트에 적용할 수 없으므로 나름대로 적용되는 순서가 있다. 즉 스타일은 정해진 우선순위에 따라 HTML 도큐먼트의 엘리먼트에 적용된다. 최종적으로 HTML 도큐먼트에 적용된 스타일 값을 추출하는 인터페이스가 DOM Views에 정의되어 있다.

▶▶ 5부 DOM Style & Views는 다음과 같은 장으로 구성되어 있다.

- 11장 DOM Style
- 12장 DOM Views

CHAPTER 11

DOM Style

개발자가 어려워하거나 꺼려하는 부분이 CSS이다. 기능이 세분화된 조직에서는 CSS만 담당하는 사람도 있다. 웹 페이지 전체를 고려하여 색상을 선정하는 것은 개발자의 영역이 아니라 디자이너의 영역이라고 필자는 생각한다. 필자가 색상을 선택하면 무지개 색깔의 범위를 넘지 못하거나 설령 괜찮다고 생각하는 색상을 사용하더라도 전체적인 조화가 맞지 않는다.

한편, 디자이너가 HTML 파일과 css 파일에 스타일을 작성할 수는 있지만 DOM으로 이 값을 추출하거나 변경은 할 수 없다. 바로 이 부분이 개발자의 영역이라고 생각한다. 예를 들어 엘리먼트를 클릭하면 바탕색을 변경해야 한다고 할 때 변경할 바탕색을 선정하는 것은 디자이너이고 변경을 위한 코드를 작성하는 것은 개발자이다. DOM Style & Views는 개발자의 영역에 속하는 메소드와 프로퍼티로 구성되어 있다.

▶▶ 11장 DOM Style에서 다룰 주요 내용은 다음과 같다.

- CSS 구조
- 스타일 적용 우선순위
- 〈link〉, 〈style〉 엘리먼트의 속성 제어
- Document 확장
- 룰셋 제어

11.1 CSS 구조

복잡한 형태를 간단하게 만드는 방법 중의 하나가 구조적인 형태로 만드는 것이다. 부모 노드와 자식 노드를 구조적으로 연결한 것이 DOM 트리이다. 이런 관점에서 보면 CSS도 DOM 트리의 연장선이라고 볼 수 있다. 왜냐하면 CSS는 HTML 엘리먼트와 연결되어야 하기 때문이다. 때로는 수직적인 구조가 아니라 수평적인 구조가 될 수도 있지만 최종적인 목적은 HTML 엘리먼트를 수식하는 것이다. 따라서 CSS도 구조적인 형태가 되어야 전체적인 구도가 맞는다.

DOM 트리의 근본이 되는 것이 노드라면 CSS의 근본이 되는 것은 룰셋(Rule Set)이다. 노드에 접근하기 위해서 경로를 밟아가야 하듯이 룰셋도 경로를 밟아 접근해야 한다. 여기서는 이에 대한 방법, CSS의 룰셋 구조, 스타일을 적용하는 방법에 대해 살펴본다.

11.1.1 룰셋 구조

그림 11-1에서 볼 수 있듯이 룰셋은 구조적인 형태로 되어 있다. 구조적인 형태는 계층적으로 접근해야 한다. 우선 셀렉터에 접근해야 하고 다시 경로를 밟아 프로퍼티에 접근해야 한다. 그래야 최종적으로 값을 추출할 수 있다.

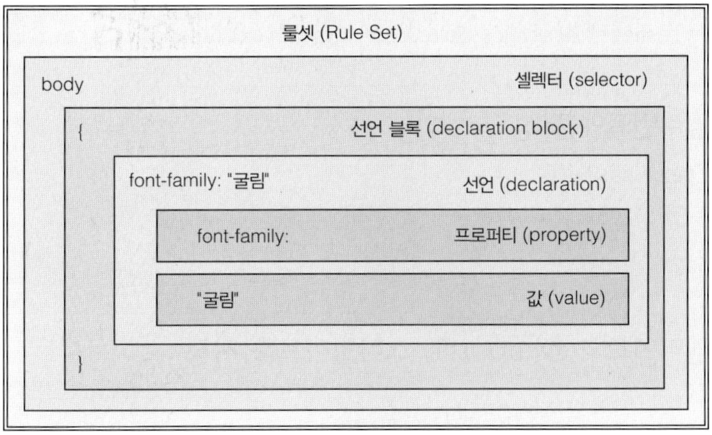

그림 11-1

룰셋은 단어 의미 그대로 스타일을 작성하는 규칙의 집합으로 body {font-family: "굴림";font-size: 16px;}를 총칭한다. 셀렉터를 번역하면 선택자가 되는데 이 책에서는 셀렉터를 사용하며 'body 셀렉터', '#sport 셀렉터', '.sport 셀렉터'로 표기한다. 셀렉터는 중괄호{ }의 선언 블록을 가지며 선언 블록에 프로퍼티와 값을 작성한다.

```
<p id="sport" style="border-style: solid">스포츠</p>
```

위 형태는 HTML 엘리먼트에 스타일을 작성한 것이다. 룰셋과 형태만 다를 뿐 항목의 차이는 없다. <p>가 셀렉터에 해당하고 style이 선언블록({})에 해당한다. 즉 HTML 엘리먼트에 선언블록을 작성할 때에는 style을 사용한다.

border-style이 프로퍼티가 되고 solid가 프로퍼티 값이 된다. 즉 HTML 엘리먼트에 작성하면 속성이고 룰셋에 작성하면 프로퍼티이다. 속성 값과 프로퍼티 값도 같은 맥락이다.

11.1.2 스타일 적용 방법

스타일은 반드시 HTML 도큐먼트와 연결해야 한다. 다음에서 볼 수 있듯이 다양한 방법으로 연결할 수 있다.

▶ 〈link〉 엘리먼트의 href 속성에 스타일시트를 지정

```
<link rel="stylesheet" href="cssRule.css" type="text/css" />
```

▶ 〈style〉 엘리먼트에 작성

```
<style type="text/css">
   h1{ font-size: 20px;}
</style>
```

▶ 〈style〉 엘리먼트의 @import에 스타일시트를 지정

```
<style type="text/css">
   @import url("cssRule.css");
</style>
```

▶ HTML 엘리먼트의 style 속성에 작성(이를 인라인(inline) 스타일이라고 한다)

```
<p id="sport" style="border-style: solid">스포츠</p>
```

이와 같이 다양한 형태로 작성된 프로퍼티 값이 HTML 도큐먼트에 적용되기 위해서는 규칙이 있어야 한다. 이 규칙을 적용 우선순위라고 한다.

11.2 스타일 적용 우선순위

스타일은 크게 디폴트 스타일, 사용자 스타일, 개발자 스타일로 구분할 수 있다. 이렇게 다양한 형태의 스타일을 사용할 수 있다고 할지라도 결국 HTML 엘리먼트에 적용되는 것은 하나이다. 그렇다고 무작정 적용할 수 없으므로 일정한 기준에 따라 적용된다. 계속하여 이에 대해 살펴보겠지만 우선 결론을 먼저 말하면 '디폴트 스타일 → 사용자 스타일 → 개발자 스타일'의 순서로 HTML 엘리먼트에 적용된다.

예를 들어 사용자 스타일에 폰트 사이즈를 14px로 지정하면 디폴트 스타일의 폰트 사이즈가 적용되지 않고 사용자 스타일의 14px가 적용된다. 또 개발자 스타일에 16px를 지정하면 이 값이 최종적으로 적용된다. 그렇다고 적용 우선순위가 낮은 스타일의 프로퍼티 값이 없어지거나 치환되는 것은 아니다. 그 값은 그대로 존재하면서 우선순위가 가장 높은 프로퍼티 값이 랜더링된다.

11.2.1 Default style

스타일은 그 자체만으로는 어떤 기능도 발휘할 수 없다. HTML 엘리먼트와 연동되어야만 주어진 기능을 발휘하게 된다. 즉 셀렉터와 HTML 엘리먼트가 연동되어야 한다. 그럼, 셀렉터를 작성하지 않으면 어떻게 될 것인가? 이때 브라우저는 기본값을 적용하여 랜더링을 한다. 이 기본값을 'Default Style'이라고 하며 W3C CSS2 스펙에 정의되어 있다.

● **실행결과 defaultStyle**

● 소스 defaultStyle.html

```
<head>
   <meta http-equiv="Content-Type" content="text/html; charset=utf-8" />
   <title>DOM CSS</title>
</head>
<body>
   <h1>DOM Style</h1>
   <h2>Default Style</h2>
   <a href="http://www.w3.org/TR/CSS21/sample.html">W3C Default style sheet</a>
</body>
```

defaultStyle.html 파일에 CSS와 관련된 것을 하나도 작성하지 않았다. 그런데도 [실행결과 defaultStyle]을 보면 <h1> 보다 <h2>의 글씨가 작게 표현되었으며 새로 고침(F5)을 하더라도 같은 모습으로 표현된다. 즉 일정한 값이 적용되는 데 바로 이때 Default Style 값이 적용되는 것이다.

```
h1              { font-size: 2em; margin: .67em 0 }
h2              { font-size: 1.5em; margin: .75em 0 }
h3              { font-size: 1.17em; margin: .83em 0 }
h4, p,
blockquote, ul,
fieldset, form,
ol, dl, dir,
menu            { margin: 1.12em 0 }
h5              { font-size: .83em; margin: 1.5em 0 }
h6              { font-size: .75em; margin: 1.67em 0 }
```

그림 11-2

그림 11-2에 표시된 값이 Default style sheet의 값이다. 이 값을 적용했기 때문에 <h1>의 글씨보다 <h2>의 글씨가 작게 표시된 것이다. 자세한 내용은 www.w3.org/TR/ CSS21/ sample.html을 참조한다.

11.2.2 사용자 스타일

사용자 스타일이란 브라우저 사용자가 스타일을 지정하는 것을 의미하며 이 값이 디폴트 스타일보다 우선하여 적용된다.

● **실행결과 userStyle**

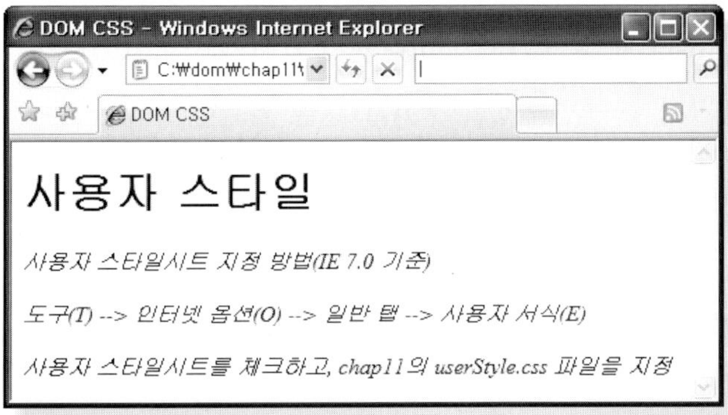

● **소스 userStyle.html**

```
<head>
   <meta http-equiv="Content-Type" content="text/html; charset=utf-8" />
   <title>DOM CSS</title>
</head>
<body>
   <h1>사용자 스타일</h1>
   <p>사용자 스타일시트 지정 방법(IE 7.0 기준)</p>
   <p>도구(T) --> 인터넷 옵션(O) --> 일반 탭 --> 사용자 서식(E)</p>
   <p>사용자 스타일시트를 체크하고, chap11의 userStyle.css 파일을 지정</p>
</body>
```

<link> 엘리먼트의 href 속성에 css 파일을 지정하지 않았으며 각 엘리먼트에 스타일도 작성하지 않았다. CSS와 관련된 것을 아무것도 작성하지 않았다.

● 소스 userStyle.css

```
p {
   font-style: italic
   background-color: yellow;
}
```

모든 <p> 엘리먼트의 글자체가 이탤릭체로 표시되고 바탕색이 노란색으로 표시되도록 스타일을 작성하였다. 그런데 HTML 도큐먼트에 userStyle.css을 연결하지 않았는데도 [실행결과 userStyle]에서 볼 수 있듯이 이 스타일이 적용되었다. 이는 사용자 스타일이 적용되었기 때문이다.

이와 같이 디폴트 스타일보다 사용자 스타일이 우선 적용된다. 사용자 스타일은 다른 모든 HTML 도큐먼트에 적용된다. 이 상태에서 다른 사이트를 방문해 보면 쉽게 이해할 수 있다. 사용자 스타일시트를 브라우저에 지정하는 방법은 [실행결과 userStyle]에 표시되어 있다.

11.2.3 개발자 스타일

W3C CSS2 스펙에 'author style'이라고 작성되어 있으며 HTML 엘리먼트와 스타일시트에 스타일을 작성하는 것을 의미한다. 그런데 이것은 개발자가 작성하며 사용자가 작성하는 사용자 스타일과 확연하게 구분하기 위해 author를 '개발자'로 의역하였다.

● 실행결과 authorStyle

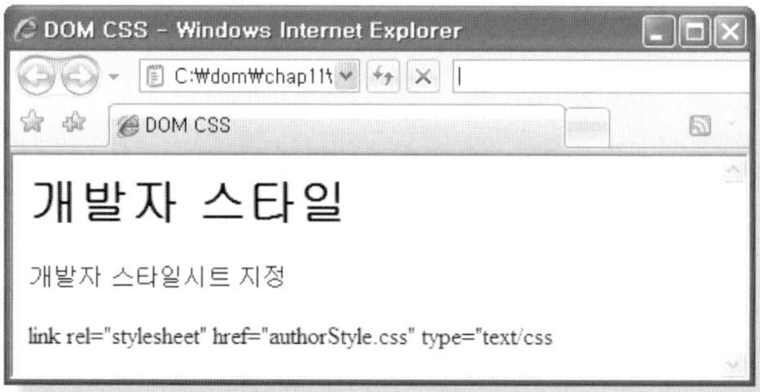

● 소스 authorStyle.html

```
<head>
   <meta http-equiv="Content-Type" content="text/html; charset=utf-8" />
   <title>DOM CSS</title>
   <link rel="stylesheet" href="authorStyle.css" type="text/css" />
</head>
<body>
   <h1>개발자 스타일시트</h1>
      <p>개발자 스타일시트 지정</p>
      <p>link rel="stylesheet" href="authorStyle.css" type="text/css</p>
</body>
```

<link> 엘리먼트의 href 속성에 authorStyle.css 파일을 지정하였다.

● 소스 authorStyle.css

```
p {
   font-style: normal;
   background-color: White;
}
```

[실행결과 authorStyle]은 사용자 스타일을 적용한 상태에서 실행한 결과이다. 모든 <p> 엘리먼트의 글자체가 일반체로 표시되었고 바탕색도 흰색으로 표시되었다. 이렇게 된 것은 [소스 authorStyle.css]의 p 셀렉터가 적용되었기 때문이다. 이를 통해 사용자 스타일보다 개발자 스타일이 우선 적용된다는 것을 알 수 있다.

11.2.4 개발자 스타일 !important

우선순위를 결정하는 또 하나의 변수가 !important를 선언하는 것이다. 사용자 스타일과 개발자 스타일에 !important를 선언할 수 있다. 여기서는 개발자 스타일을 살펴보고 다음 항에서 사용자 스타일을 살펴본다.

● 실행결과 authorStyleImportant

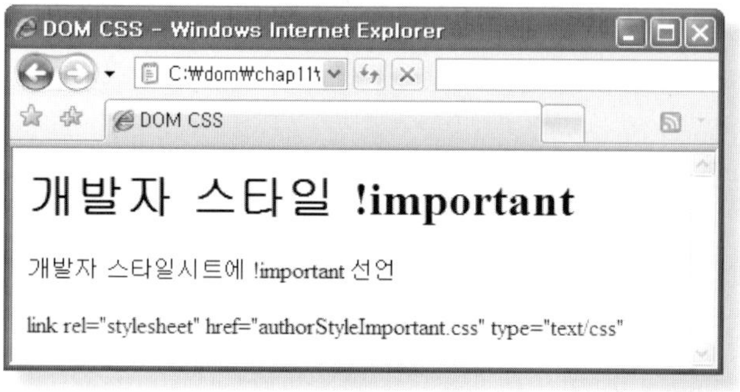

● 소스 authorStyleImportant.html

```
<head>
    <meta http-equiv="Content-Type" content="text/html; charset=utf-8" />
    <title>DOM CSS</title>
    <link rel="stylesheet" href="authorStyleImportant.css" type="text/css" />
    <link rel="stylesheet" href="authorStyle.css" type="text/css" />
</head>
<body>
    <h1>개발자 스타일 !important</h1>
    <p>개발자 스타일시트 !important 선언</p>
    <p>link rel="stylesheet" href="authorStyleImportant.css" type="text/css"</p>
</body>
```

앞항에서 다루었던 것과 다른 점은 <link> 엘리먼트가 두 개라는 점이다. 첫 번째 엘리먼트에 !important를 선언한 스타일시트를 지정했으며, 두 번째 엘리먼트에 앞항에서 사용했던 스타일시트를 지정했다.

● 소스 authorStyleImportant.css

```
p {
    font-style: italic;
    background-color: yellow !important;
}
```

● 소스 authorStyle.css

```
p {
   font-style: normal;
   background-color: White;
}
```

'11.2.6 엘리먼트 우선순위'에서 다루겠지만 지금까지 다루었던 것 외의 우선순위 규칙이 있는데 HTML 도큐먼트에서 나중에 작성한 것이 우선한다는 것이다. author StyleImportant.css 파일을 첫 번째 <link> 엘리먼트에 지정했으므로 두 번째 엘리먼트에 지정한 authorStyle.css 파일에 같은 프로퍼티가 있다면 authorStyle.css 파일의 프로퍼티가 적용된다.

[실행결과 authorStyleImportant]를 보면 글자체는 일반체로 표현되었으며 바탕색은 노란색으로 표현되었다. 앞에서 다루었던 규칙에 따르면 일반체와 흰색으로 표현되어야 하나 바탕색이 노란색으로 표시된 것은 authorStyleImportant.css 파일의 background-color 프로퍼티에 !important를 선언했기 때문이다. 이와 같이 !important를 선언하면 이 프로퍼티 값이 우선하여 적용된다.

11.2.5 사용자 스타일 !important

마지막으로 사용자 스타일시트에 !important를 선언하고 그 결과를 살펴본다.

● 실행결과 userStyleImportant

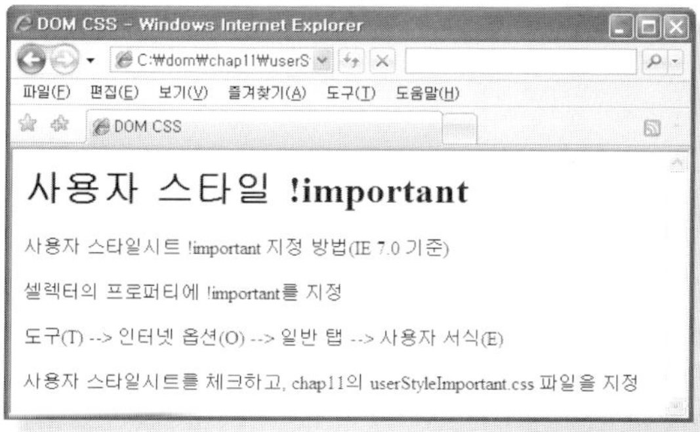

● 소스 userStyleImportant.html

```
<head>
   <meta http-equiv="Content-Type" content="text/html; charset=utf-8" />
   <title>DOM CSS</title>
   <link rel="stylesheet" href="authorStyleImportant.css" type="text/css" />
</head>
<body>
<h1>사용자 스타일시트 !important</h1>
   <p>사용자 스타일시트 !important 지정 방법(IE 7.0 기준)</p>
   <p>셀렉터의 프로퍼티에 !important를 지정</p>
   <p>도구(T) --> 인터넷 옵션(O) --> 일반 탭 --> 사용자 서식(E)</p>
   <p>사용자 스타일시트를 체크하고, chap11의 userStyleImportant.css 파일을 지정</p>
</body>
```

<link> 엘리먼트의 href 속성에 앞항에서 사용했던 css 파일을 지정했으므로 앞의 항과 같은 결과가 표현되어야 하지만 다르게 표현되었다.

● 소스 authorStyleImportant.css

```
p {
   font-style: italic
   background-color: yellow !important;
}
```

● 소스 userStyleImportant.css

```
p {
   font-style: normal !important;;
   background-color: White !important;
}
```

userStyleImportant.css 파일이 사용자 스타일시트이며 각 프로퍼티에 !important를 선언하였다. [실행결과 userStyleImportant]에서 볼 수 있듯이 글자체도 일반체로 표현되었고 바탕색도 흰색으로 표현되었다. 이를 통해 사용자 스타일에 !important를 선언한 프로퍼티가 우선순위가 높다는 것을 알 수 있다. CSS1에서는 개발자 스타일에 !important를 선언한 프로퍼티가 우선순위가 가장 높았으나 CSS2에서 변경되었다.

지금까지 디폴트 스타일, 사용자 스타일, 개발자 스타일의 우선순위에 대해 살펴보았다. 이를 정리하면 다음과 같은 순서로 스타일이 적용된다.

1 사용자 스타일 !important
2 개발자 스타일 !important
3 개발자 스타일
4 사용자 스타일
5 디폴트 스타일

그런데 지금까지 살펴본 것이 전부가 아니다. 물론 큰 흐름에서는 정리가 되었지만 다수의 <link> 엘리먼트를 작성한 경우, <style> 엘리먼트를 작성한 경우, HTML 엘리먼트에 style 속성을 작성한 경우 등 또 다른 규칙이 있다. 계속하여 이에 대해 살펴본다.

11.2.6 엘리먼트 우선순위

스타일을 작성하는 방법에는 스타일시트에 작성하고 이를 <link> 엘리먼트의 href 속성에 지정하는 방법, <style> 엘리먼트에 직접 작성하는 방법, HTML 엘리먼트의 style 속성에 작성하는 방법, @import를 사용하여 스타일시트를 지정하는 방법이 있다.

이렇게 방법이 다양하다는 것은 스타일을 적용하는 우선순위 규칙이 있다는 뜻이 된다. 결론을 우선 말하면, 'HTML 엘리먼트의 style 속성에 작성하는 방법 → <style> 엘리먼트에 직접 작성하는 방법 → <link> 엘리먼트의 href 속성에 스타일시트를 지정하는 방법 → @import를 사용하여 스타일시트를 지정하는 방법'의 순서로 스타일이 적용된다. HTML 엘리먼트의 style 속성에 작성하는 방법이 가장 우선순위가 높다.

● 실행결과 styleSeq

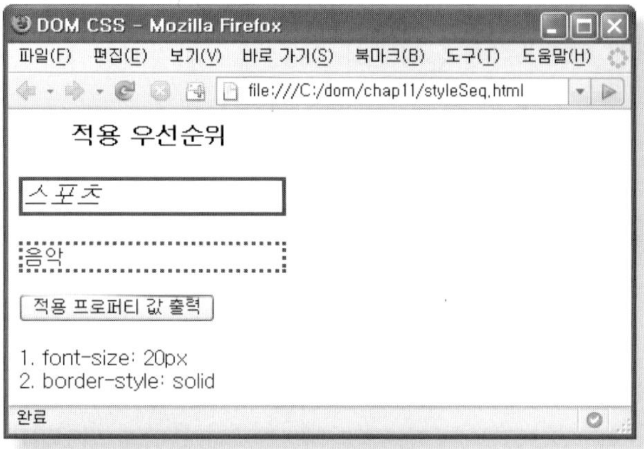

● 소스 styleSeq.html

```
<head>
   <link rel="stylesheet" href="styleSeq.css" type="text/css" />
   <style type="text/css">
      #sport{font-size: 20px; font-style: italic; border-style: dotted;}
      #music{border-style: solid;}
   </style>
   <style type="text/css">
      #music{border-style: dotted; width: 200px; border-color: #0000FF;}
   </style>
</head>
<body>
   <p id="sport" style="border-style: solid">스포츠</p>
   <p id="music">음악</p>
</div>
```

<link> 엘리먼트, <style> 엘리먼트, HTML 엘리먼트가 작성되어 있다. 의도적으로 <style> 엘리먼트를 두 개 작성하였으며 #music 셀렉터의 프로퍼티 값을 다르게 지정하였다.

● 소스 styleSeq.css

```
#sport {
   font-size: 16px;
   width: 200px;
   border-color: #0000FF;
}
```

<소스 styleSeq.js] 파일에 작성한 코드는 최종적으로 적용된 프로퍼티 값을 추출하는 코드이다. 이에 대해서는 계속하여 다룰 것이며 코드 설명이 주된 목적이 아니므로 게재하지 않았다. '적용 프로퍼티 값 출력' 버튼을 클릭하면 [실행결과 styleSeq]에 프로퍼티 값이 출력된다.

[실행결과 styleSeq] 1번에 'font-size: 20px'이 출력되었다. font-size는 styleSeq.css 파일에 16px로 작성되어 있으며 <style> 엘리먼트에 20px로 작성되어 있다. 즉 <style> 엘리먼트에 작성한 프로퍼티 값이 적용된 것이다. 이와 같이 <link> 엘리먼트의 href 속성에 지정한 css 파일의 프로퍼티보다 <style> 엘리먼트에 작성한 프로퍼티가 우선하여 적용된다.

[실행결과 styleSeq] 2번에 'border-style: solid'가 출력되었다. border-style은 <style> 엘리먼트에 dotted로 작성되어 있으며 `p#sport` 엘리먼트의 style 속성에 solid로 작성되어 있다. 즉 엘리먼트의 style 속성에 작성한 프로퍼티 값이 적용되었다. 이와 같이 <style> 엘리먼트에 작성한 프로퍼티보다 HTML 엘리먼트의 style 속성에 작성한 프로퍼티가 우선하여 적용된다.

첫 번째 style#music의 border-style 속성에 solid를 지정했으며 두 번째 style#music의 border-style 속성에 dotted를 지정했는데 '음악'의 테두리가 점선으로 표현되었다. 이것은 두 번째에 작성한 속성 값이 적용되었다는 것을 의미한다. 이렇게 된 것은 HTML 도큐먼트에서 나중에 작성한 속성이 우선하여 적용된다는 규칙에 따른 것이다.

이 외에도 스타일시트에 다수의 셀렉터가 있는 경우 구체적으로 작성한 것이 우선하여 적용된다는 규칙도 있다. 예를 들어 다음과 같이 작성하면 <option> 엘리먼트의 font-size에 16px가 적용된다.

```
select {font-size: 12px;}
option {font-size: 14px;}
select option {font-size: 16px;}
```

지금까지 살펴 보았듯이 스타일을 적용하는 우선순위는 복잡하다. 이와 같이 여러가지 형태로 스타일을 작성하면 브라우저가 복잡하게 우선순위를 따져서 적용해야 한다. 브라우저는 그렇다 치더라도 무엇보다도 개발자가 이와 같은 방법으로 우선순위를 생각하여 스타일을 정의해야 한다는 것이 더욱 큰 문제이다.

그렇다고 간단하게 하기 위해 HTML 엘리먼트의 style 속성에 프로퍼티 값을 작성하면 우선순위 개념을 사용하지 않는 것과 같다. 이는 다양한 방법이 있는데도 한 가지 방법만을 사용하는 것이 된다. 또 구조와 표현이 분리되지 않는다는 점도 있다.

그럼 어떻게 할 것인가? 스타일시트에 스타일을 작성하면 우선순위도 간단하며 구조와 표현도 분리된다. 하지만 이것만 가지고는 역동적인 유저 인터페이스를 구현하기에 한계가 있다. 여기에 유동성을 가미해야 한다.

기본값을 스타일시트에 작성하고 임시적으로 이 값을 바꿀 때에는 HTML 엘리먼트의 style 속성에 값을 설정한다. 한편 필요하지 않게 되었을 때 설정한 값을 지우면 원래의 상태로 돌아간다. 이것은 우선순위에 따라 프로퍼티 값이 적용되더라도 작성한 프로퍼티 값이 지워지거나 대체되는 것이 아니기 때문이다. 이런 장점도 있지만 두 형태를 생각해야 하는 복잡함은 있다.

또 하나는 HTML 엘리먼트의 style 속성을 사용하지 않고 스타일시트의 프로퍼티 값을 변경하는 것이다. 이는 한 가지 형태만 사용하므로 매우 간단하다. 하지만, 접근성은 조금 떨어진다. 형태의 선택은 독자의 몫이다. 물론 이 책에서는 어떤 형태를 선택하더라도 처리할 수 있는 방법을 다루고 있다.

11.3 〈link〉, 〈style〉 엘리먼트의 속성 제어

스타일시트에 작성한 프로퍼티에 접근하기 위해서는 우선 <link> 엘리먼트에 접근해야 한다. 마찬가지로 <style> 엘리먼트에 작성한 프로퍼티에 접근하기 위해서는 <style> 엘리먼트에 접근해야 한다. DOM HTML에서 제공하는 HTMLLinkElement 인터페이스와 HTMLStyleElement 인터페이스로 <link> 엘리먼트와 <style> 엘리먼트의 속성 값을 추출할 수 있다. 하지만 CSS 관점에서 보면 부족한 점이 있다.

여기서는 <link> 엘리먼트와 <style> 엘리먼트에 접근하는 인터페이스, 이 엘리먼트에 작성한 속성 값을 추출하는 인터페이스, media 속성을 추가 · 삭제하는 인터페이스를 살펴본다.

11.3.1 LinkStyle 인터페이스

LinkStyle 인터페이스는 <link> 엘리먼트와 <style> 엘리먼트의 속성에 접근하기 위한 sheet 프로퍼티를 제공한다. 이 프로퍼티를 통해 계층적으로 속성에 접근할 수 있다. 즉 첫 번째 관문이 되는 프로퍼티이다.

● **프로퍼티**

인터페이스	LinkStyle		
이름	형태	기능 개요	R/W
sheet	StyleSheet	〈link〉 엘리먼트와 〈style〉 엘리먼트에 작성된 속성 값을 포함한 StyleSheet 인터페이스 형태의 오브젝트	R

▶ 〈link〉 엘리먼트

● **실행결과 LinkStyleLink**

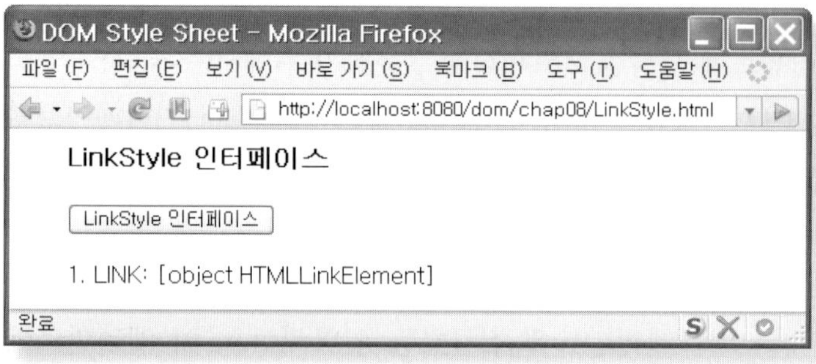

● **소스 LinkStyleLink.html**

```
<link rel="stylesheet" href="domCSS.css" type="text/css" />
```

● **소스 LinkStyleLink.js**

```
var Show = {
   okClick: function(event) {
      var element = document.getElementsByTagName('link').item(0);
      resultShow('LINK', element);
   }
}
```

<link> 엘리먼트에 작성한 속성 값을 추출하기 위해서는 우선 <link> 엘리먼트를 오브젝트로 생성해야 하며, 이는 getElementsByTagName( ) 메소드의 파라미터에 'link'를 지정하여 실행하면 된다. getElementById( ) 메소드를 사용할 수 있지만 일반적으로 <link> 엘리먼트에 id 속성을 작성하지 않는다.

Firefox로 실행하면 [실행결과 LinkStyleLink] 1번에 HTMLLinkElement가 출력된다. 그림 11-3은 getElementsByTagName('link') 메소드로 생성한 오브젝트를 Firebug로 전개한 것이다.

그림 11-3

HTMLLinkElement 인터페이스가 제공하는 프로퍼티는 charset, disabled, href, hreflang, media, rel, rev, target, type이다. [그림 11-3]에 보면 이 프로퍼티도 있지만 sheet 프로퍼티도 있다. 바로 이 프로퍼티가 LinkStyle 인터페이스에서 제공하는 프로퍼티로 그 옆에 써 있듯이 StyleSheet 인터페이스 형태의 오브젝트이다. 또한 +표시가 있다는 것은 프로퍼티와 메소드를 포함하고 있다는 것을 암시한다.

▶ <style> 엘리먼트

● **실행결과 LinkStyleStyle**

● **소스 LinkStyleStyle.html**

```
<style type="text/css">
   body{margin: 0; padding: 0; font-size: 16px; font-family: "굴림", "Times New Roman";}
   h1{margin-top: 10px; margin-left: 40px; font-size: 18px;}
   #groupOne{margin-top: 20px; margin-left: 40px;}
</style>
```

<link> 엘리먼트에 domCSS.css 파일을 지정하지 않고 이 파일에 작성한 스타일을 <style> 엘리먼트에 작성하였다.

● 소스 LinkStyleStyle.js

```
var Show = {
   okClick: function(event) {
      var element = document.getElementsByTagName('style').item(0);
      resultShow('STYLE', element);
   }
}
```

Firefox로 실행하면 [실행결과 LinkStyleStyle] 1번에 HTMLStyleElement가 출력된다. 하지만 다음의 그림 11-4에서 볼 수 있듯이 이 인터페이스에서 제공하는 것이 이것만은 아니다.

그림 11-4

HTMLStyleElement 인터페이스가 제공하는 프로퍼티는 disabled, media, type이다. 그림 11-4에 이 프로퍼티도 있지만 sheet 프로퍼티도 있다. sheet 프로퍼티가 LinkStyle 인터페이스에서 제공하는 프로퍼티이며 그 옆에 써 있듯이 StyleSheet 인터페이스 형태의 오브젝트이다.

지금까지 살펴보았듯이 <link> 엘리먼트이든 <style> 엘리먼트이든 sheet 프로퍼티가 설정된다. 이는 엘리먼트를 구분하지 않아도 된다는 것을 의미한다.

11.3.2 StyleSheet 인터페이스: link 엘리먼트

StyleSheet 인터페이스는 <link> 엘리먼트와 <style> 엘리먼트에 작성한 속성 값을 추출할 수 있는 프로퍼티를 제공한다. 여기서는 <link> 엘리먼트를 중심으로 살펴보고 다음 항에서 <style> 엘리먼트를 중심으로 살펴본다.

● **프로퍼티**

인터페이스	StyleSheet		
이름	형태	기능 개요	R/W
disabled	Boolean	도큐먼트에 스타일시트가 적용되어 있으면 false, 아니면 true. 디폴트는 false	RW
href	DOMString	〈link〉는 css 파일의 URI, 〈style〉은 null	R
media	MediaList	스타일을 적용할 미디어	R
ownerNode	Node	스타일시트를 포함하고 있는 노드	R
parentStyleSheet	StyleSheet	현재의 스타일시트를 포함하고 있는 스타일시트	R
title	DOMString	title 속성 값	R
type	DOMString	'text/css' 와 같이 link할 대상의 MIME 타입	R

● **실행결과 StyleSheetLink-1**

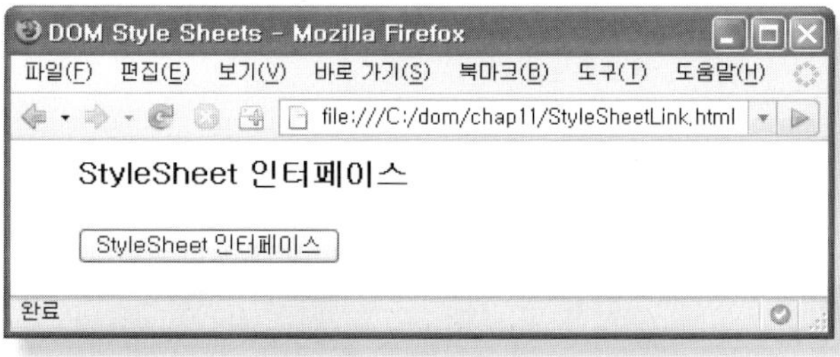

StyleSheetLink.html을 실행하면 처음으로 표시되는 웹 페이지이다. 지금까지 살펴본 것과 다름이 없는데 구분하여 표시한 것은 'StyleSheet 인터페이스' 버튼을 클릭하면 <h1> 엘리먼트에 작성한 'styleSheet 인터페이스'가 다른 형태로 표시되기 때문이다.

● 실행결과 StyleSheetLink-2

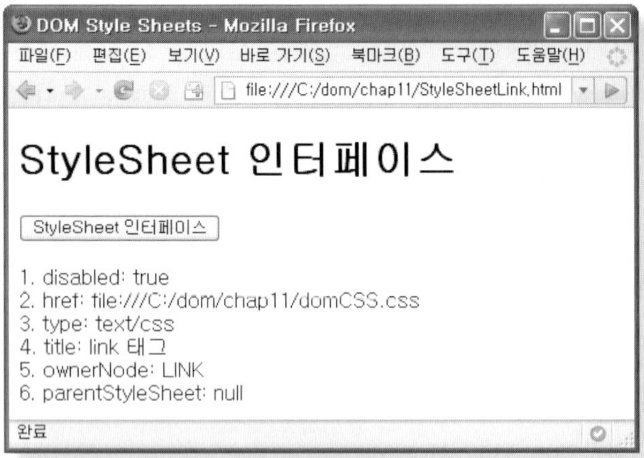

<link> 엘리먼트에 지정한 domCSS.css 파일의 스타일이 전혀 반영되지 않은 형태로 표현되었다. 그렇다고 규칙이 없는 것 같지는 않다. 왜냐하면 default style이 적용되었기 때문이다. 그럼, 왜 domCSS.css 파일의 스타일이 적용되지 않고 default style이 적용된 것인가? 곧 이어서 다루지만 disabled 프로퍼티에 true를 설정했기 때문이다.

● 소스 StyleSheetLink.html

```
<link rel="stylesheet" href="domCSS.css" type="text/css" title="link 태그" />
```

<link> 엘리먼트에 href, type, title 속성이 작성되어 있다.

● 소스 StyleSheetLink.js

```
var Show = {
   okClick: function(event) {
      var element = document.getElementsByTagName('link').item(0);          ❶
      var sheetObject = Prototype.Browser.IE ? element.styleSheet : element.sheet;

      sheetObject.disabled = true;                                          ❷
      resultShow('disabled', sheetObject.disabled);
```

```
        resultShow('href', sheetObject.href);                                   ❸
        resultShow('type', sheetObject.type);                                   ❹
        resultShow('title', sheetObject.title);                                 ❺
        if (!Prototype.Browser.IE) {                                            ❻
            resultShow('ownerNode', sheetObject.ownerNode.nodeName);
        } else {
            resultShow('ownerNode', sheetObject.owningElement.nodeName);
        }
        resultShow('parentStyleSheet', sheetObject.parentStyleSheet);           ❼
    }
}
```

❶
```
var element = document.getElementsByTagName('link').item(0);
var sheetObject = Prototype.Browser.IE ? element.styleSheet: element.sheet;
```

getElementsByTagName('link') 메소드와 item(0) 메소드로 HTML 도큐먼트의 첫 번째 <link> 엘리먼트를 오브젝트로 생성하여 element에 할당한다. 실행한 브라우저를 체크하여 브라우저에서 제공하는 프로퍼티를 StyleSheet 인터페이스 형태의 오브젝트로 반환받아 sheetObject에 할당한다. sheet 프로퍼티는 DOM에서 제공하며 styleSheet 프로퍼티는 IE에서 제공한다.

그림 11-5는 sheetObject에 포함된 프로퍼티와 메소드를 Firebug로 전개한 것이다.

그림 11-5

cssRules 프로퍼티, ownerRule 프로퍼티, deleteRule( ) 메소드, insertRule( ) 메소드는 sheet 프로퍼티가 제공하지 않으며 CSSStyleSheet 인터페이스에서 제공한다. CSSStyleSheet 인터페이스는 룰셋을 다루기 위한 메소드와 프로퍼티를 제공한다. 이 인터페이스는 '11.5.2 CSSStyleSheet 인터페이스'에서 다루고 있다. 또 media 프로퍼티는 MediaList 인터페이스에서 제공한다. 이 인터페이스는 '11.3.4 MediaList 인터페이스'에서 다루고 있다.

▶ disabled 프로퍼티

❷
```
sheetObject.disabled = true;
resultShow('disabled', sheetObject.disabled);
```

[실행결과 StyleSheetLink–2] 1번에 출력된 값은 true이며 [실행결과 StyleSheetLink-1]의 <h1> 엘리먼트 명칭보다 [실행결과 styleSheetLink-2]의 <h1> 엘리먼트 명칭이 크게 표시된 것은 disabled 프로퍼티에 true를 설정했기 때문이다. 이와 같이 disabled 프로퍼티에 true를 설정하면 <link> 엘리먼트에 지정한 css 파일의 스타일이 적용되지 않고 default style이 적용된다. 디폴트 값은 false이다.

▶ href 프로퍼티

❸
```
resultShow('href', sheetObject.href);
```

href 프로퍼티는 <link> 엘리먼트의 href 속성에 지정한 css 파일의 URI를 제공한다. IE로 실행하면 href 속성 값을 그대로 반환하지만 Firefox로 실행하면 전체 URI를 반환한다.

▶ type 프로퍼티

❹
```
resultShow('type', sheetObject.type);
```

type 프로퍼티는 <link> 엘리먼트에 작성한 type 속성 값을 반환한다. [실행결과 StyleSheetLink–2] 3번에 출력된 값은 'text/css'이며 이 값은 MIME 타입으로 css 파일은 이 값으로 지정해야 한다.

▶ title 프로퍼티

❺
```
resultShow('title', sheetObject.title);
```

title 프로퍼티는 <link> 엘리먼트의 title 속성 값을 반환한다. [실행결과 StyleSheetLink–2] 4번에 출력된 값은 'link 태그'로 이 값은 title 속성 값이다.

▶ ownerNode 프로퍼티

```
❻ if (!Prototype.Browser.IE) {
     resultShow('ownerNode', sheetObject.ownerNode.nodeName);
  } else {
     resultShow('ownerNode', sheetObject.owningElement.nodeName);
  }
```

[실행결과 StyleSheetLink–2] 5번에 출력된 값은 'LINK'이며 이 값은 태그 이름이다. ownerNode 프로퍼티는 DOM에서 제공하며 css 파일을 포함하고 있는 엘리먼트를 노드 오브젝트로 반환한다. owningElement는 IE 제공 프로퍼티이다. 오브젝트이므로 tagName 프로퍼티를 사용하여 태그 이름 등을 추출할 수 있다. HTML 도큐먼트에 <link>와 같이 소문자로 작성하였으나 대문자로 출력된 것은 브라우저가 대문자로 인식하기 때문이다.

▶ parentStyleSheet 프로퍼티

```
❼ resultShow('parentStyleSheet', sheetObject.parentStyleSheet);
```

parentStyleSheet 프로퍼티는 스타일시트를 포함하고 있는 부모 스타일시트를 반환한다. IE와 Firefox 모두 null을 반환하는데 이는 부모 스타일시트가 없다는 것을 의미한다.

11.3.3 StyleSheet 인터페이스: style 엘리먼트

여기서는 <style> 엘리먼트를 중심으로 StyleSheet 인터페이스에서 제공하는 프로퍼티를 살펴본다.

● 실행결과 StyleSheetStyle

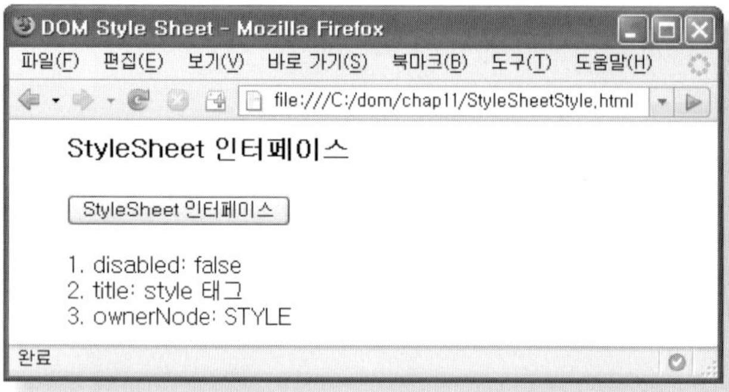

● 소스 StyleSheetStyle.html

```
<style type="text/css" title="style 태그">
   body{margin: 0; padding: 0; font-size: 16px; font-family: "굴림", "Times New Roman";}
   h1{margin-top: 10px; margin-left: 40px; font-size: 18px;}
   #groupOne {margin-top: 20px; margin-left: 40px;}
</style>
```

dommCSS.css 파일에 작성했던 룰셋을 <script> 엘리먼트에 작성하고 <link> 엘리먼트는 작성하지 않았다.

● 소스 StyleSheetStyle.js

```
var Show = {
   okClick: function(event) {
      var element = document.getElementsByTagName('style').item(0);
      var sheetObject = Prototype.Browser.IE ? element.styleSheet : element.sheet;
      resultShow('disabled', sheetObject.disabled);
      resultShow('title', sheetObject.title);
      if (!Prototype.Browser.IE) {
```

```
        resultShow('ownerNode', sheetObject.ownerNode.nodeName);
      } else {
        resultShow('ownerNode', sheetObject.owningElement.nodeName);
      }
    }
  }
```

HTML 도큐먼트의 첫 번째 <style> 엘리먼트를 오브젝트 형태로 element에 할당한다. 실행한 브라우저를 체크하여 브라우저에서 제공하는 프로퍼티를 StyleSheet 인터페이스 형태의 오브젝트로 반환받아 sheetObject에 할당한다.

[실행결과 StyleSheetStyle] 1번에 false가 출력된 것은 이 값이 디폴트 값이기 때문이다. 따라서 <style> 엘리먼트에 작성한 스타일이 적용되었다.

지금까지 보았듯이 sheet 프로퍼티는 <link> 엘리먼트와 <style> 엘리먼트를 구분하지 않고 엘리먼트의 속성 값을 반환한다. 구조적 관점에서 보면 다음 단계에 접근하기 위한 관문이 되는 프로퍼티이다. 따라서 이 프로퍼티를 통해 룰셋에 작성한 프로퍼티에 접근하게 된다.

11.3.4 MediaList 인터페이스

MediaList 인터페이스는 <link> 엘리먼트와 <style> 엘리먼트에 작성한 media 속성을 다루기 위한 메소드와 프로퍼티를 제공한다.

● **프로퍼티**

인터페이스	MediaList		
이름	형태	기능 개요	R/W
length	long	media 수	R
mediaText	DOMString	media 속성 값	RW

● 메소드

인터페이스	MediaList		
이름	구분	형태	기능 개요
appendMedium	파라미터	DOMString	추가하려는 미디어
	반환	없음	
deleteMedium	파라미터	DOMString	삭제하려는 미디어
	반환	없음	
item	파라미터	long	배열 indcx
	반환	StyleSheet	배열 index 위치의 미디어

● 실행결과 mediaList

● 소스 mediaList.html

```
<link rel="stylesheet" href="domCSS.css" type="text/css" media="screen, print" />
```

<link> 엘리먼트의 media 속성에 'screen, print'를 지정하였다.

● 소스 mediaList.js

```
var Show = {
   okClick: function(event) {
```

```
        var element = document.getElementsByTagName('link').item(0);                    ❶
        resultShow('HTML media', element.media);

        var sheetObject = element.addEventListener ? element.sheet : element.styleSheet;   ❷
        var mediaObject = sheetObject.media;
        resultShow('media property', mediaObject);                                      ❸
        resultShow('media.length',  mediaObject.length);                                ❹
        resultShow('mediaText', mediaObject.mediaText);                                 ❺

        if (element.addEventListener) {                                                 ❻
            resultShow('Firefox item(0)', mediaObject.item(0));
            mediaObject.deleteMedium('print');                                          ❼
            resultShow('deleteMedium(print)', mediaObject.mediaText);
            mediaObject.appendMedium('print');                                          ❽
            resultShow('appendMedium(print)', mediaObject.mediaText);
        } else {
            var mediaSplit = mediaObject.split(',');
            resultShow('IE media[0]', mediaSplit[0]);
        }
    }
}
```

HTMLLinkElement 인터페이스와 HTMLStyleElement 인터페이스의 media 속성 값을 텍스트 형태로 제공하지만 StyleSheet 인터페이스는 MediaList 인터페이스 형태의 오브젝트로 제공한다. 따라서 이 오브젝트를 통해 media 속성에 접근해야 한다.

❶
```
var element = document.getElementsByTagName('link').item(0);
resultShow('HTML media', element.media);
```

[실행결과 mediaList] 1번에 출력된 값은 'screen, print'로 이 값은 <link> 엘리먼트에 작성한 media 속성 값이다. 이 값은 mediaList 인터페이스에서 제공한 것이 아니라 HTMLLink Element 인터페이스에서 제공한 것이다.

❷
```
var sheetObject = element.addEventListener ? element.sheet: element.styleSheet;
var mediaObject = sheetObject.media;
```

sheet 프로퍼티로 오브젝트를 생성해야 StyleSheet 인터페이스에 제공하는 media 프로퍼티에 접근할 수 있다. 또 media 프로퍼티가 MediaList 인터페이스 형태의 오브젝트이므로 그림 11-6에서 볼 수 있듯이 프로퍼티와 메소드를 포함하고 있다.

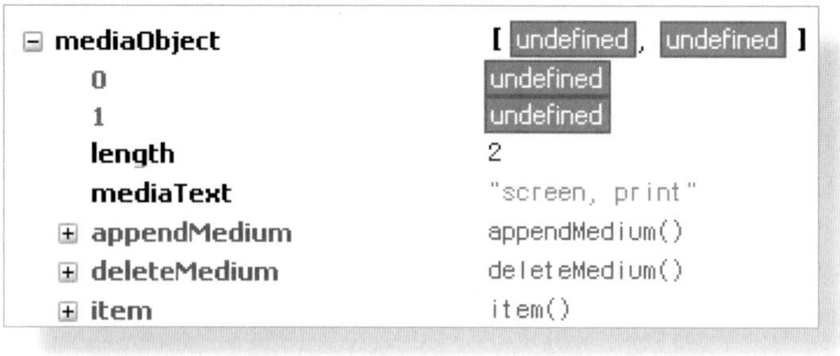

그림 11-6

```
❸ resultShow('media property', mediaObject);
```

IE로 실행하면 [실행결과 mediaList] 2번에 'screen, print'가 출력되며, 이 값은 <link> 엘리먼트의 media 속성 값이다. IE는 MediaList 인터페이스를 제공하지 않는다. Firefox로 실행하면 'MediaList'가 출력되며 이는 MediaList 인터페이스 형태의 오브젝트이다.

▶ length 프로퍼티

```
❹ resultShow('media.length', mediaObject.length);
```

length 프로퍼티는 media 속성에 작성한 미디어 수를 반환한다. IE로 실행하면 [실행결과 mediaList] 3번에 13이 출력되고, Firefox로 실행하면 2가 출력된다. IE가 무엇을 기준으로 13을 출력했는지 알 수 없지만, Firefox에서 출력한 2는 <link> 엘리먼트의 media 속성에 작성한 screen과 print를 의미한다. 반환되는 값이 다르므로 length 프로퍼티를 사용할 수 없다.

▶ mediaText 프로퍼티

```
❺ resultShow('mediaText', mediaObject.mediaText);
```

IE로 실행하면 [실행결과 mediaList] 4번에 undefined가 출력되고, Firefox로 실행하면 'screen, print'가 출력된다. 즉, IE는 mediaText를 지원하지 않으며, Firefox에서 출력한 것은 <link> 엘리먼트에 작성한 media 속성 값이다.

한편 mediaText 프로퍼티를 사용하지 않고 HTMLLinkElement 인터페이스의 media 프로퍼티를 사용해서 속성 값을 추출할 수도 있으므로 그다지 큰 의미가 없다고 할 수 있다. 의미가 있는 것은 media 속성 값에 있는 각 media를 제어하는 것이다. DOM은 이를 위해 item( ), appendMedium( ), deleteMedium( ) 메소드를 제공한다. 그런데 IE는 이 메소드를 사용할 수 없다. 따라서 Firefox 기준으로 메소드 기능을 살펴본다.

▶ item( ) 메소드

```
❻ if (element.addEventListener) {
     resultShow('Firefox item(0)', mediaObject.item(0));
   } else {
     var mediaSplit = mediaObject.split(',');
     resultShow('IE media[0]', mediaSplit[0]);
   }
```

Firefox로 실행하면 [실행결과 mediaList] 5번에 screen이 출력되며, 이 값은 media 속성의 첫 번째 값이다. 이와 같이 item( ) 메소드의 파라미터에 인덱스를 지정하면 media 속성 값에서 인덱스 번째의 값을 반환한다. IE로 실행하면 마찬가지로 screen이 출력되는데, else 문에서 볼 수 있듯이 split(',') 메소드로 media 속성 값을 분리하고 첫 번째 배열의 값을 출력한 것이다.

▶ deleteMedium( ) 메소드

```
❼ mediaObject.deleteMedium('print');
   resultShow('deleteMedium(print)', mediaObject.mediaText);
```

Firefox로 실행하면 [실행결과 mediaList] 6번에 screen이 출력되는데 이 값은 media 속성 값인 'screen, print'에서 'print'를 삭제한 값이다. 이와 같이 deleteMedium( ) 메소드는 파라미터에 지정한 값을 media 속성에서 삭제한다.

▶ appendMedium( ) 메소드

```
❽ mediaObject.appendMedium('print');
  resultShow('appendMedium(print)', mediaObject.mediaText);
```

Firefox로 실행하면 [실행결과 mediaList] 7번에 'screen, print'가 출력되는데 이 값은 앞에서 삭제한 media 속성 값에 print를 추가한 것이다. 이와 같이 appendMedium( ) 메소드는 파라미터에 지정한 값을 media 속성에 추가한다.

11.4 Document 확장

지금까지 LinkStyle 인터페이스의 sheet 프로퍼티를 사용하여 <link> 엘리먼트와 <style> 엘리먼트에 작성한 속성 값을 추출하는 방법을 살펴보았다. 그런데 Document Style 인터페이스를 사용해서 속성 값을 추출할 수 있다.

여기서는 DocumentStyle 인터페이스의 styleSheets 프로퍼티를 사용하여 <link> 엘리먼트와 <style> 엘리먼트에 작성한 속성 값을 추출하는 방법을 살펴본다.

11.4.1 DocumentStyle 인터페이스

DocumentStyle 인터페이스는 HTML 도큐먼트에 작성한 모든 <link> 엘리먼트와 <style> 엘리먼트를 StyleSheetList 인터페이스 형태의 오브젝트로 반환한다.

● **프로퍼티**

인터페이스	DocumentStyle		
이름	형태	기능 개요	R/W
styleSheets	StyleSheetList	StyleSheetList 인터페이스 형태의 오브젝트	R

● 실행결과 documentStyle

● 소스 documentStyle.html

```
<link rel="stylesheet" href="domCSS.css" type="text/css" />
<style type="text/css">
   #sport {margin-top: 20px; margin-left: 40px;}
</style>
```

● 소스 documentStyle.js

```
var Show = {
   okClick: function(event) {
      var linkStyleElement = document.styleSheets;
      resultShow('스타일시트', linkStyleElement);
   }
}
```

<link> 엘리먼트와 <style> 엘리먼트에 작성한 속성 값을 추출하기 위해서는 각 엘리먼트를 오브젝트로 생성한 후 프로퍼티 또는 메소드를 사용해서 접근해야 했다. 하지만 styleSheets 프로퍼티를 사용하면 엘리먼트 오브젝트를 생성하지 않아도 된다.

▶ styleSheets 프로퍼티

```
var linkStyleElement = document.styleSheets;
```

그림 11-7은 styleSheets 프로퍼티로 생성한 오브젝트를 Firebug로 전개한 것이다. 0번

째에 <link> 엘리먼트가 설정되었고 1번째에 <style> 엘리먼트가 설정되었다. 이와 같이 styleSheets 프로퍼티는 HTML 도큐먼트에 작성한 <link> 엘리먼트와 <style> 엘리먼트를 배열 형태로 반환한다.

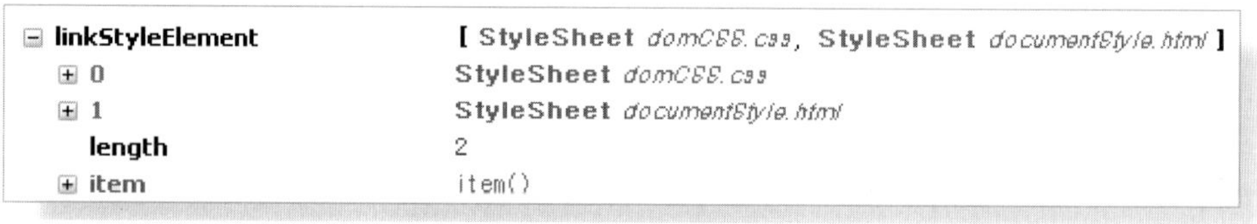

그림 11-7

Firefox로 실행하면 [실행결과 documentStyle] 1번에 StyleSheetList가 출력되는데 이는 StyleSheetList 인터페이스 형태의 오브젝트를 의미한다. 이에 대해서는 다음 항에서 다루고 있다.

11.4.2 StyleSheetList 인터페이스

StyleSheetList 인터페이스는 이름에서 짐작할 수 있듯이 StyleSheet 인터페이스를 배열 형태로 제공한다.

● **프로퍼티**

인터페이스	StyleSheetList		
이름	형태	기능 개요	R/W
length	long	HTML에 작성한 〈link〉 또는 〈style〉 엘리먼트 수	R

● **메소드**

인터페이스	StyleSheetList		
이름	구분	형태	기능 개요
item	파라미터	long	배열 index
	반환	StyleSheet	StyleSheet 인터페이스 형태의 오브젝트

● 실행결과 StyleSheetList

● 소스 StyleSheetList.html

```
<link rel="stylesheet" href="domCSS.css" type="text/css" media="screen, print" />
<style type="text/css">
   #okClick {font-style: italic;}
</style>
```

● 소스 StyleSheetList.js

```
var Show = {
   okClick: function(event) {
      var sheetObject = document.styleSheets;                                  ❶
      resultShow('length', sheetObject.length);
      var itemSheet = document.styleSheets.item(1);                            ❷
      if (!Prototype.Browser.IE) {
         resultShow('ownerNode', itemSheet.ownerNode.nodeName);
      } else {
         resultShow('ownerNode', itemSheet.owningElement.nodeName);
      }
   }
}
```

▶ length 프로퍼티

❶ `var sheetObject = document.styleSheets;`

```
resultShow('length', sheetObject.length);
```

length 프로퍼티는 HTML 도큐먼트에 작성한 <link> 엘리먼트와 <style> 엘리먼트 수를 반환한다. [실행결과 StyleSheetList] 1번에 2가 출력되었으며 이는 HTML 도큐먼트에 <link> 엘리먼트와 <style> 엘리먼트를 각각 하나씩 작성했기 때문이다.

▶ item( ) 메소드

```
❷ var itemSheet = document.styleSheets.item(1);
   resultShow('styleSheets.item(1)', itemSheet);
```

styleSheets 프로퍼티가 배열 형태로 엘리먼트를 반환하므로 item( ) 메소드에 인덱스를 지정하여 인덱스 번째의 엘리먼트를 추출할 수 있다. [실행결과 StyleSheetList] 2번에 STYLE이 출력되었는데 이는 두 번째 엘리먼트의 태그 이름이며 item( ) 메소드의 파라미터에 1을 지정했기 때문이다.

11.5 룰셋 제어

지금까지 룰셋 접근의 관문이 되는 <link> 엘리먼트와 <style> 엘리먼트에 접근하는 인터페이스를 살펴보았다. 여기서는 이를 토대로 룰셋에 접근하고 이를 제어하기 위한 인터페이스를 살펴본다. 룰셋 또한 구조적인 형태로 되어 있으므로 계층적으로 접근해야 한다.

11.5.1 CSSStyleSheet 인터페이스

CSSStyleSheet 인터페이스는 <link> 엘리먼트에 지정한 css 파일의 룰셋과 <style> 엘리먼트에 작성한 룰셋을 제어하기 위한 인터페이스이다. CSSStyleSheet 인터페이스는 룰셋 단위를 대상으로 한다. 룰셋에 작성한 프로퍼티에 접근은 다른 인터페이스에서 제공한다.

● **프로퍼티**

인터페이스	CSSStyleSheet		
이름	형태	기능 개요	R/W
cssRules	CSSRuleList	스타일시트에 작성되어 있는 CSS Rule 리스트	R
ownerRule	CSSRule	@import로 외부 URI를 지정한 경우에 사용	

● **메소드**

인터페이스	CSSStyleSheet		
이름	구분	형태	기능 개요
insertRule	파라미터	DOMString	룰셋
	파라미터	long	index
	반환	없음	
deleteRule	파라미터	long	index
	반환	없음	

● **실행결과 CSSStyleSheet-1**

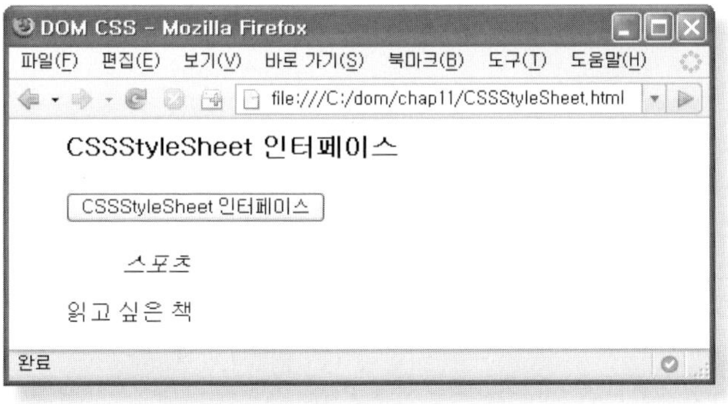

CSSStyleSheet.html 파일을 실행하면 표시되는 형태로 'CSSStyleSheet 인터페이스' 버튼을 클릭하면 다음의 [실행결과 CSSStyleSheet-2]가 표시된다.

● 실행결과 CSSStyleSheet-2

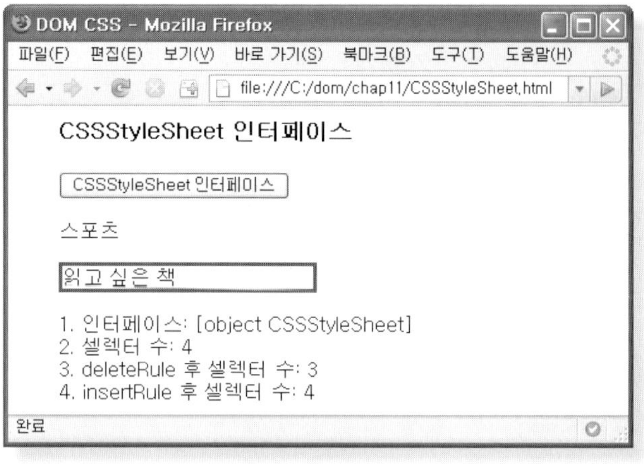

[실행결과 CSSStyleSheet-1]의 '스포츠'가 이탤릭체에서 일반체로 변경되었으며 좌측으로 이동하였다. '읽고 싶은 책'은 파란색의 테두리가 처진 형태로 변경되었다.

● 소스 CSSStyleSheet.html

```
<link rel="stylesheet" href="CSSStyleSheet.css" type="text/css" />
<p id="sport">스포츠</p>
<p id="book">읽고 싶은 책</p>
```

CSSStyleSheet.css 파일에 스타일을 작성하고 HTML 엘리먼트에 style 속성을 작성하지 않은 모범적인 형태이다.

● 소스 CSSStyleSheet.css

```
body{
   margin: 0; padding: 0; font-size: 16px;
   font-family: "굴림", "Times New Roman";
}
h1{ margin-top: 10px; margin-left: 40px; font-size: 18px; }
#groupOne { margin-top: 20px; margin-left: 40px; }
#sport { margin-top: 20px; margin-left: 40px; font-style: italic; }
```

body, h1, #groupOne, #sport 셀렉터를 작성하였다. 인덱스가 0부터 시작하므로 인덱스가 3이면 네 번째가 되어 #sport 셀렉터를 가리키게 된다. CSSStyleSheet.html 파일에 p#book 엘리먼트를 작성하였으나 css 파일에 #book 셀렉터를 작성하지 않았다. 이는 default style을 반영하겠다는 의도이다.

● 소스 CSSStyleSheet.js

```
var Show = {
   okClick: function(event) {
      var sheetObject = document.styleSheets.item(0);                                  ❶
      resultShow('인터페이스', sheetObject);

      var ruleObject = sheetObject.cssRules || sheetObject.rules;                       ❷
      resultShow('셀렉터 수', ruleObject.length);

      Prototype.Browser.IE ? sheetObject.removeRule(3) : sheetObject.deleteRule(3);     ❸
      resultShow('deleteRule 후 셀렉터 수', ruleObject.length);

      if (!Prototype.Browser.IE) {                                                      ❹
         var typeFF = '#book{border-style: solid; width: 200px; border-color: #0000FF;}';
         sheetObject.insertRule(typeFF, ruleObject.length);                             ❺
      } else {
         var typeIE = '{border-style: solid; width: 200px; border-color: #0000FF;}';
         sheetObject.addRule('#book', typeIE, ruleObject.length);
      }
      resultShow('insertRule 후 셀렉터 수', ruleObject.length);                          ❻
   }
}
```

❶ var sheetObject = document.styleSheets.item(0);
resultShow('인터페이스', sheetObject);

룰셋에 접근하기 위해서는 룰셋이 작성된 <link> 엘리먼트의 오브젝트가 필요하다. styleSheets 프로퍼티와 item( ) 메소드로 HTML 도큐먼트에 작성한 첫 번째 <link> 엘리먼트의 오브젝트를 sheetObject에 할당한다. styleSheets 프로퍼티가 엘리먼트 오브젝트를 생성하는 것이 아니라 생성되어 있는 오브젝트를 사용하는 개념이다.

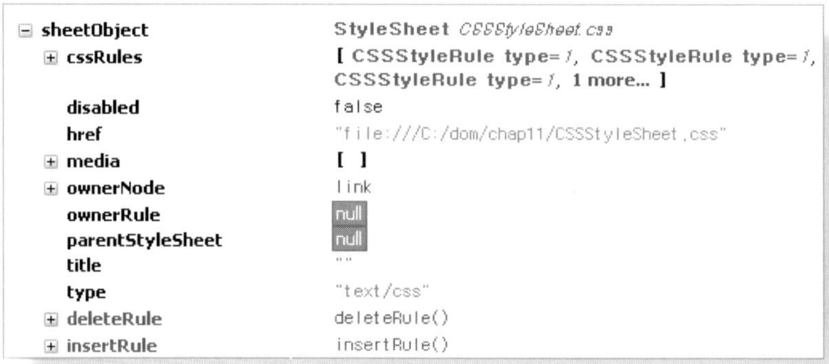

그림 11-8

그림 11-8은 document.styleSheets.item(0)으로 생성한 sheetObject에 포함되어 있는 메소드와 프로퍼티이다. 두 번째 줄의 cssRules가 CSSStyleSheet 인터페이스에서 CSSRuleList 인터페이스 형태로 제공하는 프로퍼티이다. 가운데에 ownerRule이 있고 아래에 deleteRule() 메소드와 insertRule() 메소드가 있다.

▶ cssRules 프로퍼티

❷
```
var ruleObject = sheetObject.cssRules || sheetObject.rules;
resultShow('셀렉터 수', ruleObject.length);
```

첫 번째 줄은 프로퍼티의 존재여부로 브라우저를 체크하는 코드이다. cssRules 프로퍼티가 존재하면 이 프로퍼티에 포함된 메소드와 프로퍼티를 ruleObject에 할당한 후 더 이상 비교하지 않으며, cssRules 프로퍼티가 존재하지 않으면 rules 프로퍼티에 포함된 메소드와 프로퍼티를 ruleObject에 할당한다. cssRules 프로퍼티는 DOM 제공 프로퍼티이고 rules 프로퍼티는 IE 제공 프로퍼티이다.

이와 같이 브라우저가 제공하는 프로퍼티의 존재여부로 브라우저를 체크하는 방법도 있다. 하지만 이 책에서는 브라우저가 제공하는 프로퍼티 이름을 이해해야 한다는 점과 브라우저를 명확하게 제시하기 위해 의도적으로 prototypeJS의 Prototype.Browser.IE 프로퍼티로 브라우저를 체크하고 있다.

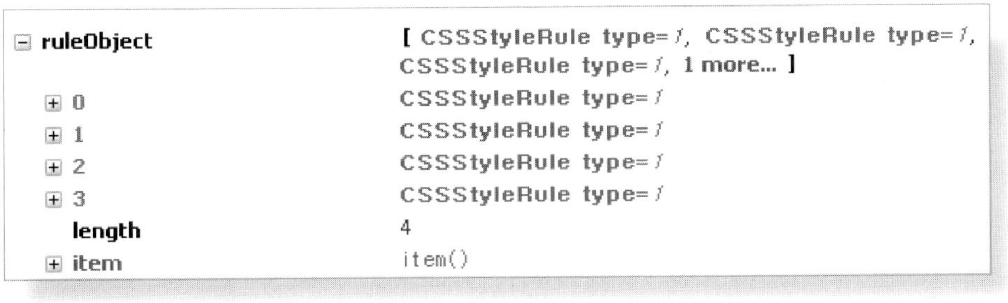

그림 11-9

그림 11-9는 sheetObject.cssRules || sheetObject.rules 실행 결과인 ruleObject 오브젝트에 포함된 메소드와 프로퍼티이며 그림 11-8의 두 번째 줄의 cssRules 프로퍼티를 전개한 것이다. 이에 대한 내용은 바로 다음 항에서 다루고 있다.

[실행결과 CSSStyleSheet-2] 2번에 출력된 값은 4이며 이 값은 CSSStyleSheet.css 파일에 작성한 셀렉터 수이다. 0번째가 body 셀렉터이고 3번째가 #sport 셀렉터이다. 그림 11-9에서 볼 수 있듯이 각 셀렉터를 배열 형태의 오브젝트로 반환하므로 셀렉터에 프로퍼티를 추가, 삭제할 수 있다.

▶ deleteRule( ) 메소드

```
❸ Prototype.Browser.IE ? sheetObject.removeRule(3) : sheetObject.deleteRule(3);
   resultShow('deleteRule 후 셀렉터 수', ruleObject.length);
```

deleteRule() 메소드는 파라미터에 지정한 인덱스 + 1번째의 셀렉터를 삭제한다. deleteRule() 메소드는 DOM에서 제공하며 removeRule( ) 메소드는 IE에서 제공한다. [실행결과 CSSStyleSheet-2] 3번에 3이 출력된 것은 네 개의 셀렉터에서 하나를 삭제했기 때문이다. 네 번째 셀렉터인 #sport를 삭제함으로써 default style이 반영되어 이탤릭체가 일반체로 변경되었고 좌측으로 이동하였다.

▶ insertRule( ) 메소드

```
❹ if (!Prototype.Browser.IE) {
      var typeFF = '#book{border-style: solid; width: 200px; border-color: #0000FF;}';
      sheetObject.insertRule(typFF, ruleObject.length);
```

DOM 제공 메소드인 insertRule()은 첫 번째 파라미터에 지정한 룰셋을 두 번째 파라미터에 지정한 인덱스 번째에 추가한다. length 프로퍼티는 현재의 셀렉터 수를 반환하며 인덱스는 0부터 시작하므로 이를 인덱스로 사용하면 마지막에 추가된다. 두 번째 줄에 다수의 프로퍼티를 작성하였으며 이 전체를 insertRule() 메소드의 첫 번째 파라미터에 지정하였다. 이와 같이 한 번에 룰셋 단위로 추가할 수 있다.

```
❺ } else {
      var typeIE = '{border-style: solid; width: 200px; border-color: #0000FF;}';
      sheetObject.addRule('#book', typeIE, ruleObject.length);
   }
```

addRule() 메소드는 insertRule() 메소드에 상응하는 IE 제공 메소드이다. 첫 번째 파라미터에 셀렉터를 지정하고 두 번째 파라미터에 선언 블록과 프로퍼티(값)를 지정한다. 또 세 번째 파라미터에 룰셋이 위치하게 될 인덱스를 지정한다. HTML 도큐먼트의 나중에 작성한 스타일이 적용된다는 규칙이 있으므로 인덱스 지정에 신중을 기해야 한다.

```
❻ resultShow('insertRule 후 셀렉터 수', ruleObject.length);
```

[실행결과 CSSStyleSheet-2] 4번에 4가 출력되었으며 이는 insertRule() 메소드로 셀렉터를 추가했으므로 당연한 결과이다.

여기서 살펴본 것은 룰셋 단위이다. 룰셋에 작성한 프로퍼티에 접근하기 위해서는 대상이 되는 룰셋을 선정해야 한다. 이를 위해서는 룰셋 리스트가 있어야 한다. 다음 항에서 이에 대해 다루고 있다.

DOM은 이와 같이 한 단계씩 점증적으로 룰셋의 프로퍼티에 접근하기 위한 인터페이스를 제공한다. 또한 룰셋이 다수가 될 수 있으므로 룰셋 리스트를 제공하는 인터페이스도 있다. 또, 이 모든 것을 프로퍼티 또는 메소드를 통해 제공한다. DOM 인터페이스는 이런 구조로 되어 있다. 이를 이해하는 것이 매우 중요하다.

11.5.2 CSSRuleList 인터페이스

CSSRuleList 인터페이스는 이름처럼 CSSRule 인터페이스의 리스트이다. 즉 CSSRule 인터페이스를 배열로 제공한다.

● **프로퍼티**

인터페이스	CSSRuleList		
이름	형태	기능 개요	R/W
length	long	룰셋의 수	R

● **프로퍼티**

인터페이스	CSSRuleList		
이름	구분	형태	기능 개요
item	파라미터	long	index
	반환	CSSRule	index 위치의 룰셋 반환, 없으면 null을 반환

● **실행결과 CSSRuleList**

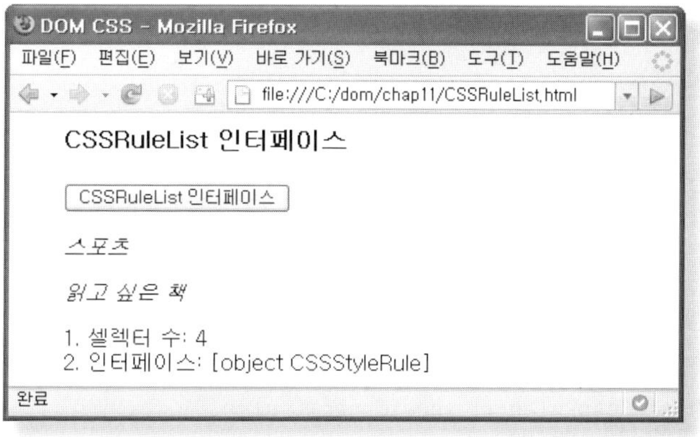

● 소스 CSSRuleList.css

```
body{
   margin: 0; padding: 0; font-size: 16px;
   font-family: "굴림", "Times New Roman";
}
h1{ margin-top: 10px; margin-left: 40px; font-size: 18px; }
#groupOne{margin-top: 20px; margin-left: 40px;}
#sport, #book {font-style: italic}
```

body, h1, #groupOne, #sport, #book 셀렉터가 작성되어 있다. 셀렉터 이름으로 세면 다섯 개가 되지만, 작성한 줄 단위로 세면 #sport와 #book 셀렉터를 한 줄에 작성했으므로 네 줄이 된다.

● 소스 CSSRuleList.js

```
var Show = {
   okClick: function(event) {
      var sheetObject = document.styleSheets.item(0);                    ❶
      var ruleListObject = sheetObject.cssRules || sheetObject.rules ;
      resultShow('셀렉터 수', ruleListObject.length);

      var ruleObject = ruleListObject.item(3);                           ❷
      resultShow('인터페이스', ruleObject);
   }
}
```

▶ length 프로퍼티

❶
```
var sheetObject = document.styleSheets.item(0);
var ruleListObject = sheetObject.cssRules || sheetObject.rules ;
resultShow('셀렉터 수', ruleListObject.length);
```

length 프로퍼티는 룰셋 수를 제공한다. 그런데 IE로 실행하면 [실행결과 CSSRuleList]

1번에 5가 출력되고 Firefox로 실행하면 4가 출력된다. 이렇게 값이 차이가 나는 이유는 '#sport, #book'와 같이 콤마로 구분하여 셀렉터를 작성한 경우, Firefox는 하나로 간주하나 IE는 분리하기 때문이다.

룰셋에 접근하기 위해서는 작성된 순서의 인덱스를 사용해야 하므로 이 차이를 반영해야 한다. 하지만 이는 어려움이 있으므로 원천적으로 셀렉터를 분리해 작성해야 한다. 하지만 셀렉터를 분리하여 작성하는 것 또한 어려움이 있다. W3C CSS 스펙에는 셀렉터를 콤마로 구분하여 작성할 수 있다고 정의되어 있다.

▶ item( ) 메소드

❷
```
var ruleObject = ruleListObject.item(3);
resultShow('인터페이스', ruleObject);
```

item( ) 메소드는 파라미터에 지정한 인덱스 + 1번째의 CSSRule 인터페이스 형태의 오브젝트를 반환한다. Firefox로 실행하면 [실행결과 CSSRuleList] 2번에 'CSSStyleRule'가 출력된다. 그런데 DOM 스펙에 CSSRule 인터페이스 형태의 오브젝트가 반환된다고 되어 있으므로 틀린 것으로 생각할 수 있으나 틀린 것이 아니다. 바로 다음 항에서 이에 대해 살펴본다.

CSSRuleList 인터페이스는 자체적으로 값을 제공하는 것은 없다. 다음 단계로 가기 위한 경로에 위치한 인터페이스이다. 룰셋 리스트 중에서 item( ) 메소드의 파라미터에 인덱스를 지정하여 룰셋을 선택하고 다음 단계를 위한 CSSRule 인터페이스 형태의 오브젝트를 반환받는 것이다. DOM은 이렇게 단계적으로 접근한다.

11.5.3 CSSRule 인터페이스

CSSRule 인터페이스는 룰셋 정보를 제공한다. 지금까지 룰셋을 사용했지만 범위를 한정하여 사용한 면이 있었다. 그렇다고 틀린 것은 아니다. 이에 대해서도 같이 살펴본다.

● **프로퍼티**

인터페이스	CSSRule		
이름	형태	기능 개요	R/W
cssText	DOMString	룰셋을 문자열로 반환	R
parentRule	CSSRule	룰셋에 다른 룰셋을 포함하고 있으면 포함한 룰셋, 포함하지 않으면 null을 반환	R
parentStyleSheet	CSSStyleSheet	룰셋을 포함하고 있는 스타일시트	R
type	long	룰셋 타입	R

● **실행결과 CSSRule**

● **소스 CSSRule.css**

```
body{
   margin: 0; padding: 0; font-size: 16px;
   font-family: "굴림", "Times New Roman";
}
h1{ margin-top: 10px; margin-left: 40px; font-size: 18px;}
#groupOne{margin-top: 20px; margin-left: 40px;}
#sport, #book{font-style: italic; font-size: 20px;}
```

본문과 직접 관계된 셀렉터는 네 번째에 작성한 #sport, #book 셀렉터이다.

● 소스 CSSRule.js

```
var Show = {
  okClick: function(event) {
    var sheetObject = document.styleSheets.item(0);                    ❶
    var ruleListObject = sheetObject.cssRules || sheetObject.rules;
    var ruleObject = ruleListObject.item(3);
    resultShow('type', ruleObject.type);                               ❷

    if (!Prototype.Browser.IE) {
      resultShow('cssText', ruleObject.cssText);                       ❸
      resultShow('parentRule', ruleObject.parentRule);
      resultShow('parentStyleSheet', ruleObject.parentStyleSheet.href);
    }
  }
}
```

❶
```
var sheetObject = document.styleSheets.item(0);
var ruleListObject = sheetObject.cssRules || sheetObject.rules;
var ruleObject = ruleListObject.item(3);
```

다음의 그림 11-10은 CSSRule.css 파일의 네 번째에 작성한 #sport, #book 셀렉터를 ruleObject 오브젝트에 설정하고 Firebug로 전개한 것이다. CSSRule 인터페이스에서 제공하는 프로퍼티가 포함되어 있는 것을 볼 수 있다.

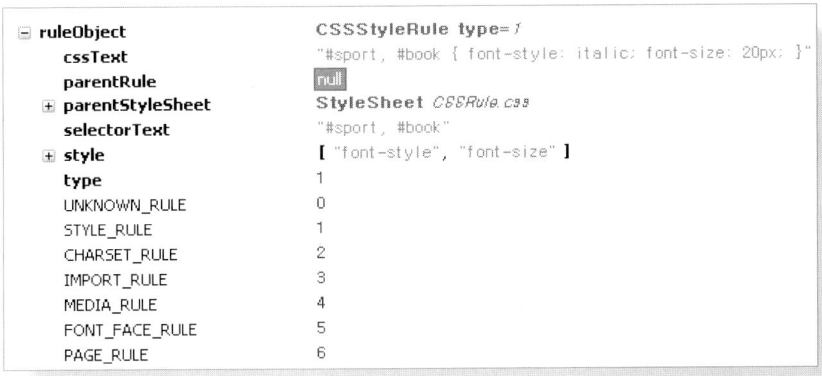

그림 11-10

▶ type 프로퍼티

❷ `resultShow('type', ruleObject.type);`

IE로 실행하면 undefined가 출력되고 Firefox로 실행하면 [실행결과 CSSRule] 1번에서 볼 수 있듯이 1이 출력된다. type 프로퍼티는 표 11-1에서 볼 수 있듯이 인터페이스 타입 값을 반환한다. 즉 ruleObject는 STYLE_RULE로서 CSSStyleRule 인터페이스 형태의 오브젝트이다.

표 11-1 ● 인터페이스 type

타입	타입 명칭	인터페이스	룰(Rule)
0	UNKNOWN_RULE	CSSUnknownRule	
1	STYLE_RULE	CSSStyleRule	룰셋
2	CHARSET_RULE	CSSCharsetRule	@charset
3	IMPORT_RULE	CSSImportRule	@import
4	MEDIA_RULE	CSSMediaRule	@media
5	FONT_FACE_RULE	CSSFontFaceRule	@font-face
6	PAGE_RULE	CSSPageRule	@page

지금까지 사용해 왔던 룰셋은 CSSStyleRule 인터페이스에서 제공하는 1번 타입이다. 또 이 인터페이스는 <link> 엘리먼트와 <style> 엘리먼트를 지원한다. 다른 인터페이스는 룰셋 이외의 at(@) 룰을 사용할 때 제공되는 인터페이스이므로 룰셋은 여기에 해당되지 않는다. 하지만 지금까지 <link> 엘리먼트와 <style> 엘리먼트만 다루었다고 해도 틀린 것은 아니다. 개념적인 이해가 필요하다.

▶ cssText 프로퍼티

❸ `resultShow('cssText', ruleObject.cssText);`

cssText 프로퍼티는 룰셋의 내용을 문자열로 제공한다. [실행결과 CSSRule] 2번에 출력된 값은 #sport, #book으로 이는 셀렉터에 작성한 값이다.

cssText 프로퍼티는 다른 인터페이스에도 있다. 예를 들어 CSSStyleDeclaration 인터페이스에 cssText 프로퍼티가 있는데 이는 셀렉터를 제외한 선언 블록만 반환하므로 기능적으로 차이가 있다.

11.5.4 CSSStyleRule 인터페이스

CSSStyleRule 인터페이스는 바로 앞항에서 살펴보았듯이 룰셋을 위한 인터페이스이다. 이 인터페이스는 셀렉터 정보를 제공하고 프로퍼티에 접근하기 위한 CSSStyleDeclaration 형태의 오브젝트를 제공한다. 이 인터페이스로 프로퍼티 값을 추출할 수 있는 것은 아니다.

● **프로퍼티**

인터페이스	CSSStyleRule		
이름	형태	기능 개요	R/W
selectorText	DOMString	룰셋의 셀렉터 이름	R
style	CSSStyleDeclaration	룰셋의 선언 블록	R

● **실행결과 CSSStyleRule_Firefox**

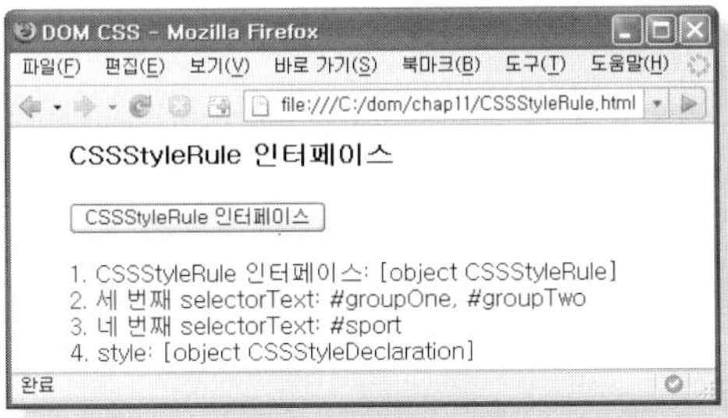

● **실행결과 CSSStyleRule_IE**

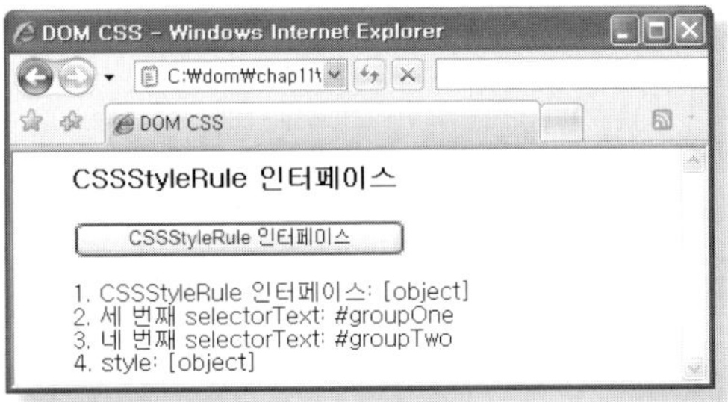

● 소스 CSSStyleRule.css

```
body{
   margin: 0; padding: 0; font-size: 16px;
   font-family: "굴림", "Times New Roman";
}
h1{margin-top: 10px; margin-left: 40px; font-size: 18px;}
#groupOne, #groupTwo {margin-top: 20px; margin-left: 40px;}
#sport{ font-style: italic; font-size: 20px; }
```

body, h1, #groupOne, #groupTwo, #sport 순서로 셀렉터를 작성하였다. 작성한 순서를 인덱스로 접근하게 되므로 순서가 중요하다.

● 소스 CSSStyleRule.js

```
var Show = {
   okClick: function(event) {
      var sheetObject = document.styleSheets.item(0);
      var ruleListObject = sheetObject.cssRules || sheetObject.rules;
      var ruleObject = ruleListObject.item(2);

      resultShow('CSSStyleRule 인터페이스', ruleObject);
      resultShow('세 번째 selectorText', ruleObject.selectorText);

      var indexRule = ruleListObject.item(3);
      resultShow('네 번째 selectorText', indexRule.selectorText);    ❶
      resultShow('style', ruleObject.style);                          ❷
   }
}
```

▶ cssText 프로퍼티

❶ `resultShow('네 번째 selectorText', indexRule.selectorText);`

selectorText 프로퍼티는 셀렉터 명칭을 제공한다. [실행결과 CSSStyleRule_Firefox] 2번에 '#groupOne, #groupTwo'가 출력된 반면 [실행결과 CSSStyleRule_IE] 2번에 #groupOne

이 출력되었다. 또 [실행결과 CSSStyleRule_Firefox] 3번에 #sport가 출력되었고 [실행결과 CSSStyleRule_IE] 3번에 #groupTwo가 출력되었다. 즉 Firefox는 셀렉터 명칭을 작성한 그대로 반환하지만 IE는 분리하여 각각 반환한다.

따라서 룰셋에 작성한 프로퍼티에 접근하기 위해서는 selectorText 프로퍼티 값을 비교하여 인덱스를 구해야 한다. 문자열을 비교하는 방법은 여러 가지가 있지만 정규표현을 사용하는 것도 하나의 방법이다.

▶ style 프로퍼티

❷ `resultShow('style', ruleObject.style);`

style 프로퍼티는 CSSStyleDeclaration 인터페이스 형태의 오브젝트를 반환한다. 이 오브젝트를 통해서 룰셋에 작성한 프로퍼티 값을 추출할 수 있다. 드디어 종착역에 왔다. 바로 이어서 이에 대해 살펴본다.

11.5.5 CSSStyleDeclaration 인터페이스-선언블록

CSSStyleDeclaration 인터페이스는 프로퍼티 값을 제어할 수 있는 프로퍼티와 메소드를 제공한다.

● **프로퍼티**

인터페이스	CSSStyleDeclaration		
이름	형태	기능 개요	R/W
cssText	DOMString	룰셋의 선언블록을 문자열로 제공	R
length	long	선언블록의 프로퍼티 수	R
parentRule	CSSRule	선언블록의 셀렉터 이름	R

● **메소드**

인터페이스	CSSStyleDeclaration		
이름	구분	형태	기능 개요
item	파라미터	long	배열index
	반환	DOMString	프로퍼티 이름 반환. IE는 제공하지 않음
getPropertyCSSValue	파라미터	DOMString	프로퍼티 이름
	반환	CSSValue	프로퍼티 값
getPropertyPriority	파라미터	DOMString	프로퍼티 이름
	반환	DOMString	프로퍼티의 우선순위
getPropertyValue	파라미터	DOMString	프로퍼티 이름
	반환	DOMString	프로퍼티 값
removeProperty	파라미터	DOMString	프로퍼티 이름
	반환	DOMString	삭제한 프로퍼티 값
setProperty	파라미터	DOMString	프로퍼티 이름
	파라미터	DOMString	설정한 프로퍼티 값
	파라미터	DOMString	우선 순위
	반환	없음	

● **실행결과 Declaration_Firefox**

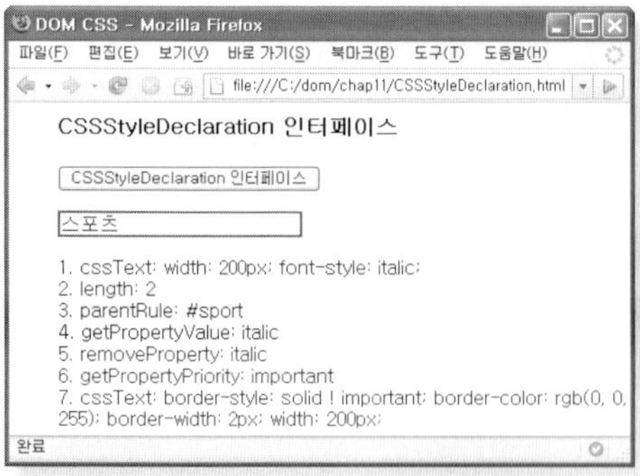

● **실행결과 Declaration_IE**

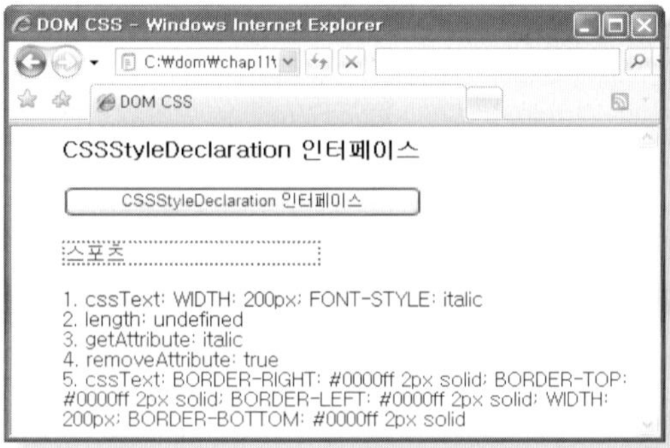

● 소스 CSSStyleDeclaration.css

```
body{
   margin: 0; padding: 0; font-size: 16px;
   font-family: "굴림", "Times New Roman";
}
h1{ margin-top: 10px; margin-left: 40px; font-size: 18px; }
#groupOne {margin-top: 20px; margin-left: 40px; }
#sport {width: 200px; font-style: italic;}
```

프로퍼티 값을 변경하거나 프로퍼티를 추가, 삭제하는 것이 본문의 주된 내용이다.

● 소스 CSSStyleDeclaration.js

```
var Show = {
    okClick: function(event) {
        var sheetObject = document.styleSheets.item(0);                                  ❶
      var ruleListObject = sheetObject.cssRules || sheetObject.rules;
        var styleObject = ruleListObject.item(3).style;

       resultShow('cssText', styleObject.cssText);                                        ❷
       resultShow('length', styleObject.length);                                          ❸

      if (!Prototype.Browser.IE) {
          resultShow('parentRule', styleObject.parentRule.selectorText);                  ❹
          resultShow('getPropertyValue', styleObject.getPropertyValue('font-style'));     ❺
          resultShow('removeProperty', styleObject.removeProperty('font-style'));         ❻

          styleObject.setProperty('border-style', 'solid', 'important');                  ❼
          resultShow('getPropertyPriority', styleObject.getPropertyPriority('border-top-style')); ❾
          styleObject.setProperty('border', '2px #0000FF', '');                           ❽
      } else {
          resultShow('getAttribute', styleObject.getAttribute('fontStyle'));              ❺
          resultShow('removeAttribute', styleObject.removeAttribute('fontStyle'));        ❻
         styleObject.setAttribute('border', '2px solid #0000FF', '0');                    ❽
      }
       resultShow('cssText', styleObject.cssText);
    }
}
```

CSSStyleDeclaration 인터페이스는 style 프로퍼티에 의해 제공되므로 이를 생성한 과정에 따라 제공하는 값이 다르다. 예를 들어 css 파일에 접근하기 위한 과정과 HTML 엘리먼트의 속성에 접근하기 위한 과정은 다르다. 여기서는 css 파일의 선언블록에 작성한 프로퍼티를 제어하기 위한 프로퍼티와 메소드를 중심으로 살펴본다.

❶
```
var sheetObject = document.styleSheets.item(0);
var ruleListObject = sheetObject.cssRules || sheetObject.rules
var styleObject = ruleListObject.item(3).style;
```

세 번째 줄 끝에 style 프로퍼티를 지정함으로써 CSSStyleDeclaration.css 파일의 네 번째 줄에 작성한 '{width: 200px; font-style: italic;}'이 CSSStyleDeclaration 인터페이스 형태의 오브젝트로 styleObject에 할당된다. 따라서 styleObject는 CSSStyleDeclaration 인터페이스에서 제공하는 메소드와 프로퍼티를 포함하게 된다.

style 프로퍼티를 사용한다고 해서 HTML 엘리먼트의 style 속성이 설정되는 것이 아니라 룰셋의 선언블록이 설정된다. 왜냐하면 styleSheets 프로퍼티와 cssRules 프로퍼티를 사용했기 때문이다. 즉 엘리먼트 오브젝트에서 제공하는 style 속성을 사용하는 것이 아니다. 구조적 계층이 다르다.

▶ cssText 프로퍼티

❷
```
resultShow('cssText', styleObject.cssText);
```

cssText 프로퍼티는 선언블록을 문자열로 제공한다. [실행결과 Declaration_Firefox] 1번에 출력된 값은 'width: 200px; font-style: italic'으로 이 값은 #sport 셀렉터의 선언블록에 작성한 프로퍼티와 값이다. 여기서 셀렉터 명칭이 반환되지 않았다는 점을 주목할 필요가 있다. 현재 단계가 셀렉터의 하위 레벨인 선언블록 단계이기 때문이다. Firefox는 프로퍼티 이름을 작성한 그대로 반환하는 반면 IE는 대문자로 변환하여 반환한다.

▶ length 프로퍼티

❸
```
resultShow('length', styleObject.length);
```

length 프로퍼티는 선언블록에 작성한 프로퍼티 수를 반환한다. Firefox로 실행하면 2가 출력되나 IE로 실행하면 undefined가 출력된다.

▶ parentRule 프로퍼티

```
❹ resultShow('parentRule', styleObject.parentRule.selectorText);
```

parentRule 프로퍼티는 선언블록이 속한 룰셋을 반환한다. Firefox는 이 프로퍼티를 제공하나 IE는 제공하지 않는다.

▶ getPropertyValue() 메소드

```
❺ resultShow('getPropertyValue', styleObject.getPropertyValue('font-style'));
   resultShow('getAttribute', styleObject.getAttribute('fontStyle'));
```

getPropertyValue( ) 메소드는 파라미터에 지정한 프로퍼티 값을 반환한다. [실행결과 Declaration_Firefox] 4번과 [실행결과 Declaration_IE] 3번에 'italic'이 출력되었는데 이 값은 font-style 프로퍼티 값이다. getPropertyValue( ) 메소드는 DOM 제공 메소드이고 getAttribute( ) 메소드는 IE 제공 메소드이다.

getPropertyValue( ) 메소드의 파라미터에는 선언블록에 작성한 형태로 프로퍼티 이름을 지정하고, getAttribute( ) 메소드의 파라미터에는 프로퍼티 이름에서 하이픈을 삭제하고 바로 뒤의 소문자를 대문자로 변환하여 지정한다. 앞에서 다루었지만 몇 개의 예외 프로퍼티가 있다.

▶ removeProperty( ) 메소드

```
❻ resultShow('removeProperty', styleObject.removeProperty('font-style'));
   resultShow('removeAttribute', styleObject.removeAttribute('fontStyle'));
```

removeProperty( ) 메소드는 파라미터에 지정한 프로퍼티를 삭제하고 삭제한 프로퍼티 값을 반환한다. removeProperty( ) 메소드는 DOM에서 제공하며 removeAttribute( ) 메소드는 IE에서 제공한다. [실행결과 Declaration_Firefox] 5번에 italic이 출력되었는데 이 값은 font-style 프로퍼티 값이다. 한편 [실행결과 Declaration_IE] 4번에 true가 출력되었는데

true는 삭제가 성공한 것을 나타내고 false는 실패한 것을 나타낸다.

처음 웹 페이지를 표시할 때 p#sport 엘리먼트에 'font-style: italic'이 적용되어 '스포츠'가 이탤릭체로 표시되었으나 이 프로퍼티를 삭제함에 따라 default style이 적용되어 일반체로 표시되었다.

▶ setProperty( ) 메소드

```
❼ styleObject.setProperty('border-style', 'solid', 'important');
```

setProperty() 메소드는 파라미터에 지정한 프로퍼티에 값을 설정한다. cssStyle Declaration.html을 실행했을 때 '스포츠'에 점선으로 테두리가 처진 것은 p#sport 엘리먼트의 style 속성에 'border-style: dotted'를 지정했기 때문이다. 그런데 [실행결과 Declaration_Firefox]의 '스포츠'에 파란색 테두리가 쳐진 것은 이 코드를 실행했기 때문이다.

setProperty( ) 메소드의 첫 번째 파라미터에 프로퍼티 이름(border-style)을 지정하고, 두 번째 파라미터에 설정할 값(solid)을 지정한다. 세 번째 파라미터에는 우선순위(important)를 지정한다. important를 지정하지 않고 ' '를 지정할 수 있으며, important 앞에 느낌표(!)를 지정하지 않는다.

important를 지정하지 않으면 p#sport 엘리먼트의 style 속성에 'border-style:dotted'가 우선 적용되므로 [실행결과 Declaration_IE]에서 볼 수 있듯이 점선 테두리가 그대로 유지된다. 같은 프로퍼티 이름이 있으면 프로퍼티 값이 대체된다.

```
❽ styleObject.setProperty('border', '2px #0000FF', '');
   styleObject.setAttribute('border', '2px solid #0000FF', '0');
```

setProperty() 메소드는 DOM에서 제공하며, setAttribute() 메소드는 IE에서 제공한다. 이 코드에서 볼 수 있듯이 다수의 프로퍼티 값을 한꺼번에 설정할 수 있다. setAttribute() 메소드의 세 번째 파라미터에 대소문자 구분 여부를 지정한다. 0을 지정하면 대소문자에 관계없이 프로퍼티 이름을 비교하고, 1을 지정하면 대소문자를 구분하여 프로퍼티 이름을 비교한다. 디폴트 값은 1이다. setAttribute() 메소드에는 important를 지정할 수 있는 파라미터가 없다.

[실행결과 Declaration_IE] 5번에 출력된 값과 [실행결과 Declaration_Firefox] 7번에 출력된 값은 이 코드를 실행한 결과이다. 두 값이 마치 다른 값처럼 보이지만 같은 값이다. '12. DOM Views'에서 이에 대해 다루고 있다.

▶ getPropertyPriority( ) 메소드

```
❾ resultShow('getPropertyPriority', styleObject.getPropertyPriority('border-top-style'));
```

getPropertyPriority( ) 메소드는 파라미터에 지정한 프로퍼티의 우선 순위를 반환한다. 이 메소드는 IE에서 지원하지 않는다.

▶ getPropertyCSSValue( ) 메소드

getPropertyCSSValue( ) 메소드는 파라미터에 지정한 프로퍼티 값을 CSSValue 인터페이스 형태의 오브젝트로 반환한다. 하지만 Firefox로 실행하면 null을 반환한다. 이에 대한 상세한 내용은 https://bugzilla.mozilla.org/show_bug.cgi?id=62682를 참조한다. 최종 수정일이 2007년 7월 13일로 되어 있으며 아직 적용하지 못했다고 되어 있다.

▶ item( ) 메소드

item( ) 메소드는 파라미터에 지정한 인덱스 + 1번째의 프로퍼티 이름을 반환한다. 하지만, IE에서 이를 실행하면 에러가 발생하므로 코드를 작성하지 않았다.

CHAPTER 12

DOM Views

개발자 스타일은 스타일을 css 파일에 작성하고 이를 <link> 엘리먼트에 지정한 것과 <style> 엘리먼트에 직접 스타일을 작성한 것을 의미한다. 또 HTML 엘리먼트의 style 속성에 작성한 것을 포함한다.

11장에서 전자의 스타일을 제어할 수 있는 인터페이스를 살펴보았으므로 이제 남아 있는 것은 후자의 스타일이다. 즉 인라인 스타일로 불리는 HTML 엘리먼트의 style 속성에 작성한 프로퍼티를 제어하는 것이다. 여기서는 이에 대해 살펴본다.

각 형태의 스타일은 우선순위에 따라 랜더링되어 웹 페이지에 표시된다. 그럼 최종적으로 랜더링된 값이 무엇인가를 알고 싶다면 어떻게 해야 하는가? DOM Views에서 제공하는 메소드와 프로퍼티를 사용하여 이 값을 추출할 수 있다. 여기서는 이에 대해 살펴본다.

인라인 스타일은 DOM Views에 속하는 것이 아니라 DOM Style에 속한다. 그런데 여기에 따로 작성한 것은 11장의 페이지가 12장보다 너무 많아 균형이 맞지 않기 때문에 이를 고려한 것이다.

▶▶ 12장 DOM Views에서 다룰 주요 내용은 다음과 같다.

- 인라인 스타일
- DOM Views

12.1 인라인 스타일

여기서는 <p id="sport" style="border-style: solid">스포츠</p>와 같이 HTML 엘리먼트의 style 속성에 작성한 프로퍼티를 추출, 추가, 변경, 삭제하는 인터페이스를 살펴본다.

이렇게 인라인 스타일로 작성하면 구조와 표현이 혼합된 형태가 되어 다른 어려움이 발생할 수 있다. 또 인라인 스타일이 우선순위가 높아 <link> 엘리먼트와 <style> 엘리먼트에 작성한 스타일이 무용지물이 되므로 확장성이 약하다. 하지만 간단하게 값을 설정할 수 있으므로 즉각적인 대처가 요구되거나 한시적으로 사용하는 상황에서는 효율적이다.

12.1.1 style 속성 값 추출

<p id="sport" style="border-style: solid">스포츠</p>와 같이 HTML 엘리먼트의 style 속성에 작성한 값을 추출하기 위해 style 프로퍼티를 사용한다. 이를 모르는 독자는 거의 없을 것이다. 그런데 반환되는 값이 브라우저마다 차이가 난다는 것이 문제이다. 여기서는 이에 대해 살펴본다.

● 실행결과 inlineStyle

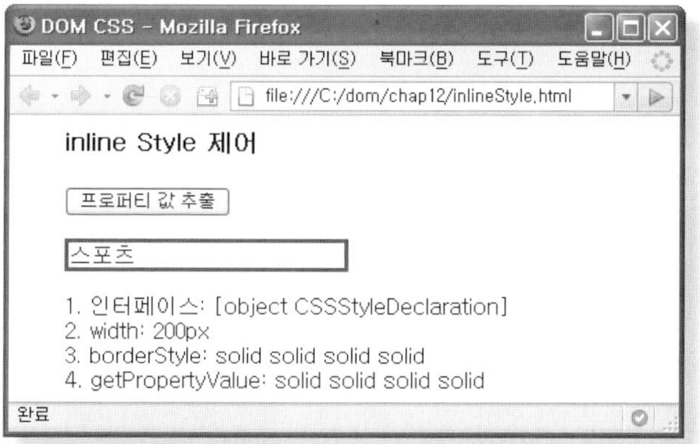

● 소스 inlineStyle.html

```
<link rel="stylesheet" href="inlineStyle.css" type="text/css" />
<p id="sport" style="border-style: solid; border-color: #0000FF; width: 200px" >스포츠</p>
```

<link> 엘리먼트의 href 속성에 inlineStyle.css 파일을 지정했지만 inlineStyle.css 파일에 #sport 셀렉터를 작성하지 않았다. 따라서 p#sport 엘리먼트의 style 속성에 작성한 스타

일이 적용된다.

● 소스 inlineStyle.js

```
var Show = {
  okClick: function(event) {
    var sportElement = document.getElementById('sport');                ❶
    var styleProperty = sportElement.style;

    resultShow('인터페이스', styleProperty);                              ❷
    resultShow('width', styleProperty.width);                           ❸
    resultShow('borderStyle', styleProperty.borderStyle);               ❹

    if (styleProperty.getPropertyValue) {                               ❺
      resultShow('getPropertyValue', styleProperty.getPropertyValue('border-style'));
    } else {
      resultShow('getAttribute', styleProperty.getAttribute('borderStyle'));
    }
  }
}
```

❶ `var sportElement = document.getElementById('sport');`
`var styleProperty = sportElement.style;`

p#sport 엘리먼트를 엘리먼트 오브젝트로 생성하면 style 프로퍼티가 sportElement에 설정된다. sportElement.style로 오브젝트를 생성한 것은 여기서 이를 자주 사용하므로 코드를 간단하게 하기 위해서이다. 물론 두 줄을 한 줄로 작성해도 되지만 과정을 제시하기 위해 별도로 작성하였다.

❷ `resultShow('인터페이스', styleProperty);`

Firefox로 실행하면 [실행결과 inlineStyle] 1번에 CSSStyleDeclaration이 출력된다. 이 값은 CSSStyleDeclaration 인터페이스 형태의 오브젝트를 의미하며 HTML 엘리먼트의 style 속성에 작성한 프로퍼티와 값을 포함하고 있다.

'11.5.5 CSSStyleDeclaration 인터페이스-style'에서 CSSStyleDeclaration 인터페이스에 대해 다룬 바 있지만 거기서는 스타일시트의 선언블록이 대상이었다. 여기서는 HTML 엘리먼트의 style 속성이 대상이다.

다음 그림 12-1은 style 프로퍼티로 생성한 styleProperty 오브젝트를 Firebug로 전개한 것이다. HTML 엘리먼트의 style 속성에 작성한 프로퍼티를 배열 형태로 제공하면서 아울러 프로퍼티로도 제공하고 있다. 이 외에도 많은 프로퍼티가 있지만 일부만 게재하였다.

그림 12-1 ● style 프로퍼티

❸ `resultShow('width', styleProperty.width);`

[실행결과 inlineStyle] 2번에 출력된 값은 200px로 이 값은 p#sport 엘리먼트의 style 속성에 작성한 width 속성 값이다.

❹ `resultShow('borderStyle', styleProperty.borderStyle);`

IE로 실행하면 [실행결과 inlineStyle] 3번에 'solid'가 출력되고 Firefox로 실행하면 'solid solid solid solid'가 출력된다. 항목 수가 다른 것은 IE는 값이 같으면 하나만 반환하고 Firefox는 값에 관계없이 항상 네 항목을 반환하기 때문이다.

```
❺ if (styleProperty.getPropertyValue) {
     resultShow('getPropertyValue', styleProperty.getPropertyValue('border-style'));
  } else {
     resultShow('getAttribute', styleProperty.getAttribute('borderStyle'));
  }
```

프로퍼티를 사용하지 않고 메소드를 사용하여 값을 출력하였다. IE로 실행하든 Firefox로 실행하든 [실행결과 inlineStyle] 4번에 3번과 같은 값이 출력된다. 이는 결국 기능이 같다는 것을 의미한다. getPropertyValue() 메소드는 DOM에서 제공하고 get Attribute() 메소드는 IE에서 제공한다.

12.1.2 style 속성 값 설정, 삭제

여기서는 style 속성 값을 설정하고 삭제하는 프로퍼티와 메소드를 살펴본다.

● **실행결과 inlineStyleSet_Firefox_1**

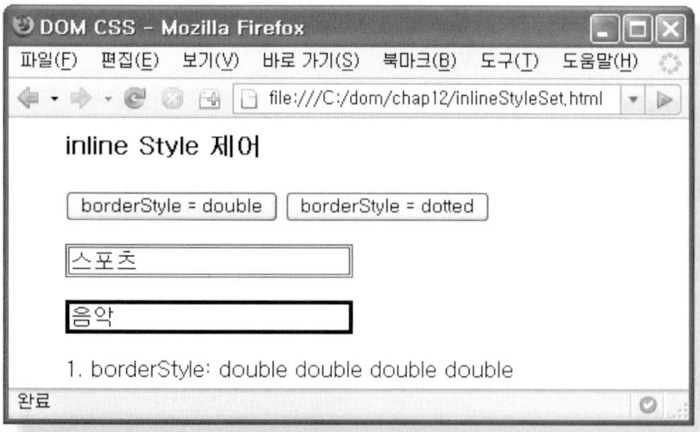

'borderStyle = double' 버튼을 클릭하였을 때 실행된 결과이다.

● 실행결과 inlineStyleSet_Firefox_2

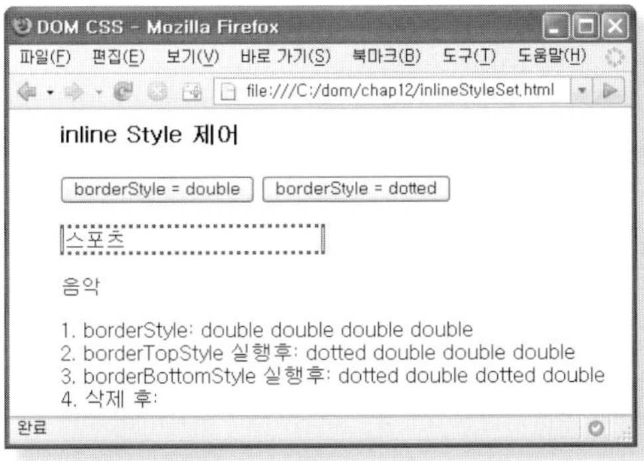

● 실행결과 inlineStyleSet_IE

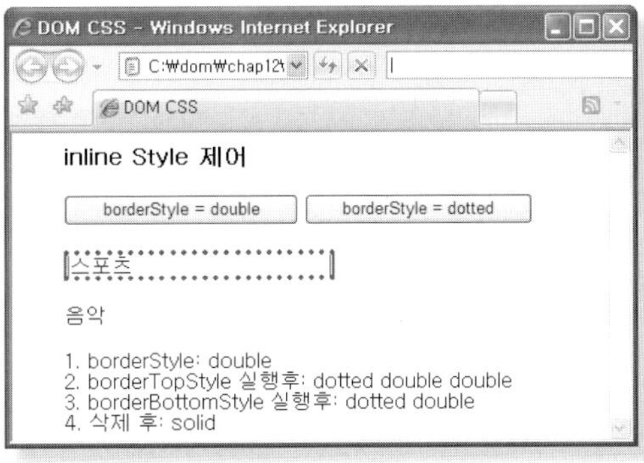

'borderStyle = dotted9 버튼을 클릭하였을 때 실행된 결과이다.

● 소스 inlineStyleSet.html

```
<p id="sport" style="border-color: #0000FF; width: 200px" >스포츠</p>
<p id="music" style="border-style: solid; width: 200px" >음악</p>
```

p#sport 엘리먼트와 p#music 엘리먼트에 style 속성을 작성하였다.

● 소스 inlineStyleSet.js

```
var Show = {
   doubleButton: function(event) {
      var sportElement = document.getElementById('sport');                                   ❶
      sportElement.style.borderStyle = 'double';
      resultShow('borderStyle', sportElement.style.borderStyle);
   },
   dottedButton: function(event) {
      var sportStyle = document.getElementById('sport').style;                               ❷
      sportStyle.borderTopStyle = 'dotted';
      resultShow('borderTopStyle 실행후', sportStyle.borderStyle);
      !Prototype.Browser.IE ? sportStyle.setProperty('border-bottom-style', 'dotted', '')     ❸
                            : sportStyle.setAttribute('borderBottomStyle', 'dotted', '1');
```

```
        resultShow('borderBottomStyle 실행후', sportStyle.borderStyle);

        var musicStyle = document.getElementById('music').style;              ❹
        !Prototype.Browser.IE ? musicStyle.removeProperty('border-style')
                              : musicStyle.removeAttribute('borderStyle');
        resultShow('삭제 후', musicStyle.borderStyle);                         ❺
        musicStyle.borderStyle = '';                                           ❻
    }
}
```

'borderStyle = double' 버튼을 클릭하면 Show.doubleButton( ) 메소드를 실행하고 'borderStyle = dotted' 버튼을 클릭하면 Show.dottedButton() 메소드를 실행한다.

❶
```
var sportElement = document.getElementById('sport');
sportElement.style.borderStyle = 'double';
resultShow('borderStyle', sportElement.style.borderStyle);
```

IE로 실행하면 [실행결과 inlineStyleSet_IE] 1번에 double이 출력되고 Firefox로 실행하면 [실행결과 inlineStyleSet_Firefox_1] 1번에 'double double double double'이 출력된다. 이는 Top, Right, Bottom, Left가 double로 설정된 것을 의미한다. 그럼 한 부분만 다르게 설정하려면 어떻게 해야 하는가?

▶ 쇼트핸드와 롱핸드

❷
```
var sportStyle = document.getElementById('sport').style;
sportStyle.borderTopStyle = 'dotted';
resultShow('borderTopStyle 실행후', sportStyle.borderStyle);
```

이 코드를 실행하면 '스포츠'의 Top 테두리가 점선으로 표시된다. borderStyle 형태를 쇼트핸드(shorthand)라고 하고 borderTopStyle과 같이 Top, Right, Bottom, Left를 포함한 형태를 롱핸드(longhand)라고 한다.

그렇다고 쇼트핸드가 롱핸드를 포함하는 것은 아니다. 쇼트핸드 프로퍼티와 롱핸드 프로퍼티가 각각 존재한다. 앞항의 그림 12–1 style 프로퍼티를 보면 boderStyle 프로퍼티가 'solid solid solid solid' 값을 갖고 있는 반면 borderTopStyle 프로퍼티는 'solid' 하나만을 갖고 있다. 롱핸드는 값이 하나이지만 쇼트핸드는 Top, Right, Bottom, Left를 문자열 조합 형태로 갖고 있다.

이렇게 프로퍼티가 각각일지라도 한 형태의 프로퍼티에 값을 설정하면 다른 형태의 프로퍼티에도 값이 설정된다. 롱핸드 형태의 프로퍼티에 dotted를 설정하면 borderTopStyle, borderRightStyle, borderBottomStyle, borderLeftStyle 프로퍼티 전체가 dotted로 설정된다. 반면 borderTopStyle 프로퍼티에 dotted를 설정하면 [실행결과 inlineStyleSet_Firefox_2] 3번에서 볼 수 있듯이 첫 번째 값인 Top 부분만 dotted로 설정된다.

[실행결과 inlineStyleSet_Firefox_2]와 [실행결과 inlineStyleSet_IE]에 출력된 값의 가장 큰 차이점은 borderStyle 프로퍼티의 반환 값 수이다. Firefox는 항상 네 개의 값을 반환하지만 IE는 반환되는 수가 다르다.

❸
```
!Prototype.Browser.IE ? sportStyle.setProperty('border-bottom-style', 'dotted', '')
                      : sportStyle.setAttribute('borderBottomStyle', 'dotted', '1');
resultShow('borderBottomStyle 실행후', sportStyle.borderStyle);
```

롱핸드와 쇼트핸드로 값을 설정할 수도 있지만 메소드를 사용해서 값을 설정할 수도 있다. '스포츠'의 Bottom 테두리가 점선으로 표시된 것은 위 메소드를 실행했기 때문이다. setProperty( ) 메소드는 DOM에서 제공하며 setAttribute( ) 메소드는 IE에서 제공한다.

❹
```
var musicStyle = document.getElementById('music').style;
!Prototype.Browser.IE ? musicStyle.removeProperty('border-style')
                      : musicStyle.removeAttribute('borderStyle');
```

removeProperty( ) 메소드는 파라미터에 지정한 프로퍼티를 삭제한다. '음악'에 테두리가 있었으나 삭제된 것은 이 메소드를 실행했기 때문이다. removeProperty( ) 메소드는 DOM에서 제공하며 removeAttribute( ) 메소드는 IE에서 제공한다.

```
❺ resultShow('삭제 후', musicStyle.borderStyle);
```

[실행결과] 4번에 IE는 solid를 출력하였으나 Firefox는 값을 출력하지 않았다. 이것은 Firefox는 프로퍼티를 삭제하지만 IE는 삭제하지 않는다는 뜻이 된다. IE는 쇼트핸드 형태로 지정하면 프로퍼티를 삭제하지 않는다. 따라서 다음과 같은 방법으로 처리해야 한다.

```
var border = ['borderTopStyle', 'borderRightStyle', 'borderBottomStyle', 'borderLeftStyle'];
for (var k = 0; k < border.length; k++) {
   musicStyle.removeAttribute(border[k]);
}
```

```
❻ musicStyle.borderStyle = '';
```

이 코드를 실행하면 borderStyle 프로퍼티 값뿐만 아니라 롱핸드 형태의 프로퍼티 값도 삭제된다. [실행결과 inlineStyleSet_IE]의 '음악' 테두리 선이 삭제된 것은 이 코드를 실행했기 때문이다.

12.1.3 ElementCSSInlineStyle 인터페이스

ElementCSSInlineStyle 인터페이스는 HTML 엘리먼트의 style 속성을 CSSStyle Declaration 인터페이스 형태의 오브젝트로 제공한다.

● **프로퍼티**

인터페이스	ElementCSSInlineStyle		
이름	형태	기능 개요	R/W
Style	CSSStyleDeclaration	style 속성의 프로퍼티	R

● **실행결과 CSSInlineStyle**

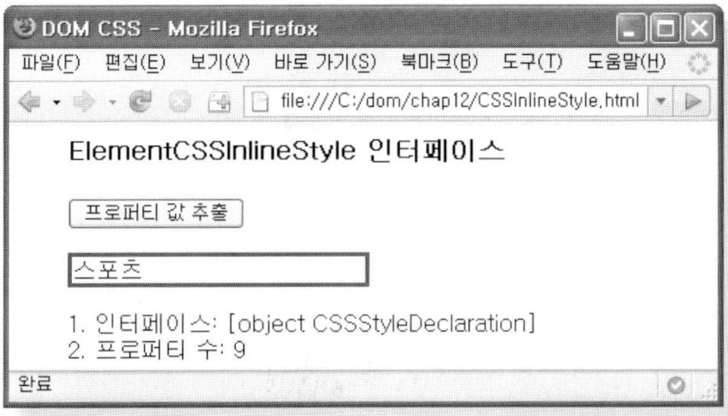

● 소스 CSSInlineStyle.html

```
<p id="sport" style="border-style: solid; border-color: #0000FF; width: 200px" >스포츠</p>
```

● 소스 CSSInlineStyle.js

```
var Show = {
   okClick: function(event) {
      var styleObject = document.getElementById('sport').style;            ❶
      resultShow('인터페이스', styleObject);
      resultShow('프로퍼티 수', styleObject.length);
   }
}
```

❶
```
var styleObject = document.getElementById('sport').style;
resultShow('인터페이스', styleObject);
```

Firefox로 실행하면 [실행결과 CSSInlineStyle] 1번에 CSSStyleDeclaration이 출력된다. 이것은 style 프로퍼티가 CSSStyleDeclaration 인터페이스 형태의 오브젝트를 반환한다는 것을 의미한다.

그런데 <link> 엘리먼트의 href 속성에 지정한 css 파일의 스타일을 추출할 때에도 이 인터페이스를 사용했었다. 하지만 거기서는 다음과 같은 경로를 통해 style 프로퍼티에 접근했었다.

경로의 차이는 있지만 CSSStyleRule 인터페이스와 ElementCSSInlineStyle 인터페이스 모두 style 프로퍼티를 제공한다. 이것은 개발자 스타일의 프로퍼티에 접근하는 마지막 관문이 style 프로퍼티라는 것을 의미한다.

```
var sheetObject = document.styleSheets.item(0);
var ruleListObject = sheetObject.cssRules || sheetObject.rules;
var styleObject = ruleListObject.item(3).style;

resultShow('프로퍼티 수', styleObject.length);
```

IE로 실행하면 undefined가 출력되고 Firefox로 실행하면 9가 출력된다. 9가 출력된 것은 HTML 엘리먼트의 style 속성에 쇼트핸드 형태로 작성하더라도 롱핸드 형태로 인식하기 때문이다.

12.1.4 CSS2Properties 인터페이스

CSS2Properties 인터페이스는 W3C의 Cascading Style Sheets Level 2 스펙에 대응하는 프로퍼티를 제공한다. 예를 들어 fontSize 프로퍼티는 CSS Level 2 스펙의 font-size에 대응하는 형태이다.

CSS2Properties 인터페이스에서 제공하는 프로퍼티는 font-size에서 하이픈을 삭제하고 바로 뒤의 소문자를 대문자로 변환한 fontSize 형태이며 width와 같이 하이픈이 없으면 변함이 없다. float는 'cssFloat'로 사용하고, IE는 styleFloat로 사용한다. 이와 같이 몇 개의 예외가 있다. DOM Style 스펙에 정의된 CSS2Properties 인터페이스의 프로퍼티는 다음과 같다.

● CSS2Properties 인터페이스의 프로퍼티

프로퍼티	프로퍼티	프로퍼티	프로퍼티
azimuth	background	backgroundAttachment	backgroundColor
backgroundImage	backgroundPosition	backgroundRepeat	border
borderBottom	borderBottomColor	borderBottomStyle	borderBottomWidth
borderCollapse	borderColor	borderLeft	borderLeftColor
borderLeftStyle	borderLeftWidth	borderRight	borderRightColor
borderRightStyle	borderRightWidth	borderSpacing	borderStyle
borderTop	borderTopColor	borderTopStyle	borderTopWidth
borderWidth	bottom	captionSide	clear
clip	color	content	counterIncrement
counterReset	cssFloat	cue	cueAfter
cueBefore	cursor	direction	display
elevation	emptyCells	font	fontFamily
fontSize	fontSizeAdjust	fontStretch	fontStyle
fontVariant	fontWeight	height	left
letterSpacing	lineHeight	listStyle	listStyleImage
listStylePosition	listStyleType	margin	marginBottom
marginLeft	marginRight	marginTop	markerOffset
marks	maxHeight	maxWidth	minHeight
minWidth	orphans	outline	outlineColor
outlineStyle	outlineWidth	overflow	padding
paddingBottom	paddingLeft	paddingRight	paddingTop
page	pageBreakAfter	pageBreakBefore	pageBreakInside
pause	pauseAfter	pauseBefore	pitch
pitchRange	playDuring	position	quotes
richness	right	size	speak
speakHeader	speakNumeral	speakPunctuation	speechRate
stress	tableLayout	textAlign	textDecoration
textIndent	textShadow	textTransform	top
unicodeBidi	verticalAlign	visibility	voiceFamily
volume	whiteSpace	widows	width
wordSpacing	zIndex		

12.2 DOM Views

스타일은 다양한 형태로 작성할 수 있으며·우선순위에 따라 랜더링된다. 지금까지 스타일을 추출하거나 설정하는 인터페이스에 대해 살펴보았지만 최종적으로 랜더링된 값은 알 수가 없었다. DOM Views에서 제공하는 인터페이스는 랜더링된 값을 제어할 수 있는 메소드와 프로퍼티를 제공한다. 여기서는 이에 대해 살펴본다.

12.2.1 DOM Views 개요

우선 전체적인 관점에서 DOM Views 개념을 살펴본다. 여기서 다루는 내용은 계속하여 다룰 것이므로 DOM Views 개념을 이해하는 데 초점을 맞추면 된다.

● **실행결과 domView**

● **소스 domView.html**

```
<link rel="stylesheet" href="domCSS.css" type="text/css" />
<p id="sport">스포츠</p>
<p id="book" style="font-size: 20px">책</p>
```

<link> 엘리먼트의 href 속성에 domCSS.css 파일을 지정하였고, p#sprot 엘리먼트에 id 속성만 지정하였다. 또 p#book 엘리먼트의 style 속성에 font-size를 지정하였다.

● 소스 domView.css

```
body{
   margin: 0; padding: 0;
   font-size: 16px; font-family: "굴림", "Times New Roman";
}
h1 margin-top: 10px; margin-left: 40px; font-size: 18px;}
#groupOne {margin-top: 20px; margin-left: 40px;}
```

domView.css 파일에는 domView.js에서 사용하고 있는 #sport 셀렉터를 작성하지 않았다. 이는 body 셀렉터에 작성한 font-size가 p#sport 엘리먼트에 적용된다는 것을 의미한다.

● 소스 domView.js

```
-var Show = {
   okClick: function(event) {
      var sportElement = document.getElementById('sport');
      resultShow('p#sport.style.fontSize', sportElement.style.fontSize);   ❶
      Show.resultValue(sportElement, 'DOM Views_fontSize');   ❷

      sportElement.style.fontSize = '20px';   ❸
      resultShow('style.fontSize 값 설정', sportElement.style.fontSize);

      var musicElement = document.getElementById('music');   ❹
      resultShow('음악 font-size', musicElement.style.fontSize);
      Show.resultValue(musicElement, 'DOM Views_fontSize');   ❺
   },
   resultValue: function(objectElement, showText) {
      if (!Prototype.Browser.IE) {
         var tagStyle = document.defaultView.getComputedStyle(objectElement, null);
         var showHtml = tagStyle.getPropertyValue('font-size');
      } else {
         var showHtml = objectElement.currentStyle.getAttribute('fontSize');
      }
```

```
      resultShow(showText, showHtml);
   }
}
```

❶ `resultShow('p#sport.style.fontSize', sportElement.style.fontSize);`

[실행결과 domView] 1번에 값이 출력되지 않았다. p#sport 엘리먼트에 style 속성을 작성하지는 않았지만, domView.css 파일에 body {font-size: 16px;}를 작성했으므로 이 값이 적용된다. 그런데도 값이 없다고 출력되었다. 무엇 때문에 값이 출력되지 않은 것인가?

❷ `Show.resultValue(sportElement, 'DOM Views_fontSize');`

[실행결과] 2번에 출력된 값은 '16px'로 이 값은 body 셀렉터에 작성한 font-size 값이다. [실행결과] 1번과 2번에 출력하는 코드의 차이가 무엇이길래 값이 다르게 출력된 것일까? 이것이 DOM Views에서 다룰 주제이다.

❸
```
sportElement.style.fontSize = '20px';
resultShow('style.fontSize 값 설정', sportElement.style.fontSize);
```

[실행결과] 3번에 출력된 값은 '20px'로 이 값은 sportElement.style.fontSize = '20px'로 설정한 값이다. [실행결과] 1번과 3번에 같은 코드를 사용했는데 1번에 값이 출력되지 않았다는 것은 style 프로퍼티에 font-size 값이 없다는 것을 의미하고 3번에 값이 출력된 것은 값이 있다는 것을 의미한다.

❹
```
var musicElement = document.getElementById('music');
resultShow('음악 font-size', musicElement.style.fontSize);
```

[실행결과] 4번에 출력된 값은 '20px'로 style.fontSize에 값을 설정하지 않았는데도 값이 출력된 것은 <p id="music" style="font-size: 20px">음악</p>와 같이 엘리먼트의 style 속성에 font-size 값을 작성했기 때문이다.

❺ `Show.resultValue(musicElement, 'DOM Views_fontSize');`

[실행결과] 5번에 출력된 값은 '20px'로 4번에 출력된 값과 같으며 이 값은 p#music 엘리먼트에 작성한 font-size 값이다.

지금까지의 결과를 이해하려면 우선순위를 이해해야 한다. 'css 파일에 작성한 스타일 → <style> 엘리먼트에 작성한 스타일 → HTML 엘리먼트의 style 속성에 작성한 스타일'의 순서로 랜더링이 된다. 여기서 css 파일에 작성한 스타일이 가장 낮다. 즉 HTML 엘리먼트의 style 속성에 같은 프로퍼티가 있으면 HTML 엘리먼트의 style 속성이 랜더링된다.

[실행결과] 1번에 값이 출력되지 않은 것은 p#sport 엘리먼트에 style 속성을 작성하지 않았기 때문이다. 비록 domView.css 파일에 body {font-size: 16px;}가 적용되었지만, 1번에 작성한 코드는 HTML 도큐먼트의 style 속성에 작성한 값을 추출하는 것이지 랜더링된 값을 추출하는 것이 아니기 때문에 값이 출력되지 않은 것이다.

[실행결과] 2번에 값이 출력된 것은 p#sport 엘리먼트에 적용된 값을 추출했기 때문이다. 물론 이 값은 domView.css 파일의 body {font-size: 16px;}에 작성한 값이다. 비록 body 셀렉터가 우선순위가 낮을 지라도 p#sport 엘리먼트에 font-size를 작성하지 않았으므로 이 값이 랜더링된 것이다.

[실행결과] 3번에 값이 출력된 것은 HTML 엘리먼트의 style 속성에 값을 설정했기 때문이다. 그렇다고 이 값이 반드시 랜더링된다는 보장이 없다. 왜냐하면 !important가 있기 때문이다. 이를 정확하게 이해할 필요가 있다. style 프로퍼티에 값을 설정한다고 해서 반드시 이 값이 랜더링된다고 할 수는 없다는 것이다.

[실행결과] 4번에 값이 출력된 것은 HTML 엘리먼트의 style 속성에 값을 작성했기 때문이다. [실행결과] 5번에 4번과 같은 값이 출력된 것은 p#music 엘리먼트의 style 속성에 작성한 값이 여기서는 가장 우선순위가 높기 때문이다.

이와 같이 최종적으로 랜더링된 값을 추출하는 것이 DOM Views이다. 그 값의 원천이 어딘지는 몰라도 된다. DOM Views에서 제공하는 메소드와 프로퍼티가 이 값을 찾아온다.

이 값을 인식할 수 있으므로 HTML 엘리먼트에 style 속성을 작성하지 않아도 된다. 만약 이 값을 인식할 수 없다면 값의 원천을 찾아가야 하며, 이 코드가 복잡하므로 간단하게 하기 위해 HTML 엘리먼트에 style 속성을 작성할 것이다. 이렇게 함으로써 자연스럽게 구조와 표현이 분리된다.

12.2.2 DocumentView 인터페이스

DocumentView는 랜더링된 값을 추출하기 위한 관문이 되는 인터페이스이다.

● **프로퍼티**

인터페이스	DocumentView		
이름	형태	기능 개요	R/W
defaultView	AbstractView	랜더링된 값을 추출할 수 있는 AbstractView 인터페이스 형태의 오브젝트를 반환	R

● **실행결과 documentView**

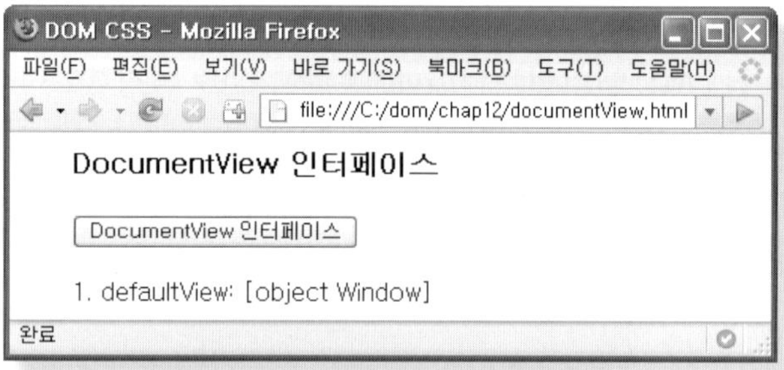

● **소스 documentView.js**

```
window.onload = function () {
   var buttonClick = document.getElementById('okClick');
   if (buttonClick.addEventListener) {
      buttonClick.addEventListener('click', Show.okClick, false);
   }
}
```

```
var Show = {
    okClick: function(event) {
        var docObject = document;
        resultShow('defaultView', document.defaultView);
    }
}
```

defaultView 프로퍼티는 DOM에서 제공하며 IE는 이 프로퍼티를 제공하지 않는다. 따라서 IE로 실행하면 에러가 발생하므로 이벤트를 설정하지 않았다.

<link> 엘리먼트의 href 속성에 작성한 css 파일에 접근하기 위해서는 StyleSheet 인터페이스에서 제공하는 sheet 프로퍼티나 DocumentStyle 인터페이스에서 제공하는 styleSheets 프로퍼티를 사용해야 하듯이, 랜더링된 값을 추출하기 위해서는 DocumentView 인터페이스에서 제공하는 defaultView 프로퍼티를 사용해야 한다. 즉 관문이 되는 인터페이스이다.

다음의 그림 12-2는 document 오브젝트가 제공하는 메소드와 프로퍼티의 일부이다. 아래에서 다섯 번째 줄에 defaultView 프로퍼티가 있고 마지막 줄에 styleSheets 프로퍼티가 있다. 따라서 defaultView 프로퍼티에 속한 프로퍼티에 접근하기 위해서는 document.defaultView로 경로를 지정해야 한다.

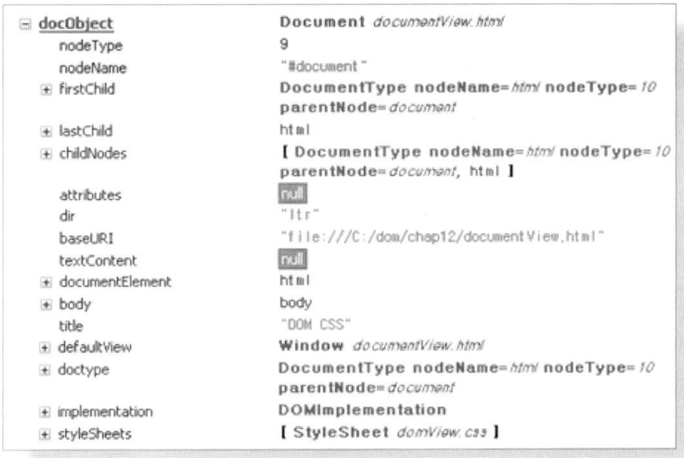

그림 12-2 ● document 오브젝트

12.2.3 AbstractView 인터페이스

AbstractView 인터페이스는 document 프로퍼티를 통해 DocumentView 인터페이스 형태의 오브젝트를 제공한다.

● **프로퍼티**

인터페이스	AbstractView		
이름	형태	기능 개요	R/W
document	DocumentView	document 오브젝트의 정보를 DocumentView 인터페이스 형태로 반환	R

● **실행결과 AbstractView**

● **소스 AbstractView.js**

```
window.onload = function () {
   var buttonClick = document.getElementById('okClick');
   if (buttonClick.addEventListener) {
      buttonClick.addEventListener('click', Show.okClick, false);
   }
}
var Show = {
   okClick: function(event) {
      resultShow('defaultView.document', document.defaultView.document);
   }
}
```

AbstractView 인터페이스는 DOM에서 제공하며 IE는 다른 방법을 사용한다. 따라서 IE로 실행하면 에러가 발생하므로 이벤트를 설정하지 않았다.

[실행결과 AbstractView] 1번에 출력된 값은 HTMLDocument로 이는 document 오브젝트를 의미한다. 즉 defaultView 프로퍼티에 document 오브젝트의 프로퍼티와 메소드를 제공하는 결과가 되므로 document.defaultView 형태를 사용해도 HTMLDocument에 포함된 메소드와 프로퍼티를 사용할 수 있다.

12.2.4 ViewCSS 인터페이스

ViewCSS 인터페이스는 CSS View를 제공한다. 이 인터페이스가 DOM Style에 작성되어 있으나 여기에 작성한 것은 AbstractView 인터페이스를 상속받기 때문이다.

● **메소드**

인터페이스	ViewCSS		
이름	구분	형태	기능 개요
getComputedStyle	파라미터	DOMString	대상 엘리먼트 오브젝트
	파라미터	DOMString	슈도(pseudo) 엘리먼트
	반환	CSSStyleDeclaration	

● **실행결과 ViewCSS_Firefox**

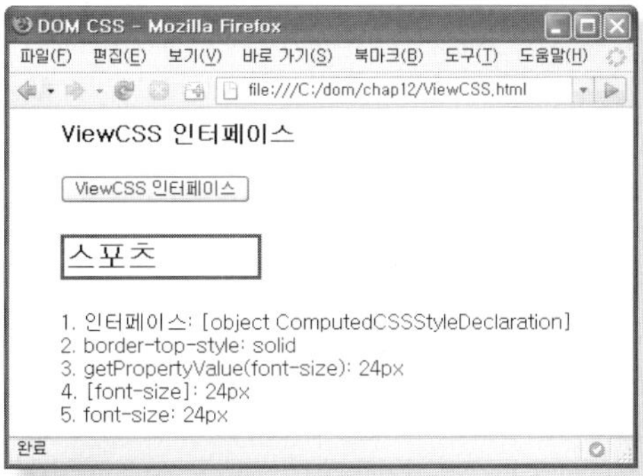

● **실행결과 ViewCSS_IE**

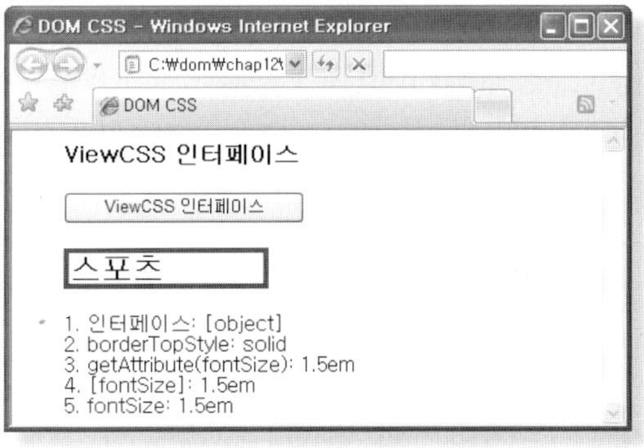

● 소스 ViewCSS.html

```
<link rel="stylesheet" href="ViewCSS.css" type="text/css" />
<p id="sport">스포츠</p>
```

p#sport 엘리먼트에 style 속성을 작성하지 않았으므로 viewCSS.css 파일에 작성한 스타일이 엘리먼트에 적용된다.

● 소스 ViewCSS.css

```
body{
   margin: 0; padding: 0;
   font-size: 16px; font-family: "굴림", "Times New Roman";
}
#sport {width: 150px; border-style: border-color: #0000FF; solid; font-size: 1.5em;}
```

본문에서 중점적으로 살펴볼 사항은 body 셀렉터와 #sport 셀렉터에 작성한 font-size이다. body 셀렉터에는 16px를 지정했으며 #sport 셀렉터에는 1.5em을 지정하였다.

● 소스 ViewCSS.js

```
var Show = {
    okClick: function(event) {
        var sportElement = document.getElementById('sport');
        if (!Prototype.Browser.IE) {
            var sportStyle = document.defaultView.getComputedStyle(sportElement, null);    ❶
      } else {
            var sportStyle = sportElement.currentStyle;                                      ❷
      }
       resultShow('인터페이스', sportStyle);                                                  ❸

      if (!Prototype.Browser.IE) {
          resultShow('border-top-style', sportStyle.getPropertyValue('border-top-style'));  ❹
          resultShow('getPropertyValue(font-size)', sportStyle.getPropertyValue('font-size')); ❺
```

```
            resultShow('[font-size]', sportStyle['fontSize']);  //[font-size] 사용불가    ❻
            resultShow('font-size', sportStyle.fontSize);  //font-size 사용불가

        } else {
            resultShow('borderTopStyle', sportStyle.getAttribute('borderTopStyle'));     ❹
            resultShow('getAttribute(fontSize)', sportStyle.getAttribute('fontSize'));   ❺
            resultShow('[fontSize]', sportStyle['fontSize']);                            ❻
            resultShow('fontSize', sportStyle.fontSize);
        }
    }
}
```

▶ getComputedStyle( ) 메소드

```
❶ var sportStyle = document.defaultView.getComputedStyle(sportElement, null);
```

getComputedStyle( ) 메소드는 엘리먼트에 적용된 값을 CSSStyleDeclaration 인터페이스 형태의 오브젝트로 반환한다. getComputedStyle( ) 메소드의 첫 번째 파라미터에 프로퍼티 값을 추출하려는 엘리먼트 오브젝트를 지정하고 두 번째 파라미터에 슈도(pseudo) 또는 null을 지정한다. 그런데 슈도는 IE에서 지원하지 않는다.

▶ currentStyle 프로퍼티

```
❷ var sportStyle = sportElement.currentStyle;
```

currentStyle 프로퍼티는 document.defaultView.getComputedStyle( ) 메소드와 같은 기능을 가진 IE 제공 프로퍼티이며 currentStyle 프로퍼티에 엘리먼트에 적용된 스타일이 설정된다.

```
❸ resultShow('인터페이스', sportStyle);
```

Firefox로 실행하면 [실행결과 viewCSS] 1번에 ComputedCSSStyleDeclaration가 출력된다. DOM 스펙에 반환하는 인터페이스 이름이 CSSStyleDeclaration으로 되어 있으나 이를 반환하였다. 반환될 오브젝트 내용을 감안하면 이 이름이 더 정확하다고 생각되기도 하지만 DOM 스펙에 정의된 인터페이스 이름은 아니다.

❹
```
resultShow('border-top-style', sportStyle.getPropertyValue('border-top-style'));
resultShow('borderTopStyle', sportStyle.getAttribute('borderTopStyle'));
```

[실행결과 Firefox]와 [실행결과 IE] 2번에 출력된 값은 solid로 이 값은 #sport 셀렉터에 작성한 border-style 프로퍼티 값으로 p#sport 엘리먼트에 적용된 값이다. getComputedStyle() 메소드와 currentStyle 프로퍼티는 엘리먼트에 적용(랜더링)된 값을 반환한다.

❺
```
resultShow('getPropertyValue(font-size)', sportStyle.getPropertyValue('font-size'));
resultShow('getAttribute(fontSize)', sportStyle.getAttribute('fontSize'));
```

[실행결과 Firefox] 3번에 출력된 값은 24px이고 [실행결과 IE] 3번에 출력된 값은 1.5em이다. 이 값이 출력된 원천을 따라가 보면 body{font-size: 16px;}와 #sport {font-size: 1.5em;}이다.

여기서 IE는 #sport 셀렉터에 작성한 font-size 값을 반환하였고 Firefox는 body 셀렉터의 font-size에 #sport 셀렉터의 font-size를 곱해 반환하였다. 이렇게 단위를 다르게 작성하면 크로스 브라우저 문제가 발생할 수 있으므로 같은 단위를 사용하는 것이 바람직하다.

❻
```
resultShow('[font-size]', sportStyle['fontSize']);  //[font-size] 사용불가
resultShow('font-size', sportStyle.fontSize);  //font-size 사용불가
```

[실행결과 Firefox] 4번과 5번에 출력된 값이 3번과 같다는 것은 코드 기능이 같다는 것을 의미한다. 이와 같이 메소드를 사용하지 않고 프로퍼티를 사용할 수도 있다. 비록 DOM CSS 형태는 아니지만 브라우저에 따라 메소드를 다르게 사용하지 않아도 되는 장점이 있다.

12.2.5 DocumentCSS 인터페이스

DocumentCSS 인터페이스는 엘리먼트에 적용된 값을 변경하기 위한 메소드를 제공한다.

● **메소드**

인터페이스	DocumentCSS		
이름	구분	형태	기능 개요
getOverrideStyle	파라미터	DOMString	대상 엘리먼트 오브젝트
	파라미터	DOMString	슈도(pseudo) 엘리먼트
	반환	CSSStyleDeclaration	

● **실행결과 documentCSS_1**

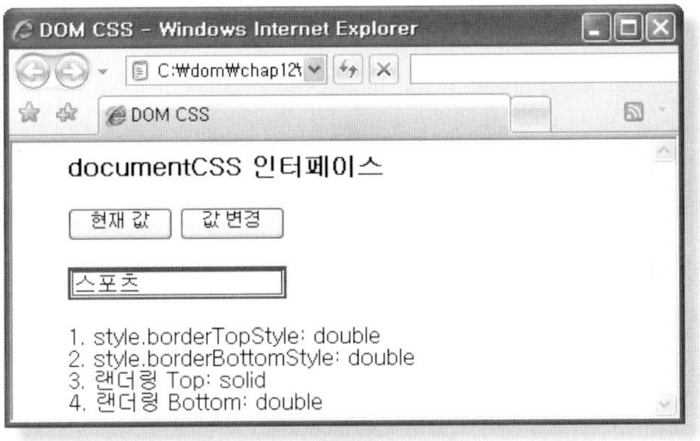

'현재 값' 버튼을 클릭하였을 때 실행된 결과이다.

● **실행결과 documentCSS_2**

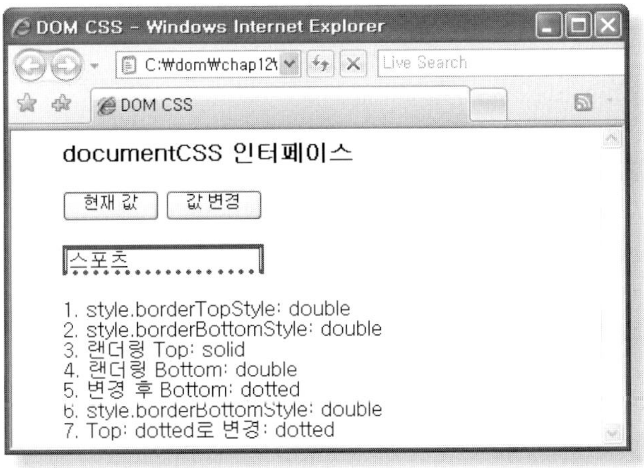

'값 변경' 버튼을 클릭하였을 때 실행된 결과이다.

● 소스 documentCSS.html

```
<link rel="stylesheet" href="ViewCSS.css" type="text/css" />
<p id="sport" style="width: 150px; border-style: double; border-color: #0000FF;">스포츠</p>
```

● 소스 documentCSS.css

```
#sport {
   border-top-style: solid !important;
   border-bottom-style: solid;
}
```

border-top-style 프로퍼티에 solid를 설정하였으며 !important를 선언하였다. 따라서 p#sport 엘리먼트의 style 속성에 작성한 border-style에서 border-top-style은 solid가 적용된다. 물론 border-bottom-style은 p#sport 엘리먼트의 style 속성 값이 적용된다.

● 소스 DocumentCSS.js

```
var Show = {
   currentValue: function(event) {
      var sportElement = document.getElementById('sport');                    ❶
      resultShow('style.borderTopStyle', sportElement.style.borderTopStyle);
      resultShow('style.borderBottomStyle', sportElement.style.borderBottomStyle);
      var beforeStyle = sportElement.currentStyle;                             ❷
      resultShow('랜더링 Top', beforeStyle.getAttribute('borderTopStyle'));
      resultShow('랜더링 Bottom', beforeStyle.getAttribute('borderBottomStyle'));
   },
   changeValue: function(event) {
      var sportElement = document.getElementById('sport');                    ❸
//    var sportStyle = document.defaultView.getOverrideStyle(sportElement, null);
      var sportStyle = sportElement.runtimeStyle;                              ❹
      sportStyle.borderBottomStyle = 'dotted';                                 ❺
```

```
        var afterStyle = sportElement.currentStyle;
        resultShow('변경 후 Bottom', afterStyle.getAttribute('borderBottomStyle'));
        resultShow('style.borderBottomStyle', sportElement.style.borderBottomStyle);
        sportStyle.borderTopStyle = 'dotted';                                          ❻
        resultShow('Top: dotted로 변경', sportStyle.getAttribute('borderTopStyle'));
    }
}
```

'현재 값' 버튼을 클릭하면 Show.currentValue( ) 메소드를 실행하고 '값 변경' 버튼을 클릭하면 Show.changeValue( ) 메소드를 실행한다. Firefox로 documentCSS.html을 실행하면 결과가 출력되지 않는다.

```
❶ var sportElement = document.getElementById('sport');
  resultShow('style.borderTopStyle', sportElement.style.borderTopStyle);
  resultShow('style.borderBottomStyle', sportElement.style.borderBottomStyle);
```

[실행결과 documentCSS] 1번과 2번에 double이 출력되었으며 이 값은 p#sport 엘리먼트의 style 속성에 작성한 값이다. 그렇다고 이 값이 랜더링된 값은 아니다. 왜냐하면 style 프로퍼티로 p#sport 엘리먼트의 style 속성에 작성한 값을 추출했기 때문이다. 이 값이 어떻게 영향을 미치는지 살펴본다.

```
❷ var beforeStyle = sportElement.currentStyle;
  resultShow('랜더링 Top', beforeStyle.getAttribute('borderTopStyle'));
  resultShow('랜더링 Bottom', beforeStyle.getAttribute('borderBottomStyle'));
```

currentStyle 프로퍼티는 랜더링된 값을 반환한다. [실행결과] 3번에 출력된 값은 solid로 이 값이 출력된 것은 css 파일의 #sport 셀렉터에 important를 선언했기 때문이다. p#sport 엘리먼트의 style 속성에 작성한 값이 아니다.

[실행결과] 4번에 출력된 값은 double로서 이 값은 p#sport 엘리먼트의 style 속성에 작성한 값이다. css 파일의 #sport 셀렉터에 같은 프로퍼티를 작성했지만 p#sport 엘리먼트가 우선순위가 높기 때문에 이 값이 랜더링된 것이다.

▶ getOverrideStyle( ) 메소드

❸
```
var sportElement = document.getElementById('sport');
// var sportStyle = document.defaultView.getOverrideStyle(sportElement, null);
```

getOverrideStyle() 메소드는 첫 번째 파라미터에 지정한 엘리먼트를 CSSStyleDeclaration 인터페이스 형태의 오브젝트로 반환한다. 이때 엘리먼트에 랜더링된 값이 설정된다. 이를 오버라이드(Override) 스타일시트라고 부른다. 하지만 Firefox에서 이 메소드를 지원하지 않는다. https://bugzilla.mozilla.org/show_bug.cgi?id=45424를 보면 2007년 7월 13일 현재 assigned 상태로 담당자를 지정한 것으로 되어 있다.

▶ runtimeStyle 프로퍼티

❹
```
var sportStyle = sportElement.runtimeStyle;
```

runtimeStyle 프로퍼티는 IE에서 제공하며 getOverrideStyle() 메소드와 기능이 같다. 앞으로 언젠가는 Firefox에서 getOverrideStyle() 메소드를 지원할 것이므로 runtime Style 프로퍼티를 중심으로 기능을 살펴본다.

❺
```
sportStyle.borderBottomStyle = 'dotted';
var afterStyle = sportElement.currentStyle;
resultShow('변경 후 Bottom', afterStyle.getAttribute('borderBottomStyle'));
resultShow('style.borderBottomStyle', sportElement.style.borderBottomStyle);
```

[실행결과] 5번에 출력된 값은 dotted로 이 값은 첫 번째 줄에서 랜더링된 borderBottomStyle 프로퍼티에 dotted를 설정했기 때문이다. 따라서 '스포츠'의 bottom 테두리가 점선으로 표시되었다. 그렇다고 [실행결과] 6번에서 볼 수 있듯이 p#sport 엘리먼트의 style 속성 값이 변경된 것은 아니다. 이것은 랜더링된 값을 변경했기 때문이다.

❻
```
sportStyle.borderTopStyle = 'dotted';
resultShow('Top: dotted로 변경', sportStyle.getAttribute('borderTopStyle'));
```

[실행결과] 7번에 출력된 값은 dotted로 이 값은 첫 번째 줄에서 랜더링된 borderTopStyle 프로퍼티에 dotted를 설정했기 때문이다. 그런데 '스포츠'를 보면 top 테두리가 점선으로 변경되지 않았다. 이는 #sport 셀렉터의 vorder-top-style 프로퍼티에 !important를 선언했기 때문이다.

즉, 랜더링된 값을 변경하더라도 개발자 스타일과 사용자 스타일에 !important를 선언하면 적용되지 않는다. 랜더링된 프로퍼티에 값이 설정되었는데도 이 값이 엘리먼트에 적용되지 않은 것은 !important가 우선순위가 더 높다는 것을 의미한다.

이제 글을 마쳐야 할 것 같습니다. 끝까지 같이 해준 독자에게 감사드립니다. 미력하나마 웹 애플리케이션을 개발하는 데 도움이 되었으면 하는 마음 간절합니다. 항상 행복하시고 건강하시기 바랍니다.

찾아보기

웹표준 Ajax DOM 스크립팅
Ajax Document Object Model Scripting

초판 1쇄 발행 : 2008년 5월 21일

지 은 이 김영보
발 행 인 최규학

기획 · 진행 장성두
마 케 팅 최복락
본문디자인 우일미디어
표지디자인 Arowa & Arowana

발 행 처 도서출판 ITC
등록번호 제8-399호
등록일자 2003년 4월 15일

주 소 경기도 파주시 교하읍 문발리 파주출판도시 535-7 307호
전 화 031-955-4353(대표)
팩 스 031-955-4355
이 메 일 itc@itcpub.co.kr

인쇄 해외정판사 용지 태경지업사 제본 반도제책사

ISBN-10 : 89-90758-91-2
ISBN-13 : 978-89-90758-91-0 (13560)

값 26,000원

www.itcpub.co.kr